ON FOOD & COOKING:
THE SCIENCE & LORE OF THE KITCHEN

食物與廚藝 |蔬|果|香料|穀物|

哈洛德·馬基——著　蔡承志——譯

(二版)

II

BY
HAROLD MCGEE

食物與廚藝2：蔬、果、香料、穀物／哈洛德・馬基
（Harold McGee）著；蔡承志譯.
— 二版. — 臺北縣新店市；大家出版：
遠足文化發行, 2025.04
  面；公分.
譯自：On Food and Cooking: The Sience and Lore of the Kitchen
ISBN 978-626-7561-30-0（平裝）
1.CST: 烹飪 2.CST: 食物

427   114002704

食物與廚藝2：蔬、果、香料、穀物（二版）
On Food and Cooking: The Sience and Lore of the Kitchen

作　　者	哈洛德・馬基（Harold McGee）
譯　　者	蔡承志
全文審定	陳聖明
校　　對	魏秋綢、宋宜真、賴淑玲
插　　畫	李啟哲（中文版增添部分）
內頁設計	林宜賢
內頁排版	黃暐鵬
行銷企畫	洪靖宜
總 編 輯	賴淑玲
出 版 者	大家出版／遠足文化事業股份有限公司
發　　行	遠足文化事業股份有限公司（讀書共和國出版集團）
	231新北市新店區民權路108-2號9樓
	電話　(02) 2218-1417　傳真　(02) 8667-1851
	劃撥帳號 19504465　　戶名　遠足文化事業有限公司
法律顧問	華洋國際專利商標事務所　蘇文生律師
定　　價	450元
二版 1 刷	2025年4月

版權所有，翻印必究
本書如有缺頁、裝訂錯誤，請寄回更換
本書僅代表作者言論，不代表本公司／出版集團之立場與意見

ON FOOD AND COOKING The Science and Lore of the Kitchen
Copyright © 1984, 2004, Harold McGee
Illustrations copyright © Patricia Dorfman
Illustrations copyright © Justin Greene
Line drawings by Ann B. McGee
Traditional Chinese edition copyright: Common Master Press,
an imprint of Walkers Cultural Enterprises, Ltd.
All rights reserved.

009 前言

chapter 1 | Edible Plants: An Introduction to Fruits and Vegetables, Herbs and Spices

食用植物：蔬、果、香草和香料

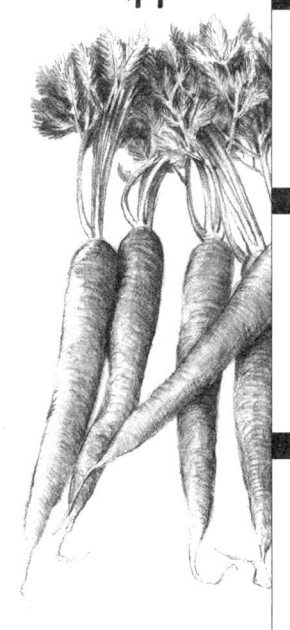

- 012 **以植物為食**
  - 012 　植物的本質
  - 016 　植物的定義
  - 018 　植物性食品的歷史
- 023 **植物性食品和健康**
  - 023 　蔬果的營養要素：維生素
  - 024 　植物性化學物質
  - 028 　植物性纖維
  - 029 　部分蔬果所含毒素
  - 032 　新鮮農產品和食物中毒
- 033 **蔬果的成分和特色**
  - 033 　植物的構造：細胞、組織和器官
  - 037 　植物的質地
  - 039 　植物的顏色
  - 043 　植物的風味
- 049 **處理、儲藏蔬果**
  - 049 　收成後的變化
  - 050 　處理新鮮農產品
  - 050 　儲存環境
  - 051 　溫度控制：冷藏
  - 052 　溫度控制：冷凍
- 053 **烹調新鮮蔬果**
  - 053 　熱量如何影響蔬果特性
  - 060 　熱水：沸煮、蒸煮、加壓烹調
  - 062 　熱氣、熱油和輻射：烘烤、油炸煎炒和燒烤
  - 064 　微波爐烹調
  - 065 　粉碎和萃取
- 070 **保存蔬果**
  - 070 　乾燥和冷凍乾燥
  - 071 　發酵和醃漬

| 076 | 蜜餞 |
| 079 | 罐頭 |

chapter 2　A Survey of Common Vegetables

常見蔬菜

- **082　塊根和塊莖**
  - 082　馬鈴薯
  - 086　甘藷
  - 087　熱帶塊根和塊莖
  - 089　胡蘿蔔家族：胡蘿蔔、歐洲防風等
  - 091　萵苣家族：菊芋、蒜葉波羅門參、鴉蔥和牛蒡
  - 092　其他常見塊根和塊莖
- **094　下段莖和鱗莖：甜菜、蕪菁、蘿蔔和洋蔥等**
  - 094　甜菜
  - 094　芹菜根
  - 095　甘藍家族：蕪菁、蘿蔔
  - 096　洋蔥家族：洋蔥、蒜、韭蔥
- **100　莖菜和柄菜：蘆筍、芹菜等**
  - 100　蘆筍
  - 101　胡蘿蔔家族：芹菜和小茴香
  - 102　甘藍家族：球莖甘藍和蕪青甘藍
  - 103　熱帶莖菜：竹筍和棕櫚心
  - 104　其他莖菜和柄菜
- **106　葉菜類：萵苣、甘藍等**
  - 106　萵苣家族：萵苣、菊苣、蒲公英嫩葉
  - 108　甘藍家族：甘藍、羽衣甘藍、抱子甘藍等
  - 113　菠菜和莙薘菜
  - 114　各式綠色葉菜
- **116　花朵：朝鮮薊、青花菜、花椰菜等**
  - 116　以花為食材
  - 118　朝鮮薊
  - 119　甘藍家族：青花菜、花椰菜和尖頂椰菜
- **120　當作蔬菜食用的果實**
  - 120　茄科家族：番茄、番椒、茄子等

	125	南瓜和黃瓜家族
	128	豆科家族：鮮豆和豌豆
	130	其他當作蔬菜食用的果實
■	**136**	**海藻**
	137	綠藻、紅藻和褐藻
	138	海藻的風味
■	**139**	**菇蕈類、松露和其近親**
	139	共生及出自腐朽的生物
	140	菇蕈類的構造和特質
	140	菇蕈類的獨有風味
	141	菇蕈類的儲藏、處理方式
	142	菇蕈類烹調法
	142	松露
	143	俗稱「烏鴉糞」的玉米黑粉菌
	145	真菌蛋白，或稱素肉

chapter 3　A Survey of Common Fruits

常見果實

■	**148**	**果實的形成過程：熟成**
	148	熟成前期：成長和膨脹
	150	乙烯和酵素的作用
	151	兩類熟成作用，兩種處理作法
■	**152**	**溫帶果實：蘋果和梨子、核果和漿果**
	152	仁果：蘋果、梨子和近親
	157	核果：山杏、櫻桃、桃子和李子
	161	漿果、葡萄和奇異果
	168	其他溫帶果實
■	**170**	**熱帶和亞熱帶果實：甜瓜、柑橘等**
	170	甜瓜
	172	乾旱氣候區果實：無花果、海棗果等
	175	柑橘家族：甜橙、檸檬、葡萄柚及其近親
	183	常見熱帶果實

chapter 4 Flavorings from Plants
Herbs and Spices, Tea and Coffee

以植物來調味：香草和香料、茶和咖啡

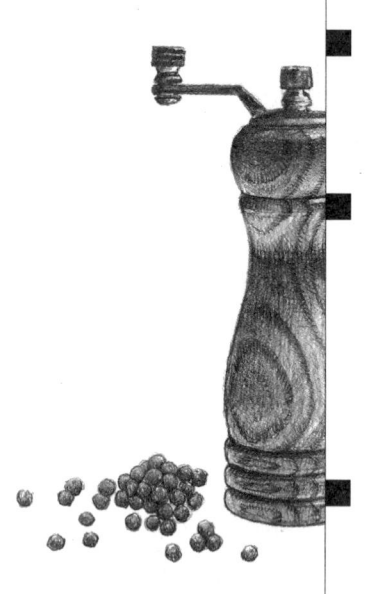

- **194　風味和調味料的本質**
  - 194　　風味＝一部分味覺＋大部分嗅覺
  - 195　　味覺和嗅覺的變動世界
  - 196　　調味料都是化學武器
  - 196　　把危險變趣味：加進食物裡
- **197　香草和香料的化學作用與特質**
  - 197　　多數調味料都和油脂很像
  - 197　　香草或香料的風味是多種風味混合而成
  - 198　　風味家族：萜烯類
  - 198　　風味家族：酚類
  - 199　　風味家族：辛辣化學物質
  - 202　　為什麼痛苦會讓人覺得愉快
  - 203　　香草、香料和健康
- **204　香草和香料的處理和保存**
  - 204　　保存芳香化合物
  - 204　　保存新鮮香草
  - 205　　新鮮香草的乾燥處理
- **206　香草和香料的烹飪用途**
  - 206　　風味萃取
  - 208　　以醬汁醃漬或香料直接乾塗
  - 208　　用香草和香料來塗覆食材
  - 209　　風味萃取液：調味油、醋和酒精
  - 210　　風味的演變
  - 211　　以香草和香料讓菜餚變濃稠
- **212　常見香草**
  - 212　　薄荷家族
  - 218　　胡蘿蔔家族
  - 221　　月桂家族
  - 223　　其他常見香草
- **229　溫帶香料**
  - 229　　胡蘿蔔家族
  - 232　　甘藍家族：辛香的芥菜、辣根和山葵

- 235　豆科家族：甘草根和葫蘆巴豆
- 236　辣椒
- 239　其他溫帶香料

■ **242　熱帶香料**

■ **255　茶和咖啡**
- 256　咖啡因
- 256　茶、咖啡和健康
- 257　茶和咖啡的沖泡用水
- 257　茶
- 264　咖啡

■ **274　木頭煙燻和炭燒**
- 274　燃木的化學作用
- 276　燻液

chapter 5　Seeds: Grains, Legumes, and Nuts

種子：穀子、豆子和堅果

■ **277　以種子為食**
- 278　種子的定義

■ **280　種子和健康**
- 281　種子的珍貴植物性化學物質
- 281　種子帶來的問題
- 282　種子是常見的食物過敏原
- 282　種子中毒和食物中毒

■ **283　種子的組成和特質**
- 283　種子的組成部位
- 284　種子的蛋白質：可溶和不可溶
- 284　種子的澱粉：有序和無序樣式
- 286　種子的油脂
- 287　種子的風味

■ **287　處理、備製種子**
- 287　儲藏種子
- 288　芽苗
- 288　料理種子

- 290 **穀類植物**
  - 290 穀子的構造和組成
  - 291 碾磨和精製
  - 292 早餐穀片
  - 294 小麥
  - 299 大麥
  - 300 黑麥
  - 301 燕麥
  - 302 稻穀
  - 309 玉蜀黍
  - 314 次要穀物
  - 316 準穀類
- 318 **莢果：豆子和豌豆**
  - 318 莢果的構造和組成
  - 320 莢果和健康：耐人尋味的大豆
  - 321 莢果和胃腸積氣問題
  - 322 豆子的風味
  - 322 豆芽
  - 322 料理莢果
  - 326 幾種常見莢果的特性
  - 331 大豆和大豆製品
- 339 **堅果和其他高油脂種子**
  - 339 堅果的構造和特質
  - 340 堅果的營養價值
  - 341 堅果風味
  - 341 處理、儲藏堅果
  - 342 料理堅果
  - 344 幾種常見堅果的特性
  - 354 其他高油脂種子的特性

- 357 參考資料

- 362 索引

前言

1984年，《食物與廚藝》[1]問世。在這之前，食物的科學發現僅侷限在專業期刊論文之中，而與常民生活最接近的廚房，對於食物的處理方式還是停留在「老祖母的食譜」等經驗法則或家傳智慧[2]。

2004年，《食物與廚藝》再版，艾維・提斯（Hervé This）在《自然》期刊上直接讚譽此書乃「一部食物與烹飪的自然史」。

作者哈洛德・馬基從文學博士跨界成為科學作家，將科學帶入常民生活，也將理性思維帶入廚房，寫出的這部作品甚至被《時代雜誌》譽為「廚房中的羅賽塔石碑[3]」。作者在書寫過程中，究竟花費多少苦工？又因此獲得多少樂趣？編輯部跟讀者一樣好奇，因此又追問了馬基幾個問題，以饗中文版讀者。

一、寫本書的期間，您有其他收入嗎？歷時多久才寫完？本來就打算寫這麼厚一本嗎？

我本來在大學教文學，後來才決定寫這本書，1978年動筆，那時運氣很好，找到一家出版社願意支付我相當於教書一年的薪水。我以為一年就可以寫完，誰知道一寫就是三年，交出去後，出版社又花了三年的時間才出版，所以用那筆稿費撐得很辛苦！1994年，我著手開始編修新版的《食物與廚藝》，這次則花了十年才出版；和第一次不同的是，這時我已經有了自己的家庭，所以責任義務比較多，但也因此有了經濟來源。我根本沒料到書會這麼厚，當初如果知道會寫得這麼辛苦，或許根本就不會動筆！

二、這本書不管是厚度還是重要性都稱得上是一部偉大著作，談的食物遍及歐亞、縱橫古今，從食物的野生歷史講到成為餐桌佳餚。您是怎麼辦到的呢？是否花很多時間研究和實驗？

沒錯。我花了好多年蒐集資料、在廚房試東試西、向不同大廚請益。我的雄心壯志是在一本書的篇幅內，盡量描繪出食物和廚藝的完整圖像，讓廚師、甚至只是單純喜歡吃的人，都能夠閱讀吸收。

---

1 中文版將原書分為三冊出版。本書收錄原書5~9章；1~4章及14、15章收錄於《食物與廚藝：奶、蛋、肉、魚》，在本書中簡稱為第一冊；10~13收錄於《食物與廚藝：麵食、甜點、醬料、飲料》，在本書中簡稱為第三冊。

2 據說甚至到了2001年，法國公共教育部門的官員在公開演講中還會提到「月經期間不可製作美乃滋否則會失敗」這種西方傳統迷信。

3 羅賽塔石碑是一塊公元前2世紀的石碑，上頭同時銘刻了埃及象形文字、埃及草書，以及古典希臘文，因此成為後世解讀埃及象形文字的關鍵。

三、談談寫作期間最難忘的一、兩件事

我發現廚師有時候懂得比科學家還多。知名食譜作家茱莉雅・柴爾德（Julia Child）就寫道，若要做蛋白霜或舒芙蕾，用銅碗來打蛋白最適合；她還用化學的角度解釋了一番。但因為我知道她的解釋可能不對，便認為使用銅碗想必也是錯的。於是我後來實驗了不同的碗，結果發現她的建議是正確的。因此我詢問了一些化學家，想知道為什麼銅會影響蛋白的品質，但都沒得到答案。所以，我便和幾位史丹佛大學的化學家進行研究，並於1984年在《自然》期刊上發表研究結果。（編按：請參見《食物與廚藝：奶、蛋、肉、魚》136~138頁）

另外一件難忘的事，則是用電腦虛擬烹飪的過程。我有朋友在矽谷上班，他們公司專門製作電腦晶片，使用的軟體能分析晶片製程中，有多少熱量進入矽中。我們於是也利用這個軟體分析熱進入肉類的情況，然後發現烤、煎牛排或是漢堡肉的時候，只要每過幾秒就翻面，肉比較快熟，受熱也比較均勻。

四、寫書做了那麼多實驗，是否有因此做出得意的自創菜餚？

其中一道就是濃郁的水果冰，水果冰只要加入酪梨，口感就能跟冰淇淋一樣。因為酪梨油脂多，本身味道又不會很強烈，所以如果你做的是鳳梨冰，加點酪梨不但不會搶味，還能增加濃郁的口感。

五、您最欣賞中國菜或台灣菜的哪一點？

我得承認我沒有真正到過中國或台灣品嚐當地美食，這實在很遺憾。但我最佩服的莫過於五花八門的廚藝。例如說，中式料理中蒸或炸手法，不但種類繁多，還能結合其他烹調技巧。西方人蒸東西，不外乎等水滾了之後鍋子蓋起來燜，就這樣。我覺得西方廚師能向你們學習的地方可多了。

六、目前「分子美食學」似乎成為席捲料理界的熱潮，對此您有什麼看法？

我覺得「分子美食學」這詞已經被濫用，容易誤導大眾。烹調方式再怎麼先進、食材再怎麼高級，廚師烹調時並不會去想到分子；「美食學」聽起來過於學術又高不可攀。「實驗性烹調」比較接近目前這股熱潮的精神，也就是窮盡一切烹調方法、食材和用具，只為了推出創新的料理。傳統烹飪是要滿足我們對已知料理的期待，實驗性烹飪則是用創新料理顛覆人們的想像，給予人們驚喜和愉悅的感受。實驗性烹飪永遠也取代不了傳統烹飪，但對當今各國食物而言，的確增添了美妙的風味。

chapter 1

食用植物：蔬、果、香草和香料

前面談了奶、蛋、肉、魚，這些食材都含有豐富的蛋白質和脂肪，為生命帶來生機和能量。現在我們要轉換到另一個世界，也就是為上述食材（還有人類）提供養分的生物界。植物的組成包括帶土味的根部、苦辣和醒腦的葉片、芳香的花朵、讓人滿口生津的果實、帶堅果風味的種子、還有甜、酸、澀、苦、辣以及成千上萬種芳香氣味。事實顯示，這個繁茂而蓬勃的多樣世界，卻是由單純、嚴苛的環境孕育而成。植物不能像動物那般自由移動，而為了因應這種無法移動又毫無遮蔽的處境，它們發展出整套高明的化學本領。它們以泥土、水和岩石等最單純的材料，再加上空氣和陽光，建構出自己的生命，並將泥土轉換成所有動物賴以為生的食物。植物以色彩、味道和氣味來威嚇敵人並吸引朋友，這些化學反應的產物即為視覺美感和味覺美味的來源。而保護植物免受日常化學壓力威脅的物質，也同樣能保障我們平安。所以，當我們吃下蔬菜、果實、穀物和香料，也就是吃下對我們生命有益的食物，同時也向我們的生命打開一個感官的、愉悅的繽紛世界。

人類一向以植物為食。百萬年來，我們的祖先以各種果實、葉片和種子等雜食維生。約在1萬年前，他們開始培育數種穀物、種子類莢果和塊莖，這些植物不但能量高、蛋白質成分豐富，而且還能大量栽植、儲藏。人類掌握了食物供給流程，才得以單憑一小片土地穩定養活眾多人口。所以農耕帶來了定居生活、第一批城市，以及人類的心靈教化。另一方面，人類攝取的植物性食品種類也因農耕生活而大幅減少，幾千年後又受到工業化影響而進一步減少。蔬果成為裝飾，在現代西方膳食中，甚至變得可有可無。直到最近我們才開始了解，人類身體要長期維持健康，還是有賴富含蔬、果、香草和香料的多樣化飲食。所幸，拜現代科

技之賜，如今我們得以攝取的植物種類之多，可謂盛況空前。這是自然和人類合作創造出的迷人遺產，並且還在不斷演化，而現在正是一探究竟的成熟時機。

本章會概要介紹我們攝取的植物性食物。由於植物種類繁多，因此某些特定的蔬、果、香草與香料，會留待後續幾章來處理。種子類食品（穀物、莢果、堅果）的性質較為獨特，因此擺在第5章單獨講述。

以植物為食

植物的本質

植物和動物是非常不同的生物，這是因為雙方演化出不同作法來克服一項根本挑戰：如何取得能量和物質，以滿足生長、生殖需求。植物基本上都能自行滋養；它們從水、礦物質和空氣製造出植株組織，並以陽光的能量來驅動運作。至於動物，就無法由這種原始的材料中取得能量來製造複合式分子；牠們只能從預製的材料中獲得能量，因此非得攝食其他生物不可。植物是獨立的自營生物（autotroph），動物則是寄生的異營生物（heterotroph）。（寄生生活聽起來似乎不太令人贊同，不過，不用寄生，就無需進食，我們也就沒有吃東西和烹調的樂趣啦！）

自營生物有眾多不同的型式。有些古菌（單一細胞構成的微生物）能運用硫、氮和鐵化合物來生成能量。接下來，在攝取食物上的最重要進展則發生在30多億年前，當時演化出一種能捕捉陽光能量的細菌，而且它還能把能量儲存於碳水化合物分子（碳、氫和氧構成的分子）上。葉綠素（也就是蔬菜所含的綠色色素）分子能捕捉陽光，並啟動光合作用，最後更生成葡萄糖單醣。

最早的食物

「植物是人類最早的食物，也因此是唯一適當的食物。」這種觀念有深厚的文化根源。在希臘和羅馬神話所描述的黃金時期，大地自行滋長萬物，無需耕作，而人類則只吃堅果和果實。至於希伯來神話〈創世記〉中，亞當和夏娃則在短暫的無罪歲月中負責看管園子：

耶和華神在東方的伊甸立了一個園子，把所造的人安置在那裡。耶和華神使各樣的樹從地裡長出來，可以悅人的眼目，其上的果子好作食物⋯⋯耶和華神將那人安置在伊甸園，使他修理、看守。

《聖經》原本沒有提到肉類食物，後來是在敘述人類第一起謀殺案（該隱殺了弟弟亞伯）時，才出現這種記載。從畢達哥拉斯時代至今，有許多個人和團體都決定只吃素食，以免其他動物因人類而受苦。然而，對歷史上的多數人而言，吃素是不得不然，因為生產肉品的成本遠高於栽培穀物和塊莖。

$$6CO_2 + 6H_2O + 光能 \rightarrow C_6H_{12}O_6 + 6O_2$$
二氧化碳 ＋ 水 ＋ 光能 → 葡萄糖 ＋ 氧

　　細菌致力於「發明」葉綠素，不但滋養了藻類和所有陸地綠色植物，還間接孕育出陸地動物！光合作用出現之前，地球大氣的含氧量極低，太陽發出要命的紫外光會射穿大氣、直抵地表，還透入海洋好幾公尺，因此生物只能在較深層的水域生存。後來光合作用細菌和早期藻類急速繁衍，釋放出大量氧氣（O_2），而氧氣受高層大氣中的輻射照射後轉變為臭氧（O_3）。大部分紫外光會被臭氧吸收，只有少數能抵達地表，此時陸地生命才得以滋長。

　　因此，我們這種仰賴氧氣生存的陸生動物之所以能存在，必須歸功於隨處可見、我們所栽植且每天食用的綠色植物。

植物為何不長肉？

　　能自我滋養的陸生植物還是得接觸土壤，才能取得礦物質和水分，此外還必須接觸大氣以吸收二氧化碳和氧，接觸陽光以取得能量。這些營養來源都相當穩定，而且植物也發展出一套簡約的構造來利用這些穩定的營養來源：根條伸入土壤，探觸穩定的水源和礦物質；葉片面積擴張到極致，用以截捕陽光並與空氣交換氣體；以莖幹支持葉片並連結葉片和根部。植物基本上就是一間不能移動的化學工廠，其組成部件包括合成和儲存碳水

充滿挑戰的植物生活
植物根植於地表某處，從該處的土壤吸取水分和礦物質，並吸收空氣中的二氧化碳和氧氣，還能運用來自陽光的能量，接著再把這些無機物質轉換成植物組織，進一步成為滋養昆蟲和其他動物的養料。植物以各種化學武器抵禦掠食動物的侵害，而其中有部分化學物質能促進植物本身的風味或健康，或者兩者兼具。有些植物為了將子代散布到各處，會在種子外圍長出美味又營養的果肉，一旦動物帶走取食，種子便有機會散布出去。

化合物的腔室、在工廠各部之間運送化學物質的管道,以及提供機械剛性和強度的組織強化構造(也是以碳水化合物為主)。相較之下,寄生型動物必須尋找、取食其他生物,因此牠們的構造主要是能把化學能量轉換為物理運動的肌肉蛋白質(第一冊58頁)。

植物為何風味濃郁、效用強烈

動物還能借助運動能力來逃避敵害,或拚搏求生,以免變成其他動物身上的肉。那麼固定不動的植物呢?植物不能移動,卻能藉由高強的化學合成本領來彌補這項缺失。這群煉丹大師能產生好幾千種風味濃烈、有時還帶有毒性的警示訊號,讓細菌、真菌、昆蟲和人類打消攻擊念頭。這裡列舉一些化學戰的製劑:刺激性物質,如芥菜籽油和辣椒的辣椒素、洋蔥所含的催淚物質;帶苦味的毒性生物鹼,如咖啡所含的咖啡因、馬鈴薯所含的茄鹼;氰化物成分,如萊豆(皇帝豆)和多種果實種子;還有會干擾消化過程的幾種物質,包括帶澀味的收斂性鞣酸,以及消化酶抑制成分。

倘若植物自行配備了精良的天然殺蟲劑,為什麼我們沒見到遍野的昆蟲屍骸?這是因為動物學會了辨識、避開有潛在危害的植物。動物藉由嗅覺和味覺,能偵測濃度非常稀薄的化學化合物。動物針對特定的重要味道,發展出適當的自然反應,牠們嫌惡生物鹼和氰化物的特殊苦味,喜愛含重要養料的糖類所具有的甜味。有些動物還發展出特殊解毒酵素,因而能善加利用原本具有毒性的植物。樹袋熊(澳洲無尾熊)能吃尤加利樹葉,大樺斑蝶幼蟲則能吃馬利筋。人類也發明了自己的解毒妙法,包括植物的選用、育種和烹調。甘藍、萊豆、馬鈴薯和萵苣等培育過的品種,毒性都低於其野生的祖先。而且,許多毒素都能以高熱破壞,或以沸水濾除。

不過,很有意思的是,人類其實很喜愛某些植物毒素,甚至刻意尋找!我們花費心思去辨認哪些刺激性警示訊號是屬於較輕的危害,並愛上那種原本應該要感到嫌惡的感覺。於是我們才養成這些看似反常的習性:愛上芥末、胡椒和洋蔥。香草和香料本質上的吸引力即在此,我們在第4章還會談到這點。

為什麼熟果特別好吃？

高等動、植物是藉由結合雌、雄兩性性器官的遺傳物質（通常來自不同個體）而產生後代。動物能夠移動，因此雌雄個體能彼此察覺並相互靠近；植物不能移動，只好借助能夠移動的媒介。多數陸生植物的雄性花粉都能藉由風或動物落在雌性胚珠上。為慇懃動物伸出援手，較高等的植物還演化出花朵這種器官，甚至規畫出特定的外形、色彩和氣味，吸引特定外援（尤其是昆蟲）。於是當昆蟲四處飛行、採集花蜜或花粉作為食物時，也就把花粉傳布到其他植物身上。

雌雄細胞相遇結合並開始發育成後代，得要有好的開始。動物母親會四處搜尋適當位置來產下幼子，至於植物就必須借助外力。倘若種子都由植物直接投落地表，它們就必須相互競爭，還得與濃密成蔭的親代植株爭搶陽光和土壤中的礦物質。植物類群演化十分成功，發展出種種能把種子散布得又遠又廣的機制。這些機制包括能夠爆開把內含的種子四散投射的容器、能夠乘風而去或黏附於路過動物毛皮上的種子附屬器官，以及能夠進入路過動物「體內」搭便車的構造。實際上，果實正是植物為供動物取食而發明的器官，如此一來，動物就可以把植物種子帶到遠方，還往往讓種子通過消化系統，將之排放在營養豐富的糞肥堆中。（種子各以不同手法保全自己，有些既大又有堅硬外殼，有些十分小，很容易飛散，有些則具有毒性。）

所以果實是為供取食而生，這點迥異於植物的其他部位。因此果實的味道、香氣和質地，才會這麼迎合動物的感官。不過，果實要等到種子成熟、能夠成長發育之時，才會發出進食邀請。為此，果實的色彩、質地和風味都會改變，我們稱之為熟成作用。葉、根、莖隨時都可取食，越早的通常越鮮嫩。至於果實，我們就必須等候它們發出成熟可食的訊號。熟成細節請見第3章（148頁）。

我們的演化夥伴

我們的食用植物多半屬於地表的新生種類，就跟我們人類一樣。生命約在40億年前開始，至於開花植物，則只出現了2億年左右，而開始大規模繁

殖，則是過去5000萬年的事情。「草本」的生活習性還要更晚才會出現，多數食用植物都不是長命的喬木，而是較小、較脆弱的種類，往往只經歷一個成長季節便產出種子，並隨即死亡。這種草本習性讓植物具有更高強的適應性，更能因應變動環境，結果也為我們帶來好處。我們只要幾個月時間便能有成熟的作物，每年都能栽種不同植物，並迅速培育出新品種。我們取食的植物部位若得承受多年的生長，就會太過堅韌而無法食用。草本植物直到幾百萬年前才變得普及，那時人類正崛起。有了草本植物，人類文化才得以迅速發展，而我們也運用選種和育種手法，引導它們的生物性發展。我們和我們食用的植物，在彼此的演化進程中相互為伴。

植物的定義

我們把取自植物的食物分門別類，粗略歸入幾個範疇。

果實和蔬菜類

除了第5章要講述的小麥和稻穀等植物種子之外，我們取用的植物性食品中，最重要的便是果實和蔬菜。在英文世界，蔬菜一詞在最近幾個世紀才冠上現有涵義：基本上是指既非果實亦非種子的植物類食材。那麼果實是什麼？這個詞彙兼具學術和通俗涵義。自17世紀開始，植物學家便定義果實為：由花朵子房發育而成的器官，包覆著該植物種子。然而，在通俗用法上，同樣以果肉包覆種子的四季豆、茄子、黃瓜和玉米粒卻不稱為果實，而是蔬菜。就連美國最高法院也一向樂於採用廚子的定義，卻不採納植物學家的界定。1890年代，紐約一名進口商主張他進口的番茄享有免稅資格，他聲稱番茄是水果，因此根據當年法令規定得以免繳進口關稅。但海關裁定番茄是蔬菜，必須繳納關稅。最高法院依多數決認定，番茄「通常在晚餐時加入或搭配湯、魚、肉食，因此是主餐的一部分，而非像水果那般通常作為點心食用。」因此，番茄是蔬菜，進口商必須繳稅。

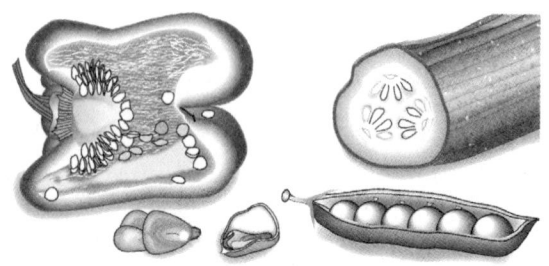

辣椒、豌豆莢、黃瓜，甚至玉米粒雖然都被視為蔬菜，但其實它們全都是果實：源自花朵子房，裡面包覆一顆或數顆種子。

最主要的區別：風味　為什麼我們通常都把蔬菜當成配菜來料理，卻把果實當成餐飲的高潮精華？烹飪用果實有一項不同於蔬菜的重要特性：這類食用果實是少數幾種我們天生就該食用的東西。許多植物在設計果實時都會迎合動物的感官，如此一來，動物才會取食，幫它們把果實裡的種子帶往他方。這類果實是自然界的無酒精飲料和糖果，以亮麗色彩包裝得耀眼炫目，還在幾百萬年的天擇作用中通過市場測試。它們通常含有高糖分，以滿足所有動物與生俱來對甜味的共通愛好。果實散發出特有的複雜香氣，這有可能牽涉到好幾百種不同化學物質，遠超過其他天然原料所含的種類。同時，果實還會自行軟化，變得香甜多汁且柔嫩誘人。相對而言，我們視為蔬菜的植物性食品則一點都不柔軟，有些味道非常清淡（四季豆和馬鈴薯），有些則太過濃烈（洋蔥和甘藍），因此蔬菜必須由廚子施展手藝才能散發美妙滋味。

　　果實和蔬菜的字彙本身便反映出這些差別。Vegetable（蔬菜）的拉丁字根 *vegere* 是個動詞，意思是賦予精神、帶來生機；而 fruit（果實）的拉丁字根則為 *fructus*，意思是滿足、愉悅、滿意和樂趣。果實天生具有美妙滋味，能迎合我們天生的生物愛好，而蔬菜則刺激我們去發現、創造出比享用果實還更微妙、更多樣化的樂趣。

香草和香料

　　Herb（香草）和 spice（香料）的詞彙比較淺顯易解。兩者都是植物原料，主要都用來調味，而且實際用量都很少。香草取自植物的綠色部位，通常都是葉片，像是歐芹、百里香和羅勒等；香料通常都是種子、樹皮和地下莖，分別如黑胡椒、肉桂和薑等，以及其他不易變質的食材，在早期都很適合用來做國際貿易。「spice」一詞源自中世紀拉丁字「*species*」，意思是「商品之類的」。

植物性食品的歷史

當今我們取食的植物部位，成為西方世界的食材有多久了？還有我們現在這種吃法又有多長的歷史？除了極少數例外，常見蔬菜早在歷史記載出現之前都已成為食材（較晚才納入的種類包括：青花菜、花椰菜、抱子甘藍和芹菜）。不過，直到16世紀大航海時代，如今我們所見的這種種食物才廣及全球各個文明。在西方世界中，果實最晚從希臘時代開始就已成為甜點；明確歸為沙拉的食品可追溯至中世紀，而煮熟的蔬菜佐以可口調味醬，則源自17世紀法國。

史前時代和早期文明

初民將許多植物納入耕作，方法雖然粗糙，卻還是有用。他們只採集有用的植物，把種子留在肥沃殘渣裡。根據考古證據研判，歐洲初民似乎靠小麥、蠶豆、豌豆、蕪菁、洋蔥、蘿蔔和甘藍維生。在中美洲，玉米、豆類、硬皮南瓜、番茄和酪梨在公元前3500年左右都已成為重要作物，而祕魯各聚落則極其仰賴馬鈴薯。亞洲北部一開始是栽種粟、甘藍近親、大豆，還有蘋果、桃子家族等喬木類果實；南亞有米、香蕉、椰子、薯蕷、甘藍近親還有柑橘類果實。非洲原住民的作物包括幾種近緣卻又各具特色的粟、高粱、稻和香蕉，還有薯蕷和豇豆。歐洲和亞洲一向用芥菜籽來調味，有時也用薑。辣椒或許一度是美洲最重要的香料。

到了約5000年前，蘇美和埃及發展出最早的文明，今日人們食用的當地原生植物在那時多半都已納入食材（見20頁表格）。中東和亞洲間的往來貿易也可追溯至遠古。根據公元前1200年左右埃及的文獻記載，當時已有為數龐大的斯里蘭卡肉桂貢品。

希臘、羅馬和中世紀時代

由希臘人和羅馬人的膳食，我們可以看出現代西式料理的大致樣貌。希臘人喜愛萵苣，也習慣在餐後吃水果。約在公元前500年左右，來自遠東地

區的胡椒已經納入食材，而且很快就成為古代世界最熱門的香料。羅馬人開始和結束用餐時都會食用萵苣，還拿水果當甜點。當時叫得出名字的蘋果約有25種，梨子則有35種，這得歸功於嫁接法：從合適喬木上砍下成長中的嫩枝，接到其他植株上。果實可採浸漬法保藏，連果柄整顆泡在蜂蜜裡面，美食家阿比修斯（Apicius）還曾提出一份醃漬桃子食譜。根據留存下來的羅馬食譜，當時擺上桌的食物，幾乎都會添加數種濃郁的調味料。

羅馬人征服歐洲時，也把喬木果實、藤蔓、甘藍，還有他們大量使用香料的習性傳遍各地。14世紀的調味醬食譜和阿比修斯的配方很像，英國的生菜沙拉（不含萵苣）也一向都相當辛辣（見21頁下方資料欄）。中世紀食譜收入的蔬菜料理種類還相當少。

新世界，新食品

過去5個世紀以來，植物也協助塑造世界史，特別是香料植物。古代歐洲人渴求亞洲香料，這促使義大利、葡萄牙、西班牙、荷蘭和英國發展航海技術，成為文藝復興時代的海上強權。當初哥倫布、達伽馬、卡伯特和麥哲倫不斷探尋通往印度群島的新航路，就是為了突破威尼斯和南阿拉伯的古代貿易壟斷，以直接取得肉桂、丁香、肉豆蔻和黑胡椒。他們的探勘失敗了，卻成功打開歐洲剝削「西印度群島」的大門。美洲新大陸最初令人失望，找不到想要的香料。不過，香莢蘭（vanilla，也通稱香草）和辣椒很快就大受歡迎；那裡豐盛的新蔬菜也多半都能適應歐洲氣候，於是菜豆、玉米、南瓜、番茄、馬鈴薯和甜辣椒，最後都成為歐洲新料理的主要食材。

17、18世紀是新食物的同化期，此時也正發展出新食材的料理手法。這時耕作和育種技術重獲重視；路易十四的凡爾賽果園、花圃都名聞遐邇。廚師對蔬菜的興趣漸增，還採用更精妙的手法來料理，部分原因是想讓四旬期等天主教齋戒期的素食菜餚更為可口。拉瓦杭的弗朗索瓦·皮耶（François Pierre de La Varenne）是法國最早的偉大烹飪作家，也是亨利四世的御廚，他把多種素菜食譜納入著作，食材包括豌豆、蕪菁、萵苣、菠菜、黃瓜、甘藍（5種作法）、菊苣、芹菜、胡蘿蔔、南歐刺菜薊和甜菜，還加上朝鮮薊

歐洲使用的蔬果和香料

蔬菜	果實	香草和香料
地中海區原生植物，公元前使用的種類			
菇蕈類　洋蔥 甜菜　　甘藍 蘿蔔　　萵苣 蕪菁　　朝鮮薊 胡蘿蔔　黃瓜 歐洲防風　蠶豆 蘆筍　　豌豆 韭蔥　　橄欖	蘋果 梨 櫻桃 葡萄 無花果 海棗果 草莓	羅勒　　蒔蘿 墨角蘭　歐芹 小茴香　奧勒岡 薄荷　　月桂 迷迭香　刺山柑 鼠尾草　葫蘆巴 風輪菜　蒜 百里香　芥菜 洋茴香　罌粟 葛縷子　芝麻 芫荽　　番紅花 孜然
後期增添的種類			
菠菜 芹菜 大黃 花椰菜 青花菜 抱子甘藍		
亞洲原生植物，公元前傳入歐洲的種類			
	枸櫞 杏 桃	小豆蔻 薑 肉桂 薑黃 黑胡椒
後期引進歐洲的種類			
薯蕷 芋薯 竹 茄子	檸檬 萊姆 甜橙 甜瓜	龍蒿 肉豆蔻乾皮 丁香 肉豆蔻
美洲原生植物，15~16世紀引進歐洲的種類			
馬鈴薯　腎豆 甘藷　　萊豆 大果南瓜　辣椒 小果南瓜　酪梨 番茄	鳳梨	多香果 辣椒 香莢蘭

（朝鮮薊）、蘆筍、菇蕈類和花椰菜等尋常料理。這批食譜還讓蔬菜扮演要角，得以發揮原有風味。18世紀英國作家約翰・伊夫林（John Evelyn）更寫了一篇跟書本一樣厚的文章專論生菜沙拉，也同樣以萵苣為主角，並強調均衡的重要性。

19世紀期間，英國蔬菜烹調法逐漸簡化，到最後家庭和餐廳幾乎只以沸煮並添加奶油這種速簡方式來料理食材。在此同時，法國廚藝的專業則達到極致。權威大廚安東尼・卡漢姆（Antonin Carême）在他的《19世紀的法國烹飪藝術》（Art of French Cooking in the 19th Century, 1835）中聲稱「調製四旬期膳食中的甜點，正是需要大廚大顯身手、大放異彩的時候。」卡漢姆擴大食譜範疇，納入青花菜、松露、茄子、甘藷和馬鈴薯，而這些食材「在英式料理中，最後不過是變成一團泥」。當然了，這種光采往往破壞了四旬期齋戒的原意。布里茲男爵（Baron Brisse）在他的《366張菜單》（366 Menus, 1872）中質疑：「那些熱中於齋戒期素食的人士，真的是在吃刻苦己身的膳食嗎？」

現代科技的影響

地理大發現和精緻烹調讓蔬果在歐洲受到全新矚目。隨後進入工業時代，社會變動和技術革新聯手拉低了蔬果供應量及需求量。自19世紀初，工業化歷程把農村人口引入都市，歐洲和北美洲飲食中的蔬果數量日漸減少。

羅馬和中世紀歐洲的植物食材
羅馬甲殼類水產調味醬
孜然醬，甲殼類水產調味用：胡椒、歐當歸、歐芹、薄荷、芳香葉片（如月桂葉）、印度月桂葉（一種中東葉片），大量孜然、蜂蜜、醋、鹹魚漿（一種發酵魚漿，很像我們的鯷魚漿）。
—引自阿比修斯，公元世紀初

中世紀調味醬，**法式**的作者是泰意文（Taillevent，約1375年，法王查理五世御廚），**英式**引自《烹飪樣式》（The Forme of Cury，約1390年）
卡門萊醬，肉品調味用：
- 法式：薑、肉豆蔻乾皮、肉桂、丁香、天堂籽（即摩洛哥豆蔻）、胡椒、醋、麵包（用以提高濃稠度）。
- 英式：薑、丁香、肉桂、穗醋栗、堅果、醋、麵包皮。

維德調味醬：
- 法式：歐芹、薑、醋、麵包。
- 英式：歐芹、薑、醋、麵包、薄荷、蒜、百里香、鼠尾草、肉桂、胡椒、番紅花、鹽、酒。

生菜沙拉和糖煮蔬菜（《烹飪樣式》，約1390年）
- 沙拉：取歐芹、鼠尾草、蒜、蔥、洋蔥、韭蔥、琉璃苣、薄荷、韭蔥苗、茴香、獨行菜、新鮮迷迭香、馬齒莧；清洗乾淨；揀摘後用手撕成小片，接著加入生油混勻。上覆醋、鹽，擺放妥當上桌。
- 糖煮蔬菜：取歐芹根和歐洲防風，擦刮洗淨備用。取蕪菁和甘藍，剝皮切好。取一平底陶鍋，裝清水起火燒煮。把食材全部投入。水沸後加入豌豆煮至半熟。把所有食材取出擺在潔淨的布上冷卻，放涼後擺進容器加鹽。加入醋、粉、番紅花。所有食材擺放整夜或整日。取希臘甜酒和蜂蜜（相混澄清後備用）、倫巴第芥菜、葡萄乾、穗醋栗（整顆），以及糖粉和茴芹（洋茴香的完整植株），還有小茴香籽。把所有材料裝入陶罐，想吃就拿一些上桌。

1820年代，鐵道運輸逐步發展，到了中期出現罐藏法，過了幾十年又有冷藏技術問世，這些都增加了都市的蔬果供應量。約在進入20世紀之際，人類發現維生素及其在營養上的重要性，於是蔬果很快就正式列入每餐都應攝取的四類食物之一。然而在20世紀大半期間，新鮮農產品的消耗量依然持續減少，究其原因，至少部分該歸咎於蔬果的品質和種類也都逐日下滑。依現代食物生產體系，作物都是量產、遠距輸送，培育作物不再講求風味和最佳採收時節；產量、均一性和耐久性，成為生產作物的重點。蔬果栽培都以能夠耐受機械採收、運輸、儲藏等嚴苛作業條件為目標，還往往在仍很硬的時候便先行採收，距離實際銷售、食用時間還有好幾週或好幾個月。一些平庸品種成為市場主流，經過好幾世紀改良而流傳下來的其他數千個品種，卻都完全消失，或只在後院庭園中倖存下來。

20世紀末，工業化帶來好幾項發展，使植物性食品重獲青睞，其多樣性和特質更引來世人矚目。其中之一是肯定蔬果對人類健康的貢獻，這要歸功於微量「植物性化學物質」的發現，這些物質似乎有助於對抗癌症和心臟病（見24頁）。另一項是人們對異國、新奇菜餚和食材的興趣日增，而這類食材在市集也越來越容易購得。另有一反向趨勢，那就是重新重視傳統的食物生產體系以及其中的樂趣：食用本地栽種的產品。這些常常是被人遺忘的「家傳」或罕見品種，而且是在短短幾小時前才採收，由栽種者親自運往市集販售。與這趨勢息息相關的是「有機」食物的吸引力日漸增長。這類食物不靠現代化學物質來控制病蟲害。有機栽培法的意義因人而異，也不擔保食品更安全或更有營養，畢竟農耕的複雜程度不止於此。不過，有機栽培的意義在於，工業化農業之外，還有一種完全不同的替代方案，民眾也能因此更重視農業生產的品質，以及農耕作業的永續性。

追求新奇的大膽食客在今日可是生逢其時。我們熟悉的蔬果中有眾多湮沒的品種如今都要重新問世，另外還有許多新發現的食物可供品嚐。地球上的食用植物估計共有30萬種，或多或少經過栽培的種類可能有2000種。我們仍有一片廣大的天地可探索！

考究的17世紀蔬菜烹調法

選用最大的蘆筍，切除底端後洗淨。加點水烹煮，加入足夠的鹽，別煮過頭。煮好後瀝乾。用新鮮奶油醬料，取少許醋、鹽和肉豆蔻，加入一枚蛋黃，混成醬汁；小心別讓醬汁凝結。蘆筍上桌時可任意配上盤飾。 ——弗朗索瓦・皮耶，《法式烹調法》(Le Cuisinier françois, 1655)

……萵苣具有安定作用，因此從過去到現在，一直都是沙拉總匯的主要食材。沙拉爽脆、清新，而且還有其他特質（包括有益於「德行、節制和守貞」）。我們已經談過，在沙拉的材料中，所有植物都應該發揮本色，而且不該被其他味道較強的香草壓過，這樣才不致減損其特有滋味和功效；所有食材都該各守其分，就像音樂中的音符，不該發出絲毫刺耳粗嘎聲，儘管偶爾會有些不和諧的音符（為的是凸顯其他音符）活躍地衝撞進來，不過有時可以用更輕柔的音符調和所有不和諧音，將之融合成悅耳的樂曲。

——約翰・伊夫林，《青蔬料理：論沙拉》(Acetaria: A Discourse of Sallets, 1699)

植物性食品和健康

植物性食品能提供我們生存、繁榮所需的一切養分，因此我們的靈長類祖宗最早幾乎不怎麼吃其他東西，現在還是有許多文化如此。不過，人類誕生後，肉類和其他動物性食品就開始變得很重要，肉品含豐富的能量和蛋白質，在演化上或許也曾助我們一臂之力（參見第一冊158頁）。我們對肉類一向有股生物性的癡迷，同時，在有能力拿日常穀物和根菜餵養牲口的社會中，肉品也成為最貴重的食物。在工業化社會裡，肉類挾其顯赫地位和供應數量，把穀物、蔬果都逼到餐盤邊緣或淪為墊底食物。而且在幾十年期間，營養學研究也證實它們的附屬地位，特別是蔬果，更被認為只能提供人類需求量很低的幾種養分，而且是只具物理效用的粗食（編注：物理效用指促進腸胃蠕動）。然而，近幾年來，我們已經開始明白，人類自古以來所攝取的植物性食品，裡面含有無數珍貴物質，而這一切，我們都還在學習。

■ 蔬果的營養要素：維生素

多數蔬果提供給我們的蛋白質和熱量都不算多，不過，蔬果是人類幾種維生素的主要來源。蔬果提供我們大量維生素，包括幾乎所有的維生素C，還有大半葉酸（一種維生素B）和半數維生素A。這些物質對人體細胞的新陳代謝各具不同影響，分別扮演好幾種角色。舉例來說，維生素C能使多種酵素所含的金屬成分回復到原本的化學態，還能協助合成結締組織所含的膠原蛋白。植物所含 β-胡蘿蔔素（見40頁）是我們身體製造維生素A的前驅物，維生素A能協助調節幾種細胞的生長，還能幫助我們的雙眼感測光線。葉酸的拉丁字源為「葉」，能把人體細胞的一種代謝副產品「類半胱胺酸」轉變為甲硫胺酸（含硫的胺基酸）。這可以抑制類半胱胺酸含量，而類半胱胺酸含量過高會導致血管損傷，還可能造成心臟病及中風。

維生素A、C和E也都是抗氧化物（見下頁）。

植物性化學物質

原文書第一版反映了1980年前後風行各界的營養學教誨：我們應該充分攝食果實和蔬菜，以免缺乏維生素和礦物質，也好讓我們的消化系統順暢運作。結束。

20年間發生了多大的變化啊！

營養科學在這段期間出現一場波瀾壯闊的變革。20世紀大半期間，營養學都以定義「適當」飲食為目標。這套飲食決定了我們身體的最低攝食需求，範圍包括：基礎化學建材（蛋白質、礦物質、脂肪酸）、身體機制不可或缺的齒輪（維生素），還有保持日常運作和維護自體所需的能量。20世紀結束時，在實驗室研究以及各國保健統計數字的比較中，我們逐漸明白，在養分攝取充分的開發國家，影響重大疾病（癌症和心臟病）的，就是我們所吃的食品。隨後，營養科學開始致力於界定「最佳」飲食的構成元素。於是我們發現，次要的、非基本的食物成分，對我們的長期健康具有累積性的影響。結果證實，植物這群地球上的生化大師，原來含有各式微量植物性化學物質（phytochemical，源自希臘字根 phyton，意思是「葉」），能調節我們的代謝。

抗氧化物

氧化損傷：生活的代價　現代營養學有一項主要研究課題，那就是身體得去處理生命本身的化學耗損。人類生命少不了呼吸，因為我們的細胞是使用氧氣來和醣類、脂肪產生反應，製造出維繫細胞機械運作所需的化學能量。不幸的是，我們發現，和氧氣有關的能量製造和其他種種基本製程，

遺傳工程和食物

20世紀農業發展中，影響最深遠的是1980年代引入的遺傳工程。這門技術問世之後，我們便能像在做精密的外科手術般，藉由操控構成生物基因的DNA來改變我們的動物性和植物性食物。這項操控手法繞過物種間的天然屏障，因此在理論上，任何生物的基因，不論是屬於植物、動物或微生物，都可以放入別的生物中。

遺傳工程尚處於萌芽階段，至今對我們吃的食物仍影響有限。在美國，所有加工食物中，估計有75%含有經遺傳改造的成分。不過，這個駭人數值完全來自三類農產品：大豆、芥花菜和玉米，全都經過改造，以使其更能耐受蟲害或除草劑。我在2004年便曾撰文討論此事。此外，美國唯一經遺傳工程大幅改造的作物是夏威夷木瓜，如今這類木瓜已經能夠抵禦之前曾帶來重創的病毒型病害。此外，有幾類食物在加工處理時，用的酵素也都來自基因改造的微生物，例如用來凝結乳酪的凝乳酵素，製造這種酵素的微生物多半都植入了家牛的酵素基因。不過，大致上，美國的未加工食材比較少經由遺傳工程處理。

這種情況在往後幾年肯定就要改觀，而且不只發生在西方：中國也有一項非常積極的農業生物科技計畫。遺傳工程是農業本身結出的現代果實，也源自人類自古便身體力行的一件事，

會產生名為「自由基」的化學副產品，這是種非常不穩的化學物質，會和我們本身複雜、脆弱的化學機制進行反應，或是破壞這些機制。這種傷害稱為「氧化損傷」，因為這通常都源自與氧氣有關的反應，會影響細胞的不同部位以及體內的不同器官。例如，細胞的DNA受到氧化損傷，便有可能導致細胞失控增殖，並長成腫瘤；若血液中運送膽固醇的分子受了氧化損傷，便可能刺激我們的動脈內壁，造成的損傷會導致心臟病或中風；陽光的高能紫外線會在眼中生成自由基，從而傷害水晶體和視網膜中的蛋白質，還會引發白內障、黃斑退化病變和目盲。

我們的身體借助抗氧化分子來擊退這種凶險的後果，這種分子能與自由基產生無害反應，不讓它有機會損害細胞的化學機制。我們得不斷補充足夠的抗氧化物，才能保持良好健康。身體確實能夠自行製造一些重要的抗氧化分子，包括某些威力強大的酵素。不過，身體得到的支援越多，就越能抵禦自由基的持續攻擊。而我們也發現，植物正是抗氧化物的寶庫。

植物中的抗氧化物　在所有生物中，承受最高氧化壓力的，莫過於綠色植物行光合作用的葉片。葉片採收陽光中能量充沛的粒子，將水分子分解成氫原子和氧原子，好用來製造糖分。因此，葉片和植物其他暴露在外的部位，全都充滿抗氧化分子來對付這種高能反應，以免重要的DNA和蛋白質受損。植物性抗氧化物中的「類胡蘿蔔素」則囊括了橙色的β-胡蘿蔔素、黃色的葉黃素和玉米黃素，以及為番茄染上色彩的紅色茄紅素。綠色的葉綠素本身就是種抗氧化物，維生素C、E也是。此外還有幾千種酚類化合物，都由6碳原子環構成。酚類物質在植物生命中扮演好幾種角色，從形成色素到抵抗微生物，再到吸引、驅退動物等。所有蔬果和穀物或許都含有至少幾類酚化合物；顏色越深、味道越強烈，便越可能含有大量酚類抗氧化物。

那就是生物可以任人隨心所欲塑造。這種塑造作業，從最早期農耕階段便已開始，當時的農夫選擇性地培育動、植物，以產出更大、更美味或看起來更誘人的種類。這種觀察、選種的過程雖然很單純，卻依然發揮了相當功效，成為一種威力強大的生物技術。我們逐漸看到，個別品種中還蘊藏著多樣性的潛力，後來這種潛力化為事實，在小麥、家牛、柑橘和辣椒上各自發展出幾百種不同的變種，而且其中有許多品種從未見於大自然。如今，遺傳工程正探索其中蘊藏的潛力，逐步改良特定食用的植物或動物，而且不只侷限於該物種，還擴及所有物種，全面涵蓋豐饒生命世界中的DNA與其可能的變化。

我們對遺傳工程寄以重望，期望它能大幅增進人類的食物產量和品質。然而，如同所有深具威力的新技術，它也可能釀成影響深遠的意外後果。同時，分散在各地的傳統、小規模食品製法與自古流傳的生物、文化多樣性，原本就已遭受侵蝕，而遺傳工程作為一種農耕的工業手段，也可能讓這悲劇雪上加霜。這些涉及環境、社會和經濟的課題，相關領域的人士都應加以深思，包括生物科技界、農業界、主管的政府部門、種植培育產品的農夫、把產品轉變為食品的廚師和食品業者，還有購買、使用從而支持這整套體系的消費者。如此一來，就長期而言，這項新近出現的農業革新，才能為廣大民眾帶來最大福祉。

蔬果、香草和香料所含化學物質的若干效益

這裡針對幾樣豐富又繁複的主題進行概覽，目的是大致點出種種植物化學物質如何以不同方式影響我們各個健康層面。舉例來說，某些酚類化合物似乎能夠幫助我們對抗癌症，避免健康細胞的DNA受到氧化損傷、防止身體自行生成會損傷DNA的化學物質，還有抑制已經失控增殖的癌細胞進一步生長。

避免體內重要分子受到氧化損傷：抗氧化物
眼部：延緩白內障和黃斑退化病變
　　羽衣甘藍、多種深綠色蔬菜（類胡蘿蔔素：葉黃素）
　　柑橘類水果、玉米（類胡蘿蔔素：玉米黃素）

血脂質：延緩心臟病病情發展
　　葡萄、其他漿果（酚類：花青素基）
　　茶（酚類）

全身：避免DNA損傷延緩癌症病情發展
　　番茄（類胡蘿蔔素：茄紅素）
　　胡蘿蔔、其他橙色及綠色蔬菜（類胡蘿蔔素）
　　茶（酚類）
　　綠色蔬菜（葉綠素）
　　青花菜、白蘿蔔、甘藍家族（硫化葡萄糖苷、硫氰酸鹽）

控制身體的發炎反應
全身：延緩心臟病和癌症病情發展
　　葡萄乾、海棗果、辣椒、番茄（水楊酸鹽）

防止身體自行製造損傷DNA的化學物質
　　多種蔬果（酚類：類黃酮）
　　青花菜、白蘿蔔、甘藍家族（硫化葡萄糖苷、硫氰酸鹽）
　　柑橘類水果（萜烯類）

抑制癌細胞和腫瘤成長
　　多種蔬果（酚類：類黃酮）
　　大豆（酚類：異黃酮素）
　　葡萄、漿果（酚類：土耳其鞣酸）
　　黑麥、亞麻仁（酚類：木聚糖）
　　柑橘類果實（萜烯類）
　　菇蕈類（碳水化合物）

延緩體內骨骼的鈣質流失
　　洋蔥、歐芹（職管此功能的成分尚待確認）

促進腸內益菌生長
　　洋蔥家族、菊芋（菊芋多醣）

預防傳染性細菌黏附於尿道
　　蔓越莓、葡萄（酚類成分：原花青素）

植物的各別部位以及各種蔬果都含有獨門的抗氧化物群。每種抗氧化物通常也都分頭對抗特定類別的分子損傷，或協助重新製造其他特定防護分子。沒有哪種分子能夠對抗一切損傷。事實上，倘若某類分子的濃度過高，還可能導致失衡，反而帶來危害。因此，要想善用抗氧化物的威力，把功效發揮到極致，最佳作法並不是服食含少數幾種重要化學物質的增補劑，而是大量攝取多類蔬果。

其他有益的植物性化學物質

要常保健康，抗氧化物或許是最重要的一類食材，卻不是唯一的選擇。我們發現，植物所含微量化學物質，包括香草和香料的成分，都有促進其他多項平衡作用之效，協助我們維持健康，不致生病。舉例來說，有些物質的作用就像阿斯匹靈（原本就是在植物中發現的），能防止身體對輕微損傷做出過度反應，從而減輕會引致心臟病或癌症的發炎現象；有些則能制止身體把弱毒性化學物質轉變為強烈毒素，才不致損傷DNA，進而預防癌症；有些能抑制已經失控增殖的癌細胞繼續生長。另有些則能延緩骨頭鈣質流失、促進我們身體所含益菌增長，還能抑制病菌滋生。

左頁列出其中部分功用，還有帶來這些功用的化學物質和植物類別。關於這類營養的知識，我們才剛開始著手探索，不過，就我們今日所知，至少我們已經能夠歸納出一個清楚的結論：唯有多樣化飲食，才能提供多重防護，沒有任何一種蔬果單憑一己之力就能辦到這點。

因此，現今營養學的暫定教誨應該這樣講：蔬果、香草和香料能提供我們多類有益物質。除了適當飲食之外，我們還必須盡可能多吃這類食物，而且要盡可能攝取多樣類別。

由外觀評估養生之效

這裡提出一項有用的指南，可用來評估蔬果對健康的益處是高或低：食物的顏色越深，對健康的好處很可能越大。因為葉片受光越強，為處理所輸入的能量，所需色素和抗氧化物便越多，於是葉片便會染上較深的色澤。

舉例來說，萵苣和甘藍家族都以淺色內葉構成緊緻的結球，和外側深色葉片以及葉片較開展的品種相比，這種內葉的胡蘿蔔素含量只能說是寥寥無幾。同樣地，蘿蔓萵苣深色葉片的護眼葉黃素和玉米黃素含量都極高，和結球萵苣緊緻結球的蒼白葉片相比，含量幾達十倍之多。其他深色蔬果所含類胡蘿蔔素和酚類化合物，也都勝過淡色的同類。深色蔬菜的外層葉片，含量特別豐富。抗氧化物含量最高的果實包括：櫻桃、紅葡萄、藍莓和草莓；蔬菜則為：蒜、紅洋蔥和黃洋蔥、蘆筍、四季豆和甜菜。

■ 植物性纖維

纖維的定義是：植物性食品中，我們的消化酶無法將之分解為可吸收養分的物質。因此，這纖維不能由小腸來吸收，它會完整通過小腸，並進入大腸。在大腸中，部分纖維由腸道菌群分解，其餘則排出。纖維的四大成分都來自植物細胞壁（見38頁）。纖維素和木質素構成強韌的纖維，不溶於我們的水狀消化液，而果膠和半纖維素則能溶解為個別分子。纖維的次要成分包括生澱粉和多種膠質、黏質，還有其他幾種少見的碳水化合物（例如：菇蕈類幾丁質、海藻瓊脂和鹿角菜膠，還有洋蔥、朝鮮薊和菊芋所含的菊苣多醣）。特定食物供應特定類別纖維。小麥麩皮（小麥麥粒的乾燥外皮）含有豐富的不溶性纖維素，而燕麥的麩皮則含有豐富的可溶性聚葡萄糖（一種碳水化合物），至於多汁的成熟果實，其可溶性果膠含量便較為稀少。

不同纖維成分各以不同方式促進健康。不溶性纖維素和木質素的主要作用是充實腸道內容物的體積，從而讓內容物更快、更容易通過大腸。迅速排泄好處多多，能縮短我們和有害物質的接觸時間（包括會損害DNA的化學物質，以及食物的毒素），同時部分毒素還會和纖維結合，就不會被我們的細胞吸收。可溶性纖維成分讓腸道內容物變得濃稠，於是會減緩養分或毒素的混合和移動速率。這類成分或許還能與某些化學物質混合，如此我們的身體就不會吸收到那些化學物質。可溶性纖維已經證實能夠降低血膽固醇含量，還能減緩餐後血糖升高。菊苣多醣特別能夠促進腸道益菌增生，

同時抑制潛在有害微生物的數量。其中細節很複雜，不過總體看來，可溶性纖維有助於對抗心臟病和糖尿病。

總而言之，蔬果無法消化的部分對我們有益。有人認為，甜橙或胡蘿蔔打汁飲用的價值和取食完整蔬果相等，這種觀念並不正確。

部分蔬果所含毒素

許多植物（或許所有植物）都含有驅退動物、讓動物厭食的化學物質；我們吃的蔬果也不例外。儘管在大體上，培育、育種的過程已經減低蔬果的毒素含量，不致造成危害，然而，不尋常的處理或過量取食仍有可能帶來危險。以下植物毒素都有必要認識。

生物鹼

生物鹼是帶苦味的植物毒素，出現的時間大約與哺乳類演化同時，由於味道不好又會引發副作用，可以嚇阻動物取食，對我們這個動物類群還似乎特別有效。已知的生物鹼幾乎都帶有高劑量毒素；即便劑量很低，多半也都能改變動物的新陳代謝，因此咖啡因和尼古丁才那麼誘人。就常見的食品而言，只有馬鈴薯儲備的生物鹼會多到造成潛在危害，所以發綠的或發芽的馬鈴薯帶有苦味和毒性（見82頁）。

氰

氰是種用來警告、毒害動物的分子，含有帶苦味的氰化氫，這種致命物質可摧毀動物用來產生能量的酵素。當植物組織在動物咀嚼中受損時，氰便會接觸到植物的酵素而分解，釋出氰化氫（HCN）。氰含量很高的食物（包括木薯、竹筍和熱帶種萊豆）可先打開鍋蓋沸煮，以水濾除或發酵處理，之後便可安全食用。柑橘、核果和仁果的種子都會生成氰化物，核果的種子還含有苯甲醛，具杏仁萃取物（見344頁）的獨特氣味，特別受人喜愛。

聯胺

聯胺是種含氮物質，在一般白色和其他菇蕈類品種中會發現較高含量（500 ppm），而且烹煮後不會分解。在實驗室中，小老鼠吃下菇蕈類聯胺會導致肝病和癌症，但大鼠取食便無礙。胼聯胺對人類是否有明顯危害，目前還不清楚。在探明真相之前，吃菇蕈類最好要有節制。

蛋白酶抑制劑和凝集素

這是兩類會干擾消化作用的蛋白質：抑制劑妨礙蛋白消化酶發揮作用，凝集素則和腸細胞結合，阻礙細胞吸收養分。凝集素還能進入血流，令紅血球細胞相互結合。這類物質主要見於大豆、腎豆和萊豆。抑制劑和凝集素經長時間沸煮都會失去活性。不過，若生食或食用未充分烹煮的豆類，這類物質便會存留下來，還會導致類似食物中毒的症狀。

風味化學物質

風味化學物質一般都只微量攝取，然而若攝取過多，其中幾種倒是有可能帶來危害。黃樟素是黃樟油的主要芳香成分，因此也見於傳統沙士飲料中，會損害DNA，1960年起便禁止作為添加劑使用（如今沙士都用無害的撒爾沙根或人工甘味劑）。肉豆蔻醚是肉豆蔻的主要甘味來源，大量攝食肉豆蔻會中毒並產生幻覺，大半或可歸咎於肉豆蔻醚。甘草根部的甘草素是甜味濃烈的物質，會引起高血壓。香豆素讓草木樨帶有香甜氣味，也見於薰衣草和類似香莢蘭的零陵香豆（*Dipteryx odorata*），香豆素會妨礙血液凝結。

有毒胺基酸

有毒胺基酸是一種不常見的胺基酸。胺基酸是我們的蛋白質基礎建材，一旦帶毒，便會干擾正常蛋白質發揮作用。刀豆胺酸干擾好幾項細胞機能，也與狼瘡症狀息息相關；紫花苜蓿芽和刀豆都含大量刀豆胺酸。蠶豆含有「蠶豆嘧啶核苷」和「伴蠶豆嘧啶核苷」，有些人對這類物質過敏，吃了會引發溶血性貧血，稱為蠶豆症。（見326頁）。

▎草酸鹽

草酸鹽泛指多類草酸的鹽，這是植物新陳代謝產生的廢物，見於幾類食品，特別是菠菜、蓁菜、甜菜、莧菜和大黃。鈉鹽和鉀鹽都溶於水，而鈣鹽則不溶，會結成晶體，刺激口部和消化系統。可溶性草酸鹽會與人類腎臟中的鈣離子結合形成令人疼痛的腎結石。高劑量草酸（幾公克重）具腐蝕性，能致命。

▎歐洲蕨毒素

這類毒素見於歐洲蕨屬（*Pteridium*）的幾個種類，人類有時會摘取其卷形葉來食用。這種毒素經動物吃入體內，便可能導致好幾種血液病變和癌症。鴕蕨（*Matteuccia*）的卷形嫩葉一般都認為比較安全，然而關於蕨類植物的食用安全，可靠資訊相當少。食用卷形嫩葉必須格外審慎，而且要檢查產品標示或並詢問販售者，以避開歐洲蕨。

▎補骨脂素

補骨脂素是種化學物質，會損害DNA並引發嚴重皮膚炎。這類物質偶見於處理不當的芹菜和芹菜根、歐芹和歐洲防風，這些蔬菜若儲放於接近冰點的低溫、受強光等外力影響，或曾受黴菌感染，便可能產生補骨脂素。補骨脂素會在我們處理食材時滲入皮膚，或隨著蔬菜進入體內（含生食和熟食），然後蟄伏在皮膚細胞內，一旦受陽光紫外線照射，便與DNA以及重要的細胞蛋白質結合，造成損害。購買會產生補骨脂素的蔬菜，應盡可能求新鮮，並盡快食用。

蔬果除了自身的化學防禦之外，還可能帶有種種毒素，包括：黴菌污染帶來的毒素（有些蘋果汁帶有棒麴毒素，禍首便是一種長在受損果實外表的青黴菌）、農業用化學物質（殺蟲劑、除草劑、殺真菌劑），以及土壤和空氣的污染物（戴奧辛、多環芳香族碳氫化合物）。一般而言，這類污染物質若含量不高，並不會立即危害健康。不過，這些物質都是毒素，因此是不受

歡迎的食品附加物。我們可以採用幾種作法來減少這些毒素，包括清洗食材、去除外表，還有購買經過驗證的有機農產品，這類產品都在較清潔的土壤中成長，也不採用多數農業用化學物質。

新鮮農產品和食物中毒

談到食物中毒，我們一般都會聯想到動物性食材，然而蔬果其實也是重要肇因。就目前所知，主要的食物病原體幾乎都有藉蔬果爆發感染的事例（見底下box）。原因有好幾個。蔬果都在土壤中生長，而土壤含有大量微生物。農地的設施，包括採收人員使用的廁所、清洗用水，以及加工、包裝設備，不見得都很衛生，因此農產品很容易受到人員、容器和機械的污染。再者，農產品往往都是生食。餐廳和自助餐館的沙拉吧上，細菌可能已經滋長了好幾個小時，而且多起食物中毒爆發事例都與此有關。果汁通常都以整顆果實榨成，只要果實有一小部分不乾淨，所有果汁都會受到污染，因此現在已經很少有鮮榨蘋果汁。如今，美國的果汁製品幾乎全都經過巴氏消毒法處理。

精明的消費者會徹底清洗所有農產品，就算是要削除的果皮還是要先洗淨（刀和手指都可能沾染表面的細菌，轉而污染果肉）。使用肥皂水和清潔劑，效果比只用清水更好。清洗能清除微生物，將數量減至只剩1%。不過，萵苣等農產品若未經烹煮，便不可能完全去除微生物。它們會藏在極小的氣孔和植物組織的縫隙中，就算清水中含有大量的氯都無法殺滅。因此，

新鮮蔬果釀成的疾病爆發事例

由這份選單可以看出，新鮮農產品確有可能引發各種食物感染病。這類疾病的爆發事例並不常見，也不致引發深切憂慮，不過這些資料也顯示，調理農產品應該審慎，特別是在供應給免疫系統脆弱的人士（包括年紀非常小或非常大的人，還有罹患其他疾病的患者），最好都要先烹煮過。

微生物	食物
肉毒桿菌（*Clostridium botulinum*）	浸漬油中的蒜
大腸桿菌（*E. coli*）	沙拉吧、紫花苜蓿和蘿蔔芽、甜瓜、蘋果汁
李斯特氏菌（*Listeria*）	甘藍（經長期冷藏）
沙門氏菌（*Salmonella*）	沙拉吧、紫花苜蓿芽、甜橙汁、甜瓜、番茄
志賀氏菌（*Shigella*）	歐芹、萵苣
葡萄球菌（*Staphylococcus*）	預拌沙拉
霍亂弧菌（*Vibrio cholerae*）	被水污染的蔬果
耶爾辛氏菌（*Yersinia*）	被水污染的芽苗
環孢子蟲（*Cyclospora*）	漿果、萵苣
肝炎病毒（*Hepatitis virus*）	草莓、蔥

特別容易受感染的民眾,最好不要吃新鮮沙拉。蔬果一旦切開便應保持冷藏,並儘速食用。

蔬果的成分和特色

蔬菜鮮嫩、強韌的原因為何?為什麼綠色葉菜一經烹煮就大幅縮水?為什麼蘋果和酪梨切開後會變成褐色?為什麼發綠的馬鈴薯會危害健康?為什麼有些果實擺放一段時間會變甜,另有些則只會變老?要了解這些問題和其他性質,訣竅便在熟悉植物組織的構造和化學成分。

■ 植物的構造:細胞、組織和器官

▍植物細胞

植物和動物同樣都由無數極其微小的腔室構成,稱為「細胞」。每顆細胞周圍都有包覆著一層氣球般的胞膜,稱為「細胞膜」,由若干脂肪類分子和蛋白質構成,而且可讓水分和其他小分子穿過。細胞膜內側有一層液態物質,稱為「細胞質」,裡面裝滿各式構造,細胞成長、運作所需的複雜化學裝置,大半都安置在這裡面。此外,細胞質中還含有各式懸浮胞器,全都以胞膜包覆,各具獨門化學性質。植物細胞幾乎都有一個大型含水「液泡」,裡面可能裝滿了酵素、糖、酸、蛋白質、水溶性色素,還有廢物或者防禦性化合物。單一大型液泡的體積可高達細胞體積的90%,並把細胞質和「細胞核」(內含細胞大半DNA的物體)擠到緊貼著細胞膜。葉片細胞含幾十顆到幾百顆「葉綠體」,這種袋狀構造裝了葉綠素和其他負責光合作用的分子。果實細胞常含有「雜色體」,能凝集可溶於脂肪的黃、橙和紅色色素。儲存細胞則常充滿「澱粉體」,用來儲存各種多醣長鏈物質,也就是澱粉。

細胞壁　最後,植物細胞還有一種非常重要的構造,那就是動物細胞完全

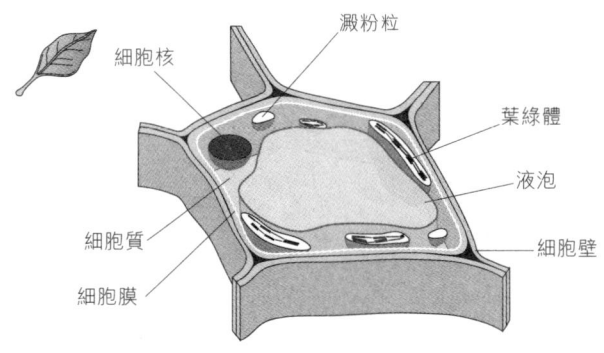

▍典型植物細胞橫切面

沒有的「細胞壁」。植物細胞壁包覆細胞膜，構造強韌，其目的是支撐細胞的結構，也支撐細胞所屬組織。相鄰細胞由細胞壁的外側膠狀層連結在一起。有些特化細胞的構造強韌，成分大半是細胞壁，甚至死亡後依然發揮功能。梨肉所含沙質顆粒、芹菜莖的纖維、桃仁四周的硬殼，還有豆類和豌豆的外莢，主要都是強韌細胞的細胞壁物質。

大體而言，植物性食品的質地取決於幾項因素，包括：儲藏液泡的飽實程度、細胞壁的強度，以及是否含有澱粉粒。至於色彩則得自葉綠體和雜色體，有時也視液泡中的水溶性色素而定。風味則來自儲藏液泡所含的物質。

植物組織

組織是指一群有規則地執行共同機能的細胞。植物具有四大類組織。
基本組織　是最基本的細胞團塊，其功能要視所處植物部位而定。葉片的基本組織負責光合作用，其他部位則職司儲存養分和水。基本組織的細胞，細胞壁往往很薄，因此這類組織通常都很柔嫩。我們食用的蔬果，多數都以基本組織為主要成分。
維管束組織　它會穿入基本組織，很像我們的靜脈和動脈。這是一套極細微的管束系統，負責將養分傳送給整株植物。傳輸功能分屬兩套子系統：「木質部」將根部的水分和礦物質輸往植物其他部位，「韌皮部」則負責將葉片的糖分向下傳送。維管束組織往往也能提供支撐，而且和周圍組織相比，通常都比較強韌，也常由較多纖維構成。
皮膜組織　構成植物外側表層，也就是保護植物並協助植物保持水分的層狀構造。皮膜可分為「表皮」和「周皮」。表皮常以單層細胞構成，能分泌好幾種表面塗覆物，包括含油脂的材料角質，還有賦予多種果實天然光澤的蠟質（脂肪酸和醇類結合構成的長鏈分子）。生長於地下的植物器官和較老組織可以見到周皮，這些部位不具表皮，外觀暗沉，狀似軟木。我們的烹飪食材含周皮的並不多見，通常馬鈴薯、甜菜才有。

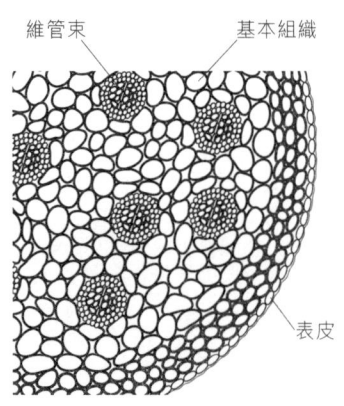

| 植物莖部的三種組織
蔬菜的堅韌特性通常來自纖維狀維管束組織和厚實表皮層。

分泌組織　通常為獨立細胞群，可見於植物表層或內部。這類細胞相當於我們皮膚的脂腺和汗腺，能製造、儲存多種芳香化合物，常用來吸引、驅退動物。樣式繁多的薄荷類家族除了薄荷之外還有多種常見香草（如百里香和羅勒等），其特色是莖幹和葉片都具有內含芳香油的腺毛。胡蘿蔔隸屬傘形科，這類蔬菜的芳香物質集中儲存於內部分泌細胞。

植物器官

植物器官分為六大類，包括：根、莖、葉、花、果實和種子。種子部分我們到第 5 章再深入討論。

根　根把植物固定在地表，可吸收水分、養分並傳送至植物其他部位。根部大多由纖維構成，質地堅韌，幾乎都不可食用。不過也有例外，有些種類的根部膨大，含有非纖維性儲存細胞；這種構造能讓植物度過溫帶冬季，到生命第 2 年再開花（胡蘿蔔、歐洲防風和蘿蔔），或熬過熱帶乾旱季節（甘藷、木薯）。根菜類植物各自以不同方式發展出這類儲備部位，因此構造也不相同。胡蘿蔔的儲存組織是環繞著維管束中心軸生長，中心軸的風味也比較清淡。甜菜則是多層的同心儲存組織和維管束組織，有些品種會在這裡積聚不同色素，因此切片便帶有條紋圖案。

莖幹、柄梗、塊莖和根莖　主要是負責在根、葉間傳送養分，並支撐地面上的器官，因此通常會呈纖維狀，所以蘆筍莖和青花菜莖通常都得去皮再烹煮，而芹菜梗和朝鮮薊梗都需去絲再下鍋。「胚軸」連接莖和根，此處有時會膨大成儲存器官；蕪菁和芹菜的「根」以及甜菜，其實部分是莖、部分是根。馬鈴薯、薯蕷、菊芋和薑等植物，則發展出特殊的地下莖構造，可無性繁殖：它們生出一種能自行生根、長莖的儲存器官，可長成獨立、具相同基因的植株。普通馬鈴薯和薯蕷都是這類膨大的地下莖端，稱為「塊莖」，而菊芋和薑的「根」，則是往水平方向生長的地下莖，稱為「根莖」。

葉 葉片專行光合作用，生產高能量糖分子。行光合作用必須接觸陽光，還要有大量二氧化碳，因此葉片的儲存、強韌組織都極少，因為這會妨礙它接觸陽光和空氣，於是葉片成為植物最脆弱、壽命最短的部位。為盡力捕獲最多陽光，葉片都向外平展成面積寬廣的薄片，光合細胞裡也充滿葉綠體。為促進氣體交換，葉片內滿布幾千個細小氣囊，如此更增進了細胞與空氣的接觸面積，有些葉片所含空氣甚至高達體積的70%。這種構造有助於說明為何葉菜經過烹煮，體積會大幅縮小，因為內部海綿狀構造受熱後便瓦解（高熱也會讓葉片枯萎，結果便壓縮得更為密實）。

這項規則有個例外，那就是洋蔥家族的葉片儲存組織（鬱金香和其他觀賞用球莖作物也是例外）。洋蔥的多層構造（還有蒜瓣的單層構造）都是膨大的葉基，其先端葉片已經死亡脫落，只剩葉基圍繞著內部小莖。這類植物的葉基在頭一年成長期間會儲備水分和碳水化合物，以供來年開花結子之用。

花 花是植物的生殖器官。這裡是雄性花粉和雌性胚珠形成之處，也是花粉和胚珠結合的地方：花粉進入內含胚珠的腔室（子房），結合後便發育成胚胎和種子。花朵常具豔麗顏色和芳香氣味，可吸引傳粉的昆蟲，還可作為搶眼的烹調原料。不過，有些常見植物會以毒素保護花朵，以免遭受動物取食，因此，食用花朵之前應確認是否可食（見116頁）。我們還把幾種未成熟的花朵和其支撐組織當作食物，例如青花菜、花椰菜和朝鮮薊。

果實 果實是花朵子房（或比鄰的莖幹組織）發育而成的器官。果實內含種子，也能協助種子向外散播。有些果實不可食用，是設計成要乘風飄散或附在路過動物的毛皮上。至於我們所吃的果實，原本就是植物要給動物吃的，所以動物也會把種子一併帶走。果實不支援其他器官，也不能供給或傳輸養分，因此果實幾乎全是儲存組織，裡面充滿迎合動物口味、對動物有用的物質。適合食用的成熟果實，通常就是植物最富風味、最柔嫩的部位。

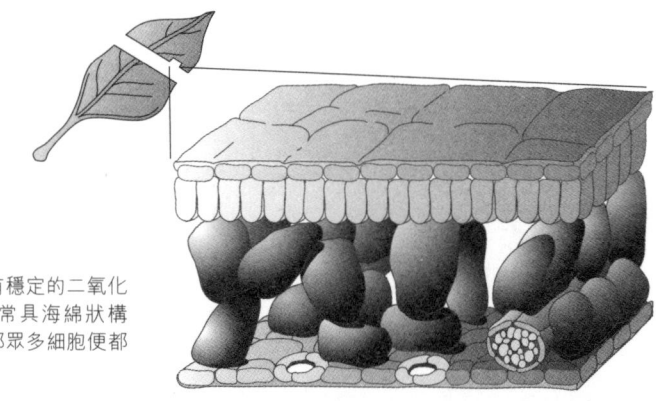

葉片橫切面
要行光合作用，得有穩定的二氧化碳來源。葉片組織常具海綿狀構造，如此一來，內部眾多細胞便都能直接接觸空氣。

植物的質地

新鮮蔬果的質地有的爽脆多汁、有的綿細柔嫩，有的乾燥並帶粉質口感，還有些是又韌又難嚼。這些特質其實反映了咀嚼動作是如何瓦解植物組織的，而植物組織的瓦解狀態視兩大因素而定：細胞壁的構造，還有細胞壁所含的水量。

蔬果的細胞壁具有兩種結構物質：纖維素的堅韌纖維，其作用類似骨架；還有一種半固態的柔軟混合物，由水、碳水化合物、礦物質以及蛋白質混合而成，這些成分和纖維交叉連結，並填充在纖維間隙。這種半固態柔軟物質可以比擬為水泥，其硬度取決於所含成分的比例。纖維素纖維的作用就像水泥中的鋼筋，而相鄰細胞的細胞壁便藉由這種水泥彼此黏合。

又脆又軟：水壓和溫度扮演的角色

細胞壁就是這麼強韌又富有彈性的容器。壁內包覆的細胞大半是水。當細胞含水量高、將近最高儲存量時，液泡便膨脹，把周圍的細胞質（見33頁）擠向細胞膜，於是細胞膜也跟著擠迫細胞壁。此時強韌的細胞壁向外鼓起，許多鼓脹細胞相互施壓，壓力可達外圍氣壓的50倍，於是蔬果便顯得十分飽滿、結實。然而，要是細胞含水量不足，相互支撐的壓力便消失了，強韌的細胞壁凹陷，組織就會萎縮、變得鬆軟。

水和細胞壁決定植物的質地。水分飽滿的蔬菜很結實，比失水枯萎的同種蔬菜更脆、更軟。當我們咬下飽滿多汁的蔬菜，原本已承受壓力的細胞壁很容易就會破裂，細胞也隨之爆開；若是枯萎的蔬菜，咀嚼動作只會把細胞壁壓擠到一塊兒，要施加更大的壓力才能咬斷。飽含水分的蔬菜顯得脆而多汁，而枯萎的蔬菜既乾澀，咬起來也費勁。所幸，蔬菜失水大半都可以逆轉：把枯萎的蔬菜泡在水中幾個小時，細胞就會吸水並重新膨脹。同時，蔬菜只要保持冰冷便能維持鮮脆度。低溫讓細胞壁變得堅挺，這樣一來，當它受壓破裂，質地便顯得爽脆。

粉質和軟嫩質地：細胞壁扮演的角色

有時蔬果帶有粉狀、顆粒狀、乾燥的質地。這是由於相鄰細胞的膠結材料很脆弱，我們一咀嚼，細胞就彼此脫離而不是被咬破，於是最後我們口中便含著許多細小的分離細胞。此外還有綿細、柔軟的質地，如成熟的桃子或甜瓜，這也是由於細胞壁脆弱。然而此時的細胞壁已經太過脆弱，根本是裂散了，因此只需極小壓力，細胞內部的汁液便一湧而出。細胞內容物也會有影響：成熟果實的液泡充滿含糖溶液，讓人覺得綿軟多汁，而馬鈴薯的堅實澱粉顆粒便給人一種類似粉筆的硬實口感。由於澱粉受熱會吸水，因此澱粉組織烹調後會變得溼潤，卻永遠不會讓人覺得多汁，而是粉粉糊糊的。

熟成作用和烹調產生的質地改變，是因為細胞壁材質出現變化，特別是膠結性碳水化合物。其中之一是半纖維素，這種構造會強化纖維素間的交叉連結。半纖維素由葡萄糖和木糖組成，烹調時有部分會由細胞壁溶出（見56頁）。另一種重要成分是果膠質，這是一種醣類分子（稱為半乳糖醛酸），具有大型支鏈，彼此鍵接成一種膠質，把纖維素的間隙填補起來。果膠在烹調時會溶解或凝固，於是我們便利用果膠的黏稠膠著特性來製造果凍和果醬（見77頁）。果實熟成變軟時，果膠會受酵素影響而變質，從而減弱細胞壁的強度。

堅韌的纖維素和木質素

纖維素也是細胞壁的主要成分，不會輕易變質，也因此是地球上最大宗的植物產物。纖維素就像澱粉，也是由多個葡萄糖分子連結而成。不過，在纖維素中，分子相連方式有個特異之處，使得相鄰的分子鏈緊密鍵接，構成的纖維讓人類的消化酶束手無策，而且唯有極高熱或化學處理才能分解。到了冬季，纖維素便化身為最顯眼的乾草、耕地殘梗，還有野草的纖細殘莖。纖維素具備這種出色的穩定特性，對長壽的喬木和人類都很有用。

蔬菜的枯萎
供水充分的植物組織飽含液體，並具物理硬度（左）。失去水分會導致細胞液泡萎縮，此時細胞有些部分是空的，於是細胞壁凹陷，組織也變得脆弱。（右）

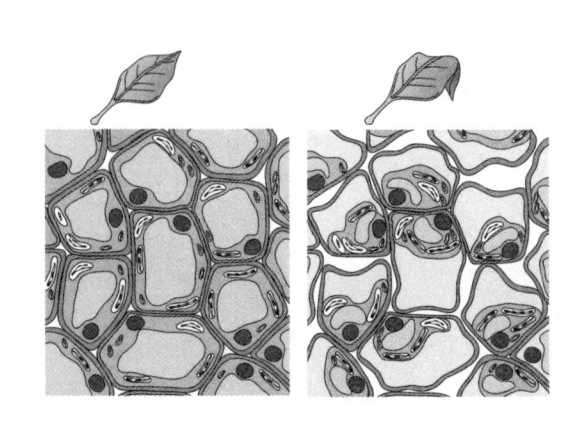

木料材質有1/3是纖維素，棉花和亞麻纖維幾乎純粹由纖維素組成。不過，纖維素也為烹飪帶來一些麻煩：尋常廚房技巧完全無法讓它軟化。有些麻煩算是比較輕微的，像是梨、榲桲和番石榴的沙質「石細胞」；有些麻煩就比較大，像是芹菜和朝鮮薊的纖維素也會聚集在莖、梗上以提供結構支撐，這時蔬菜就會像繩索般強韌，唯一的解決之道便是將纖維從組織中剔除。

最後，細胞壁還有木質素，這種成分在食物中通常所占不多。木質素是木頭的主要成分，也能強化構造，而且非常不易破壞。多數蔬菜會在木質素形成可察覺的數量之前便採收，不過，偶爾我們也的確會遇上木質化的蘆筍和青花菜。面對這種堅韌食材，唯一補救作法便是把木質化部位剝除。

植物的顏色

植物的色素是對生命的禮讚！森林、田野的不同青翠色澤，花果綻現紫、黃、紅等色彩，流露出活力、復甦和純粹的感官喜悅。有些色素的作用是吸引我們的目光，有些則會變成我們雙眼的一部分（見45頁下方資料欄。許多色素經證實有益於我們的健康。廚師要面對的挑戰是，如何保存這些出色分子的生命力和吸引力。

植物色素分為四大家族，在植物生命中分別發揮不同功能，並在廚房中展現不同特性。所有色素都是大分子，能吸收特定波長的光線，然後反射出某些光譜波長供我們的眼睛感應，因此色素會呈現出不同色彩。例如葉綠素能吸收紅、藍波長，因此呈綠色。

綠色的葉綠素

葉綠素為地球抹上綠色，這種分子能採集太陽能，導入光合作用系統，把能量轉換為糖分子。葉綠素 a 呈明亮藍綠色，葉綠素 b 帶有較暗沉的橄欖

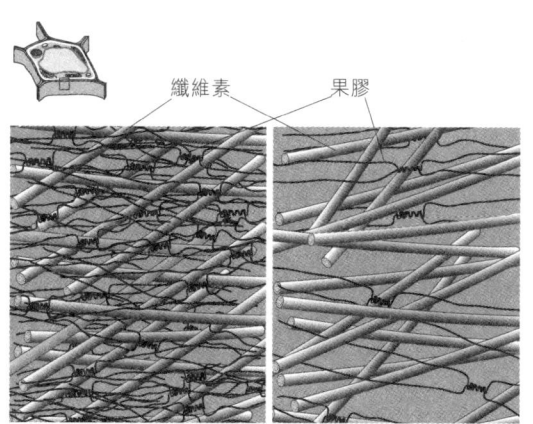

纖維素　　　　果膠

植物細胞壁的軟化
細胞壁由纖維素的纖維骨架構成，而這骨架則埋在一團無固定形狀的物質間，例如果膠（左）。浸入沸水烹煮時，纖維素纖維保持原樣，無固定形狀的物質則有部分從細胞流出，於是細胞壁構造減弱（右），蔬果也變得柔軟。

色。多數葉片所含葉綠素以 a 型為主，和 b 型呈3：1。不過，植物若生長在陰影中，其比例便較為平衡；老化的組織也是如此，因為 a 型會較快分解。葉綠素聚集在葉綠體這種胞器，和光合作用系統中的其他分子一同埋在薄膜的摺層內。每個葉綠素分子都由兩部分組成，一部分是環狀構造，由碳、氮原子群環繞中央一顆鎂原子構成，樣子很像肉類肌紅素（見第一冊173頁）所含血基質環；這個環狀部分具親水性，並負責吸收光線。第二部分是16顆碳原子構成的親油性端，負責把整顆分子固定在葉綠體膜上。這部分是無色的。

　　一旦所附著的薄膜受烹煮破壞，這類複雜分子便很容易變性。因此新鮮蔬菜的亮綠色很容易消失。怪的是，長時間的強光照射也會破壞葉綠素。因此，要讓蔬菜青翠上桌，就一定要注意烹調時間、溫度和酸鹼度（見42頁）。

黃、橙和紅色類胡蘿蔔素

　　這個大家族最早為人所發現的成員，是從胡蘿蔔中以化學方法分離出來的，故名類胡蘿蔔素。這類色素能吸收藍、綠波長，而且蔬果的黃、橙色彩大半由此而來（包括 β-胡蘿蔔素、葉黃素和玉米黃素），還有番茄、西瓜和辣椒的紅色也是（茄紅素、辣椒紅素和辣椒紫紅素；植物所含紅色多半出自花青素）。類胡蘿蔔素約由40顆碳原子構成，呈之字形，類似脂肪分子。這類色素通常溶於油脂，構造相當穩定，因此食物在水中烹煮時，這類色素往往維持原樣，鮮艷如常。類胡蘿蔔素會出現在植物細胞中兩處：一處是特殊的色素體，或稱雜色體，用來向動物發信，通知牠們花朵已經開張營業，或者果實已經成熟；另一處是葉綠體的光合作用胞膜，每5顆左右的葉綠素搭配1顆類胡蘿蔔素，主要功能是保護葉綠素和光合系統的其他部位。它們吸收具潛在危害的光譜波長，還發揮抗氧化作用，吸收光合作用製造出的多種高能量化學副產品。它們對人體也有相同作用，特別是眼睛（見26頁）。我們通常無法直接看到葉綠體的類胡蘿蔔素，因被大量綠色的葉綠素所遮蓋，不過有個很好用的經驗法則是：綠色蔬菜顏色越深、葉綠體和葉綠素含量越高，所含類胡蘿蔔素也越多。

營養價值、色澤又誘人的胡蘿蔔素約有10種，人類腸壁能將這類色素轉化為維生素A。其中最常見也最活躍的是β-胡蘿蔔素。嚴格說來，只有動物和取自動物的食物，才具有貨真價實的維生素A，蔬果只含有其前驅物。不過，沒有這些色素前驅物，動物也無法產生維生素A。維生素A在眼睛中會轉變成受器分子的一部分，這類受器負責感應光線，因此我們才能視物。維生素A也在身體其餘部位扮演幾項要角。

紅色和紫色花青素、淡黃色花黃素

Anthocyanin（花青素）源自希臘文，意思是「青花」，這是讓植物染上紅、紫、藍色的最重要色素，還有多種漿果、蘋果、甘藍、蘿蔔和馬鈴薯的色澤也都得自花青素。另一群近親anthoxanthin（花黃素），字源意為「黃花」。花黃素指一種淡黃色化合物，出現在馬鈴薯、洋蔥和花椰菜。第三大類植物色素是酚類龐大家族的一支，其構造基礎是6碳原子環，其中部分碳環具有2/3個水分子（OH），因此酚類可溶於水。花青素具3環。已知花青素計約300種，蔬果通常最少都含有十幾種花青素。如同其他眾多酚類化合物，花青素也是寶貴的抗氧化物（見24頁）。

花青素和花黃素出現在植物細胞的儲藏液泡，一旦細胞構造受烹煮破壞，自然會流入周圍組織和成分當中。蘆筍、豆類等蔬菜所帶有的紫色可愛色澤，往往在烹煮時消失不見，就是因為色素只儲存於外層細胞，當細胞經烹煮破

三大類植物色素

為簡明起見，多數氫原子都不做標示；黑點代表碳原子。上：β-胡蘿蔔素，最常見的類胡蘿蔔素色素，也是讓胡蘿蔔染上橙色的原因。具親油性長碳鏈使這類色素較能溶於脂肪和油類，較不溶於水。下左：葉綠素a，讓蔬果染上綠色的主因，部分構造類似血色素（見第一冊173頁），還有個長碳鏈端，讓葉綠素較易溶於脂肪和油類，較不溶於水。下右：矢車菊素，一種藍色色素，屬花青素族。矢車菊素含有數個氫氧根（OH），所以能溶於水，也因此蔬菜烹煮時，所含花青素便很容易流失。

裂，色素便逐漸流失最後看不見。花青素的主要功能是為花朵、果實提供訊號色彩，不過它的第一個任務可能是吸收光線，以保護幼葉的光合系統（見45頁下方資料欄）。花青素對食物的酸鹼度非常敏感（鹼性讓色澤向藍偏移），而且接觸微量金屬也會起變化，因此煮好的食物若呈現怪誕色澤，往往是花青素造成的（見55頁）。

紅色和黃色的甜菜鹼

第四類植物色素是甜菜鹼，這類物質只見於少數幾個關係疏遠的種類。不過，其中有3種色彩鮮艷的蔬菜倒很常見：甜菜和莙薘菜（同種蔬菜的兩個品種）、莧菜，以及仙人掌的果實刺梨。甜菜鹼（或稱為甜菜色素）是種含氮複雜分子，其餘便與花青素相似：這是種水溶性色素，對熱和光敏感，在鹼性環境中常偏向藍色。紅色甜菜鹼約有50種，黃色約有20種，兩群色素混合起來，為外觀奇特的莙薘菜莖柄、葉脈染上幾近螢光的色彩。人體代謝這類分子的能力有限，因此大量攝食紅色的甜菜或刺梨，便可能讓尿液染上駭人的色調，不過這是無害的。紅色的甜菜鹼含有一種酚族物質，是種優秀的抗氧化物；黃色的甜菜黃素不含酚，不具抗氧化作用。

變色：酵素性褐變

多種蔬果一旦切開或在擦碰中受損，都會很快變成褐色、紅色或灰色，例如：蘋果、香蕉、菇蕈類、馬鈴薯。這種變色現象的起因為三種化學成分：單環和雙環酚類化合物、特定植物酵素，以及氧。未受損蔬果所含酚類都儲存於液泡，酵素則位於四周細胞質中。當細胞構造受損，酚類也和酵素、氧氣混合，酵素便會將酚氧化，產成的分子最後便相互反應，鍵結成一串串吸光物質。這套系統構成植物的化學防禦手段之一：當昆蟲或微生物損害植物細胞，植物便釋出活性酚類物質，攻擊入侵個體的酵素和膜。我們見到的褐色色素，基本上就是用過的武器。（另有種相仿的酵素，作用對象是雷同的化合物，這就是人類皮膚在陽光下「褐變」的起因；不過此時的色素本身卻是種保護劑。）

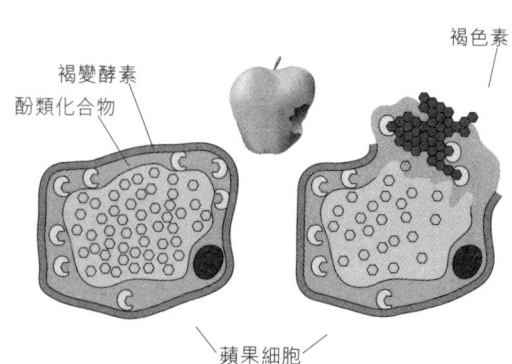

把褐變作用減至最輕　有幾種作法可以延緩酵素性褐變。就廚師而言，最方便的作法是在切面上塗檸檬汁，因為褐變酵素在酸性環境中作用非常緩慢。把食品降溫至4°C左右，也能略為舒緩酵素的作用；把剖開的食材浸入冷水也有效果，因為這能限制氧氣量。做生菜沙拉時，把剛切好的萵苣菜葉浸入47°C的水中泡3分鐘，隨後再冷卻、封裝，這樣做可以舒緩酵素的作用，減慢褐變速度。沸騰溫度能摧毀酵素，因此烹煮能解決這項問題。然而，高溫讓酚類在無酵素情況下也能氧化，因此煮過蔬菜的水若靜置一段時間，有時也會轉為褐色。多種硫化物都能與酚類物質結合，阻礙酚類與酵素產生反應，因此這類物質在商業上常用來處理乾果。以硫處理過的蘋果和杏能保存自然色彩和風味，而未以硫處理的乾果則會變褐，產生一種較像烹調過的風味。

還有種酸能夠藉其抗氧化性來抑制褐變，這就是抗壞血酸，或稱為維生素C。這種酸最早約在1925年經由爾貝特·聖捷爾吉（Albert Szent-Györgyi）鑑識確認，當時這位匈牙利生化學家發現，取某些不起褐變的植物（包括為製造辣椒粉而栽培的紅椒）打成汁液，可用來延緩褐變植物變色，而且他還把抑制褐變的物質分離出來。

植物的風味

蔬果的整體風味由好幾種感覺混雜而成。我們靠舌頭上的味蕾來嚐出鹹的鹽、甜蜜的糖、帶酸味的酸、帶甘味的胺基酸，還有帶苦味的生物鹼。我們口中對觸覺敏感的細胞能察覺食物含有收斂性苦澀鞣酸；嘴巴和周圍有多種細胞，會對胡椒、芥末和洋蔥等辛辣化合物感到刺激；還有我們鼻道的嗅覺受器，能夠感測好幾百種揮發性分子，這類斥水性的小分子會從食物飄出，散入口中空氣。口中的感覺讓我們得知食物的基本組成和特質，而嗅覺則讓我們得以更精細分辨食物的不同之處。

植物酵素引發的褐變色（左頁圖）
當某些蔬果的細胞因切、擦或咬而受損時，細胞質所含褐變酵素便與來自儲藏液泡的酚類無色小分子接觸。酵素借助空氣中的氧，得以與酚類分子結合，產成帶色的大分子群，從而讓受損部位轉呈褐色。

味道：鹹、甜、酸、甘、苦

一般公認味道可分五大類，其中三類在蔬果中特別突出。糖是光合作用的主要產物，其甜味是果實令人垂涎的主因，能誘使動物代為散播種子。成熟果實的平均糖分含量占重量的10~15%。未熟果實常把糖分儲存為無味的澱粉，到了熟成期間，澱粉又轉變回糖，讓果實更誘人。在此同時，果實的酸含量則往往會減低，於是果實又顯得更甜。植物將果實中的有機酸（檸檬酸、蘋果酸、酒石酸和草酸）積聚在液泡裡，視情況作為儲備的替代能量、化學防禦，或是作為廢料代謝，而這便是多數蔬果含有酸味的原因（所有蔬果多少都含酸）。酸甜的平衡對水果尤其重要。

多數蔬菜只含適量的糖和酸，而這些在收成之後也很快就會被植物細胞耗光。因此，剛摘採的蔬菜風味一定比店裡買來的更飽滿，那些產品往往已經採收了好幾天，甚至好幾週。

苦味通常只出現在蔬菜和種子（如咖啡和可可豆）中，這裡面含有生物鹼等化學防禦物質，用意在阻擋動物取食。農夫和育種人員歷經幾千年努力，設法減輕某些作物所含的苦味，例如萵苣、黃瓜、茄子和甘藍。至於菊苣、紅色野苦苣、多種甘藍近親，以及亞洲種苦瓜，實際上都由於帶苦味才受到喜愛。許多文化都認為，苦味顯示食材具有醫藥價值，能增進健康，這種關連或具有若干真實（見127頁）。

儘管滿口生津的鮮美胺基酸比較算是飽含蛋白質的動物性食品之特色，然而有些蔬果卻也包含大量麩胺酸，也就是味精的成分。其中比較搶眼的種類有番茄、甜橙和多類海藻。番茄含麩胺酸，加上酸甜適中，或有助於說明這種果實為什麼這麼適合當作蔬菜，而且無需搭配肉品同樣出色。

觸覺：澀

澀不是味道，也不是香氣，而是種觸感：啜飲茶水或紅酒，或咬一口未熟的香蕉或桃子，隨後所感受到的那種乾而不滑潤的粗糙口感。澀由一群酚類化合物引發，這類物質由3~5個碳環構成，大小恰好可以圍住兩個或兩個以上的蛋白質分子，與之鍵結，因此一般不相連的蛋白質便連結了起來。

褐變酵素、口氣清新食品和上菜順序

褐變酵素往往不受歡迎，因為它們讓食物在處理過程中變色。最近有一組日本科學家研究褐變酵素的氧化作用，發現它具有建設性的用途：清除口臭。如果蒜和洋蔥在口中餘味難除，而這種酵素便能清除口臭，而且對其他硫臭味也很有效！褐變酵素產生的活性酚類化學物質與硫氫根結合，構成不帶臭味的新分子。（綠茶所含酚類兒茶素也有相同作用。）多種新鮮蔬果都具有這類作用，特別是仁果和核果、葡萄、藍莓、菇蕈類、萵苣、牛蒡、羅勒和胡椒薄荷。餐飲以水果收尾，這或許就是其中一項優點；還有，某些文化並不在主菜之前而是之後才上沙拉，或許跟這個也有關。

這些酚類物質稱為鞣酸（tannins，又稱單寧酸），因為人類從史前時代開始，就用這種能與皮膚蛋白質鍵結的鞣酸，將獸皮鞣製（tan）成堅韌的皮革。當鞣酸和口水所含蛋白質鍵結，我們便感受到澀，而口水在正常情況下是用來潤滑的，可以幫助食物顆粒沿著口腔表面平順滑動。鞣酸讓蛋白質凝結成團，還黏附在顆粒上和各處表面，從而提高表面摩擦力。鞣酸也是植物界的防禦用化學物質，能干擾細菌和真菌的表面蛋白質，抵抗其侵害，還能藉所含澀味和消化酶干擾作用，來嚇阻草食性動物。鞣酸最常見於未熟的果實（目的是防範種子在沒有發芽能力時就遭取食）、堅果外皮，還有染上濃厚花青素、酚類色素分子的植物部位，因為這類色素分子的大小正適合與蛋白質交叉連結。舉例來說，紅葉萵苣顯然就比青綠品種更澀。

飲食中帶點澀感，可能頗為可口，並帶來實在的感覺，但澀也常令人厭煩。問題在於，每吃到一次鞣酸，澀的感受就越強（不像大多數滋味都是遞減）；澀還殘留不去，每接觸一次，殘留時間也越長。因此，我們有必要知道如何控制澀感（見59頁）。

刺激性：辛辣

能引發辛辣感的食品包括辣味香料和辣味蔬菜，如辣椒、黑胡椒、薑、芥菜、辣根、洋蔥和蒜。辛辣實際上應該是種刺激性痛感（至於我們為什麼喜歡這種感受，見202頁）。所有蔬菜的活性辛辣成分，全都是化學防禦物質，其用意是惹惱、驅離意圖侵害的動物。芥菜和洋蔥類蔬菜都含有高活性的硫化物，顯然會傷害我們口中和鼻道中毫無防護的細胞膜，也因此會引發痛覺。辣椒和薑，以及芥菜某些成分的辛辣要素，分別以不同方式發揮作用；這些成分各與胞膜的特定受器結合，接著受器便觸發細胞內部反應，從而促使細胞向腦部發出痛覺訊號。芥菜和洋蔥只有在組織受損、平常不相接觸的酵素和作用標的物兩相混合時，才會產生防禦物質。由於酵素在烹調加熱時活性會減低，因此烹調能調節這類食物的辛辣度。相對而言，辣椒和薑都預先儲備好防禦物資，烹調不能紓減其辛辣程度。

造就人類視覺的葉片和果實

我們為何能區別、欣賞富含花青素和類胡蘿蔔素的植物所展現的眾多色澤（以及畫作、衣著、化妝和警示訊號的同類色澤），原因是我們的雙眼原本就設計成能夠清楚見到黃、橙到紅色的色彩範圍。現在看來，我們的這項本領，似乎要歸功於葉片和果實！事實顯示，我們是少數能夠以雙眼區分紅、綠的動物之一。其他幾種動物都是靈長類，而且如同我們的可能先祖，牠們也都棲居熱帶森林，同樣得從林冠的綠色背景中找出食物。熱帶植物的新生葉片大多呈紅色，顯然平常在陰影中生長的葉片，一旦短暫受陽光直接照射，所含花青素便吸收了過量太陽能；由於新生葉片比綠色老葉更柔嫩、更容易消化、也更富營養，因此猿猴比較樂於取食。欠缺優異的紅色視覺，便很難在叢叢青綠中找出新葉（或含有類胡蘿蔔素色澤的果實）。因此，葉片和果實造就了我們的視覺。如今，植物色彩令我們感到賞心悅目，要歸功於我們祖先的食慾，以及他們在紅色葉片和黃橙果實中找到的維生物質。

之後幾章還會更深入探討辛辣成分的本質和用途，詳見各相關蔬菜和香料條目。

香氣：多樣性和複雜性

香氣這個主題令人生畏卻又迷人至極！生畏是因為香氣牽涉到好幾百種化學成分，遠超出我們日常語彙所能表達，因而無法適切描述那種種感受；迷人則是由於香氣讓我們從最熟悉的食物當中得到更多感受及樂趣。談到任何食物所含香氣，有兩件基本事項必須謹記在心。首先，特定食物的獨特香氣，都是來自那種食物特有的揮發性化學物質；第二，幾乎所有食物香氣，都是由多種揮發性分子混合而成。就以蔬菜、香草和香料來講，其分子類別或可達一、二十種，而果實散發的揮發性分子則往往有好幾百種。就一般而言，一種香氣的主要成分只由少數幾種分子構成，而其他分子則用來襯托、凸顯主要香調。香氣兼具特殊性和複雜性，這有助於解釋我們為何覺得某種食物能應和另一種食物，或發現兩種食物十分搭配。當兩類食物恰好都擁有一些相同的香氣分子，便能產生融洽的味道。

若要進入植物風味的豐饒世界，作法是積極品嘗、與人共享。別只是辨識你意料中的熟悉風味，還要試著去剖析，找出一些引發感受的成分，就像是把音樂和絃分解為音符元素一樣。一一察看清單上的可能元素，自問：這股香氣是否含有青草味香？果香？香料、堅果或土地香調？如果有，是哪種果實或香料或堅果？第2~4章會針對特定蔬果、香草和香料的香氣，提出若干有趣事實。

香氣家族　48頁簡單羅列植物性食品的若干重要香氣。儘管我已依照食品種類來區分，這種分類方式卻很武斷。果實有可能具有青綠芳香；蔬菜也可能包含較常見於果實或香料的化學物質；香料和香草中的芳香物質很多與果實相同。舉例來說：櫻桃和香蕉便含有丁香的主要成分；芫荽也含有柑橘花果的芳香；胡蘿蔔和地中海區的香草都含有松樹的芳香。儘管特定植物通常並不專門製造特定種類的香氣，植物一般都是生化大師，還可能

同時運作好幾條香氣生產線。以下是一些最重要的生產線：

- 「青綠的」黃瓜／甜瓜和菇蕈類香氣。當植物組織受損，胞膜所含不飽和脂肪酸便與一種氧化酶（脂肪氧合酶）結合並產生香氣。這種酶能將脂肪酸長鏈分解成具揮發性的小片段，然後由其他酵素來修改這些片段。
- 「果實般的」香氣，完整果實所含酵素促使一種有機酸分子與一種醇類分子結合，生成酯質，從而產生香氣。
- 「萜烯類」香氣，由一大系列酵素以很小的單元製成，這些單元還會轉變為類胡蘿蔔素色素和其他重要分子。萜烯類香氣品類繁多，從花香到柑橘香、薄荷香、草香到松香都有（見198頁）。
- 「酚類」香氣，由一系列酵素將胺基酸接上6碳環製成。這些都是生化反應路徑製造木本植物木質素（見38頁）時的衍生物，包括許多芳香、溫暖和辛辣的分子（見199頁）。
- 「硫類」香氣，常在組織受損、酵素與非芳香性香氣前驅物混合時生成。硫類芳香物多屬辛辣的化學防禦物質，不過有些會讓幾種蔬果發出更細緻的濃烈香氣。

分析植物界所含風味是件美妙又實用的事，但最大樂趣依然來自完整品嚐。這是自然界生命極其珍貴的贈禮，亨利·梭羅便曾提醒我們：

沿路我採摘了些凹凸不平的蘋果，那香氣令我想起波摩娜女神的富足。因此自然產物全帶有一種易逝、靈性的特質，代表它們最可貴之處……因為，瓊漿玉液不過是任一塵世果實的美好滋味，而我們的粗劣味覺卻品嚐不出──就如我們也不知道自己占據了諸神的極樂國度。

食物和植物的幾類香氣

本表概略介紹植物性食品的香氣類別、來源,並討論這類食品烹調時,香氣會出現哪些變化。

香氣	實例	作用的化學物質	來源	特性
蔬菜類					
青綠的;鮮切葉片的、禾草的	多數綠色蔬菜;還有番茄、蘋果及其他果實	醇、醛類(6碳式)	切剖或壓碎;酵素作用於不飽和膜脂質	細緻、烹調減弱香氣(酵素作用停頓、化學物質變性)
黃瓜的	黃瓜、甜瓜	醇、醛類(9碳式)	切剖或壓碎;酵素作用於不飽和細胞膜	細緻、烹調減弱香氣(酵素作用停頓、化學物質變性)
綠色蔬菜的	燈籠椒、鮮豌豆	吡嗪	事先形成	強烈、持久
土味	馬鈴薯、甜菜	吡嗪、土味素	事先形成	強烈、持久
新鮮菇蕈類的	菇蕈類	醇、醛類(8碳式)	切剖或壓碎;酵素作用於不飽和膜脂質	細緻、烹調減弱香氣(酵素作用停頓、化學物質變性)
甘藍般的	甘藍家族	硫化物	切剖或壓碎;酵素作用於硫前驅物	強烈、持久,烹調會改變並強化香氣
洋蔥般的、芥菜般的	洋蔥家族	硫化物	切剖或壓碎;酵素作用於硫前驅物	強烈、持久,烹調會改變並強化香氣
花朵的	食用花朵	醇類、萜烯類、酯類	事先形成	細緻、烹調會改變香氣
果實類					
果實的	蘋果、梨、香蕉、鳳梨、草莓	酯類(酸加醇)	事先形成	細緻、烹調會改變香味
柑橘味	柑橘家族	萜烯類	事先形成	持久
脂肪的、乳脂的	桃、椰子	內酯	事先形成	持久
焦糖味的、似堅果的	草莓、鳳梨	呋喃酮	事先形成	持久
熱帶水果的、異國的、麝香的	葡萄柚、百香果、芒果、鳳梨;甜瓜;番茄	硫化物、硫複合物	事先形成	持久
香草、香料類					
松香的、薄荷般的、綠草味的	鼠尾草、百里香、迷迭香、薄荷、肉豆蔻	萜烯類	事先形成	強烈、持久
辛香的、溫熱的	肉桂、丁香、洋茴香、羅勒、香菜蘭	酚類化合物	事先形成	強烈、持久

處理、儲藏蔬果

▌收成後的變化

　　蔬菜採下後立刻烹煮，滋味最是鮮美。蔬菜一採收便開始變質，而且幾乎總是朝最壞的方向惡化。（只有幾個例外，包括原本就設計成要休眠的植物部位，例如洋蔥和馬鈴薯。）植物細胞比動物細胞硬實，還可能存活數週甚至數月。不過，倘若細胞無法接觸到新生營養源，便得消耗自身的養分，並儲存廢物，於是風味和質地都會變壞。在室溫下，多種玉米和豌豆在幾小時內就會失去半數糖分，有些轉變為澱粉，另有些則成為自身的維生能量。豆莢、蘆筍和青花菜會動用糖分，以製造堅韌的木質纖維。當鮮脆爽口的萵苣和芹菜耗盡所含水分，細胞便失去膨壓，於是蔬菜枯萎，變得老韌難嚼（見37頁）。

　　果實的情況就不同了。事實上，果實採收後還會繼續熟成，因此有些種類擺放後，滋味還可能更好。不過，熟成很快就會結束，隨後果實也會變質。到頭來，蔬果細胞同樣都會耗盡能量，結束一生。它們複雜的生化組織和機制瓦解，所含酵素任意作用，結果組織便把自己給吃掉。

　　蔬果表面和空氣中總有微生物，而微生物會加快蔬果的腐壞速率。細菌、黴菌和酵母菌都會攻擊植物的衰弱或受損組織、分解其細胞壁、攝食細胞所含物質，最後只剩下常令人不快的獨特廢物。蔬菜的攻擊者主要是細菌，細菌長得比其他微生物快。歐文氏菌（*Erwinia*）和假單胞菌（*Pseudomonas*）會引發常見的「軟腐病」。果實的酸度比蔬菜高，因此能夠抵抗多種細菌，但容易遭受酵母菌和青黴菌（*Penicillium*）、灰黴（*Botrytis*）等黴菌的攻擊。

　　預先切好的蔬果食用方便，卻特別容易變質、腐壞。切剖會帶來兩種重大後果。組織受損會促使鄰近細胞加強防禦，這會耗竭它們的儲備養分，還可能引發堅韌化、褐變等作用，從而產生苦味和澀味。這也讓營養豐富且平常受到保護的內部部位暴露在外，容易受到微生物感染。因此，預切農產品必須特別謹慎處理。

處理新鮮農產品

儲藏蔬果時，目標就是要盡量延緩不可避免的變質。儲藏作業從選擇、處理農產品開始。菇蕈類和部分熟果（漿果、杏、無花果、酪梨和番木瓜）的代謝作用天生就很高，和變化遲緩的蘋果、梨、奇異果、甘藍和胡蘿蔔等較好儲存的種類相比，會更快變質。「一顆爛蘋果壞了整籮筐」：蔬果長黴就該拋棄。冰箱抽屜和果缽、果籃都該定期清潔，以減少微生物族群數量。農產品不該受到物理壓力，不論是失手讓蘋果掉落地面，或把番茄緊密堆在狹小空間，都該避免。就連用清水沖洗，也可能會令嬌弱的漿果更易受到感染，因為除了外表黏附的泥粒之外，會連表皮防護層也一起洗掉。此外，土壤裡躲著大量微生物，因此比較結實的蔬果，便該在儲藏之前先清除表面泥巴。

儲存環境

新鮮農產品的儲藏環境會大幅影響儲藏期限。植物組織的成分大多是水，必須放在潮溼的環境，以免乾涸，喪失膨壓，從而損傷內部系統。事實上，這表示植物性食品最好是儲存在密閉空間，例如塑膠袋、冰箱內的抽屜裡，這樣才能延緩水分散失到整個隔層或外部。同時，仍在呼吸的農產品會排出二氧化碳和水，因此溼氣會累積，並在食品表面凝結，而這會引來微生物侵害。用吸水材料（紙巾或紙袋）墊在容器裡面，可以延緩溼氣凝結。

將細胞和氧氣隔絕開來也可以減低其代謝活性。業者在為蔬果裝袋時，也會填入固定成分的混合氣體，包括氮、二氧化碳和氧，氧含量最高只達8%，可供植物細胞正常運作；而他們所用的包裝袋，透氣率也要和蔬果的呼吸率相符。（氧氣太少時，蔬果會改採無氧代謝，這會生成酒精和其他難聞分子，也就是典型的發酵產物，導致內部組織損傷並引發褐變。）

家庭和餐廳廚師也能大略仿製出這種受控環境：把蔬果裝進塑膠袋中，

盡量擠出空氣，並封好袋口。植物細胞消耗氧氣，產生二氧化碳，因此袋中的氧含量會緩慢降低。然而，密封塑膠袋有個嚴重缺點：袋子會把氣態乙烯封在裡面。這是種植物激素，能促進果實熟成，引發防禦活動，加速其他組織老化。如此一來，果實裝袋之後，便可能太快從成熟轉變為過熟，而且，萵苣只要有一片葉子受損，整顆葉球都會加速腐壞。近年來，業者開始採用含有高錳酸鹽的容器來裝農產品，高錳酸鹽能破壞乙烯，延長儲藏期限。

要減緩整顆果實和蔬果的水分流失與氧氣吸收，有種非常普遍的商業處理作法，適用於蘋果、甜橙、黃瓜和番茄。業者包裝這些蔬果時，在外表塗敷一層可食用的蠟質或油脂，包括天然蜂蠟和巴西棕櫚蠟、小燭樹蠟、米糠蠟和蔬菜油，還有石蠟、聚乙烯蠟和礦物油等石油化學副產品。這些處理方式並無危害，但會讓蔬果表面帶上蠟質或變硬，較不討人喜歡。

溫度控制：冷藏

若想延長新鮮蔬果的儲藏期限，最有效的作法就是控制蔬果的溫度。冷卻能全面減緩化學反應，植物細胞本身的代謝活動以及侵害細胞的微生物成長速率也都會跟著減慢。只要降下5°C，儲藏期限就會幾近倍增。然而，理想儲藏溫度視蔬果種類而有所不同。溫帶氣候區原生種類存放在近冰點環境效果最好，以蘋果而言，若也同時控制儲藏環境，便可以存放將近一年。不過，這麼低的溫度，也會損害較熱地區的原生蔬果，使它們的細胞機能失常，酵素反應也會失控，開始破壞細胞壁，結果就變味、變色。寒害有時在儲藏期間就清楚可見，有時則只在產品回復室溫之後才會出現。香蕉放進冰箱後，外皮會變黑；酪梨的顏色變深，且不再軟化；柑橘外皮會長出斑點。熱帶和亞熱帶出產的食品，在10°C較高溫環境儲藏效果最好，且一般而言，某些食物與其擺進冰箱，倒不如放在室溫環境。這類食品包括甜瓜、茄、小果南瓜、番茄、黃瓜、辣椒和豆類。

溫度控制：冷凍

最激烈的控溫方式，就是冷凍，這會把蔬果和腐敗微生物的代謝活動整個凍住。冷凍讓細胞的大部分水分結晶，從而也讓其他分子無法活動，化學活性暫停。微生物很堅忍，回溫時多數都能復活。但冷凍會殺死植物組織，帶來兩種損害。一種是化學性的：當水結成晶體，酵素和其他活性分子的濃度會異常升高，表現出不正常反應。另一項是晶體造成的物理性破壞，其邊緣會刺穿細胞壁和胞膜。當食物解凍，細胞所含液體流出，食品便隨之枯萎，變得軟趴趴，不再鮮脆。冷凍食品業者設法把冰晶縮到最小，也讓損害降到最低。他們盡快把食品冷凍到最低溫度，往往達-40°C，此時會產生許多小冰晶；若溫度稍高，結成的晶體數量較少、但尺寸較大，造成的損壞也比較嚴重。家用和餐廳用冷凍櫃的溫度比商用冷凍櫃高，而且溫度起伏不定，因此在儲存期間，部分水分會融解，隨後重又凍結成較大晶體，導致食物的品質變差。

儘管冰溫通常能抑制酵素活動或其他化學活性，然而實際上，冰塊成形時會引發濃縮作用，從而促進部分反應，包括維生素和色素遭酵素分解。這項問題可以「殺菁法」來解決。殺菁時，把食品浸入滾燙熱水汆燙1~2分鐘，剛好足夠讓酵素失去活性，隨後同樣迅速泡進冷水，以免加熱過頭，導致細胞壁軟化。倘若蔬菜要冷凍好幾天以上，儲藏前便應該先做殺菁處理。果實一經烹煮，風味和質地都會變差，所以較不常殺菁。

冷凍果實會出現酵素性褐變，如果要預防，可以浸入添加了抗壞血酸的糖漿中一併封裝，劑量則視果實的褐變速度來調整，每公升添入750~2250毫克。糖漿濃度一般是40%左右，也就是每公升水添加680公克糖，冷凍果實還能將糖漿吸收到細胞壁的膠質中，讓細胞壁變得更堅實，從而改善果實質地。冷凍蔬果在封裝時應盡可能保持氣密和水密。冷凍櫃中的空氣較乾，食品表面與之接觸就會出現凍傷，也就是冷凍水分子因蒸發作用而直接汽化（稱為「昇華」），緩慢乾涸形成斑塊。凍傷斑塊的質地會變硬，滋味也不鮮美。

烹調新鮮蔬果

和肉類、蛋與乳製品相比，蔬果算是很容易烹調。動物組織和分泌物主要都是蛋白質，一種很敏感的分子。中溫（60°C）會讓蛋白質分子緊密連結，並排出所含水分，因此肉質便迅速變硬、變乾。蔬果主要都是碳水化合物，這種分子很強韌，就算達到沸點，它們也只會在組織液中分布得更均勻，質地則因此變軟且多汁。不過，烹調蔬果確需訣竅。植物色素、風味化合物和養分，對熱和化學環境都非常敏感。而且，就連碳水化合物有時也會表現出古怪舉止！烹調蔬果的難題在於：料理出誘人質地，同時又不減損色澤、風味和養分。

熱量如何影響蔬果特性

顏色

多種植物色素在烹調時都會起變化，因此我們常根據蔬菜顏色來判斷這道菜是否用心調理。不過黃、橙、紅色的類胡蘿蔔素群有時倒未必如此，這群色素較易溶於脂肪而較不溶於水，因此顏色相當穩定，不會馬上從組織中流失。然而，就連類胡蘿蔔素在烹調時也會起變化。我們加熱胡蘿蔔時，其 β-胡蘿蔔素的構造、色澤都會改變，由紅橙色轉為黃色。杏泥和番茄泥一經日曬乾燥，所含類胡蘿蔔素便喪失大半，除非在曝曬之前先行添加抗氧化的二氧化硫（見70頁）。不過，和綠色的葉綠素與雜色的花青素相比，類胡蘿蔔素已可說是堅定不移的楷模。

綠色的葉綠素　綠色蔬菜烹調時會出現一種顏色變化，而且和色素本身毫不相干。把蔬菜拋進滾水沸煮，沒過幾秒鐘就會出現亮麗鮮綠色澤，這是卡在細胞間隙的空氣突然膨脹、逃逸所致。這種微小氣穴通常會遮掩葉綠體色澤。當氣穴崩陷，我們就比較能夠直接見到色素。

綠色的敵人：酸。綠色葉綠素在烹調時，很容易受到兩種化學變化的影響。一種是失去位於尾端的碳氫長鏈，結果色素便能溶於水，從而溶入烹煮液中，如此一來，色素又更容易出現其他變化。酸、鹼環境和一種酵素（稱

類胡蘿蔔素色素改變後所發出的香氣
飽含類胡蘿蔔素的蔬果經乾燥或烹調，所含部分色素分子便碎裂為揮發性小片段，從而發出蔬果的獨有香氣。這些碎片的香調令人聯想到紅茶、甘草、蜂蜜和菫菜。

為葉綠素酶）都會加速流失。葉綠素酶在66~77°C之間活性最強，只有在近沸點高溫中才會受到破壞。第二種改變比較明顯，葉綠素的顏色會變得暗沉，這是熱或酵素把分子中央的鎂原子推開之故。蔬菜一煮好，顏色也變了，主要原因是由於鎂被氫取代。酸性水含有大量氫離子，就算只有微酸，水中仍有充分的氫離子能取代鎂，這種變化會把葉綠素a轉變為灰綠色的去鎂葉綠素a，葉綠素b則會變成淡黃色的去鎂葉綠素b。蔬菜烹調時若不加水（例如拌炒）也會讓顏色改變，這是由於植物組織溫度提高到60°C時，葉綠體本身的胞器膜和葉綠體內部各種膜的完整性都會受損，於是葉綠素便暴露在植物本身的天然酸性當中。冷凍、醃漬、脫水還有單純老化，也都會損傷葉綠體和葉綠素。因此，我們經常會見到蔬菜顏色變暗，轉呈橄欖綠。

傳統作法：蘇打和金屬。兩種化學要訣有助於保持綠色蔬菜的鮮綠，這類手法在廚藝界已經流傳好幾百、甚至好幾千年。一種是用鹼性水來烹煮綠色蔬菜，在這種水中，能取代葉綠素鎂原子的游離氫離子為數極少。19世紀法國大廚卡瑞蒙曾將木灰加入烹飪用水中，以去除酸性；如今最方便的去酸材料是小蘇打（碳酸氫鈉）。另一種化學要訣是在烹飪用水中添加其他金屬（銅和鋅），金屬會取代葉綠素分子的鎂，於是氫便無從置換。然而，兩項要訣都有缺點。銅和鋅都是必要的微量營養素，然而一旦劑量超過幾毫克，便可能帶有毒性。另外，儘管碳酸氫鈉全無毒性，高鹼環境卻可能讓蔬菜質地變得黏糊（見56頁），維生素會更快受到破壞，最後產生黏膩怪味。

注意水和時間，慎選調味醬汁：將烹調時間縮短到5~7分鐘，避免葉綠素接觸酸性環境，可以減輕綠菜色澤變得暗沉的問題。拌炒和以微波爐烹煮，

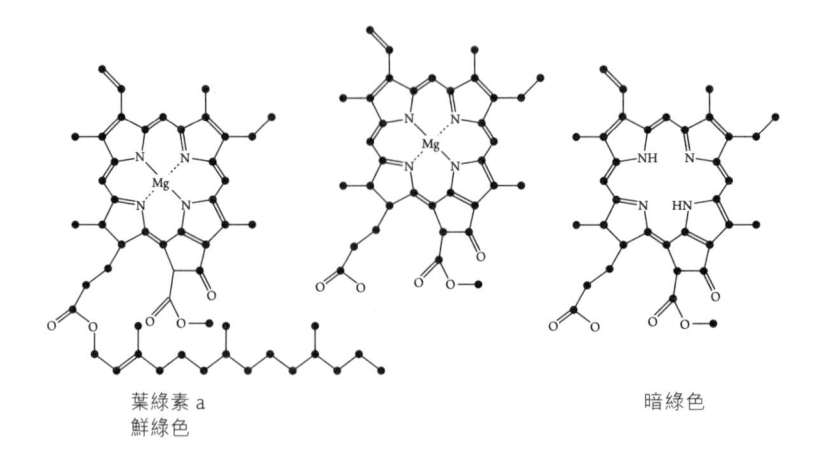

葉綠素a
鮮綠色

暗綠色

葉綠素在烹調期間的變化
左：正常葉綠素分子呈鮮綠色，帶有一條親油端，因此可溶於脂肪和油。中：植物細胞所含酵素能去除親油端，成為沒有尾端的分子，因此很容易溶入烹煮液。右：在酸性環境中，中央的鎂原子被氫取代，產生的葉綠素分子呈晦暗的橄欖綠。

雖然速度都非常快，卻讓葉綠素完全暴露在細胞本身的酸性中。用大量清水燙煮有個好處：能稀釋細胞所接觸的酸性。城市自來水多半會維持微鹼性，以減輕管線腐蝕，帶微鹼性的水最適合用來保持葉綠素的顏色。檢測你的水質酸鹼值，酸性水的酸鹼值低於7，若呈酸性就做個實驗，增添少量小蘇打（從每公升水一小撮開始），調到中性或微鹼性。蔬菜烹調好後立刻上桌，否則便投入冰水片刻，如此蔬菜才不會繼續受熱，導致顏色變得暗沉。含有檸檬汁等酸性成分的醬汁，要等最後上桌時再淋上，還可以考慮先淋上一層油（如油醋醬）或奶油，以保護蔬菜。

紅紫色花青素和淡黃色花黃素 花青素平常都呈紅色，它有個淡黃色的表親花黃素，兩者都與葉綠素對立。它們天生能溶於水，因此總是流入烹煮的水中。它們對酸鹼值以及鐵離子也都非常敏感，不過酸性對它們有益，金屬則會造成危害。還有，酸和金屬都只會讓葉綠素變亮或變暗，卻會令花青素完全變色！所以有時我們燜煮紅葉甘藍會看到葉片變藍，薄煎餅和英式鬆餅的藍莓則會轉呈綠色，而蒜頭醃漬時則會變成綠色或藍色。（甜菜和蓊菜的β-花青素和β-花黃素都屬另一族化合物，性質較為安定。）

敵人：稀釋作用、鹼和金屬。花青素和花黃素都聚集在細胞的液泡中，有時只存於表層細胞（例如紫豆和蘆筍）。所以，食品一經烹調，液泡遭受破壞，這時色素便會流失，經過稀釋後，顏色就會變淡或消失不見。若以鍋子烹煮，情況還更嚴重。植物組織一經烹調，化學條件便會改變，進而影響殘存色素。儲存花青素的液泡通常都帶酸性，其餘部位的細胞液則酸度較低。烹煮液常帶點鹼性，速發麵包則含有明顯呈鹼性的小蘇打。花青素在酸性環境中偏向紅色；在大致呈中性的酸鹼度中為無色或帶點紫羅蘭色；若在鹼性環境則呈淺藍色。淡黃色花黃素隨鹼度提高而轉呈較深黃色。因此，烹調時，紅色蔬果會褪色，甚而轉藍，而淡黃色蔬果則顏色變深。烹煮液中的微量金屬會產生非常奇特的色彩：有些花青素和花黃素接觸鐵、鋁和鋅時，會構成淺灰、藍、紅或褐色等繁雜色彩。

料理綠色蔬菜的老訣竅

早在葉綠素命名之前，廚師已經想出和葉綠素相關的實用化學。阿比修斯便在他彙編的羅馬食譜中提出建議：「烹煮時添加硝石，可以讓所有綠色蔬菜染上翠綠色彩。」硝石是種天然蘇打，所含鹼度和現在的小蘇打相仿。英國烹飪作家漢娜・格拉斯（Hannah Glasse）在她的1751年食譜中提醒讀者：「各位在燙青菜時都該採用平底銅鍋單獨烹煮，而且使用大量清水。別用鐵鍋等器具，那些都不妥當；唯有銅鍋、黃銅鍋或銀鍋才適用。」19世紀初期的食譜都主張，烹煮蔬菜和製作醃黃瓜時，都應該拋進一枚半分錢銅幣來改善顏色。儘管在18世紀，瑞典曾經裁定武裝部隊不得使用銅鍋烹調，因為銅含大量毒性，而且劑量還會累積，但這些實用作法全都以種種型式沿用到20世紀初。還有19世紀作家塔比撒・提克圖斯（Tabitha Tickletooth）也在《晚餐提問》（The Dinner Question, 1860）中寫道：「無論如何，煮豌豆時絕對不要使用蘇打，除非你一心只想要毀掉所有風味，讓你的豌豆糊成一團。英國廚子深愛的這種殘暴行徑，絕對不要做。」

援手：酸。有個訣竅可以保持花青素的天然色澤，那就是讓蔬果維持充分酸度，還要避免添入微量金屬。滴幾滴檸檬汁到烹煮液或食品中，有助於達成這兩項目標：檸檬汁含檸檬酸，且能與金屬離子結合。烹調紅葉甘藍時添加酸蘋果或醋，可以預防菜葉變為紫色；揉麵糊時可以均勻添加小蘇打，用量越少越好，只讓麵糊保持微酸，這樣藍莓就不會變成綠色。

藉鞣酸產生色澤：偶爾我們還真能藉烹飪造出花青素，而且還會將澀感轉為色彩！無色的榲桲薄片在糖漿中烹煮可去除澀味，並變成紅寶石般的半透明色彩。榲桲和某些梨子富含酚類化合物，其中有2~20種類花青素亞基構成的聚集體（原花青素基），大小正好用來連結蛋白質，因此入口帶有澀味。這類果實若長時間烹煮，熱加上酸會讓亞基逐一分解，隨後空氣中的氧便與亞基產生反應，產生真正的花青素。於是，含鞣酸的淺色果實風味就會變得較為溫和，並染上淺粉紅到深紅等色澤。（有趣的是，罐頭梨子也會轉呈粉紅色，卻常被說成褐色。無釉罐頭的錫會強化這種效果。）

質地

我們在前面談過，蔬果質地取決於兩項因素：組織細胞內部水壓，還有細胞壁構造（見38頁）。烹調可以釋放水壓並瓦解細胞壁，從而軟化植物組織。當組織溫度達到60°C，細胞膜會受損，細胞失水萎縮，整個組織便不再堅實、鮮脆，變得鬆垮、軟韌。（就算把蔬菜泡在沸水中煮，組織仍會失水，在烹調前後秤重比較就可以證明。）蔬菜煮到這個階段，往往不好咬開，因為雖然組織不再飽滿、鮮脆，不過細胞壁依然強韌耐嚼。隨後，組織溫度達到沸點，細胞壁強度也開始減弱。纖維素骨架大體仍維持不變，然而果膠和半纖維素膠結材料卻已經軟化，逐漸分解為短鏈，然後溶解。此時牙齒可以輕鬆把相鄰細胞咬開，蔬菜質地也變得柔嫩。長時間烹煮會去掉幾乎所有的細胞壁膠結材料，導致組織瓦解，於是蔬菜便煮成一團菜泥。

酸和硬水能使食品保持堅韌；鹽和鹼會加速軟化 蔬果烹煮至細胞壁成分溶解、變得柔嫩，這個階段會大幅受到烹煮環境的影響。半纖維素在酸性

把紅酒轉變為白酒

花青素的色素對酸鹼度反應敏感。羅馬時代晚期，阿比修斯的收藏中有一道引人注目的祕方，便是基於這項原理：

以紅酒製出白酒。將豆粉或3枚蛋白放入瓶中，做長時間攪拌。隔天，紅酒就會變白。白葡萄藤灰也有相同效果。

藤灰和蛋白都屬鹼性物質，確能讓紅酒變色。然而，我試著用蛋白來做，結果卻不盡然是白酒，倒不如稱之為灰酒。

環境並不易溶解，遇上鹼性環境則一下子就溶解了。這表示，若把蔬果泡進酸性溶液中（如番茄醬或其他果汁和果泥），烹煮幾個小時仍能保持堅實；若是在不酸不鹼的中性沸水中烹煮，同一種蔬菜就會在 10 或 15 分鐘之內軟化。若烹煮液明顯呈鹼性，蔬果很快就會變成糊狀。在中性烹煮液中添加調味鹽，會加速蔬菜軟化，原因顯然就是鹽中的鈉離子。鈉離子會把交叉連結、支撐蔬果細胞壁膠結分子的鈣離子給取代掉，從而打破交叉連結，讓半纖維素更容易溶解。在另一方面，高硬度自來水中溶有鈣質，能強化膠結物的交叉連結，從而延緩軟化。若蔬菜烹調時不泡在水中（例如蒸煮、油炸煎炒、烘烤），細胞壁便只會接觸到酸度不等的細胞液（蒸氣本身也略呈酸性，酸鹼值為6），烹調時間相等時，蔬菜用蒸的常比用沸煮的更堅實。

廚師可以利用這些作用，來診斷軟化過快或過慢的原因，據以調整預備作業，像是先用清水燙過蔬菜，隨後再添入番茄醬，或者加一小撮鹼性小蘇打粉來減輕硬水的影響。在綠色蔬菜方面，可以藉鹽巴之助以縮短軟化時間，還可酌量使用小蘇打來保存葉綠素的鮮綠色澤（55頁）。

澱粉質蔬菜 馬鈴薯、地瓜、印度南瓜和其他澱粉質蔬菜，烹煮後都帶有獨特質地，這得歸功於澱粉粒。烹煮之前，蔬菜所含澱粉粒都是體積極小、密實凝聚在一起的澱粉分子，細胞咬起來有一種粉筆口感。當蔬菜加熱至細胞膜蛋白質變性的溫度，也就是進入「膠凝溫度範圍」時，澱粉也開始軟化。就馬鈴薯而言，這是介於58~66°C之間（不同類植物溫度各異）。一進入這個溫度範圍，澱粉粒便開始吸收水分子，結構不再緻密，澱粉粒也膨脹達原有尺寸的數倍，形成柔軟膠質，或海綿狀長鏈網，還把水分儲存在分子鏈之間的空隙。如此一來，質地大致上會變得柔嫩又乾燥，因為組織水分都被吸入澱粉內了。（請想像高澱粉質馬鈴薯和低澱粉質胡蘿蔔烹煮後的質地差異。）就細胞壁較脆弱的澱粉質蔬菜而言，充滿膠質的細胞內聚力很強，或許強得足以把各個細胞拉開，成為分離的細粒，並呈粉質狀。由於澱粉會吸水，分散開的細胞表面積又很大，因此馬鈴薯泥和其他澱粉質菜泥才能和大量滑潤油脂和在一起，而且效果相當好。

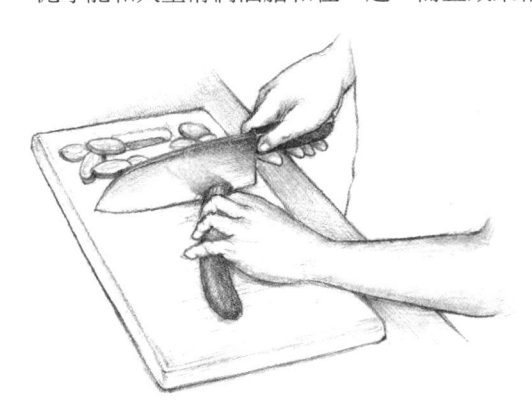

預煮可以讓某些蔬果長保堅實　事實顯示，若干蔬果先以低溫預煮過，便可以減輕烹調時往往會出現的軟化現象，包括馬鈴薯、地瓜、甜菜、胡蘿蔔、豆類、花椰菜、番茄、櫻桃和蘋果。若預熱至55~60°C，維持20~30分鐘，這類食品便可以長保結實，禁得起之後的長時間烹煮。若希望燉肉裡的蔬菜在慢煮時能保持其外形，或在做馬鈴薯沙拉裡的馬鈴薯，以及打算裝罐保藏的食品時，都可以這麼處理。

這種作法也適用於整顆下水煮的馬鈴薯或是甜菜，如此整顆煮透時，外層便不至於太軟甚而碎裂開來。這類根菜類通常都在一開始就得先放入冷水，如此當溫度慢慢提高，外層也會逐漸變得結實。這類蔬果的細胞壁都含有一種酵素，當溫度約在50°C時，酵素便開始起作用（約70°C時便失效），並且改變細胞壁果膠，於是果膠就比較容易藉由鈣離子彼此交叉連結。同時，由於細胞膜破損，內容物溢出，鈣離子也隨之釋出，與果膠交叉連結，大大提高其抗熱性，於是當溫度達到沸點，果膠就不容易流失或瓦解。

長保鮮脆的蔬菜　幾種地下莖類蔬菜以常保鮮脆著稱，經長期烹煮甚至做成罐頭之後，都能保有一些爽脆。這類蔬菜包括荸薺、蓮藕、竹筍和甜菜。其強韌質地得自特定幾種細胞壁內酚類化合物（例如阿魏酸），能與細胞壁的碳水化合物構成連結，於是碳水化合物就不會在烹煮時溶掉。

風味

多數蔬果的風味都比較清淡，烹調則讓滋味變得濃郁。熱會破壞細胞壁，細胞內容物便很容易溢出，觸及我們的味蕾，因此加熱能凸顯味覺的分子（如甜味和酸味）；舉例來說，胡蘿蔔煮過之後嚐起來便甜得多。熱也讓食品的芳香分子更具揮發性，也因此更易聞到。熱還會助長酵素活性、促使細胞內容物彼此混合、催化總體化學反應，從而產生新分子。加熱越久，熱度越高，食品原有芳香分子經改造、增補的數量便越多，越有「煮熟」的複雜風味。倘若溫度超過沸點（例如油炸煎炒和烘烤），這類含大量碳水化合物的食材就會開始經歷褐變反應，產生典型的烘烤味和焦味。同樣的蔬菜

烹調澱粉質蔬菜
左：烹調前，植物細胞完整，澱粉顆粒緊緻硬實。右：烹調促使澱粉顆粒吸收細胞液的水分，於是顆粒便膨脹、軟化。

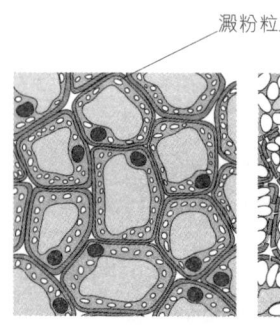

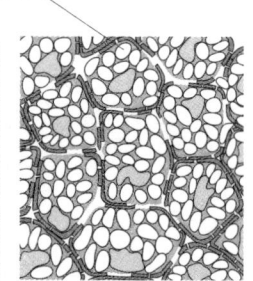

澱粉粒

或香草，廚師可以把全熟的、略熟的，甚至全生的混在一起，料理出一道具多層次風味的菜餚。

有一種口感屬性只見於植物，那就是澀（44頁）。澀會讓朝鮮薊、未熟果實和堅果等變得一點都不可口。有幾種作法可以控制這類食物所含鞣酸的作用。酸和鹽讓澀感更為強烈，而糖則能抑制。菜餚添加奶類、明膠或其他蛋白質，可以促使鞣酸與食品蛋白質結合，不讓它有機會影響唾液蛋白質，從而降低澀感。某些食材含豐富的果膠或樹膠，也可以讓部分鞣酸失去作用；脂肪和油類也能延緩鞣酸和唾液蛋白質的初期黏合。

營養價值

烹調會破壞食品所含部分營養，卻也讓多種養分更容易吸收。日常飲食最好是生、熟蔬果兼有之。

營養價值稍減…… 一般而言，烹調會減少蔬果的營養成分。這條規則有幾個重要例外，不過，大多數維生素、抗氧化物，還有其他有益物質的含量，都會因高溫、失控的酵素活性，以及接觸氧氣和光線而減少。烹煮液也會把植物組織的這些成分和礦物質拉出來。加快動作並縮短烹飪時間，可以將這類損失減至最輕。舉例來說，馬鈴薯一經受熱，所含酵素便會破壞維生素C，而由於烘烤的溫度上升較慢，於是在酵素作用中損失的維生素C，便遠多於沸煮。然而，有些加速烹調的技巧（包括把蔬菜切成小塊，還有為保持溫度而用大量的水來煮菜），卻會導致更多水溶性營養素（如礦物質、維生素B群和維生素C）流失。以微波爐烹調，蔬果分量不要多，只添加最少的水，可以保留最多維生素和礦物質。

……但也有部分提升 在整體營養上，烹調有幾種好處。烹飪能消滅具潛在危害的微生物。烹調能軟化、濃縮食品，因此進食時，比較容易吃下更大量的食品。實際上，烹飪還讓某些養分更易攝取。最重要的兩類是澱粉和類胡蘿蔔素色素。澱粉由糖分子長鏈聚合構成，這種緻密團塊稱為澱粉

粒。我們的消化酶無法穿透生澱粉粒的外層，烹調則能將團塊解開，讓我們的酵素去分解澱粉長鏈。此外還有 β-胡蘿蔔素（維生素A的前驅物）和其近親茄紅素（一種重要的抗氧化物），以及其他有用的類胡蘿蔔素色素。這類營養素都不太溶於水，因此單憑咀嚼、吞嚥，我們很難有效吸收這類化學物質。烹調把植物組織破壞得更為徹底，我們吸收的養分便可大幅增加。（添加脂肪也可以大幅增進我們吸收的脂溶性營養素。）

蔬果有多種烹調法。以下概述最常見的手法及其大致效果。蔬果烹調法可以概分三類：藉水導熱的溼式烹調法；藉空氣、油或紅外輻射來導熱的乾式烹調法；還有一類則混雜五花八門烹調技巧，包括幾種重構食物的手法，有的把食物本身轉變為液態版，有些則萃取出食物的風味、顏色要素。

熱水：沸煮、蒸煮、加壓烹調

最簡單的蔬菜烹調法是蒸煮和沸煮，因為這兩種作法都不需調節溫度：不論大火、小火，沸水溫度都為100°C（這是海平面的沸點，高海拔的沸點則較低）。還有，由於熱水和蒸氣都具有絕佳導熱性，因此蒸煮和沸煮都是高效率手法，最適合用來高速烹調綠色蔬菜，可以把褪色情況減至最輕（54頁）。兩者的差別在於，以熱水煮時，細胞壁的果膠和鈣質會部分溶解流失，而蒸氣則不會，因此蔬菜在沸煮時較快軟化、軟透。

沸煮

沸煮綠色蔬菜時，最好能知道烹煮液的酸鹼值，還有裡面溶有哪些礦物質。烹煮液最好是中性，或只是微鹼性（酸鹼值為7~8），硬度也不要太高，因為酸會讓葉綠素失去色澤，而酸和鈣都會延緩軟化，從而延長烹調時間。沸煮時若用大量的水，就算放入冰冷的菜蔬，仍能維持沸騰，不過要先把菜蔬切成小段，這樣才能在5分鐘左右熟透。加入鹽巴，烹煮液的濃度若約等同於海水（3％，或每公升水添加30公克）可以加速軟化（56頁），同時細胞內容物溶入水中的量也會減至最少（不含鹽的烹煮液會從植物細胞中拉出

鹽和糖分)。蔬菜一煮軟就該馬上取出,立刻上桌,或放進冰水浸泡片刻,這樣蔬菜才不會繼續受熱而進一步失去色澤。

澱粉質蔬菜(尤其是馬鈴薯)適合整顆或切成大塊烹調。這類食材有個缺點,當內部熟透時,外層往往已經煮得太軟、甚至裂開。用高硬度微酸水來烹煮,食材表面較能保持結實;還有,要在水還沒加熱時就放入,而且只能慢慢提高溫度,這樣也可以強化食材細胞壁(38頁)。水最好不含鹽,因為鹽會讓脆弱外層過早軟化。另外,烹煮時不見得要達到沸點,80~85°C就足以軟化澱粉和細胞壁,也可改善外層過熟的情況,不過必須花較長時間才能煮透。

蔬菜若與肉類一起燜、燉,我們會希望它維持完整又要煮透,所以烹調時要和肉品一樣小心。低溫烹調可以讓肉類保持柔嫩,蔬菜卻可能煮不透而過硬;但若是為了分解肉塊堅韌的結締組織而反覆熬煮,會把蔬菜給煮糊。可以先把蔬菜煮軟,再入鍋低溫燜煮;或先把蔬菜煮得結實,再長時間慢熬;或者,當蔬菜煮到可口的質地就先取出,留下肉慢慢熬,熟透之後再把蔬菜擺回鍋中。(燜、燉、熬的定義請見第一冊210頁)

蒸煮

蒸煮是烹調蔬菜好的方法,可以讓溫度達到沸點,卻不必加熱一整鍋水,蔬菜也不會直接接觸滾水,風味、色澤或養分都較不會流失。蒸煮時,廚師不用勞神去控制鹹度、鈣質的交叉連結以及酸度(蒸氣本身呈微酸,酸鹼值為6,而且植物細胞和液泡的酸度也都高於葉綠素的理想條件);還有,為求加熱均勻,食材必須單層排列,或堆得很鬆散,這樣蒸氣才能接觸到所有表面。以蒸煮法料理,最能讓食材保持原味,若添入香草和香料,蒸氣也會帶有香氣。

加壓烹調

蔬菜有時也以加壓蒸煮來烹調,特別常用來製作酸度低的罐頭食品。基本上,這是結合沸水和蒸氣的烹調法,不過水和蒸氣溫都不是100°C,而是

120°C左右。（把水封裝在氣密容器，便能留住水蒸氣，進而提高水的沸點。）加壓蒸煮的加熱速度非常快，這表示新鮮蔬菜很容易煮過頭。採加壓蒸煮法時，最好恪遵專用食譜。

熱氣、熱油和輻射：烘烤、油炸煎炒和燒烤

這類「乾式」烹調法能移除食物表面水分，從而濃縮、強化風味，還會把食物加熱至沸點以上，帶出褐變反應特有的風味和色澤（第一冊310頁）。

烘烤

用烤箱的熱空氣來烹調蔬果，速度會較慢，這有幾項理由。首先，和水、油相比，空氣這種媒介的密度較低，因此空氣分子並不那麼頻繁和食物碰撞，必須花較久時間才能把能量傳給食物。其次，低溫物體擺進高熱烤箱，表面產生一層空氣和水分子呈現凝滯狀態的「界面」，而進一步降低碰撞頻率。（加裝對流風扇可以加速空氣循環，破壞界面層，也提高烹調速度。）第三，在乾燥空氣中，食物的水分會由表面蒸發，因此吸收了大多數的外來能量，只有少數能量能傳抵核心。因此，烘烤法的效率遠低於沸煮和油炸煎炒法。

當然了，正是由於烤箱內部的導熱介質相當稀薄，所以很適於用來乾燥食物，而且能把食品烤成半乾（例如：烘烤飽含水分的番茄，提高風味的濃度）；也可以把食品烤到幾近全乾，方便保存；或烤出一種很有嚼勁或酥脆的質地。一旦表面乾了，食物溫度也會提高到接近烤箱溫度，此時碳水化合物和蛋白質便會經歷褐變反應，產生幾百種嶄新的味覺分子和芳香分子，從而散發出更濃郁的風味。

蔬菜烘烤前常會先抹油，這樣簡單的前置處理會帶來兩項重要結果。表面薄層油脂不會像食品中的水分那樣蒸發，於是油脂吸收烤箱空氣的熱量後，全都用來提高本身以及食品的溫度，因此食品的表面溫度會比不抹油還高，而食物也可以較快轉變為金黃色或完全烤熟。其次，部分油分子會

參與褐變反應，改變反應產物的成分；這群產物會散發更濃郁的獨有風味。

煎炸和炒

蔬菜抹油之後再去拿烘烤有時也稱為「烤煎法」，而用油煎炸或炒也確實能讓食品表面乾燥、轉為金黃色，並讓油脂本身的風味更具特色。此時食材可以部分浸入油中（煎），或完全浸沒（炸），或只是均勻沾上薄薄的油（炒）；油溫通常介於160~190°C。真正的煎炸都比烤煎法快，因為油脂密度遠高於空氣，因此高能量油分子和食物的碰撞次數更為頻繁。煎炸法的成功要訣在於，食材尺寸和烹調溫度都要適當，如此一來，當表面呈現漂亮的金黃色，裡面也已經熟透。澱粉質蔬菜是最常採煎炸法的植物性食品，在第2章（85頁）我還會深入討論馬鈴薯這個重要實例。很多較為嬌嫩的蔬菜或果實，都可以如此料理：先在表面裹上一層麵糊或麵包屑，這層東西會變得酥脆、呈褐色，把裡面的食材隔絕起來而不至直接接觸高熱。

翻炒和慢炒

煎炸法有兩種重要的變化式，分別運用大火和小火來烹調。一種是高溫翻炒：蔬菜要切到夠小，才能在1分鐘左右全部熟透。食材只薄薄沾上油，放在熱得冒煙的金屬表面，不斷加以翻動，確保食材均勻受熱且不至於燒焦。翻炒要訣在於炒鍋要單獨預熱，而且放進蔬菜前幾秒鐘才倒油，否則高熱會破壞油質，令油脂味道變差又濃稠黏滯。翻炒速度很快，因此很能保留色素和營養素。

另一個以小火烹調的技巧有時也稱為「慢炒」（sweating，義大利文 *soffrito*，加泰隆尼亞文 *soffregit*，意思都是「低溫油炒」）：蔬菜切丁，在低溫油鍋裡慢慢烹調，這種方法能產生一種基底風味，用來陪襯以其他主要食材。當廚師不希望菜餚變得焦褐，或盡可能減少這種現象，便可用低溫和油脂來軟化蔬菜、帶出並提高風味濃度，還能把不同風味混在一起。另有種蔬菜烹調手法稱為「油封」（confit，見第一冊228頁），把蔬菜浸入油中慢慢烹調，讓食材軟化，並吸取油脂的濃郁風味。

燒烤

燒烤和炙烤都以強烈紅外輻射來加熱,熱源可為紅炭、火燄或發熱電力元件。這種輻射能迅速引發乾燥、褐變、燒焦這一連串過程,因此燒烤要訣在於調節熱源和食品的距離,才能確保食材在表面燒焦之前熟透。燒烤法就如烘烤法,要先為食材塗上油脂,可以加速烹調並增進風味。把食物封起來可對食材表面產生保護作用(新鮮玉米保留苞葉,大蕉保留蕉皮,馬鈴薯則以鋁箔紙包裹);食物封住後,基本上便是由食材本身的水分蒸熟,同時還吸收了熱源與包封材料受煙燒所產生的煙燻香氣。

事實上,有些食物燒焦了還更可口。大型甜椒和辣椒都有強韌的蠟膜,這層表皮很不容易剝除,不過其成分含有可燃的蠟質,燒烤時內部的肉還沒軟化,外皮會先焦脆,而一旦外皮燒焦,就可以輕鬆刮除或用水沖掉。茄子也是如此,整顆茄子烤到肉軟化,外皮也已經燒乾、硬化,這時肉便冒出蒸騰煙霧及香氣,也很容易從外皮刮下食用。

微波爐烹調

微波輻射能只讓蔬果所含水分子升高能量,再透過水分子來加熱細胞壁、澱粉和植物的其他分子(第一冊321頁)。由於輻射能夠透入食物約2公分深,因此這是種相當快速的烹調法,也是保留維生素和礦物質的絕佳方式。然而,微波輻射有幾項特性,廚師必須加以預測、補救。由於微波透入食品的深度有限,因此採這種輻射烹調時,必須把食物切成大小均一的薄片,同時單層排放,或鬆散堆疊,這樣食材才能均勻受熱。

高能量水分子會轉變為水蒸氣,從食物中逸出,因此微波爐往往會把食物煮乾。蔬菜須以不透蒸氣的容器封裝,或事先添加少量水分,這樣食材表面才不至過度失水而乾枯。由於食品被蓋住,因此原本會散逸的揮發性化學物質會留下一部分,於是菜餚便可能帶有強烈怪味。添加其他香氣物質有助於遮掩這種氣味。

廚師可以運用微波輻射的脫水乾燥特質，讓蔬果薄片變得酥脆。運用這項功能時最好設定在低功率，這樣才能溫和、均勻加熱，食物也不會很快就燒焦或褐變。當小塊組織的水分減至極少，就必須吸收較多能量才能釋出水分，於是局部沸點便會提高，進而破壞碳水化合物和蛋白質，而這會引發褐變，接著便造成焦黑。

粉碎和萃取

廚師在處理蔬果食材時，多少都會保留其完整的組織結構，然而除此之外，廚師也常把蔬果完全解構。細胞壁原本是將細胞內容物包在一起，但製備過程有時會絞碎食材，讓植物細胞內容物和細胞壁混在一起。另有些方式則把食品的風味或顏色抽出，製成含有食品精華的濃縮萃取物，留下無味、無色的細胞壁纖維或大量水分。

蔬果泥

蔬果泥是最簡單的解構版蔬果食品，包括番茄醬和蘋果泥、馬鈴薯泥、胡蘿蔔濃湯和酪梨沙拉醬等。我們製作蔬果泥時，必須以充分物理力量來破壞、瓦解蔬果細胞，讓細胞內容物質和細胞壁碎片充分混合。由於細胞含水量很高，多數蔬果泥都是以原有組織構成的液態食品。也多虧細胞壁的碳水化合物具有稠化作用，能和水分子相連，因此蔬果泥也具有相當柔潤的黏性；或是先煮掉額外的水分，讓碳水化合物濃縮，以產生這種黏稠特性。（馬鈴薯等澱粉質蔬菜是很重要的例外：細胞所含澱粉粒會完全吸收組織的游離水分，因此最好讓澱粉留在細胞裡面，以免結實的馬鈴薯泥變得黏膩。參見84頁的馬鈴薯泥相關討論。）蔬果泥可調製成醬料，或用來煮湯、凍結成冰，也可以乾燥製成「果泥乾」。蔬果泥和蔬果醬相關討論參見第三冊。

許多果實成熟之後，細胞壁大部分都會變得脆弱，因而能輕鬆製成純的生果泥，而多數蔬菜則需事先烹煮，軟化細胞壁。預煮還有個好處：使細

胞酵素喪失活性，否則一旦細胞組織毀損，酵素就會破壞維生素和色素，還會讓食品變味，並發生褐變，顏色變得暗沉而難看（42頁）。蔬果泥的固態顆粒有多大、質地有多細緻，都取決於幾項因素，包括熟成作用夠不夠、烹調把細胞壁破壞得多徹底，還有採用哪種手法來碾碎組織。如果是徒手搗泥，若干大型細胞團塊就會原封不動保留下來；若使用食品研磨器和過濾裝置所用的篩子，則可以濾出比較小的碎片；要是使用電動食物處理機，則能以刃葉切出非常細小的碎片，而攪切器（果汁機）刀葉在更小的空間中工作，能切、斬出更小的碎片。有些蔬果含大量頑強的纖維素，只能用過濾裝置來濾除。

蔬果汁

蔬果汁是蔬果泥的精緻版：蔬果汁大半是蔬果細胞的液態內容物，製作時要壓碎新鮮食材，並把大部分的固態細胞壁材料濾出來。這類材料有些不免會流入蔬果汁中，例如甜橙汁的果肉，結果便可能變得混濁濃稠，有些很可口，有些則令人嫌惡。由於榨汁時會把活細胞的內容物混在一起，包括活性酵素和各種具活性、對氧敏感的物質，因此新鮮蔬果汁很不穩定，很快就會變質。例如蘋果汁和梨子汁很快就會變成褐色，其禍首就是褐變酵素和氧氣（42頁）。新鮮蔬果汁若不立刻飲用，最好冷藏或冷凍起來，不過要先加熱過，以略低於沸點的溫度來殺死微生物，並使酵素失去活性。現代榨汁機的功能非常強大，可以榨取所有蔬果的汁液，而不僅限於傳統上常用來榨汁的蔬果。

泡沫和乳化液

蔬果泥和蔬果汁都含有細胞壁的碳水化合物，能安定氣泡泡沫和乳化油滴（參見第三冊），否則這些物理構造會很快破滅。借現代電動攪切器和攪

拌機之助，如今要調製安定的蔬果汁泥也特別容易。蔬果一經攪打，便化為滿含氣泡的汁泥，由於細胞壁的碳水化合物會讓水分較慢從氣泡壁流失，因此氣泡能維持較久。這樣一來，廚師才能製作出耐久的泡沫霜或慕斯霜，也才有時間調味；蔬果汁可以打出特別輕柔的泡沫。油滴也有相同功能，把油攪入蔬果泥、汁中，植物性碳水化合物可以把油一滴滴隔開，因此油、水兩種相態會較慢分離，廚師就可以把油融入蔬果泥、汁當中，調出一種比單純蔬果泥更具多層次風味、質地的暫時乳化液。蔬果泥越濃稠，泡沫或乳化液便越安定，也越不容易消失。添加液體（水、果汁、高湯）可以讓濃稠的調製品變淡。

冷凍蔬果泥和蔬果汁：蔬果冰、冰沙、雪酪凍

蔬果泥、汁冷凍後便形成清爽的半固體物質，製品名稱繁多，包括蔬果冰、冰沙和雪酪凍。這類調製冰品最早於17世紀在義大利改良，因此西方沿用義大利文 Sorbet（這個詞彙源自阿拉伯文 sharab，意思是「糖漿」，後轉為 Sorbetto，再演變成今字）。基本上，冰沙都具水果風味（有時帶有香草、香料、花朵、咖啡或茶香），通常還添加糖、酸來提味（含量分別為25~35%、0.5%），而其整體糖酸比則與甜瓜相仿（30~60:1，見189頁）。蔬果泥、蔬果汁還常加水稀釋，有時是為了降低酸度（檸檬汁和萊姆汁）；偶爾則是由於某種食材供應不足，為了要能用更久；還有時則是為了改善風味。

冰品上桌時溫度極低，這點對風味產生很有趣的影響：舉例來說，若甜瓜未經稀釋，嚐起來就太像近親黃瓜了；梨子醬調淡之後，嚐起來就比較不像冷凍水果，顯得更為細緻芳香。在美國，「Sherbet」（雪酪凍）一詞指的是一種水果冰，裡頭添加3~5%乳固形物，除了讓風味更豐富之外，還有助於軟化質地。

儘管傳統冰品都以果實製成，但蔬菜冰品同樣也很清涼爽口，能帶來意外驚喜。

蔬果泥、汁的冷凍質地 冰品質地也很不同，從堅如石塊到粗碎到綿柔都有，這取決於成分比例、製作方式還有上桌時的溫度。冰品在冷凍過程中，混合液的水分會凝結成幾百萬顆小冰晶，周圍則是其他物質：主要為殘留液態水，還有與溶糖共同構成糖漿，兩者都來自果實及人為添加；此外還有植物的細胞和細胞壁。糖漿和植物殘渣越多，固態晶體就越滑潤，用湯匙或舌頭施壓，晶體之間也越容易滑動，冰品質地就越柔軟。

多數冰品所含糖分約為冰淇淋的2倍（冰淇淋含大量脂肪和蛋白質，利於軟化質地，第一冊64頁），以重量而言，約占25~35%。甜果實只需添加少量糖分便能達到這個比例，至於含大量果膠和其他植物殘渣的蔬果泥（鳳梨、覆盆子），只需較低的總糖分就能達到軟化之效。許多廚師並不全用調味糖（蔗糖），而是把其中1/4~1/3換成玉米糖漿或葡萄糖，如此一來，不需添加那麼多糖分便可達到軟化效果。

冰晶的大小會影響冰品的柔細程度，其尺寸取決於糖分和植物固形物，也視冷凍過程的攪拌程度而定。糖分和固形物有助於形成大量小冰晶，而非較少量的大型冰晶，攪拌也具相同效果（第一冊64頁）。從冷凍櫃取出便直接上桌的冰品比較堅硬，晶形也比較完整；等冰品溫度提高、局部溶解之後，質地就會變得較為均勻綿滑。

蔬菜高湯

蔬菜高湯取自幾種蔬菜、香草的萃取液，可作為湯汁、醬料等調製品的調味基底。把蔬菜熬軟、破壞細胞壁，讓細胞內容物質釋入水中。這些內容物含鹽、糖、酸和帶甘味的胺基酸，還有各式芳香分子。其中一定會有胡蘿蔔、芹菜和洋蔥的香氣；菇蕈類和番茄則含大量甘味胺基酸。蔬菜切成細末可產生最大萃取表面積。

將部分（或所有）蔬菜先與少量油脂一起煮，好處有二：增添新風味，而且脂肪也比水更能溶解芳香分子。要訣是水量別加太多，這會過度稀釋萃取出來的風味；適度重量比為一份蔬菜對一份半或兩份水（容積會受碎末尺寸影響）。蔬菜加水開蓋熬煮，好讓水氣蒸發並濃縮風味，時間別超過1小

時。就一般認定，時間再拉長也不能提升高湯風味，甚至會破壞滋味。蔬菜熬好取出，隨後就可以沸煮來濃縮高湯。

調味油、醋、糖漿和酒精

廚師萃取蔬果、香草和香料的典型芳香化學物質，製成方便的現成調味料，可分別用來調製醬料、沙拉醬及其他調味品。大體而言，最鮮美的萃取物都是用完整的新鮮果實或是新鮮香草製成，放在室溫或冰箱溫度中，慢慢浸漬數天或數週。乾燥的香草和香料加熱時比較不會走味，因此可以藉由高溫液體萃取，速度會更快。

會讓食品腐敗、讓人生病的微生物，可以藉助醋的酸性去抑制其滋生；糖漿的濃縮糖分和伏特加所含酒精也有類似效果（這種酒精不帶特殊味道，可作為萃取風味的優良溶劑），因此，使用調味醋、糖漿和酒精來調理食品，較少出問題。然而，製作調味油必須特別審慎。油脂的無空氣環境可能會助長肉毒桿菌滋生。這類細菌住在土壤中，常可在田野栽植的多數食材中見到。肉毒桿菌還具有孢子，能耐受一般的烹調溫度。冷藏處理可以抑制肉毒桿菌生長。若要用生油來製作調味油，且加入調味用的蒜和香草，最安全的方式便是在冰箱的低溫環境中作業。而且不論調味油是否經過烹煮，都應該擺進冰箱保存。

葉綠素

有種植物萃取物不但神祕，又讓人迷戀，那就是烹飪用的葉綠素。這是種鮮綠的著色劑，有別於化學葉綠素（不過這當然也是化學葉綠素的濃縮來源）。烹飪用葉綠素的原料是深綠色葉菜，細密研磨青綠，讓細胞分離、打開；接著把材料放入水中，稀釋會危害色素的酵素和酸，再分離出固態纖維和細胞壁殘渣；以文火慢熬來破壞水中的酵素活性，並讓細胞和游離葉綠體浮上水面；接著再把綠色團塊濾出瀝乾。烹飪用葉綠素一放入酸性食品中加熱，所含化學葉綠素便會轉為淺褐色，因此烹調時最好等到最後一刻再把葉綠素添進酸醬和其他醬料中。如此一來，用餐時就都會有燦亮的綠色。

保存蔬果

蔬果可以無限期保存，不過事先要殺滅活組織，讓酵素失去活性，接著讓微生物無從棲身或無法接觸。其中有些技巧來自古老年代，有些則是工業時代產物。

乾燥和冷凍乾燥

乾燥法

以乾燥法保存食品可以降低組織的水分含量，從90%左右降到5~35%之間，罕有生物能在這個水分範圍內滋長。這是最古老的保存技巧之一；其他作法還有日曬乾燥、火烤、埋入熱沙，都是自史前時代沿用至今的食品乾燥法。蔬果含有會破壞維生素和色澤的酵素，因此只要讓酵素失去活性便有助於保存。廠商販售的乾燥蔬菜通常都經殺菁處理；果實以幾種硫化物噴灑或浸泡，可以預防氧化，從而制止酵素性褐變，留下具抗氧化功能的酚類化合物和維生素，還能保存風味。以往處理李子、葡萄乾、杏和無花果時，最常使用日曬乾燥法，如今則廣泛使用加壓熱空氣乾燥法，因為這類作法的效果較能預期。家庭和餐廳廚師可以使用烤箱，或者是溫度較好控制的小型電動乾燥機。蔬果乾燥時可以用較低溫度，55~70°C，務求減輕風味及顏色流失，也可以預防表面過早乾燥，避免裡面的水分滲出。果實可以搗碎成泥，抹開成為薄層來烘製「果泥乾」。乾燥蔬果含水較多嚐起來較軟嫩可口，卻也很容易遭受某些頑強的酵母菌和黴菌攻擊，因此最好擺進冰箱儲存。

冷凍乾燥法

冷凍乾燥是把凍傷作用作一定程度的控管：這種作法可以移除水分，卻不是藉助蒸發，而是昇華作用，也就是冰直接變成水蒸氣。儘管我們認為冷凍乾燥法是近代的工業革新，但事實上，幾千年來祕魯原住民一向都在安地斯山脈製作冷凍馬鈴薯乾 *Chuño*，這種薯乾可以無限期保存。他們以踩踏破壞馬鈴薯的構造，讓薯泥持續接觸山區乾冷空氣，夜間結凍時部分水

分昇華發散，到了日間解凍時，蒸發作用會再散失更多水分。*Chuño*散發一種強烈風味，這是馬鈴薯組織瓦解後，長期接觸空氣、陽光，燉煮前又在水中重新組構所致。

現代工業用冷凍乾燥法可以迅速冷凍食品，快速降至-57°C，接著略為加溫，以真空處理把水分子抽離，讓食品乾燥。由於食品並不受熱，也不接觸氧氣，風味和色澤都較能保持新鮮。如今，多種蔬果都經冷凍乾燥加工，可作為點心，或是可加水復原的即溶湯粉、應急口糧和露營食品。

發酵和醃漬：德國酸菜和韓國泡菜、醃黃瓜、醃橄欖

發酵法是極古老、極簡便的食品保存法。不需特殊氣候、不需烹煮，也不必消耗燃料；只要一個容器，連地洞也行，或許再加點鹽或海水即可。橄欖和德國酸菜（也就是發酵甘藍）都是常見的發酵蔬果。另一個相似的類別是醃漬食品，把食品浸泡在鹽水或強酸（例如醋）中製成。鹽水常能助長發酵，發酵則產生防腐的酸質，所以「醃漬食品」一詞通稱發酵和未發酵的黃瓜等食物製品。還有些食物和德國酸菜以及醃橄欖相近，例如北非醃檸檬、醃李和醃蘿蔔，還有日本的醃漬蔬菜，以及印度五花八門的大辣醃漬蔬果，這些食物都雖然較不常見，卻也別具風味。

發酵作用探源

藉發酵作用來保存蔬果有其道理，因為植物是某些有益微生物的天然棲所，這類生物遇上適當環境（主要指無氧環境）便能大量繁衍，並壓制其他會致病、引發腐敗的微生物。它們的作法是：搶先消耗植物材料中已被代謝過的糖分，並產生多種抗微生物物質，包括乳酸和其他酸類、二氧化碳和酒精。同時，植物的其他材料（包括維生素C）多半毫髮無損，因為微生物會製造二氧化碳，可以防範氧化破壞；微生物還常製造大量維生素B群，產生新的揮發性成分，更增食物香氣。這類有益的「乳酸菌」顯然是從遠古腐敗植物堆的缺氧環境中演化出來，如今則把全球人類悉心栽培的作物，

改造成幾十種食品（見下頁），像是把牛乳變成優酪乳和乳酪，把碎肉變成帶煙燻味的香腸（見第一冊70及219頁）。

發酵條件和成果

儘管有些蔬果可以單獨擺進坑穴或裝罐密封，任其發酵，然而大多數的做法是撒上乾鹽或泡入鹽水，促使植物組織釋出水、糖和其他養分，同時也提供液體來浸沒蔬果，限制蔬果和氧接觸。醃漬食品的特性取決於鹽分濃度和發酵溫度，這兩點決定了哪群微生物能主宰全場，還有它們會產生什麼物質。低鹽低溫利於腸膜明串珠菌（*Leuconostoc mesenteroides*）滋生，這能產生一種清淡口味，裡面卻包含酸、酒精和芳香化合物等複雜成分；較高溫度利於胚芽乳酸桿菌（*Lactobacillus plantarum*）繁衍，所產生物質幾乎全屬乳酸。多種醃漬食品都會經歷微生物群輪番上陣，初期以明串珠菌類為主，接著酸度提高，乳酸桿菌便取而代之。亞洲的醃漬食品有些並不採用乳酸自然發酵法，而是添加另一種已發酵的「菌母」原料，即酒、味噌或醬油釀造過程的副產品。日本糠漬物獨樹一幟，採用米糠來發酵。米糠含有大量維生素B群，所以醃漬完成的蘿蔔等漬菜，營養會更為豐富。

問題　蔬菜發酵法如果出現問題，一般都是因為鹹度或溫度過高或不足，或是接觸到空氣，這些情況全都會招徠不受歡迎的微生物。特別是當蔬菜受重壓不足而未能完全埋入漬液，或是漬液沒有密封好，結果就會長出一層酵母菌、黴菌和好氧性菌群，它們會消耗鹽水所含乳酸，降低其酸度，並助長腐敗性微生物增生。這有可能導致食材變色、軟化，使脂肪和蛋白質分解並散發腐敗惡臭。倘若發酵作用太強或時間太長，就連有益的胚芽乳桿菌也會產生一種刺鼻酸味。

直接變酸的未發酵醃漬食品

除上述種類，還有多種醃漬蔬果並不採發酵處理，而是直接加入酒、醋等酸性物質來醃製，這能抑制腐敗性微生物滋生。這種古老技巧遠比發酵

法快,也更能控制質地和鹽量,不過產生的風味比較單純。如今一般的作法是充分添加熱醋,最後的醋酸濃度約有2.5%(普通醋的一半),適用食材包括豆類、胡蘿蔔、秋葵、南瓜、菇蕈類、西瓜皮、梨子和桃子。非發酵性醃漬食品常採加熱處理(85°C維持30分鐘)以防腐敗。直接變酸的醃漬食品風味單純,常添加香料以及/或糖來提味。

醃漬食品的質地

多數醃漬蔬果都拿來當配菜生吃,質地越爽脆越好。使用未精煉海鹽更增爽脆,這要歸功於鹽中所含鈣、鎂,這些雜質能助長交叉連結並強化細胞壁果膠。特別爽脆的醃黃瓜和醃西瓜皮,多半在醃漬時添加明礬(氫氧化鋁),明礬含鋁離子,能與細胞壁果膠交叉連結;另一個作法是醃漬前先把生食材浸泡在石灰(氫氧化鈣)溶液中,其鈣離子也具相同功效。(石灰是強鹼,因此浸漬時必須把食材上多出來的石灰沖掉,以免中和掉漬品的酸性。)醃漬食品含酸才能安定細胞壁,隨後烹煮時也才不會軟化(56頁)。若要醃製較軟的醃製食品,都會先把蔬菜煮軟。

發酵甘藍:德國酸菜和韓國泡菜

醃甘藍有兩種常見類型,清楚顯示了發酵過程的些微變化可以產生何種獨特口味。歐洲的德國酸菜是搭配大魚大肉的爽口小菜,重口味的韓國泡

發酵蔬果實例

方法	食材	微生物	地區	實例
埋進鋪葉坑穴	香蕉 麵包果、根菜類	乳酸菌	非洲 南太平洋	衣蕉泥(Kocho) 芋根泥(Poi)
封入罈罐	芥菜和其近親青菜 蘿蔔根	乳酸菌	尼泊爾 尼泊爾、印度	醃菜(Gundruk) 發酵蘿蔔(Sinki)
鹽,1~2%	甘藍	乳酸菌	歐洲	德國酸菜
鹽,2~3%	胡蘿蔔(紫) 加水磨碎	乳酸菌	巴基斯坦、 北印度	胡蘿蔔粥(Kanji)
鹽,3~4%	甘藍、蘿蔔 菌類	乳酸菌	亞洲	韓國泡菜
鹽,4~10% (有時加入米糠)	蘿蔔、甘藍、 茄子、黃瓜	乳酸菌、酵母菌	亞洲	日本漬物(糠漬物)
鹽,5~8%	黃瓜	乳酸菌	歐洲、亞洲	醃菜
鹽,5~10%	檸檬	酵母菌	西亞、北非	醃檸檬(lamoun makbous)、鹽漬檸檬
鹽,6~10%	橄欖	乳酸菌、酵母菌	歐洲	醃橄欖
鹽,20%	檸檬、萊姆、 芒果青	細菌、酵母菌	印度	印度酸辣醃菜(achar)、醃漬食品

引自 G. Campbell Platt, *Fermented Foods of the World - A Dictionary and Guide* (London: Butterworth, 1987).

菜則適合用來搭配滋味清淡的米飯。德國酸菜的德文 *Sauerkraut*，意思是「酸甘藍」，取結球甘藍剁碎，加鹽少許，置於涼爽室溫發酵製成；德國酸菜可以醃得相當酸，而且芳香撲鼻，幾乎有如花香，這得歸功於某些酵母菌。韓國泡菜採大白菜的完整莖、葉，添入辣椒和蒜發酵製成，有時還加入其他蔬菜、果實（蘋果、梨、甜瓜）和魚醬。韓國泡菜添加的鹽分較多，發酵溫度明顯較低，這反映出最早的作法：當初的醃製時節都在晚秋和冬季，製作時把食材裝罐半埋入寒土。醃製出的成品爽脆辛辣，很明顯比德國酸菜鹹，卻沒有那麼酸，甚至還可能嘶嘶冒泡，這是由於醃製溫度約低於 14°C，產氣細菌占有優勢所致。

醃黃瓜

目前在美國有三類醃黃瓜，其中最常見的兩類實際上都是調味黃瓜，必須冷藏，否則無法久放。純正的發酵黃瓜如今已經很難找到。所有醃黃瓜用的都是薄皮種，還未成熟就採收，以免種子部位開始液化，同時也要清除花朵殘蒂，如此才不會有微生物帶著酵素將食材軟化。發酵黃瓜浸入含鹽量5~8%的鹹水中，水溫18~20°C，醃製2~3週，累積鹽分達2~3%，乳酸達1~1.5%，因此口味較重。這種醃漬食品分裝之前，有時得先浸泡以沖淡口味，去除部分鹽分和乳酸，隨後再加入醋酸。西方最常見的醃黃瓜比較爽脆、清淡，這是把黃瓜浸入醋、鹽，讓醋酸含量達0.5%，鹽分達0~3%後，立即取出，接著以巴斯德法加熱殺菌，隨後才裝入瓶中。這種醃漬食品開瓶之後必須冷藏。最後還有一類醃黃瓜只浸泡醋、鹽，卻不加熱殺菌，口味最新鮮，卻很容易腐敗。這種醃黃瓜一經分裝便以冷藏保存。一般家庭做醃黃瓜常會遇上若干問題，包括發出類似乳酪的酸腐異味，這是由於鹽分或酸度不足，無法抑制不受歡迎的細菌滋生。有時還會出現中空「浮腫」現象，這是由於含鹽量太高，酵母菌釋出的二氧化碳使醃黃瓜鼓起，此外，短乳酸桿菌或糖化乳酸桿菌也會惹出相同問題。

發酵甘藍的兩種製法
德式和韓式發酵甘藍做法不同，因此風味也不同。

	德國酸菜	韓國泡菜
每片大小	切成1毫米細絲	葉、莖切成小段
甘藍和鹽以外的成分	無	辣椒、蒜、魚醬
發酵溫度	18~24°C	5~14°C
發酵時間	1~6週	1~3週
最後鹽含量	1~2%	3%
最後酸度	1~1.5%	0.4~0.8%
特色	酸、芳香	口味重、爽脆、味道很嗆

醃橄欖

新鮮橄欖實際上並不能吃，這是因為橄欖先天擁有大量苦味酚類物質，即橄欖苦苷及其近親。橄欖樹最早約5000年前在地中海東部地區開始栽培，當初或許是用來榨油。後來先民懂得以反覆換水浸泡來除去橄欖苦味，橄欖發酵法或許就在這時問世。到了羅馬時代，浸泡橄欖時還常在水中添加鹼性木灰，這樣一來，去除苦味所需時間便從幾週縮減為幾個小時。（現代工業用處理用劑則是1~3%的氫氧化鈉溶液，稱為「鹼液」）。實際上，鹼性環境能分解帶苦味的橄欖苦苷，還能破壞蠟質表皮，溶解細胞壁原料。這些作用讓鹽水更容易滲入整顆果實中（之前先以水洗過，並加入酸來中和鹼性），還能加速發酵。橄欖發酵菌種以乳酸菌為主，不過也會滋生出一些酵母菌，更增芳香氣味。有些橄欖是在青綠階段就先浸泡去除苦味再作發酵處理（「西班牙」式，也是主要商品種類）；或是表皮在紫花青素的作用下一轉成深色時（表示苦味也變淡了）再來進行發酵。

發酵醃製橄欖也可以不先經溶解或鹼劑處理，不過，這樣促成的發酵作用並不相同。在鹽水中，微生物所需養分擴散很慢，要經過很久才能從果肉滲出蠟質表皮，而且未受破壞的酚類物質會抑制微生物滋長。所以，溫度都保持得很低（13~18°C），且在這長達1年的酒精緩慢發酵過程中，占優勢的菌群是酵母菌而非乳酸菌。這種作法通常都用來醃製黑色熟橄欖（希臘、義大利的 *Gaeta*，還有法國的 *Niçoise*）。成品比經過預先處理的更苦，不過沒那麼酸（酸度不到1%，只有0.3~0.5%），還帶有獨特的葡萄酒水果香。

未經發酵的「熟成黑橄欖」是加州罐頭業界的發明。原料是未熟的綠橄欖，由於加工前預先儲放在鹽水中，這時或許會發生偶發的局部發酵。不過，其特色是來自迅速而反覆地進行鹼處理，這能濾除、分解橄欖苦苷，另外還添加含鐵溶液和溶氧，才能與酚類化合物產生反應，把表皮轉為黑色。橄欖經過這幾項處理，接著就浸入大量3%淡鹽水，並裝罐、消毒。成品味道清淡，嚐起來像煮過，還常含有些許殘存鹼性，讓橄欖具滑潤特色。

罕見發酵食品：芋根泥、枸櫞、鹽漬檸檬

芋根泥是夏威夷的芋根製品（89頁）。澱粉質芋頭經烹煮、搗泥、加水稀釋，接著靜置1~2天。乳酸菌讓食材變酸，還產生幾種揮發性酸質（帶醋味的乙酸和帶乳酪味的丙酸）。若發酵時間較長，還會長出酵母菌和地黴菌類（*Geotrichum*），帶來果香和菇蕈類香氣。

枸櫞皮是以枸櫞（檸檬近親）採蜜漬法製成，傳統上特的複雜風味則來自發酵作用。當初枸櫞果實從亞洲和中東以船運輸往歐洲，航程期間便以海水或5~10%的鹽水來保存；如今以鹽水浸泡則是為了提味。酵母菌在果皮上生長並製造酒精，接著醋酸菌便以酒精維生，最後產生揮發性酯質，讓果皮更具濃郁香氣。摩洛哥等北非國家生產的鹽漬檸檬也具有相似特性；作法是把檸檬切好，裹上鹽巴，靜置發酵數天至數週。

蜜餞

還有一種保存果實的技巧也深受推崇，那就是提高食材的糖分。糖和鹽一樣，也能讓微生物難以棲身：糖會溶解，並與水分子結合，抽走活細胞所含水分，使細胞嚴重受損。和鹽所含鈉、氯離子相比，糖分子算是相當重，因此要達到同等保存效果，用糖量便需較多。通常用糖量與果實的重量比約為55:45，蜜餞的糖分幾乎占了總成分的2/3。當然，蜜餞都非常甜，其誘人處主要便來自這一點。不過，蜜餞還會變得黏稠（肉凍也是這樣），構成結實又飽含水分的固體，其硬度高低不等，從緊實有嚼勁到柔軟有彈性都有。有些蜜餞質地澄澈晶瑩悅目。16世紀占星家諾斯特拉達穆斯（Nostradamus）曾提到一種榲桲凍，形容其顏色「半透明如東方紅寶石。」這種出色特質來自果膠（植物細胞壁成分之一），也歸功於果膠與果實所含的酸質以及廚師所添糖分之間的美麗互動。

蜜餞的演變

最早的蜜餞可能是浸泡蜂蜜的果片（浸入蜂蜜的榲桲在希臘叫做 *melime-*

lon，由此演變出marmalade一字，指「橘皮果醬」），以及以釀酒葡萄熬成的濃果漿。隨後人們又發現，把糖和果實一起煮，會出現兩者單獨處理都無法產生的質地，這便是果醬和果凍的前身。公元4世紀，帕拉迪烏斯（Palladius）說明如何把榲桲切絲加蜂蜜煮成濃汁，並指出煮到只剩一半汁液時，會產生一種不透明的結實果糊，很像今日的「果酪」（抹麵包用的果醬就沒有熬得那麼濃）。到了7世紀，已經有蜂蜜榲桲汁食譜問世，用這種沸煮手法大概能熬出澄澈、細嫩的果凍。第二項重大革新是由亞洲引進蔗糖。蔗糖和蜂蜜不同，幾乎全是純糖，無需沸煮去除水分，也不帶強烈味道，不會與果實的風味搶鋒頭。阿拉伯世界在中世紀已經開始使用蔗糖，並在13世紀把它傳入歐洲，不久蔗糖就成為歐洲偏愛的蜜餞甜味劑。然而，糖價直到19世紀才降到可大量使用，果醬和果凍因此得以成為普及食品。

果膠凝凍

　　蜜餞有一種物理構造稱為凝膠，由水和其他分子構成，這種混合物很牢固，因為這些分子會結合成海綿狀網絡，裡頭有眾多各自獨立的細小囊穴能捕住水分。製作果凍的關鍵成分是果膠，這種長鏈構造分別由幾百顆類似糖的亞基串成，它有助於形成植物細胞壁內高度濃縮、組織嚴謹的凝膠（38頁）。果實切好，以水加熱至接近沸騰，這時果膠鏈便從細胞壁鬆脫，溶入釋出的細胞液和水中。基於種種因素，這時分子鏈仍無法逕自重組構成凝膠。水中的果膠分子會累積負電荷，導致分子互斥，彼此無法鍵接；而且這時果膠鏈受水分子稀釋，就算彼此鍵接也無法形成綿延網絡。它們必須借助外力才能再次和對方接上頭。

　　果實煮好後，還要進行三個步驟來讓果膠分子重新結合、構成凝膠。首先是添加大量糖，糖分子會吸住水分子，帶走果膠鏈的水分，讓果膠更有機會相碰觸。其次把果實和糖一起沸煮，蒸發部分水分，讓各個果膠鏈更緊密聚合。最後是提高酸度，這能中和電荷，讓疏遠的果膠鏈彼此鍵結，構成凝膠。食品科學家已經發現，最能讓果膠化為凝膠的條件是，酸鹼值介於2.8~3.5（約相當於甜橙汁的酸度，酸的重量比為0.5%），果膠濃度為

0.5~1.0%，而糖分濃度則為 60~65%。

蜜餞前置作業

做蜜餞的第一個步驟是烹煮果實以萃取果膠。榲桲、蘋果和柑橘的果膠含量特別豐富，還經常用來混入果膠含量少的果實（包括多數漿果類），以增補果膠含量。熱和酸會一起作用，最後就會把果膠鏈拆解成細小碎片，再無法組成網絡，因此這項前置烹煮作業應該力求簡短，手法務求溫和。（若想製作亮麗、清澈的果凍，果實煮好後要篩濾，把細胞殘渣所含固態物質完全去除。）接著加入糖，若有需要再補充果膠，然後將混合材料快速加熱至沸騰，讓水蒸發並濃縮其他成分，直到混合材料溫度提高至 103~105°C（這是海平面情況；海拔每升高 165 公尺便降低 1°C），顯示糖分濃度已經達到 65%（糖分含量和沸點關係請參見第三冊）。

若以廣口鍋細火慢煮，由於蒸發面積很大，所得果膠風味會格外清新。（食品加工廠則在真空中煮去水分，所採溫度較低，介於 38~60°C，目的在盡可能保持新鮮風味和色澤。）這時便可補充酸質（加工到最後再添加，以免破壞果膠鏈），並檢測混合料是否已完成，作法是把混合料滴到冷湯匙或小碟子上，看是否結成凝膠。最後，把混合料倒進經過消毒的瓶罐。混合料約冷卻至 80°C 以下便會定形，不過要到 30°C 時才會加速凝結，而且往後幾天或幾週期間，還會越來越硬。

製作蜜餞經常發現混合料無法定形，就算沸煮溫度和糖分含量都正確，這種問題還是常見。三種因素會造成這種後果：酸度或高品質果膠含量不足，或烹煮過久破壞果膠。這種情況有時能夠挽救：添加檸檬汁、市售液態果膠製品及／或塔塔粉，並短暫沸煮。酸度太高會導致凝膠過硬並滲出液體。

未烹煮且不加糖的「蜜餞」

如今濃縮果膠問世，現代蜜餞製法已經改頭換面。這種濃縮劑是萃取、精

兩類果膠凝凍

左圖：一般蜜餞，廚師讓果膠分子彼此直接連結，還細心調節酸度和糖分含量，讓分子構成一面綿延網絡。右圖：經改造構成的低甲氧基型果膠，添加鈣離子（黑點）之後，不論糖分含量高低，都能連接成綿延網絡。低糖蜜餞就是這樣製成。

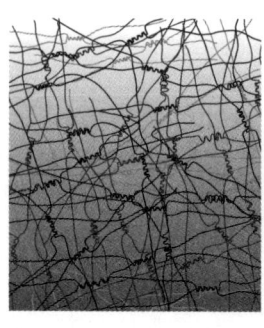

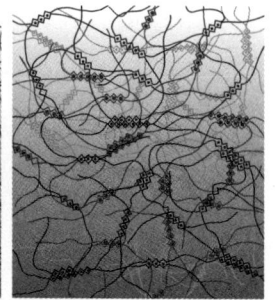

煉自柑橘及蘋果的廢料，可加入所有壓碎的果實中（無論是否經過烹煮），以確保會形成結實的凝膠。「冷凍果醬」以大量碾碎的果實添加果膠補充劑和糖分製成，調好後靜置數天，讓果膠分子慢慢形成網絡並結為凝膠，接著便需擺進冰箱或冷凍櫃來進行「蜜漬加工」。（否則未烹煮的果實將遭受耐糖性黴菌和酵母菌侵襲，很快就會腐敗。）果膠還可用來製作透明軟糖等糖果。

食品化學家針對特殊商業用途，已經發展出幾種果膠的變形。其中有一款最引人矚目，這種果膠能自行定形，無需添加任何糖，也不必藉外力抽出果膠長鏈所含水分子；實際上，分子鏈是藉由鈣的交叉連結而牢牢結合，而鈣則是在果實和果膠混合料烹煮之後添入。有了這種果膠，我們才有辦法製出添加人工甜味劑的低卡路里「蜜餞」。

蜜漬水果

蜜漬水果是採小型完整果實或果片蜜漬而成的食品，果實放入飽和糖漿，浸透後取出瀝淨、乾燥，一個個分開儲存在室溫中。果實在糖漿中煮過之後依舊相當結實，能夠維持外形，這得歸功於糖分子和細胞壁成分（半纖維素和果膠）的交互作用。蜜漬加工過程很耗時，因為糖漿的糖分要很久才會均勻散入果實。通常果實都先以文火烹煮軟化，也讓組織更容易滲透，隨後便浸泡在糖漿中數日，一開始的糖分含量為15~20%，接著濃度逐日提高，直到70~74%為止。

罐頭

罐頭製法約在1810年問世，發明人是尼古拉．阿培特（Nicolas Appert），當時還掀起一陣轟動：當時有人表示，罐頭蔬果和鮮採的幾乎沒有兩樣！確實，罐頭食品沒有乾燥食品的乾縮質地、發酵食品的鹹味或酸味，也沒有蜜漬食品的甜味；不過，罐頭食品一併都先經過烹煮。基本上，罐頭製法是先把食品裝罐，密封隔離再予以加熱。熱量會破壞植物酵素活性，殺滅

有害微生物，而密封則可防範環境中微生物的攻擊。接著食品便可在室溫儲放而不致腐壞。

　　罐頭加工的大敵是肉毒桿菌，這種細菌在低酸、無氧環境下長得很好（對它們而言，氧氣是毒），能產生致命神經毒素。它製造的肉毒桿菌毒素很容易以沸煮破壞，然而細菌的休眠芽孢卻非常頑強，經長時間沸煮仍能存活。處理時必須加熱至沸點以上，產生極端環境來殺滅孢子（使用壓力鍋才能辦到），否則一旦罐頭冷卻，孢子就會增殖，長成活性菌群，而毒素也會累積。這裡提出一種預防措施：罐頭製品開罐之後都得沸煮過，以破壞潛藏毒素。至於可疑的罐頭（罐身受氣體壓迫鼓脹起來），都應該丟棄，因為裡面很可能有細菌滋長而產生了氣體。

　　番茄等常見果實的酸鹼值都很低（酸度高），能抑制肉毒桿菌生長，因此這類食品不必經過那麼嚴密的處理，通常只需浸入水中沸煮30分鐘左右，把罐內食材加熱到85~90°C即可。至於蔬菜則多半只呈微酸，酸鹼值為5或6，因此比較容易受細菌、黴菌侵害。這類食材通常都在壓力鍋中以116°C加熱30~90分鐘。

常見蔬菜

chapter 2

第1章敘述植物性食品的大致特性，還有烹調時的反應變化。本章和以下兩章則探討常見的蔬果和調味。由於我們吃的植物有數百種，變種更是不計其數，在此只能擇要並大略探討。這三章的宗旨是凸顯這些食品的獨有特性，讓饕客能更全面地運用這些特性，並將發揮到極致。

這幾章特別著眼於植物性食品的兩大特色：首先是「近親關係」，這告訴我們，哪些植物具有親緣關係，還有，反過來說，一種植物可以展現出多少變化。這類資訊可以幫助我們理解某些食物彼此間的相似、相異處，還可能引領我們創造出有趣的組合和題材。

再來是「風味化學」。我們的食物中，最複雜的就數蔬果、香草和香料了。倘若我們能稍稍知道，是哪些物質形成這類食品的風味，那麼我們就更能融會貫通，知道風味是如何構成，也更能感受不同食材之間是如何相互呼應、調和。這種感覺能豐富我們的進食經驗，讓我們的廚藝更精進。所有香味都來自特定揮發性化學物質，而且我在敘述特定食物的特色時，也都盡可能明確地寫出這類化學物質的名稱。這些名詞或許看起來很陌生、艱澀，不過反正就是一些名詞，況且，有時這些名詞還比食材名更具意義。

這章蔬菜的考察要從地下揭開序幕，這裡有地表多數生物族群賴以為生的植物部位。接著向上移動，從植物莖幹到葉片，再到花朵和果實，最後則以水生植物和美味菇蕈類收尾。

塊根和塊莖

馬鈴薯、甘藷、薯蕷和木薯都屬塊根和塊莖，構成數十億民眾的主食。這些根、莖都是植物用來儲存澱粉的地下器官，而澱粉是經光合作用生成大分子醣類聚合物，因此這類根、莖對我們而言，也等於是一袋袋濃縮且能長期儲藏的糧食。

部分人類學家推論，約200萬年前，非洲莽原氣候變冷，果實變得不足，當時根莖食物或許便曾協助推動人類演化。由於塊莖數量充足，且烹煮後養分還更高（我們的消化酶無法對付生澱粉粒，但糊化澱粉就沒問題），因此，或許要到早期人類學會了挖掘出地下根莖並將之擺進火堆餘燼中烘烤後，根莖才對人類有重大貢獻。

儘管某些地下根莖蔬菜含有極多澱粉，重量比可達1/3或更高，不過仍有許多種類並不含澱粉，或含量極低，如胡蘿蔔、蕪菁和甜菜等。由於烹煮時澱粉粒會從所處細胞中吸水，因此澱粉質蔬菜的質地往往乾乾粉粉的，而非澱粉質蔬菜則較能保持溼潤、滑順。

■ 馬鈴薯

馬鈴薯有200多種，其近親有番茄、辣椒和菸草等，都是中、南美洲溼冷地帶原生種，有些品種在8000年前便開始栽培。公元1570年左右，西班牙探險家把其中一種原產自祕魯或哥倫比亞的馬鈴薯（*Solanum tuberosum*）帶回歐洲。因馬鈴薯質地硬又好種，且價格便宜，故成為窮人的主食。（1845年愛爾蘭枯萎病疫情爆發，當時鄉民每人每天吃2~5公斤馬鈴薯。）如今，全球馬鈴薯產量占所有蔬菜之首。美國人消耗的馬鈴薯超過其他任何蔬菜，約每人每天食用150公克。

馬鈴薯是地下莖先端膨大而成的塊莖，裡面儲藏澱粉和水分，並帶有初生芽，也就是「芽眼」，能長出新生植物的根及莖。馬鈴薯有時略帶甜味，往往也帶有些微特殊苦味；另外，土壤微生物產生的一種吡嗪化合物也會使馬鈴薯帶有淡淡泥土味，不過塊莖本身顯然也含有泥土味。

▍說文解字：根、蘿蔔、塊莖、松露

Root（根）源自印歐語，意思是「根」和「枝」。Radish（蘿蔔）和licorice（甘草）也來自相同的字根。Tuber（塊莖）源自印歐語的「腫脹」，就如同多種植物儲藏器官的外形。這字根也演變出truffle（松露），即膨大的地下塊菌；以及thigh（大腿）、thumb（拇指）、tumor（腫瘤）和數字thousand（千）。

收成和儲藏

真正的「新生」馬鈴薯指在晚春至整個夏季期間，採自新綠藤蔓的未熟塊莖（譯注：美國俗稱較小、較圓的普通馬鈴薯為「新」馬鈴薯，實際上這並不是「新生」的馬鈴薯），水分多且甜，澱粉含量較低，但較快腐壞。成熟的馬鈴薯在秋季採收。收成時先把蔓藤切斷讓蔓藤枯死，塊莖則留在土壤中「儲存」幾週，好讓表皮硬化。馬鈴薯在黑暗環境可儲藏數月，期間風味還會增強；緩慢的酵素反應會從細胞膜脂質中製造出脂肪香、果香和花香。馬鈴薯的理想儲藏溫度為7~10℃。若溫度偏高，便可能發芽或腐敗；若溫度較低，其新陳代謝會以複雜的方式改變作用，結果部分澱粉便分解為糖類。廠商以低溫儲藏的馬鈴薯來製造洋芋片，事前必須先「再處理」，讓原料靜置室溫數週，降低其葡萄糖和果糖含量，否則洋芋片會太快變成褐色，並產生苦味。馬鈴薯內部的黑斑，基本上都是處理時碰撞造成的青腫傷痕。碰撞會損害細胞，導致褐變酵素產生由酪胺酸代謝來的深色複合物（這是種生物鹼，因此也常產生苦味）。

營養特性

馬鈴薯是能量和維生素C的寶庫。黃肉品種的色澤來自脂溶性類胡蘿蔔素（葉黃素、玉米黃素），紫肉和藍肉品種的色澤則來自水溶性的抗氧化物花青素。馬鈴薯以含有大量茄鹼和卡茄鹼著稱，兩種都是帶苦味的有毒生物鹼，而真正的馬鈴薯風味便帶有一絲這種苦味。以市售馬鈴薯品種而言，每100公克有2~15毫克的茄鹼和卡茄鹼。含量越多則苦味越強，再高則會在喉頭引起燒灼感，還會引發消化性和神經性問題，甚而導致死亡。在壓力環境下生長，以及經光線曝曬都可能讓含量倍增，甚至到正常含量的3倍。由於光線也助長形成葉綠素，因此外觀泛綠便是生物鹼含量超乎尋常的跡象。帶綠色的馬鈴薯去皮時要削得更厚，或乾脆整顆丟棄，很苦的馬鈴薯就別吃了。

料理類型和反應作用

馬鈴薯料理一般可分兩類，依烹煮時的質地分別稱為「粉質類」和「蠟質類」。粉質類（褐皮、藍肉及紫肉品種，以及俄羅斯種和香蕉狀手指馬鈴薯）烹煮時細胞內會凝結較多乾燥澱粉，因此密度高於蠟質種類。烹煮時，這種細胞通常會膨大，一顆顆分開，產生一種細緻、乾燥的蓬鬆質地，適合用在炸、烤、搗泥上，食用時會加入奶油或鮮奶油。蠟質類（新生馬鈴薯和美國常見的紅、白皮品種）烹煮後相鄰細胞黏合得更牢，產生結實、緻密的潮溼質地，並結成完整團塊，可用在焗烤馬鈴薯、炸馬鈴薯餅和馬鈴薯沙拉上。兩類料理都可以先經低溫預煮，強化細胞壁（58頁），讓質地更為結實、黏稠，如此一來，烹煮時外層就比較不會坍陷。

馬鈴薯煮熟後，有時內部會變色，產生大片藍灰色。這種「烹煮後發黑現象」是鐵離子、酚類物質（漂木酸）和氧氣共同產生反應，形成色素複合物所造成的。若丟到滾水中沸煮，在馬鈴薯半熟時添加塔塔粉或檸檬汁，讓水質呈明顯酸性，可以把這項問題減至最輕。沸煮馬鈴薯的風味以強烈泥土味，以及生塊莖所帶有的脂肪香、果香和花香為主。

烘烤馬鈴薯還會散發另一層褐變反應風味（見第一冊310頁），包括麥芽香和香甜氣味（甲基丁醛和甲硫丙醛）。馬鈴薯吃剩之後，擺在冰箱中沒幾天就會出現硬紙板般的腐敗味，若是長時間保溫則只要幾個小時。因為塊莖中的維生素C具抗氧化功能，能讓胞膜脂質的芳香碎片暫時保持安定；然而，維生素C過一段時間就會用罄，於是碎片氧化，形成種種令人不快的醛類物質。馬鈴薯料理方式有很多，以下簡短介紹幾種主要菜色。

馬鈴薯泥和馬鈴薯糊

馬鈴薯泥有多種不同類型，不過都必須經過沸煮，有的整顆下水，有些則切塊烹煮。煮好後把馬鈴薯搗成大小差不多的細緻顆粒，接著和入水分和油脂（奶油加牛乳或鮮奶油），以滋潤顆粒、增添濃郁風味。有些特別奢侈的版本中，奶油的量幾乎和馬鈴薯一樣多，或調入全蛋或蛋黃。粉質馬鈴薯分解成一個個細胞及小團塊，因此表面積會變得很大，可吸附油脂，

很容易調出細緻、乳脂狀黏稠成品。

蠟質馬鈴薯必須多搗幾下才能產生柔滑質地、滲出較多糊化澱粉，本身也比較不容易吸收油脂。典型的法式馬鈴薯糊便是以蠟質馬鈴薯製作而成，擠壓碎塊通過細目篩網，或是以調理攪拌機處理，接著使勁地攪，攪到法國食譜名家聖安吉夫人（Mme Ste-Ange）所說「把手臂攪廢」的程度。先單獨攪拌馬鈴薯，接著加入奶油，再做一輪，好把空氣攪入，如此能產生發泡鮮奶油般的輕盈質地。美國食譜的做法較為溫和，用的是粉質馬鈴薯，篩濾過，調入液體和油脂並小心攪拌，以免太多細胞受損而釋出澱粉，導致成品太黏。

炸馬鈴薯

炸馬鈴薯是全世界最受歡迎的食品之一。19世紀中期，炸薯條、炸薯片，以及回鍋炸的技巧，在歐洲都已經廣為人知，不過英國人多半認為那是法國產物，因此才有french fries（法式炸馬鈴薯）一名，而法國人則稱之為pommes frites（炸馬鈴薯）。這類食品有個罕見的優點，即使是量產，也能維持良好的品質。當然了，炸馬鈴薯都很油膩：料理時食材浸沒油中，表面布滿油脂，而且表面水分蒸散後出現的纖細小孔可讓油脂滲入填滿。馬鈴薯的含油比例取決於表面積。洋芋片甚薄，幾乎全是表面，平均含油量約達35%，至於炸厚薯條則比較接近10~15%。

炸薯條　這種「法式炸馬鈴薯」或許早在19世紀，巴黎的攤販便已大批製作販售。把馬鈴薯切成長條，橫剖面呈正方形，邊長各5~10毫米，油炸至外表酥黃內裡溼潤；如果用的是高澱粉質褐皮品種則質地蓬鬆，其他品種則質地滑膩。簡單快炸一次的效果並不好，外皮會很薄、很脆弱，很快就會被內側水分滲軟。要產生酥脆外皮，必須先溫和地炸一次，如此表皮細胞的澱粉才有時間從澱粉粒溶出，黏合、強化外側的細胞壁，構成較厚、較強韌的外層。

要炸出優良薯條，第一步驟是讓馬鈴薯條以較低溫（120~163℃）油炸 8~10

分鐘，接著提高油溫至175~190℃，油炸3~4分鐘，直到外層酥脆、轉呈金黃為止。最有效率的方法是預先以低溫炸過所有馬鈴薯條，接著放在室溫中，要端上桌前再以高溫稍微炸一下。

洋芋片　洋芋片基本上就是只有外殼而沒有鬆軟內容物的炸薯條。把馬鈴薯橫切成1.5毫米的薄片，相當於10-12個馬鈴薯細胞疊起來的高度，接著油炸至乾燥酥脆。洋芋片有兩種主要油炸法，可產生兩種不同質地。採恆定高熱烹調，油溫約175℃，薄片受熱相當迅速，快到令澱粉粒和細胞壁幾乎沒有機會吸收任何水分，只需3~4分鐘便炸乾、熟透。成品質地因此極為酥脆，紋理細密。

　　袋裝洋芋片都以一貫作業製作，油溫保持高熱，因此多半帶有這種質地。在另一方面，若先以低溫油炸，再緩慢提高溫度，從120℃開始，在8~10分鐘內提高達175℃，這樣澱粉粒才有時間吸收水分，溶解的澱粉也才得以滲入馬鈴薯細胞壁，強化其構造，並加以黏合。這樣所得洋芋片就硬得多，也更加鬆脆。要產生這種質地，作法是把薄片分批擺進普通鍋子中油炸。油鍋預熱後便放入一批低溫馬鈴薯，這時油溫立刻降低，於是洋芋片一開始是在低溫中油炸，接著馬鈴薯水分受熱逸出，加熱器開始加溫，此時溫度也慢慢升高。

洋芋舒芙蕾　洋芋舒芙蕾是炸薯條的另一種作法，馬鈴薯薄片會如氣球般鼓脹，變成脆弱的金黃色。把馬鈴薯切成3毫米厚的薄片，以175℃中溫油炸，直到表層呈皮革狀，剛開始轉成金黃色便離火。薄片放涼，再回鍋以195℃左右高溫油炸。內部的水分受熱沸騰、蒸發，蒸氣把薯條兩側向外推開，而硬挺的表皮抗拒內部壓力，內部便形成中空。

甘藷

　　甘藷（*Ipomoea batatas*）是旋花科甘藷屬，我們吃的部位是真儲藏根。甘藷

是南美北部原生植物，或許在史前時代便散布至玻里尼西亞。哥倫布把甘藷帶至歐洲，到了15世紀末，甘藷已經在中國和菲律賓站穩腳跟。如今中國生產、消耗的甘藷數量，都遠超過美洲全區，足以讓它名列全球第二大蔬菜。甘藷品種繁多，從常見於熱帶地區的低水分的粉質種類（包括淺色和帶花青素的紅、紫色品種），到又甜又多汁的品種都有。這個品種含 β-胡蘿蔔素，呈深橙色，在美國頗受歡迎，還被誤冠「yam」（薯蕷）之名，罪魁禍首是1930年代一次行銷活動，從此美國便稱這種「紅肉甘藷」為yam（真正的薯蕷參見89頁）。美國甘藷作物多栽植於東南部，需在30℃環境保藏幾天，癒合表皮損傷，並變得更甜。依甘藷的亞熱帶植物本性，儲藏溫度以13~16℃效果最好。甘藷受凍傷會出現「硬心」，若有這種情況，即使經烹煮，根心依然很硬。

多數甘藷品種會越煮越甜，這是由於酵素能將澱粉分解為麥芽糖。麥芽糖是以2個葡萄糖分子組成，甜度約為調味糖的1/3。多汁品種中的澱粉會大量轉變為麥芽糖，比例可高達75%，因此看來就一副浸飽糖漿的樣子！在57℃左右，緊密堆疊的澱粉粒開始吸水膨脹，酵素也開始製造麥芽糖，加熱到75℃時，酵素就會變性並停止作用。因此，緩慢烘烤讓酵素有較多時間發揮作用，甜度便高於用蒸煮、沸煮或微波爐等快速加熱的烹煮法。秋季鮮採的「青」塊根所含酵素活性較弱，因此烹煮後不會那麼甜、那麼溼潤。

淺色和紅紫色的甘藷散發堅果般芬芳清香，橙色品種則香味較濃，這種香氣的性質和印度南瓜的氣味相仿，得自類胡蘿蔔素色素碎片。若干品種經烹調，顏色便轉深，例如紅皮的 Garnet 甘藷，原因是這些品種含有大量酚類化合物。

熱帶塊根和塊莖

產自熱帶的塊根和塊莖，含水量普遍低於普通馬鈴薯，澱粉含量則可達2倍（馬鈴薯所含碳水化合物重量比為18%，木薯則為36%）。因此，這類食品烘烤後，會變得非常粉，沸煮或蒸煮後質地扎實且呈蠟質，還能用來作為

湯料、燉料以提高濃稠度。這類食材的儲存期限較短，若冷藏還會遭受凍傷，不過可以先削皮、切塊來冷凍保存。

▍木薯（Cassava、yuca）

木薯（*Manihot esculenta*）是大戟科熱帶植物，又稱樹薯，這種植物的根延伸很長，而且具有一種很實用的習性：能在地下存活長達3年。木薯的培植始於南美北部，過去100~200年間向四方散播，如今已經遍布非洲熱帶低地區和亞洲各處，常用來製作大餅（flatbread）或發酵麵包，也可以單獨烹調。

木薯有兩大品種：帶潛在毒性的「苦味」品種都在出產國食用；較安全的「甜味」品種則用於輸出，在美國各地民族傳統市場也找得到。苦味品種是高產量作物，具有防禦細胞，製造出的苦味氰化物分布全根，必須徹底處理才能安全食用，例如剁碎、擠壓和清洗等。苦木薯主要在生產國研磨成粉，或製成木薯粉塊，也就是木薯澱粉乾燥製成的小球，加水製成點心、飲料之後，便轉呈悅目的果凍狀。甜木薯的產量較低，不過只有表皮附近才有含氰化物的防禦物質，經削皮、正常烹調之後便可安全食用。甜木薯的根肉雪白、緻密，表皮呈樹皮狀。薯心含有纖維，通常在烹調前去除。木薯油炸或烘烤之前，可以先入水烹煮，使澱粉吸水以改善風味。

▍芋頭（Taro、dasheen）

芋頭是親水植物芋（*Colocasia esculenta*）的塊莖，原生於東亞和太平洋群島，和海芋、蔓綠絨同屬白星海芋屬。芋和其他白星海芋同樣也含有草酸鈣結晶護針（每100公克含40~160毫克），沉積在蛋白質消化酶的存放處附近，結果便形成一種軍火庫，有點像是尖端帶毒的飛鏢：如果有動物生食芋頭塊莖，晶體會刺破皮膚，接著酵素便攻擊傷口，引發劇痛。烹調能使酵素變性，並溶化晶體，從而瓦解這種防禦系統。

芋頭有大小兩類。一類是由主塊莖增長生成，可能重達數公斤；另一類較小，由側邊塊莖長成，每塊幾百公克，且質地溼潤。芋肉有斑紋，那是由酚類化合物染成淡紫色的脈管。烹調時，酚類物質和色彩會擴散滲入米

▍說文解字：馬鈴薯、薯蕷

馬鈴薯的英文名potato來自西班牙文*patata*，源自加勒比海區泰諾族語*batata*（即甘薯）。祕魯克丘亞語稱安地斯山區的馬鈴薯為*papa*。薯蕷的英文名yam引自葡萄牙文，源於西非文字，意思是「進食」。

色芋肉，讓芋肉染上淡淡色澤。芋頭燉煮後形狀不變，放涼後轉呈蠟質。芋頭帶明顯香氣，有的像栗子，還有的像蛋黃。夏威夷人先沸煮芋頭，搗碎後發酵製成芋根泥，成為烤豬宴上的佳餚（76頁）。

芋頭偶爾會和幾種塊莖作物混淆，包括黃體芋、箭葉黃體芋和野芋，這些都是中南美洲的熱帶品種，同為千年芋屬（*Xanthosoma*），也同樣有草酸鹽晶體保護。和芋相比，黃體芋生長的土壤較乾，而且根部延伸較長，泥土味也較重，若作為湯料、燉料擺進鍋中，燉煮時也較快煮散。

薯蕷（Yam）

薯蕷是薯蕷屬（*Dioscorea*）多種熱帶植物的澱粉質塊莖，禾本類和百合類的近親，其中約有十幾種非洲、南美和太平洋原生種類已採人工培育，尺寸互異，質地、色彩和風味也各不相同。薯蕷在美國主流市場難得一見，而「yam」在美國卻被錯用來專指含糖橙色甘藷（87頁）。薯蕷可以長到50公斤，甚至更重，太平洋群島的薯蕷還得享殊榮，擁有自己的小房子。亞洲很早就開始栽培薯蕷，最早在公元前8000年似乎已經出現。多種薯蕷都含有草酸鹽晶體，分布於表皮下淺層，還含有可起泡的皂素，因此薯蕷汁帶有滑溜、泡沫狀特質。有些品種含一種毒性生物鹼，稱為薯蕷鹼，必須在水中碾磨、濾除。薯蕷的塊莖可幫植株熬過乾旱。薯蕷的儲存期限比木薯和芋頭都長。

胡蘿蔔家族：胡蘿蔔、歐洲防風等

胡蘿蔔家族的根菜都有一種家族習性：含有獨特的芳香分子，因此常用在高湯、燉品、湯品等料理中，使得風味更加豐富。和馬鈴薯相比，胡蘿蔔和歐洲防風所含澱粉較少，而且明顯較甜；其糖分還有蔗糖、葡萄糖和果糖，含量可達5%。胡蘿蔔在西方也用於糕點和蜜餞；伊朗人拿它切絲加糖，拌入米食料理；印度人則把它放入牛乳中煮，用來製作蔬菜版的乳脂軟糖halwa。

胡蘿蔔

人工培育的胡蘿蔔（*Daucus carota*）源自地中海區，我們取食的部位是膨大主根。人工培育的胡蘿蔔分兩大類：東方花青素胡蘿蔔來自中亞，外層顏色從紅紫色到紫黑色都有，軸心傳輸用的管束則呈黃色。食用這類胡蘿蔔的地區包括中亞一帶及西班牙。西方胡蘿蔔素胡蘿蔔顯然是由三大祖先類群雜交而成：黃色胡蘿蔔（自中世紀起在歐洲和地中海栽培）、白色胡蘿蔔（在希臘、羅馬古典時期便開始栽培），再加上幾個野生胡蘿蔔。

常見的橙色胡蘿蔔似乎是17世紀於荷蘭育成，是蔬菜中β-胡蘿蔔素（維生素A的前驅物質）含量最豐富的。胡蘿蔔還有幾個亞洲品種，根部含茄紅素（番茄類胡蘿蔔素），因此都呈紅色。具胡蘿蔔素的胡蘿蔔具有實用優點，在水中烹調後，仍能保存所含脂溶性色素。而具花青素的胡蘿蔔一旦煮成湯品或燉品，所含水溶性色素就會流入湯中。

胡蘿蔔的特有香氣大半得自萜烯類物質（47頁），由松木、木質、油脂、柑橘和松脂的香調綜合而成；烹調時，胡蘿蔔素碎片還會添上紫羅蘭般的香氣。白色品種的香氣往往最濃烈。陽光照射、高溫或物理損傷，都會促使主根產生酒精，從而增添類似溶劑的香氣，此外還會產生一種帶苦味的化學防禦物質。削掉外層薄皮，可以去除大半苦味，也削掉會造成褐變的酚類化合物。根菜經烹調後，甜味最為明顯，因烹煮會減弱堅固的細胞壁，釋出糖分。胡蘿蔔心負責把根部的水傳至葉片，滋味比外層儲藏部位清淡。

已經去皮的「小胡蘿蔔」其實是由熟植株切削而成，表面往往帶一層白色霧狀物質，這是受損的外層細胞在數小時的加工過程中脫水而形成的痕跡，是無害的。

歐洲防風（Parsnip）

歐洲防風（*Pastinaca sativa*）是歐亞大陸的原生種，希臘、羅馬時代已經很熟悉這種植物，也知道植株長有芳香主根，而且在馬鈴薯引進之前，防風和蕪菁同屬重要主食。如今我們見到的品種，是中世紀時代培育出來的。歐洲防風儲存的澱粉量超過胡蘿蔔，不過在低溫時會把澱粉轉為糖分，因此

冬季的根部比秋季的還甜。過去食用糖是一種昂貴調料，英國人還曾以歐洲防風來製作糕點、果醬。這種根菜滋味平淡，組織略顯乾燥，經烹煮便很快軟化，速度超過馬鈴薯和胡蘿蔔。

香芹根

香芹根專指一種香芹變種（*Petroselinum crispum var. tuberosum*）的主根，其風味由各式萜類物質混成，比香芹葉更複雜、辛辣。香芹是歐亞大陸原生種（221頁）。

黃根薯（Arracacha）

黃根薯（*Arracacia xanthorhiza*）是胡蘿蔔家族在南美洲的成員。其根部平滑，具不同顏色且風味濃郁，20世紀初知名植物探險家大衛·費爾柴爾德（David Fairchild）便稱其滋味遠勝胡蘿蔔。

萵苣家族：菊芋、蒜葉波羅門參、鴉蔥和牛蒡

萵苣家族北方成員的塊根、塊莖有三項共通特性：含大量果糖基碳水化合物、微量澱粉，還有一種清淡風味，令人聯想到真正的朝鮮薊（也是萵苣的近親）。果糖碳水化合物（短鏈果糖聚醣和類似澱粉的菊芋多醣）是能量庫，也為越冬植物提供抗凍機制。人體不具有消化果糖鏈所需酵素，所以全餵給了腸內的益菌，同時還會產生二氧化碳等氣體，因此若大量攝取這類蔬菜，會造成腸胃不適。

菊芋（*Helianthus tuberosus*）是一種非纖維質植物的膨大塊莖，屬於向日葵家族，在北美因襲傳統訛稱為「耶路撒冷朝鮮薊」。生菊芋帶甜味，還有討喜的多汁、鮮脆質地，經短時間烹調則變得又軟又甜。菊芋可以93℃左右溫度烹調12~24小時，所含碳水化合物會大半轉變為可消化的果糖，莖肉則變甜，呈半透明褐色，樣子很像蔬菜凍。

波羅門參（*Tragopogon porrifolius*），英文有時也稱為 oyster plant（牡蠣菜），原

因是有人認為二者味道類似。還有一種黑皮波羅門參，或稱為鴉蔥（*Scorzonera hispanica*），是地中海區原生種。這類植物有個近親叫牛蒡（*Arctium lappa*）原產自歐亞大陸，在日本深受喜愛。這三類植物都有的主根都很長，而且隨著尺寸及年分加大，纖維也會增多。三類根菜都含有大量酚類化合物（牛蒡所含的酚類是強效抗氧化物），因此削、切之後，表層很容易變成灰褐色，烹調後則會整個變色。

■ 其他常見塊根和塊莖

▍荸薺和油莎草

　　荸薺、油莎草都和紙莎草都屬莎草科這個水生禾草家族。荸薺（*Eleocharis dulcis*）是遠東原生植物，主要在中國和日本培育，我們吃的是荸薺的水下莖前端膨大部位。英語系民眾很容易把荸薺（Chinese water chestnut）、菱角（horned water chestnut）混淆在一塊。菱角是菱科菱屬植物（*Trapa*）的種子，這種水生植物原產自非洲、中歐和亞洲。

　　油莎豆是油莎草（*Cyperus esculentus*）的小型塊莖，原生於非洲北部和地中海區，古埃及時代也有栽培。兩類蔬菜都略甜，帶堅果味，而且極為耐煮，甚至做成罐頭依然能保持爽脆，這得歸功於細胞壁所含酚類化合物的交叉連結強化作用。西班牙人把乾燥油莎豆泡在水中，研磨後再次浸泡，隨後過篩加糖，製成油莎豆漿甜飲。

　　亞洲的荸薺和菱角有時會種在受污染的水中，而吃菱角時要先以牙齒嗑開外殼，曾有人因此吃下一種腸道寄生蟲的囊孢。生吃菱角應先徹底刷洗，之後再切剖，除去堅硬外殼，隨後還要再洗一遍。把菱角浸入沸水迅即取出，可以確保食用安全。

▍草石蠶（Crosnes）

　　草石蠶指草石蠶屬（*Stachys*）幾種植物的小型塊莖。草石蠶屬是薄荷家族的亞洲成員，在19世紀晚期從中國傳入法國。草石蠶質地鮮脆，嚐起來像

堅果，還帶甜味，有點像菊芋。這類塊莖有個出名特色：含有罕見的碳水化合物水蘇糖，由兩個半乳糖和一個蔗糖結合構成。我們無法消化水蘇糖，因此大量攝取草石蠶會引發脹氣不適。草石蠶幾乎不含澱粉，烹調稍微過頭都會煮糊。

豆薯（Jicama）

豆薯（*Pachyrhizus erosus*）是豆科家族的南美洲成員，我們吃的部位是膨大的儲藏根。豆薯的主要優點是能夠常保鮮脆。這種根菜很好保存，不容易變色，烹煮之後還能夠保持部分鮮脆。豆薯常採生食，可以拌入生菜沙拉或是蘸醬食用，有時還作為荸薺的新鮮替代食材，不過豆薯不具那種甜味和堅果風味。

蓮藕

蓮藕是荷花（*Nelumbo nucifera*）的泥中根莖。荷是亞洲原生種水蓮，又稱為蓮，在北美和埃及都有近親。蓮花形象在佛教等思想體系扮演要角——美麗蓮花由蓮柄托出淤泥，在浮出水面的蓮葉上空綻放。因此，蓮藕有時也有超越食物的意涵。根莖含大型空腔，因此橫剖面帶有獨特蕾絲圖案。這種根莖烹煮後仍保鮮脆，理由同荸薺。蓮藕清香略澀，由於內含酚類化合物，切開後會很快變色。蓮藕先初步去皮（若用作沙拉則還需汆燙軟化），料理方式很多，快炒、燉煮或蜜漬都行。蓮藕的澱粉含量中等，也可萃取出來。

酢漿

酢漿是酢漿草（*Oxalis tuberosa*）的小塊莖，這種植物是酢漿草的南美近親。酢漿塊莖的澱粉、汁液含量高低不等，表皮顏色主要得自花青素，從黃、紅，到紫等各色都有。酢漿特別酸，這種罕見屬性出自酢漿草科植物特有的草酸。祕魯和玻利維亞常把酢漿當作燉料和湯料。

下段莖和鱗莖：甜菜、蕪菁、蘿蔔和洋蔥等

這個類群混雜多種蔬菜，食用部位都緊貼地面或長在地下，而且共同具一種特性：和多數塊根、塊莖相比，這群蔬菜的澱粉儲量可說是微乎其微。因此，其質地通常不那麼緻密，烹煮需時較短，且能保持溼潤。

甜菜

甜菜「根」主要指甜菜（*Beta vulgaris*）的下段莖，這種植物是地中海區和西歐地區的原生種。史前人類已經開始食用甜菜，最初吃菜葉（恭菜，114頁），後來又吃特定變種（*vulgaris*亞種）的地下部位。希臘時代的甜菜根很長，顏色有白有紅，味甜。約公元前300年，泰奧弗拉斯托斯（Theophrastus）記述甜菜滋味美得可以生食。紅色膨大品種則要到16世紀才有文獻記載。食用紅根甜菜的糖分含量約為3%，某些大型飼料用品種則為8%；18世紀為製糖而培育出含20%蔗糖的甜菜品種。

甜菜的紅、橙、黃色澤出自甜菜鹼色素（42頁），這種色素溶於水，能把其他食材染上顏色。甜菜也有雜色品種，其紅色韌皮組織層和不帶色素的木質層交錯（35頁）；雜色甜菜以新鮮切片最為賞心悅目，因為烹飪會破壞細胞，導致色素流出。當我們吃下甜菜，紅色色素便接觸胃部強酸，還會與大腸所含鐵質反應，因此顏色通常會褪除，不過，有時民眾會把色素原封不動地排出，這種現象雖很嚇人，卻是無害。甜菜烹調後仍保爽脆，這是由於酚類物質能強化細胞壁，和竹筍、荸薺的情況類似（58頁）。

甜菜的香氣大半得自一種帶泥土味的分子，稱為土味素。長久以來，我們總認為這是源自土壤微生物，如今則發現，甜菜根本身似乎也帶有土味素。甜菜的甜味有時也用來製作巧克力蛋糕、糖漿以及其他甜點。

芹菜根

芹菜根專指根芹菜（*Apium graveolens var. rapaceum*）的主莖下段膨大部位，它由一結瘤發出，結瘤必須削除厚厚一層才能食用。根芹菜的滋味和芹菜非常

相像，這是由於兩者都含同類氧環芳香物質，澱粉含量則屬中等（重量比為5~6%）。根芹菜的烹調通常和其他根菜類相仿，不過也可以切成鮮脆細絲，拌入生沙拉食用。

甘藍家族：蕪菁、蘿蔔

蕪菁（*Brassica rapa*）長久以來都是歐亞大陸的主食，也是種生長迅速的作物，培育歷史約4000年。蕪菁食材含下段莖幹和主根，具有幾種外形和不同顏色，還有該家族的典型硫化物香氣（109頁）。較小品種的滋味清淡，可生食，鮮脆如蘿蔔；較大品種可烹調煮軟，不過別煮太久，因煮過頭時會出現甘藍味，蓋過原有風味，質地也會變得黏糊。蕪菁也可醃漬食用。

蘿蔔（*Raphanus sativus*）是另一品種，質地鮮脆，有時帶有辛辣味。這是西亞的原生種，在古埃及和古希臘時代已經傳抵地中海區。蘿蔔就像蕪菁，可食部位主要是下段膨大莖幹，也在人類的選種下長出獨特造形和醒目顏色（例如外綠內紅）。美國最常見的是小蘿蔔，是春天採收的早熟品種，外皮通常呈鮮紅色，只需幾週就能長成，若遇夏季暑熱，就會變得粗糙並帶有木質。這種蘿蔔常拌入沙拉生食。不過也有西班牙和德國變種大蘿蔔，有些外皮色黑，有些則呈白色，直徑可達好幾英吋，需時數月才能成熟，在秋季採收。這些種類的質地結實、乾燥，用來燉煮、燒烤都很合宜。另外還有又大又長的亞洲白蘿蔔，最為人所熟知的是日文名「大根」，長度可超過25公分，重逾3公斤。白蘿蔔滋味比較清淡，生食、熟食皆宜，有時鮮脆幾如梨子。蘿蔔的辛辣味來自酵素反應，這種作用會形成揮發性芥子油（109頁）。這種酵素大半位於表皮，因此去皮可以緩和辛味。儘管白蘿蔔最常採生食或醃漬食用，不過也可熟食，就跟蕪菁一樣，且烹煮還可以讓酵素失去活性，把辛辣味減至最低，並帶出甜味。

另一種罕見的蘿蔔，英語俗名「鼠尾蘿蔔」（*Raphanus caudatus*），因為它有很長的可食種莢。

洋蔥家族：洋蔥、蒜、韭蔥

百合科蔥屬（Allium）下約有500個品種。（譯注：蔥屬舊歸百合科，今則納入獨立的蔥科）。百合科為北半球溫帶區原生植物，約有20種是人類的重要食物，其中少數在幾千年來都被視為珍饈，例如《舊約》便記載了一段流亡以色列人的著名嘆息：「我們記得，在埃及的時候不花錢就吃魚，也記得有黃瓜、西瓜、韭菜、蔥、蒜。」（民數記11章5節）人類栽植洋蔥、蒜和其多數近親，主要都是為了取地下鱗莖，這個部位由膨大葉基組成，這種「鱗片」可儲藏能量，供下次成長季節的初期使用，所以自然能保存數月之久。洋蔥家族和菊芹近親有個共同特性，儲備的能量並不化為澱粉，而是轉為果糖鏈（見第一冊344頁），花時間慢慢煮便可將之分解，產生一種顯著甜味。當然了，長鱗莖的蔥屬植物，其鮮嫩青綠也可食用，還有幾種不長鱗莖的則只有葉片可食，包括韭蔥、細香蔥和幾種洋蔥。

洋蔥家族引人垂涎，關鍵在於一種常很辛辣的強烈硫化物風味，其原始作用是用來嚇走動物，防範取食。烹調把這種化學防禦物質轉換成甘美如肉味的特質，許多文化的眾多佳餚因此更具深度。

洋蔥家族的風味和嗆味

洋蔥家族的獨特風味得自用來防禦的硫元素。植物生長時從土壤吸收硫，製成四種化學武器，這類武器懸浮於細胞液中，發射的扳機（細胞內的酵素）則另外保存於儲藏液泡（33頁）。當細胞在剁切、咀嚼中受損，酵素便逸出，並使這些化學武器分解成具強烈氣味的刺激性含硫分子。有些含硫分子很不安定，反應非常劇烈，能繼續改變、形成其他化合物。這些分子共同構成這種食材新鮮的風味，而最初化學武器的形式、組織受損程度、參與反應的氧氣數量，以及反應持續多久，都會影響風味表現。洋蔥風味通常包括蘋果味、燒灼味、橡膠味和苦味等；韭蔥風味含甘藍味、乳脂味和肉味；蒜頭的味道似乎特別強，因為在初步反應中出現的產物，其濃度高過洋蔥家族百倍。食材經剁切、擺進缽中搗碎或用食物處理機磨成泥，所得成果

洋蔥和蒜的鱗莖
洋蔥家族的鱗莖由一中央莖芽和和周圍的葉基組成，葉基膨大，並儲有生長季儲存的養分，在下個成長季供莖芽使用。

都獨具特色。生食的蔥科（作為盤飾或拌入生醬料），剁切後最好先沖洗受損表面，把硫化物全洗掉，否則一接觸空氣，久了之後會變得更為刺鼻。

有種含硫成分僅大量見於洋蔥、分蔥、韭蔥、細香蔥和薤頭，這種「催淚瓦斯」是揮發性化學物質，會由受損洋蔥逸出，隨空氣飄入切洋蔥的人的眼、鼻裡，接著就直接侵襲神經末梢，並分解成硫化氫、二氧化硫和硫酸。這是種非常有效的分子炸彈！把洋蔥擺進冰水預冷30~60分鐘，可以把這種作用減至最弱。這種處理方式可以讓酵素作用速度，由原本如彈藥般爆發，減緩到有如烏龜爬，結果所有揮發性分子賴以散入空中的能量也減少了。冰鎮之後，洋蔥的紙質表皮吸入水分，變得比較堅韌，也較不酥脆，因此較容易去皮。

蔥烹調後的風味

洋蔥家族受熱之後，多種硫化物便互相反應，也和其他物質產生多種特有的味覺分子。烹調方式、溫度和媒介都大幅影響風味的平衡。以烘烤、乾燥和微波爐料理，往往會產生三硫化物，散發過頭甘藍的特有味道。比起其他烹調方式，在高溫油脂中烹調產生的易揮發成分較多，食品風味也較重。加奶油烹煮，蒜化合物的味道比較清淡，但在反應較快的不飽和蔬菜油中會產生變化，發出類似橡膠的辛辣味。整顆蒜一起汆燙軟化，顯然可以讓產生風味的酵素喪失活性、不那麼活躍，所以整顆蒜一起烹調，只會有一點辛辣味，而堅果般的香甜味則變得最強烈。醃蒜和醃洋蔥的風味也同樣都相當清淡。

洋蔥、蒜頭煎炒後很容易轉呈褐色，這主要是所含糖分和糖鏈造成的，而且這類物質一經烹調便散發一種焦糖味，讓食品更增風味。

洋蔥和分蔥

所有洋蔥都屬同一個種 *Allium cepa*，最早源自中亞，後來才傳遍全球，並演變出幾百個品種。美國市售洋蔥依照季節和採收法，可分為兩大類別：春日洋蔥（又稱短日洋蔥）是在晚秋植苗，來年春天和初夏期間還沒完全成熟時

說文解字：洋蔥、蒜、分蔥和蔥

洋蔥家族的名稱來源不一。Onion（洋蔥）源自拉丁文，意思是「一」、「單一性」和「合一」，是羅馬農人原本用來稱呼cepa這種洋蔥品種，它只長單一鱗莖，不像蒜和分蔥那樣一次長好幾顆。garlic（蒜）是盎格魯撒克遜詞彙，意思是「矛韭蔥」，指只具一片修長尖葉、沒有開展闊葉的韭蔥。shallot（分蔥，亦即珠蔥、紅蔥頭）和scallion（青蔥）源自拉丁文，由古典時代巴勒斯坦西南部一座城市Ashqelon（亞實基倫，為希伯來文而）而來。

便即採收。這類洋蔥的滋味比較清淡，也比較多汁又容易腐敗，最好擺入冰箱保存。春日洋蔥有個特殊類別「甜洋蔥」（其實稱為「淡洋蔥」還比較貼切），這指的通常是標準黃色春洋蔥，長在貧硫土壤中，其含硫防禦化學物質自然而然便只有一般含量的一半或更低。第二大類市售洋蔥是「儲藏洋蔥」，成長期跨越整個夏季，秋季成熟時才採收，含有豐富的硫化物，這種洋蔥較乾，在涼爽環境儲藏可達數月。

白洋蔥變種稍顯多汁，儲存期不如黃洋蔥那麼長，顏色得自酚類化合物類黃酮。紅洋蔥的色澤得自水溶性花青素，不過只見於鱗葉表層，因此烹調會稀釋色素，造成褪色。

綠洋蔥又名青蔥（scallion），有的是具有鱗莖品種的嫩蔥，有的特殊品種則完全不具鱗莖。分蔥（即珠蔥、紅蔥頭）是獨特的洋蔥變種，由多顆個頭較小的鱗莖聚生而成，質地較為細緻，滋味略顯清淡又比較甜，通常呈紫色。分蔥在法國和東南亞特別受人喜愛。

蒜

蒜（Allium sativum）是中亞原生種，一顆蒜頭起碼含有十幾顆緊密聚生的鱗莖（稱為蒜瓣）。「象蒜」實際上是一種長了鱗莖的韭蔥，風味較為清淡；「野蒜」（Allium ursinum）則是另個一品種。蒜瓣沒有洋蔥那種多層次鱗莖，而是單獨一片膨大儲藏葉包覆幼芽而成。葉片含水量遠低於洋蔥鱗葉（重量比低於60%，而洋蔥的含水比例則為90%），至於果糖和果糖鏈的濃度則高出許多，因此煎炒烘烤時，蒜會比洋蔥更快變乾並轉呈褐色。

蒜有眾多不同品種，硫化物的含量不同，因此風味和辛辣程度也各有不同。主要市售品種培育時都著眼於產量和儲藏期限，並不側重其風味。若在寒冷環境栽植，風味較強。蒜在夏末至晚秋剛採收時最為多汁，儲藏期間慢慢失水，風味也變得更重。冷藏會使獨特的蒜味逐漸流失，而一般的洋蔥風味則變得更強。

蒜味口臭

蒜味化學研究能幫忙解決蒜味口臭問題嗎？蒜味口臭的一種主成分似乎含有多種和臭鼬噴液有關的化學物質，這類物質入口經久難除（甲硫醇便為一例）。另一種成分（甲基烯丙基硫醚）則顯然是蒜頭通過消化系統時產生的，這種口臭在進餐後6~18小時之間達到顛峰。許多新鮮蔬果都含有褐變酵素（42頁），這可以把口中的殘餘硫醇轉化成無味分子，因此吃生菜沙拉或蘋果會有幫助。含強烈氧化劑（如氯胺）的漱口水也能去除口臭。至於消化系統的硫化物，恐怕便非我們能力所及！

由於為小小蒜瓣去皮、剁切相當費時，有人便會預先處理好一大批，並浸置於油中供往後使用。但這種作法卻會助長致命肉毒桿菌滋生，這種細菌在缺氧環境下長得很好。要抑制細菌滋長，可以把蒜擺進酸性的醋或檸檬汁中浸泡幾小時，接著才放入油中，最後再把容器擺進冰箱。酸性的醃漬蒜頭偶爾會變成古怪的藍綠色，這種反應顯然牽涉到一種含硫的風味前驅物。醃漬前先汆燙，可以把這種變色現象減至最輕。

韭蔥

韭蔥和洋蔥、蒜頭不同，並未長出具儲藏機能的鱗莖，因此栽種韭蔥的目的是採收蔥狀鮮嫩青綠。（不過有個韭蔥品種「象蒜」是例外，人們是為了它的蒜頭狀鱗莖叢而栽種，重可達450公克。）韭蔥非常耐寒，在許多地區整個冬季都能採收。韭蔥能長得很大，葉片基部的白色部分最為人們所喜愛，因此農戶常在韭蔥成長期間繞著植株堆上泥土，讓更多部分不受日照，以增加白色部位（達0.3公尺長、7.5毫米粗）。然而這樣做也讓葉片間隙塞入砂礫，因此必須仔細清洗。內側葉片（和很少食用的根部）風味最強。葉片上段的綠色部位可食，不過和下段白色部位相比，質地比較硬、洋蔥味較淡，甘藍味則較強。韭蔥也含有大量長鏈碳水化合物，因此烹調後質地順滑，冷凍後會結成凝膠，還可以讓湯品、燉品更為濃稠。

洋蔥家族的重要成員

俗名	學名
洋蔥、蔥	Allium cepa
分蔥、珠蔥	Allium cepa var. ascalonicum
蒜	Allium sativum
韭蔥（野生品種）	Allium ampeloprasum
韭蔥（培育品種）	Allium ampeloprasum var. porrum
大頭蒜（象蒜）	Allium ampeloprasum var. gigante
韭蔥（埃及種）	Allium kurrat
斜坡韭蔥、闊葉韭蔥	Allium tricoccum
細香蔥	Allium schoenoprasum
韭菜	Allium tuberosum
野韭	Allium ramosum
蔥	Allium fistulosum
蕎頭	Allium chinense

莖菜和柄菜：蘆筍、芹菜等

取自植物莖幹、柄梗的蔬菜往往讓廚師特別傷腦筋。莖幹、柄梗支撐植物的其他部位，也為這些部位傳輸維生養分，因此大都由纖維質維管束組織和特別硬挺的纖維構成（例如芹菜和南歐刺菜薊的外緣葉脊纖維）。莖梗堅硬的程度達維管束纖維本身的10~12倍。當莖或梗成熟時，這種纖維質材料也開始製造不可溶纖維素，變得更為強韌。有時廚師實在無計可施，只得剝除纖維，或把蔬菜切成細丁，把纖維強度減至最低，或搗泥並濾除纖維。而要有柔嫩的芹菜、南歐刺菜薊和大黃，關鍵不在廚房，而是農場：選擇適宜品種，大量供水，這樣柄梗才能靠膨壓撐住自己（56頁）；還可把土堆高，或把柄梗綁在一起，藉此提供物理性支撐力，讓植株不需為了自行提供物理應力而促使纖維生長。

有一類莖菜天生便很柔嫩，其梗尖在春季迅速成長，種類包括豌豆、甜瓜和小果南瓜、葡萄藤以及啤酒花（蛇麻的花），這些長久以來都是新春季節最早為人所採摘、享用的鮮嫩蔬菜。

蘆筍

蘆筍（*Asparagus officinalis*）是百合科植物（譯注：今歸入天門冬科），可食部位為其嫩莖。蘆筍為歐亞大陸原生種，也是希臘、羅馬時代的珍饈食材。柄梗並不支托一般葉片；莖幹長出的小型突伸構造是葉狀鱗片，用來保護整串未成熟的羽狀光合分枝。嫩莖由多年生地下根群長出，顯現了春天的新嫩氣息，因此備受喜愛。其他還有許多蔬菜都稱為「窮人的蘆筍」，包括幼嫩韭蔥、黑莓嫩芽和蛇麻嫩芽。

如今蘆筍依舊昂貴，這是因為嫩芽的生長速率不等，必須以人工採收。歐洲白蘆筍栽植更費人工，須覆以土壤來軟化質地，還要從地下切割採收。白蘆筍從18世紀至今都很受歡迎，其香味細緻勝過綠蘆筍（綠色品種含大量二甲基硫，以及其他含硫揮發物），靠近莖端處則略帶苦味。白蘆筍採收後若受光照便轉呈黃色或紅色。紫蘆筍品種的色彩得自花青素，烹調時顏色往往會褪除，留下葉綠素的綠色。

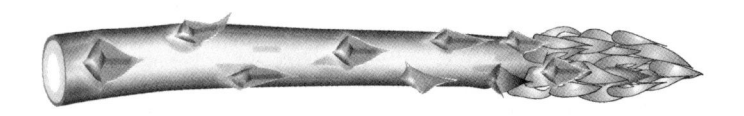

蘆筍和莖上的奇特分枝
這種葉狀莖在未成熟莖幹尖端附近聚集叢生。

趁鮮嫩時早早採收的蘆筍含有豐富汁液，而且帶有明顯甜味（含糖量或可達4%）。蘆筍根莖儲藏的能量會隨著季節逐漸耗竭，而嫩芽的含糖量也會逐漸降低。採收之後，活躍的嫩芽仍會繼續成長、不斷消耗糖分，而且消耗速率超過其他一切常見的蔬菜。蘆筍風味因此變得清淡；所含汁液流失，纖維質也從基部開始越變越粗。採收之後的前24小時，這種變化特別迅速，高溫和光線更會加速進程。

烹調前先把嫩莖泡入稀釋糖水（5~10%，或每100毫升添 5~10公克），可以補救部分水分、糖分流失現象。白蘆筍的纖維含量總是高於綠蘆筍，儲藏時變老的速度也較快。白蘆筍可削皮去除部分無法軟化的組織，某些綠蘆筍也可以這樣處理，不過木質素結構也可能會出現在莖幹較中央部位。廚師應付這種堅韌內部的作法已經沿用500年：他們彎折柄梗，物理應力自然就會從柄梗開始變嫩的部位折斷。

蘆筍有個惡名昭彰的副作用：吃了蘆筍，尿液會散發強烈味道。身體顯然是代謝了一種含硫物質「天門冬酸」，其化學成分相近於臭鼬噴液的成分「甲硫醇」。由於某些人士聲稱自己對這種作用免疫，因此生化學家多少探究過這種現象。如今發現，這似乎該歸功於遺傳差異，吃了蘆筍會生成甲硫醇的人確實占了多數，卻非全部；能嗅得到的人也占多數，同時也非全部。

胡蘿蔔家族：芹菜和小茴香

胡蘿蔔家族出了兩種含香氣的莖菜。

芹菜

芹菜（*Apium graveolens*）是野芹的放大版，味道清淡；野芹是歐亞大陸的細梗香草，帶有苦味。本芹（又稱中國芹菜）是芹菜變種（*secalinum*），型式、風

蘆筍的芳香成分

人們察覺蘆筍代謝產物的能力有高低之別，甚至能察覺的人士，評價也各不相同。眾所皆知，（蘆筍）讓尿液發出一種污濁、不快的氣味。
　　　　——路易・勒默里（Louis Lemery），《食物總論》（*Treatise of All Sorts of Foods*, 1702）

……晚餐吃過（蘆筍）之後，它們竟夜玩樂（就像莎士比亞《仲夏夜之夢》劇中的妖精，嬉鬧歡唱，粗言粗語），忙著把我的夜壺轉為一罈芬芳香水。
　　　　——馬賽爾・普魯斯特（Marcel Proust）《追憶逝水年華》（1913）

味都比較接近野芹；亞洲獨行菜（*Oenanthe javanica*）與芹菜的關係則比較疏遠，風味也較為不相同。西方常見的芹菜顯然是 15 世紀在義大利育成，到了 19 世紀依然被視為桌上佳餚。芹菜的葉柄極度膨大、鮮脆可口，還會散發一種獨特清香，其來源是一種罕見的化合物「磷苯二甲內酯」（這種物質胡桃中也有，因此和胡桃才會那麼匹配）。

芹菜還含有萜烯類物質，會帶來清淡的松香和柑橘香。芹菜經常與胡蘿蔔、洋蔥文火拌炒，為其他菜餚提味（這類什錦調味蔬菜法文是 *mirepoix*，義大利文是 *soffrito*，西班牙文是 *sofregit*；美國路易斯安那州凱郡人的「三合一」芳香料理則以青甜椒替代胡蘿蔔）。歐洲部分地區偏愛滋味較細緻的白芹菜，最早期作法是在柄梗成長時堆土覆蓋，後來則是培育淺綠色的「自我白化」變種。芹菜常生食，事先浸泡冷水最為鮮脆（38 頁）。有些人的皮膚會對芹菜和芹菜根的防禦化學物質起過敏反應（31 頁）。

小茴香

小茴香（*Foeniculum vulgare*）是小茴香籽（232 頁）的來源，其變種（*azoricum*）又稱球莖茴香、佛羅倫斯茴香或甘茴香。小茴香的葉柄基部膨大，緊密簇生，狀似鱗莖。（葉柄的其餘部位相當於芹菜柄，又硬又多纖維。）小茴香帶強烈的洋茴香氣味，這是由於大、小茴香都含茴香腦，而這種化學物質就是洋茴香和八角茴香的風味來源，而且因為風味強烈，用途也沒胡蘿蔔和芹菜來得廣。小茴香還帶有獨特的柑橘香調（得自萜烯類物質檸檬油精），這在其葉片稀疏的部位特別強烈。小茴香可切成鮮脆薄片生食，也可烹調熟食，常用來燉煮或焗烤。

甘藍家族：球莖甘藍和蕪青甘藍

球莖甘藍

球莖甘藍（*Brassica oleracea* var. *gongylodes*），也稱結頭菜，是普通甘藍的變種，主莖膨大，直徑可達十數公分。這種甘藍帶有類似青花菜柄的多汁質地和

清淡風味。俗名kohlrabi源自德文，意思是「甘藍蕪菁」，沒錯，球莖甘藍的渾圓外形確實很像蕪菁。未成熟球莖甘藍十分鮮嫩，可生食，吃起來爽脆多汁，也可以稍微煮過；過熟莖幹會有木質味。

蕪青甘藍

蕪青甘藍是蕪菁和甘藍雜交所得變種，又稱為瑞典蕪菁，約公元1600年前便於東歐育成，出生地或許是羽衣甘藍和蕪菁並排栽植的菜園。蕪菁甘藍和球莖甘藍的主莖同樣都有一膨大部位；而且就如蕪菁，有白色也有黃色。蕪菁甘藍比蕪菁和球莖甘藍甜，澱粉含量也較高，不過碳水化合物成分只有馬鈴薯的一半。蕪菁甘藍常沸煮搗泥食用。

熱帶莖菜：竹筍和棕櫚心

竹筍

竹筍是孟宗竹（*Phyllostachys*）等數種熱帶亞洲竹的嫩莖，全都是禾本家族的木本成員。當新筍萌芽破土，就得蓋上泥土，盡可能不使新筍接觸日照，從而抑制幼筍製造苦味氰化合物（29頁）。鮮筍採收後應立即放入水中沸煮，直到不再帶有苦味，氰化物也就完全去除了。竹筍和荸薺、蓮藕都因耐煮而廣受喜愛，烹調時和烹煮後都長保結實、爽脆和飽滿質地，甚至能熬過極端高溫的製罐加工（79頁）。竹筍的風味蘊含一種罕見的藥劑味或穀倉味，這得歸功於甲酚；還有比較常見的麵包香和湯汁香氣，得自單純的硫化物（甲硫丙醛、二甲基硫）。

棕櫚心

棕櫚心指各種棕櫚樹的新生莖幹尖端，尤其則專指桃椰子（*Bactris gasipaes*）莖尖，而且棕櫚莖尖切下之後，會馬上重新萌發。棕櫚心的組織纖細爽脆，甘甜並帶些微堅果味，生食、熟食皆宜。其他棕櫚心的邊緣可能會帶有苦味，而且容易變成褐色。採收莖尖常導致整株棕櫚死亡。

其他莖菜和柄菜

仙人掌（Cactus pad、nopales）

仙人掌指的是刺梨（*Opuntia ficus-indica*；見172頁）的扁平莖段，原生於墨西哥和美國西南部。仙人掌可拌入沙拉生食，或用來調製莎莎辣醬，還可烘烤、煎炸、醃漬，或當成燉料。仙人掌切丁（nopalitos）有兩項特色：其一是黏質，可能有利於保存水分，也讓這道菜帶有滑黏稠度（乾式烹調法可把稠度降至最低）；其二是含有蘋果酸，因此滋味極酸。仙人掌、馬齒莧以及其他長在乾熱環境的植物，都發展出一種特殊的光合作用型式：氣孔在日間關上，以保存水分，到夜間再開啟，以吸入二氧化碳並轉為蘋果酸儲藏起來；日間它們便運用陽光能量把蘋果酸轉化為葡萄糖。因此清晨採收的肉莖含大量蘋果酸，和下午採收的相比，含量可達10倍之多。肉莖採收之後，酸度會逐漸降低，因此過了幾天，兩者差別就沒有那麼明顯。

南歐刺菜薊（Cardoons）

南歐刺菜薊（*Cynara cardunculus*）是地中海區植物，葉柄部位可食，這種植物顯然就是朝鮮薊（*Cynara scolymus*）的祖先。採收前常先把梗柄遮蓋幾週，以免受日光照射，好讓它們「白化」。南歐刺菜薊風味十分接近朝鮮薊，而且含有豐富的苦澀酚類化合物，一旦組織遭切斷或受損，這類物質很快就會形成褐色複合物。南歐刺菜薊也常和牛乳一起烹調，乳蛋白會與酚類化合物結合，進而減輕澀味（茶也有相同現象，264頁）。酚類還可能讓細胞壁變得強韌，而南歐刺菜薊的纖維更是不易軟化。逐漸加溫沸煮並頻頻換水，或能幫助濾除酚類物質並軟化食材，然而風味卻也隨之減弱。處理南歐刺菜薊梗柄時，偶爾得去除強韌的纖維外皮，或者把葉柄橫向剁切成丁，纖維切得較短感覺就不會那麼硬。

捲形嫩葉（Fiddlehead）

捲形嫩葉指未成熟蕨葉的葉柄和嫩葉，由於葉尖捲曲，有如小提琴頭的

渦捲（fiddlehead）。長久以來這都是傳統新春佳餚，在蕨葉開始延伸、開展，但還未變硬時便即採收。攝取捲形嫩葉必須謹慎。有個常見品種碗蕨（*Pteridium aequilinum*），在日本、韓國特別受人喜愛，如今卻發現，這個品種的化學物質會破壞DNA（25頁），因此請不要吃碗蕨。還有個變種鴕蕨，歸為莢果蕨屬（*Matteuccia*），被認為是比較安全的食材。

大黃（Rhubarb）

大黃指一種大型多年生香草，草酸含量出奇地高。大黃在西方是作為酸料，取代了水果在這方面的角色，所以我把它放在下一章討論（169頁）。

海蓬子（Sea Beans）

海蓬子是海蓬子屬（*Salicornia*）一種耐鹽的鹹水海岸植物，是甜菜家族的成員。海蓬子另外還有許多名字：聖彼得草（胡蘿蔔家族有一種海岸植物也叫這個名字）、玻璃草（譯注：早期工匠會燃燒海蓬子取碳酸鈉來製造玻璃）、醃漬草和推石草。幼嫩海蓬子鮮脆、柔嫩，可生食或汆燙之後再吃，滋味清新帶鹹味；較老韌的可與海產一起烹調或蒸煮，可強化海味。

芽菜

芽菜就是各種植物的新生幼苗，只長到2~3公分左右，主要都是把最早一群葉片推出地面、迎向陽光的嫩莖。當然，這類幼芽都很柔嫩，不含纖維；芽菜常採生食或只烹調片刻。許多植物發芽後都能當芽菜吃，不過，最常見芽菜都來自於豆類（綠豆、大豆、苜蓿）、穀類（小麥、玉米）、甘藍家族（獨行菜、青花菜、芥菜、蘿蔔）和洋蔥家族（洋蔥、蝦夷蔥）。幼苗是如此脆弱，因此有時會含配備強烈的化學防禦物質。紫花苜蓿芽的防禦物質包括毒性胺基酸，稱為刀豆胺酸（30頁）；青花菜芽的防禦物質為蘿蔔硫素，這是種異硫氰酸鹽（109頁），似乎能協助抑制癌症病情。由於芽菜栽培環境潮溼、溫暖，這也利於微生物滋長，因此生芽菜往往成為食物中毒的源頭。芽菜都須趁鮮購買並冷藏儲存，而且要徹底煮熟，才能確保安全。

葉菜類：萵苣、甘藍等

葉菜是最典型的蔬菜。葉片往往是植物最搶眼、數量最龐大的部位，而且所含養分還十分豐富，因此我們的許多靈長類近親，幾乎都只吃葉菜。生菜葉做成的沙拉是真正的太古菜餚！人們還會把多種植物的葉片煮過後拿來吃，從雜草到根菜到果實作物都有。溫帶地區的春生嫩葉，幾乎全都可以取食，在傳統上，這也宣告了蕭條寒冬已過，而新春莊稼將至。舉例來說，義大利東北部會在春天採摘50多種野菜，先煮過，再以中火炒成什錦全蔬。

由於葉片又薄又闊，因此不論可食（萵苣、甘藍、葡萄葉）或不可食（香蕉葉、無花果葉、竹葉），都可作為包裝材料，用來盛裝、保護食物，也讓肉、魚、穀物和其他餡料沾上香味。用來包裹的葉片通常都先經沸水汆燙軟化，以方便彎折。

許多葉菜類都具獨特風味，而其中多數都帶有一種共通的清新香調，稱為「青綠香」或「綠草香」。這種香氣得自特定分子「葉醇」（hexanol）和「葉醛」（hexanal），均由6個碳原子組成。葉片受剁切擠壓時，就會出現這種香氣，這是由於受損細胞釋出的酵素水解了葉綠體胞膜所含脂肪酸長碳鏈（41頁）。烹煮會抑制酵素，也會使其水解產物和其他分子一同起反應，於是清新的青綠香調褪失，而其他幾種香味則變得更強烈。

以油為基底的沙拉醬（例如油醋醬）應該等到最後才添加，這是由於油很容易沾溼菜葉的蠟質表皮，滲入內部，於是菜葉會很快溼透，顏色也很快變深。若得在進食之前就把沙拉醬拌進去，用水為基底的乳醬會較適宜。

■ 萵苣家族：萵苣、菊苣、蒲公英嫩葉

萵苣科或稱菊科，是開花植物的第二大家族，卻只出了少數幾種可食植物。其中最搶眼的是萵苣及其近親，是生菜沙拉的主要成分。

■ 萵苣：無苦味青菜

如今的萵苣滋味清淡、廣受歡迎，是一種萵苣（*Lactuca sativa*）的變種，衍

生自一種不可食的苦野草祖先毒萵苣（Lactuca serriola）。毒萵苣長在亞洲和地中海，培育、改良的歷史已有5000年。萵苣似乎有出現在古埃及若干藝術品，而古代希臘、羅馬人則肯定享用過好幾種萵苣，除了做成生食的沙拉當第一道或最後一道菜之外，也會煮熟食用。萵苣的拉丁名稱字首為lac，意思是「奶」，指鮮切葉基湧出的防禦用白色乳膠。西方吃萵苣多採生食，但亞洲則常切絲烹煮。這種手法適用於較堅韌的菜葉，超級市場的萵苣有時便帶有這種老葉。

萵苣品種大致分幾大類，各有獨特生長模式和典型質地（見下方資料欄）。各個萵苣品種的滋味大多相仿，不過有些紅葉萵苣因葉片含有花青素色素，明顯較為苦澀。有些萵苣包捲成球，掩住內葉不受日照，一般而言，這類品種的維生素和抗氧化物含量都要低得多。色淡、多汁、鮮脆的品種，在美國以「冰山萵苣」之名所向披靡。這種結球萵苣具有幾項優勢，包括耐受運輸、儲藏，於是萵苣類生菜才得以在1920年代躍上美國餐桌；此外它也清新爽口、鮮脆多汁。結球萵苣的呼吸速率較緩，比葉用萵苣更能耐受儲藏；兩類萵苣在0℃的環境中都保存得遠比4℃久。還有一類稱為莖用萵苣，又稱萵筍，柄梗很大，滋味爽脆，在亞洲特別受歡迎，須剝除小葉、去皮、切片後烹煮食用。葉用萵苣的硬實菜心和莖用萵苣有時還以蜜漬處理。

菊苣和苣菜：苦味受控的苦菜

萵苣原本帶強烈苦味，得自一群萜烯化合物，包括萵苣苦素和相近的化學物質，如今經栽培選殖，苦味已經去除。不過，萵苣還有幾種關係密切的近親，人類卻是為了苦味才加以培育，可作為沙拉或單獨烹調，具有精心調節的苦味。這些植物都歸入菊苣屬（Cichorium），包括：苣菜、闊葉苣

萵苣家族的青綠蔬菜

萵苣類（Lactuca sativa），無苦味
  散葉萵苣：葉片開展簇生
  半結球萵苣：葉質軟嫩，葉球鬆開，主葉脈小
  巴達維亞萵苣：半開展，葉密生而質脆
  立生萵苣（又稱蘿蔓萵苣）：葉形長，葉球不緊密，主葉脈粗大
  結球萵苣：葉質脆，包覆緊密，葉球大

野苦苣類（Cichorium intybus），苦味
  菊苣（chicory）：有明顯莖部，葉簇生開展
  比利時吉康菜（白葉苦苣）：葉球長形緊密，軟化培育而成
  紅色野苦苣（radicchio）：葉球紅色，長形或圓形
  羅馬菊苣（puntarelle）：葉開展簇生，細而明顯的莖部

苦苣類（Cichorium endivia），苦味
  捲葉苦苣（curly endive）：葉捲曲、簇生、開展
  切葉苦苣（frisée）：葉缺刻細、蜷縮、簇生、開展
  闊葉苦苣（escarole）：葉中闊簇生、開展

菜、菊苣和紅色野苦苣。栽植者為控制苦味而煞費苦心。闊葉苣菜和苣菜的開展簇葉常以人工綁捆成葉球，讓內葉不受光線照射，產生較清淡的滋味。有種很受歡迎的品種叫做「比利時苣菜」，又稱白葉苦苣（「白球菊苣」）。這種菊苣原本非常苦，然而經兩道手續栽植後可改良成微苦。在春季撒籽，讓植株發芽成長，到了秋季先讓葉子落下，然後掘起，把主根連同其儲備養分一道冷藏儲放。之後重新在室內栽植主根，並在葉子長出之後覆以砂土；或者也可在黑暗環境以水耕栽植。苣根約經一個月便長出拳頭大小的葉球，葉子呈白色到淺綠色，風味細緻，質地爽脆鮮嫩。這種美妙滋味很容易喪失。在市場中光線一照到葉球，便會使外葉變綠、變苦，味道也變得辛澀。

帶苦味的生菜沙拉通常搭配含鹽沙拉醬或其他食材；鹽不只能抵銷苦味，還能抑制我們對苦味的感覺。

蒲公英嫩葉

蒲公英（*Taraxicum officinale*）似乎在各大洲野外都能看到，不過人工培育品種大多屬歐亞大陸原生種。蒲公英偶爾採小規模栽植，而且人類自史前時代便從野地（或後院）採集。這是種多年生植物，因此只要主根保持完整，便能一再長出簇葉。苦葉食用前通常須先汆燙，以改善風味。

甘藍家族：甘藍、羽衣甘藍、抱子甘藍等

如同洋蔥，甘藍家族也是一支威力強大的化學鬥士，而且帶有強烈風味。這也是一支獨一無二、變化多端的家族。一開始是從地中海和中亞的兩種原生草本植物培育成20多種迥異的重要作物，有葉菜、花菜、莖菜，還有菜籽。此外還有至少10多個近親（特別是蘿蔔和芥菜，見第4章中的香料），以及不同種類雜交育成的品種。這便是自然造化和人力密切合作的成果！除了甘藍家族，還有些遠親也共享同類生化元素，因此風味也相仿；這類親族包括刺山柑和番木瓜（223、187頁）。

料理生菜沙拉

儘管生菜沙拉不需烹調，卻仍須小心處理。從選擇優良食材開始：鮮嫩菜葉的纖維含量最低，風味也最細緻，過老的萵苣有時吃起來幾乎像橡膠。若得把菜葉分為小片，盡量用物理壓力最低的方式，因物理壓力會把細胞碾碎，引發變味，還會讓葉片顏色變深。通常以利刃切菜效果最好；用手撕菜必須出力捏擠，這有可能損傷柔嫩葉片。青菜必須好好清洗，要換幾次水，洗掉表面沙土和其他污染物。可以放入冰水浸泡一陣子，如此一來，細胞若有失水便可補充，也因此顯得更飽滿、鮮脆。水要盡可能瀝掉，沙拉醬才能均勻沾上葉片，而不會被稀釋掉。稀薄的沙拉醬會很快自葉片表面流開，濃稠的就比較慢。一般油醋醬（見第三冊）可以擺進冷凍櫃冷卻，以提高稠度。

甘藍家族的風味化學

　　如同洋蔥，甘藍及其近親都儲有兩類防禦化學物質：風味前驅物，以及作用於該前驅物而形成風味的酵素。植物細胞受損時，這兩大儲備品物便混在一起，而酵素則觸發連鎖反應，產生苦味、嗆味，以及味道強烈的化合物。甘藍家族的這套特殊系統火力十分強大，人類還因此發展出惡名昭彰的人工版本，就是一次大戰的芥子毒氣。此外，我們發現甘藍家族也擁有一部分的洋蔥防禦系統（96頁），於是整支甘藍家族都具有含硫芳香化合物。甘藍家族儲備的防禦前驅物是硫化葡萄糖苷。硫化葡萄糖苷有別於洋蔥前驅物，除了硫之外，還含有氮，因此它和它直接製造出來的風味物（主要為異硫氰酸鹽）都具有特殊性質。這群風味前驅物和產物有些帶有強烈苦味，有些則大幅影響我們的代謝機能。某些異硫氰酸鹽會干擾甲狀腺機能，當飲食中缺碘時，還可能引致甲狀腺腫。至於其他物質則能精密調校我們的系統，協助排出外來化學物質，從而抑制癌症病情。青花菜和青花菜芽所含物質便具此功用。

　　這些蔬菜都含有好幾種硫化葡萄糖苷前驅物，其組合則各具特性。所以甘藍、抱子甘藍、青花菜和芥菜的滋味相仿，卻又具獨特風味。成長迅速的幼嫩組織，化學防禦系統最活躍，也因此風味最強。舉個例子，抱子甘藍的中心部位以及菜心等，活性是外葉的兩倍。植物生長狀況對風味前驅物含量有深遠影響。夏季的高溫乾旱壓力也會增添儲備量，而秋季的溼冷環境和黯淡陽光則會降低含量。秋冬型蔬菜通常滋味較淡。

剁切的影響　　甘藍家族以不同手法處理、烹調，會產生不同的風味平衡。舉個例子，我們發現剁切甘藍（例如做甘藍沙拉時）不只促使前驅物釋出風味成分，還會提高這群前驅物的產量！倘若甘藍切好之後再佐以酸性醬汁，那麼某些辛辣產物還會增加6倍。（把切好的甘藍泡進冷水，便可以把剁切產生的風味化合物溶除大半，同時冷水還會讓菜絲含水，變得更鮮脆。）若是讓甘藍發酵，製成德國泡菜和其他醃菜，這時風味前驅物及其生產物幾乎都轉化為苦味較淡、較不辛辣的物質。

甘藍家族：甘藍、羽衣甘藍、抱子甘藍等

甘藍家族：親緣關係和辛辣程度

植物學命名會因為新證據出現而一直變動，特別是甘藍家族這等複雜類群。然而，特定名稱或許會變，這裡所示成員關係應該不變。

源自地中海區

甘藍類（*Brassica oleracea*）
　甘藍（var. *capitata*），又稱高麗菜
　葡萄牙甘藍（var. *tronchuda*），葡萄牙特有
　羽衣甘藍（var. *acephala*），即西洋型芥藍
　青花菜（var. *italica*）
　花椰菜（var. *botrytis*）
　抱子甘藍（var. *gemmifera*）
　球莖甘藍（var. *gongylodes*）

黑芥（*Brassica nigra*）
白芥（*Sinapis alba*）
火箭生菜、芝麻菜（*Eruca sativa*）：除了芝麻菜，還有野生 *Diplotaxis* 屬植物
水田芥、豆瓣菜：豆瓣菜屬（*Nasturtium*）植物
家獨行菜：獨行菜屬（*Lepidium*）植物
山芥：山芥屬（*Barbarea*）植物
金蓮花：旱金蓮屬（*Tropaeolum*）植物
蒜芥：蒜芥屬（*Alliaria*）植物

源自中亞

白菜類（*Brassica rapa*）
　蕪菁（var. *rapifera*）
　日野菜（var. *rapifera*）
　小白菜（var. *chinensis*）
　結球白菜，又稱山東大白菜（var. *pekinensis*）
　塌棵菜，又稱塌菜、烏塌菜（var. *narinosa*）
　水菜、壬生菜，均屬日本特有葉菜（var. *nipposinica*）

芥藍，屬於甘藍類變種（*Brassica oleracea* var. *alboglabra*）
蘿蔔（var. *Raphanus sativus*）
辣根（var. *Armoracia rusticana*）

近代雜交物種

自然出現
　西洋油菜、瑞典蕪菁（*Brassica napus*），是白菜類和甘藍類的雜交種
　芥菜（*Brassica juncea*），是白菜類和黑芥雜交種
　衣索比亞芥（*Brassica carinata*），是甘藍類和黑芥雜交種
人為培育
　芥藍花菜（*Brassica oleracea* x *alboglabra*），俗稱「青花菜筍」，由青花菜和芥藍雜交育成

含硫辛辣前驅物相對含量

抱子甘藍	35	一般甘藍	15	蘿蔔	7
羽衣甘藍	26	辣根	11	大白菜	3
青花菜	17	紫甘藍	10	花椰菜	2

熱度的影響　加熱對甘藍及其同夥有兩種作用：一開始組織內部溫度升高，酵素活動和風味產成速率都會變快，60℃是最高峰，之後逐漸減緩，在未達沸點時便停止活動。要是一開始就把蔬菜放入大量沸水，酵素會很快失去活性，於是眾多風味前驅物分子便完整無損，但這不見得是好事，例如快速烹調芥菜，可以把辛辣感減至最低，然而帶強烈苦味的辛辣前驅物卻都保留了下來。此外，大量加水沸煮還會把風味分子溶入水中，使得整體風味比煎炒或蒸還要平淡。要是烹調時間又長，持續高溫還會逐漸轉化風味分子，最後把硫化物轉變成三硫化物，逐漸累積之後會發出甘藍煮過頭那種揮之不去的濃重味道。長時間烹調，洋蔥類蔬菜會變得更熟軟、甘甜，而甘藍類蔬菜的味道則會變得太衝、令人不悅。

把洋蔥和甘藍家族搭配在一起，可以料理出令人意外的效果，這得歸功於雙方具有一些相同的酵素系統。芥菜烹調去除嗆味之後，撒點生蔥末，蔥的酵素會把耐熱的芥末前驅物轉化為辛辣產物，如此一來，蔥末的芥末滋味便強過芥菜菜葉！

甘藍、羽衣甘藍、青綠甘藍和抱子甘藍

野生甘藍原本是地中海沿岸地區原生種，這片陽光充足的含鹽棲地，讓甘藍發展出粗厚、多汁又含有蠟質的葉片和葉柄，也藉此養成強悍生命力。甘藍約在2500年前栽植，更由於它們能耐受寒冷氣候，逐漸成為東歐極重要的蔬菜。甘藍可醃漬保存，這種手法似乎源自中國。

青綠甘藍、羽衣甘藍和葡萄牙甘藍的主莖都很短，沿莖長出分散葉片，這點同野生甘藍；葡萄牙甘藍的主葉脈特別粗壯。培育種甘藍具大型葉球，葉片緊密覆住柄端，品種繁多，有些呈深綠色，有些幾近白色，還有些則帶有花青素色素而呈紅色；有些有高高隆起的葉脊，有些則較為平滑。一般而言，葉片開展品種中的維生素C、A和類胡蘿蔔素抗氧化物都較多，而結球品種的內葉從來不見陽光，含量便較低。結球的甘藍糖分較多，收成後儲存數月仍可維持不錯品質。

抱子甘藍衍生自一個甘藍變種，沿著極長的主柄長出許多小型葉球。這

說文解字：甘藍、羽衣甘藍、青綠甘藍和花椰菜

甘藍類的幾種蔬菜，包括kale（羽衣甘藍）、collard（青綠甘藍）和cauliflower（花椰菜），都衍生自拉丁字 *cautis*，意思是「莖幹」或「梗柄」，指植物長出可食部位的地方。Cabbage（甘藍），衍生自拉丁字 *caput*，意思是「頭或葉球」，也就是莖幹縮小只剩殘段，周圍包覆葉片的構造。

種甘藍大約是15世紀在北歐栽培育成，不過跟它有關的明確記載要直到18世紀才出現。對苦味敏感的人來說，抱子甘藍實在苦得難以入口。這類品種的硫化葡萄糖苷含量都非常高，其中一種重要成分為黑芥子苷（這也是芥末的重要前驅物），本身的味道很苦，卻會產生一種無苦味的硫氰酸鹽；還有一種前甲狀腺腫素，本身不帶苦味，卻會產生一種帶苦味的硫氰酸鹽。所以，當我們烹調抱子甘藍，不論是加快動作盡可能不要產生硫氰酸鹽，或減慢速度讓硫化葡萄糖苷全部轉化，結果都是苦的。由於風味成分全都凝聚在抱子甘藍心，有個作法或有幫助：把甘藍葉球對切，投入大鍋水中沸煮，同時溶除前驅物和前驅物產物。

芝麻菜、獨行菜、芥菜、衣索比亞芥菜

芝麻菜又名火箭生菜（英文：rocket，義大利文：arugula，都源自拉丁字根 roc，意思是「粗澀」），指好幾種植物及其葉片，全都是小型蔓生性甘藍近親，產自地中海區，特別辛辣，含多種醛類物質（包括杏仁中常見的苯甲醛），帶來飽滿風味，濃郁幾與肉味相當。芝麻菜常用來為什錦生菜沙拉畫龍點睛，不過也可以搗泥調製出一種出色的青醬，或作為披薩餡料。烹調讓具防禦功能的酵素喪失活性，就算時間短暫，都會把芝麻菜轉變為平淡青菜。有些大型葉的品種滋味相當清淡。芝麻菜屬小葉形辛辣品種，水田芥、獨行菜和山芥等獨行菜類也都如此，通常用來當盤飾，味道清新也可用來搭配油膩的肉食。金蓮花和獨行菜是近親，可栽種於窗台盆栽，花朵略帶辛辣味，有時也入菜作為配料；金蓮花蕾的胡椒味較重，也可當佐料用。

芥菜又特指棕芥（*Brassica juncea*）的葉片，人類是為了菜葉而加以選殖，而不是為了芥子。芥菜質地比甘藍葉細緻，滋味通常相當辛辣，帶芥子風味。芥菜一般都會烹調後才食用，料理出的菜餚有時候像甘藍般清淡，有時則

帶強烈苦味，滋味如何要看品種而定。衣索比亞芥菜是甘藍和芥菜族群的自然雜交品種，或許出自東北非，當地民眾採摘成長迅速的嫩葉，或生食，或略微烹調後食用。美國有一種改良品種，稱為 Texsel Green（德克塞芥菜）。

亞洲甘藍和其近親

大白菜有好幾個迥異的品種，包括小白菜、大白菜和塌棵菜，全都源自蕓薹屬（*Brassica*），我們吃的蕪菁也是這個屬。蕪菁是極早出現的人工培育型甘藍，最初或許是為取籽而培育的，如今則躋身亞洲的重要蔬菜。現代較大型品種主要吃延長的塊根，重可達4.5公斤，而且主葉脈突出、色白，葉呈淺綠色，滋味清淡，和歐洲甘藍有別。水菜和壬生菜是較小型的近親，從下方叢生出四散的狹長葉片；水菜的葉片有細緻羽狀分岔。塌棵菜葉圓，密生成蓮座狀。這幾種小型葉很適合當西式生菜沙拉的配料；和脆弱的萵苣相比，塌棵菜更耐儲藏，也更適合淋上沙拉醬。

菠菜和萘菜

菠菜

菠菜（*Spinacia oleracea*）是甜菜家族的成員，在中亞培植，由於高溫、長晝會促使菠菜結籽，長出的葉片數量也較少，因此寒冷季節產量最高。中世紀晚期，阿拉伯人把菠菜帶到歐洲，不久便取代了當地幾個葉片較小的近親，包括濱藜和灰藜、以及莧菜和酸模。正統的法國料理常把菠菜比作「處女蜂蠟」，因為菠菜能吸納一切滋味，而其他蔬菜則大多把自身滋味強加在其他食材身上。如今，菠菜是僅次於萵苣的最重要葉菜，其優點是生長迅速、風味清淡，而且稍微烹調就能軟化。（有些鮮嫩品種適合生食，至於厚葉品種就比較韌，較不適合做成生菜沙拉。）菠菜烹調時體積約縮至1/4，比較棘手的是草酸鹽含量很高（31頁），不過仍然是維生素A的絕佳來源，也含有豐富的酚類抗氧化物和抗癌化合物，可降低DNA損害，進而減低罹癌風險。葉酸最早便是從菠菜提煉而出，因此菠菜正是這種重要維生素最豐富的寶庫（23頁）。

甘藍家族成員多得驚人，左頁列出幾種
正中央：羽衣甘藍葉。其右方順時鐘依序為：球莖甘藍的膨大莖球、結球甘藍（高麗菜）的頂芽、抱子甘藍的成群側芽、青花菜的花梗，以及花椰菜，這些是未發育的花梗叢。

好幾種不具親緣關係的嫩葉植物在西方也冠上菠菜之名。「落葵菜」又稱「皇宮菜」，指亞洲藤蔓植物落葵（*Basella alba*）的葉片。落葵的特點是很能耐熱，葉片質地黏滑，可呈綠色或紅色。「紐西蘭菠菜」則是番杏（*Tetragonia tetragonioides*）的菜葉，其近親是長肉質葉的冰花（也可食用）。「番杏菜」在高熱氣候環境產量甚多，葉片厚，經烹調滋味最佳。「水菠菜」即蕹菜（*Ipomoea aquaticcs*），俗稱空心菜，為甘藷的亞洲近親，長長的葉片很鮮脆，莖中空，利於容納醬汁。

莙薘菜（Chard）

莙薘菜指甜菜（*Beta vulgaris*）的幾個品種，人類培育莙薘菜是為了粗大、肉質的葉柄，而不是為了根。甜菜是菠菜的遠親，葉片也含草酸鹽，還有一種主葉脈很細的普通甜菜葉片也含草酸鹽。莙薘菜的葉柄和葉脈都具甜菜鹼（甜菜根的顏色就是得自這種色素），因此可呈亮麗的黃、橙和豔紅色。甜菜鹼可溶於水，讓烹煮液和醬汁都染上色彩。近代有些捲土重來的有色變種，可遠溯至16世紀的家傳品種。

各式綠色葉菜

在眾多登上餐桌的綠色葉菜中，我們擇要介紹其中幾種。

莧菜

莧菜是莧屬（*Amaranthus*）的一個品種，有幾個俗名，在西方有時也叫「中國菠菜」，是自古便風靡歐亞兩洲的食材。莧菜的葉片柔嫩、帶土味，含有豐富的維生素A，不過也含大量草酸鹽，是菠菜的2~3倍。大量加水沸煮可以去除部分草酸鹽。

葡萄葉

葡萄葉最著名的用處是醃漬後用來捲裹肉和米飯，做成希臘 *Dolmades*。葡

葡葉趁鮮以沸水汆燙軟化，滋味較細緻、可口。葡萄葉含大量蘋果酸和酒石酸，味道特別酸。

萵苣纈草（Mâche）

萵苣纈草（*Valerianella locusts* 及 *V. eriocarpa*）俗稱「羊萵苣」，又名「玉米沙拉」。萵苣纈草的葉片小、略顯黏膩，具獨特的複雜花香（得自各式各樣的酯、芳香醇、帶菇蕈味的辛烯醇和帶檸檬味的香茅醇），在歐洲是很受歡迎的佐菜，做沙拉時也可用來替代萵苣。

異株蕁麻（Nettle）

異株蕁麻（*Urtica dioica*）是歐亞大陸常見野草，如今已經遍布北半球。這種蕁麻具刺毛，素有螫人惡名，刺毛帶易脆裂的矽酸鹽針尖，還備有腺體，能分泌組織胺等多種刺激性化學物質，一經碰觸便沿針注入皮膚。不過，在沸水中汆燙片刻，便可以溶除化學物質，解除刺毛的武裝。採收和清洗時都必須戴上手套。異株蕁麻可用來煮湯、燜燉，還可與乳酪混合製成義大利麵的餡料。

馬齒莧（Purslane）

馬齒莧（*Portulaca oleracea*）是匍伏蔓生的植物，莖很粗，葉片小而肥厚，仲夏在荒地怒長。馬齒莧原生於歐洲，今已散布全球，它有個外號「豬草」，因為19世紀英國人威廉・柯貝特（William Cobbett）曾說，馬齒莧只有豬和法國人會食用。但事實上，許多國家的民眾都喜歡它那種又酸又黏滑的舒暢滋味，適合做成生菜沙拉，或是烹調蔬菜、肉類最後片刻加入調味都很合宜。如今馬齒莧已經培育出好幾個葉形較大，帶有黃、粉紅色澤的品種。馬齒莧的特色和仙人掌肉莖相仿，這是由於兩者都以相同方式來適應乾熱棲地（104頁）。馬齒莧的知名特點是含有鈣質、數種維生素和一種 ω-3 脂肪酸，也就是次亞麻油酸（linolenic acid，見第一冊340頁）。

花朵：朝鮮薊、青花菜、花椰菜等

以花為食材

花朵是植物用來吸引傳粉動物的器官，帶強烈氣味或鮮艷色彩，或兩者皆有，因此可以同時為食物增添宜人香氣及悅目色澤。不過，西方最重要的可食花朵卻不豔麗，也不像花！青花菜和花椰菜都是未成熟或不再發育的花朵構造，朝鮮薊則是在開花前便採摘食用。

芳香花朵在中東和亞洲的地位較為重要。中東很早便採下當地薔薇，蒸餾取其香精，隨後中國也開始用苦橙花來為多種菜餚增添風味。此外還有薔薇純露（玫瑰水），可加入千層酥 Baklava 和土耳其軟糖 Turkish delight；以及橙花純露，可加入摩洛哥沙拉、燉品，以及土耳其咖啡。食物歷史學家查爾斯·佩里（Charles Perry）便曾稱這類花水純露為「中東香莢蘭」。西方早先也常使用這類花露，到19世紀中期才改以香莢蘭取代。

很多花朵都能食用或作為盤飾，或做成香味餡餅，或用來泡茶、調製冰沙。揮發性化學物質主要來自花瓣，保存在表層細胞或特化脂腺裡面。花瓣的質地纖細、風味細緻，因此只能稍微煮一下，或等到最後才入鍋。做蜜漬花瓣時，把花瓣浸入濃稠糖漿後稍微烹煮，或輕輕刷上蛋白或阿拉伯植物膠的溶液，接著撒上糖粉，靜置晾乾。刷上蛋白的作用在於，蛋白含有具抗微生物功能的蛋白質（見第一冊107頁），而且黏稠蛋白液還可以溶解糖分，倘若裡面有微生物存活，濃縮糖液便可以從生物體內吸出水分。料理花朵時，廚師應恪遵兩項要點：別選用已知含有植物性防禦毒素的花朵，還有那些可能在溫室、花圃中噴過殺蟲劑或真菌殺劑的花材。

香蕉花

香蕉花指熱帶蕉樹所結花朵的雄花部位與其防護外層。香蕉花含鞣酸，略帶辛澀，可當作蔬菜來烹調。

萱草花蕾

萱草花蕾大半採自萱草屬（*Hemerocallis*）的品種，亞洲人當成鮮菜吃，也有乾燥後食用的（這種乾貨有時稱為「金針」）。吃萱草花蕾可以補充珍貴的類胡蘿蔔素和酚類抗氧化物。

洛神葵

洛神葵、玫瑰茄、木槿、洛濟葵還有哈買加（Jamaica），指的都是木槿屬（*Hibiscus*）一種植物的花萼部位（相當於草莓底部葉狀殘片）。這種木槿稱為玫瑰茄（*Hibiscus sabdariffa*），是非洲原生植物，也是秋葵的近親。墨西哥和加勒比海地區廣泛使用玫瑰茄，可以生食，或是乾燥後沖泡成飲料，有時則加水復原後添入其他食材一起烹調。美國最常見的用途是做成夏威夷綜合果汁（punch）及多種紅色香草茶（所含色素均為花青素）。洛神葵最出色的特點是含有豐富的維生素C、酚類抗氧化物，還有會凝結成凍的果膠。

南瓜花

南瓜花指節瓜和其近親所結大型花朵（125頁）。可當餡料用，其他作法還有油炸，或剁切加入湯品或蛋料理中。香氣如麝香，氣味複雜，帶有嫩葉、杏仁、辛辣、紫羅蘭和穀倉香調。

幾種可食、不可食的花朵

可食的花朵	不可食的花朵
香草類（細香蔥、迷迭香、薰衣草）	
薔薇類	
紫羅蘭、三色堇	
萱草（金針花）	
秋海棠	
茉莉	
鸛草（帶有多種香草香和果香）	鈴蘭（又稱「山谷百合」）
丁香	繡球花
蘭花	水仙、黃水仙
菊、萬壽菊	夾竹桃
蓮	一品紅（聖誕紅）
金蓮	杜鵑
接骨木	香豌豆
柑橘樹	紫藤
蘋果樹、梨樹	
鬱金香	
梔子	
芍藥	
菩提樹（椴樹）	
紫荊	

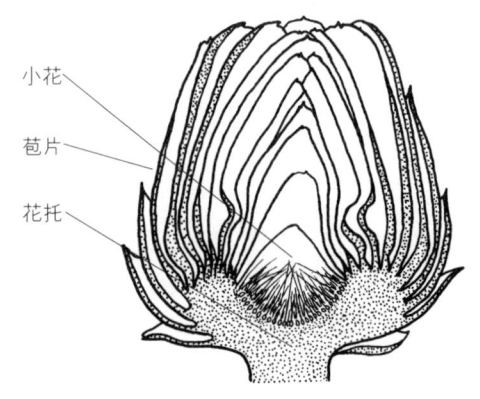

朝鮮薊

朝鮮薊花指朝鮮薊（Cynara scolymus）的大型花蕾，原生於地中海區，可能是從花蕾瘦小的南歐刺菜薊（Cynara cardunculus）演變而來。古希臘人就有吃朝鮮薊的花托和花莖，羅馬人則把朝鮮薊視為珍饈，普林尼就曾坦承這點並引以為恥：「我們就這樣荒唐，動物本能都會迴避的醜東西竟被我們當成珍饈。」（《自然史》第19卷）。朝鮮薊英文名artichoke本身就是個誤用，由阿拉伯文 al'qarshuf 間接透過義大利文而來，意思是「細小的刺菜薊」；食物史家佩里便曾指出，我們今日所見直徑十數公分的大型花蕾，可能是在中世紀摩爾人轄下的西班牙栽培育成。

薊是萵苣家族的成員，因此也是蒜葉波羅門參和菊芋的近親，這群植物的風味都很相近。朝鮮薊的可食部位是花托的肉質底部以及花心（實際上是花朵構造的底部，花梗的上段部位），其「梗塞處」（choke）就是一叢小花，若任其盛開會轉呈深藍紫色。偶爾在市場可以見到新鮮的或瓶裝的小型朝鮮薊，這些都是取自植株較下段的開花梗柄，並非主柄開的花朵。這個部位生長緩慢，因此在未成熟時便採下，其薊球很小，或根本還沒成形。

朝鮮薊的特質大半取決於所含的大量酚類物質，肉質部分一經切開或生食，酚類物質的風味會立刻變得很鮮明。切開後，酚類物質與氧氣起反應，構成有色複合物，因此表面很快轉呈褐色，直接生食會感覺很澀，原因是酚類會與我們唾液中的種種蛋白質起反應。

烹調能使這兩種作用減至最低。烹調破壞細胞，於是酚類物質便會彼此結合，也與形形色色的分子結合，如此一來，肉質色澤會更加暗沉，但會產生澀感的酚類物質也會變少。朝鮮薊所含酚類物質，有些能夠延緩氧化、降低膽固醇，其中一種「朝鮮薊素」的化合物更具有罕見作用：如果先咬一

朝鮮薊
「花心」就是花托，
相當於草莓和無花果的果肉。

小花
苞片
花托

口朝鮮薊，隨後再吃別的食物就會帶點甜味。朝鮮薊素顯然能抑制人類味蕾的甜味受體，當下一口食物把這種化合物清除掉，使受體恢復功能時，我們便會感受到差別。由於朝鮮薊會藉此扭曲其他食物的滋味，因此並不適合用來搭配美酒。

甘藍家族：青花菜、花椰菜和尖頂椰菜

這類蔬菜全都是甘藍的變種，花梗和花朵的常態發育都已經停頓，結果這些發育不全的開花組織便增生成一大叢。根據近代的遺傳學和地理學分析，青花菜似乎源自義大利，接著演變成花椰菜，到了16世紀則已經名揚歐洲。

青花菜會長出多餘的花梗組織，這些組織匯聚成粗密的「莖芽」，接著又長出叢叢綠色的小花蕾。花椰菜以及長出奇特稜角的綠色變種「尖頂椰菜」（romanesco），它們的花梗會永無止境地成長，而花梗上未成熟的分支則會長出一團緻密的「花球」。花球發育並不完全，因此纖維含量較低，加上細胞壁果膠和半纖維素含量又很高（38頁），所以可以搗出非常細緻、滑順的濃稠菜泥（整顆要是烹煮過頭，很容易會變成泥糊）。栽植花椰菜時，若想種出最白的花球，菜農通常會把葉片綁住包覆花球，以免陽光照射，日照會促生淡黃色素。

日野菜（broccoli rabe）的梗柄修長，頂生小叢花蕾，和真正的青花菜卻無關係。英文名誤引自 *broccoletti di rape*，意思是「蕪菁的細小叢芽」，指某個蕪菁品種沿著主柄長出的密叢花梗。日野菜明顯比青花菜更苦。芥藍花菜和日野菜很像，卻沒那麼苦，這是近代以歐洲和亞洲蕓薹雜交育成的品種。

當作蔬菜食用的果實

廚師有時把植物果實當成蔬菜來料理，這類食材通常都必須烹煮才會變得誘人，或者才能軟化入口。不過番茄和黃瓜就是例外，這兩種常見的果實都經常做成沙拉生吃。

茄科家族：番茄、番椒、茄子等

這支出色的植物家族出產了好幾種世界上最受歡迎的蔬菜、菸草以及會致命的茄類。事實上，歐洲之所以很晚才接受茄類，是因為茄和番茄很像。茄類家族成員有一項共通習性：儲備有大量化學防禦物質，通常都是帶苦味的生物鹼。歷經多代選殖育種，食用茄類果實中的防禦物質都已減少，不過葉片還是經常帶有毒性。此外茄類有一種防禦物質讓人類趨之若鶩：辣椒的辛辣味辣椒素。辣椒是全世界最受歡迎的香料；第4章會討論那種辛辣滋味。本節我要描述的是滋味較淡、可當成蔬菜食用的番椒。

番茄

番茄原本生長在南美西岸沙漠地區的灌木，最初長出的漿果很小、很苦。後來墨西哥開始培育番茄（名稱得自阿茲特克語 *tomatl*，意思是「胖嘟嘟的果實」），而歐洲人則遲疑了一段時期，直到19世紀才接受。時至今日，番茄已經成為風行全世界的食物，而且出現大小不等、外形互異的多樣品種，各自帶有種種類胡蘿蔔素色彩。番茄在美國成為第二受歡迎的蔬菜，僅次於澱粉質主食馬鈴薯。

番茄為什麼這麼受人喜愛？還有這類甜酸果實為什麼被當成蔬菜？我想答案就在番茄的獨特風味。番茄的糖分含量不如一般果實，只與甘藍、抱子甘藍相仿（3%），此外，熟果還具有芬芳的硫化物，以及異常豐富的甘味麩胺酸（重量比可達0.3%）。麩胺酸和硫質香氣較常見於肉品，在果實中比較少見，因此番茄先天便適合用來為肉品增添風味，甚至取代肉類滋味，而且還能幫醬汁及其他綜合配料提升味覺層次和複雜風味。（許多果實腐敗之後會發散芳香的發酵氣味，而番茄腐敗了只會發出惡臭！原因或許也在

這裡。)無論如何,喜歡番茄是件好事。番茄含豐富的維生素C,標準紅色品種還供應我們大量的茄紅素,這是具有抗氧化功能的類胡蘿蔔素,番茄糊和番茄醬所含分量還特別高。

番茄的構造和風味　除了質地較乾、較糊的品種之外,番茄大多具有四種不同組織:堅韌的薄膜,也就是表皮,有些人會把這層薄膜去除;此外便是外果壁、中心果髓,以及包圍著種子的半液態果膠和漿汁。糖分和胺基酸大多位於外果壁,而酸質主要集中在果膠和漿汁,含量是外果壁的2倍。芳香化合物則大半位於薄膜和外果壁。因此,番茄切片的風味,便取決於這幾種組織的相對比例。許多廚師烹調番茄之前都會先去除表皮、含種子的果膠和漿汁。這樣處理過的番茄果肉會更細緻,含水量也較少,卻也破壞了原本平衡的風味,雖然較甜卻犧牲了香氣。番茄的檸檬酸和蘋果酸並不會揮發,不因烹調而流失,所以料理番茄果肉時,可以把表皮、果膠和漿汁一起烹煮,直到水分蒸發大半後再濾掉殘渣,加入烹調中的果肉,即可回復酸度和部分香氣。廚師早就知道,加入額外的糖和酸可以提升番茄的整體風味,而風味化學家也證實了這一點。

讓番茄留在藤上完全成熟,糖分、酸質和芳香化合物都會增多,並展現出最完滿的風味。熟成番茄的重要風味元素是二甲羥基呋喃酮,這種芳香化合物的氣味很像甘甜焦糖(熟草莓和鳳梨的氣味也得自於此)。超級市場販售的番茄大多在青綠階段便已採收、裝運,並採人工刺激,以乙烯氣處理使之轉為紅色(150頁),所以只帶一點點熟果風味,被人嫌棄為風味不足的農產品。然而,歐洲部分地區和拉丁美洲都偏愛用風味較淡、比較像蔬菜的綠番茄來做沙拉,許多地區的民眾也拿綠番茄來烹調(或醃漬),享用

茄類蔬菜	
俗名	**學名**
馬鈴薯	*Solanum tuberosum*
茄;衣索比亞茄、非洲茄	*Solanum melongena*;*Solanum aethiopicum*、*Solanum macrocarpon*
番茄	*Lycopersicon esculentum*
番椒、辣椒	*Capsicum* 屬
燈籠椒、甜椒、紅椒,以及三種墨西哥辣椒:jalapeño、serrano、poblano	*Capsicum annuum*
墨西哥辣椒tabasco	*Capsicum frutescens*
蘇格蘭bonnet辣椒、哈瓦那辣椒	*Capsicum chinense*
祕魯辣椒aji	*Capsicum baccatum*
南美manzano辣椒	*Capsicum pubescens*
墨西哥酸漿果,俗稱綠番茄	*Physalis ixocarpa*、*Physalis philadelphica*
樹番茄	*Cyphomandra betacea*

那種獨特的芳香滋味。另外,在祕魯鄉間廣受歡迎的幾種番茄和墨西哥酸漿果,都帶有明顯苦味。

煮熟的番茄　生番茄熬成濃漿以製造黏稠醬汁後,風味會有所增減。在增添的風味方面,比較明顯的有類似薔薇和紫羅蘭的類胡蘿蔔素色素碎片;喪失的風味則是清新的「青綠」香調,得自不安定的脂肪酸碎片,以及一種獨特的硫化物(硫氮二烯伍圜)。由於番茄的葉片含有葉酵素(47頁)和突出的芳香脂腺,會散發明顯的新鮮番茄香氣,因此有些廚師調製番茄醬時,會在接近最後階段放入幾片葉子,用以還原番茄的清新香調。長久以來,大家都認為番茄葉具有潛在毒性,因為葉片含有一種防禦性生物鹼(番茄鹼),然而近來研究顯示,番茄鹼一進入我們的消化系統,便與膽固醇分子緊密結合,因此番茄鹼連同與其結合的膽固醇都不會被身體吸收。結論是番茄鹼會降低我們的膽固醇吸收淨值!(綠番茄也含番茄鹼,具有相同效果。)如此一來,用葉片來還原番茄醬的甘味是有利無害。

　　生番茄很容易熬成濃汁,調製出均勻滑順的番茄糊,然而許多罐頭番茄卻辦不到。罐頭工廠常添加鈣質,讓細胞壁更為堅實,以保持果塊完整,這可能會在烹調時干擾番茄的分解作用。若是你想用罐頭番茄料理出質地細緻的菜餚,請檢查商標和成分表,購買沒有添加鈣質的品牌。

儲藏　番茄原產溫帶氣候區,應存放在室溫環境。番茄的清新風味一經冷藏便很容易流失。綠熟階段的番茄特別容易受凍傷,溫度只要低於13℃左右外膜便會受損,使風味難以發展,表面還會冒出變色斑點,溫度回升到室溫環境之後果肉還會變軟且帶粉質。完全熟成的番茄對低溫較不敏感,然而由於產生風味的酵素喪失活性,風味仍會流失。這類活性可局部回復,因此,冷藏過的番茄可擺在室溫環境1~2天,等活性回復之後再食用。

　　「樹番茄」是與番茄約略相似的茄科木本植物果實。樹番茄有紅色和黃色類型,外皮堅韌、滋味清淡。

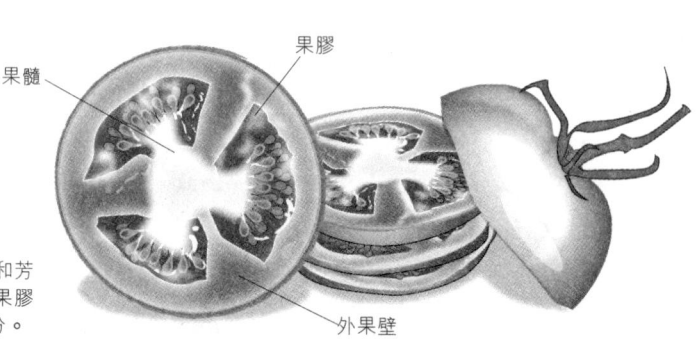

番茄的構造
外果壁的糖分、胺基酸和芳香分子含量特別豐富,果膠則富含酸質,能平衡糖分。

果髓　　果膠

外果壁

墨西哥酸漿果

墨西哥酸漿果是番茄近親墨西哥酸漿（*Physalis ixocarpa*）的果實，事實上，和番茄相比，這種酸漿更能適應墨西哥和瓜地馬拉的高寒環境，培育歷史也更長。墨西哥酸漿的果實比標準番茄小，不過構造相仿，果實懸生於植物枝枒，萼片構成紙質外皮，包覆全果。果實具堅韌厚皮，會分泌水溶性黏液（這種植物的品種名 *ixocarpa*，意思是「黏果」，因此墨西哥酸漿又稱為「黏果酸漿」），利於儲藏，可擺放數週。墨西哥酸漿果成熟時仍呈綠色，帶點酸味，風味淡而清香，質地相當乾硬。這種果實通常煮熟或搗泥食用，或煮過再搗泥，可添加其他食材調成醬汁，用以提味並增添味覺層次。Miltomate 番茄（*P. philadephica*）是其近親品種，果實呈尊貴的紫色。

番椒（甜椒）

番椒和番茄同樣出身美洲大陸，之後席捲了歐洲。甜椒在南美洲培育，如今已經成為墨西哥、西班牙、匈牙利和亞洲許多國家的料理要角（其中人均消耗量最高的是墨西哥和韓國）。這項豐碩成果大半得歸功於辣椒素，這種化學防禦物質會活化我們口中的痛覺、熱覺受器，讓人類眾多文明都受到不能自拔。而辣椒的這種辛香特質也激發了哥倫布的靈感，將之命名為「胡椒」（pepper），其實這類植物和真正的黑胡椒毫無關係（辣椒的英文名 chilli 原本是阿茲特克語）。有關辣椒的香料用途，參見第 4 章。

番椒屬果實基本上都是中空的漿果，果壁較薄，由儲存細胞構成，質地鮮脆（香料類品種經特別選殖，果壁非常薄，很容易乾燥；甜椒等蔬菜類品種則已經培植出較肉質化的果壁。）番椒屬有 5 個培育品種，蔬菜類多半源自一年生番椒（*Capsicum annuum*）。許多培育品種都清淡到可以當蔬菜食用，不再作為辛辣佐料，且顏色、外形、甜度和香味都各有不同。番椒的熟果顏色可依不同色素展現出黃、褐、紫、紅等色澤（紫色得自花青素，褐色為紅色類胡蘿蔔素和綠色葉綠素混合組成），不過所有品種都可以生食。常見的綠色燈籠椒帶有強烈的獨有香氣，這得歸功於果實細胞內小油滴所含特殊化合

物「異丁氧基甲氧基吡嗪」；這種化合物偶爾也意外見於卡本內蘇維翁紅酒（Cabernet Sauvignon）和蘇維翁白酒（Sauvignon Blanc），帶來不受歡迎的青菜味。未成熟及成熟時呈黃色的幾個品種，都含有豐富的類胡蘿蔔素葉黃素，這有助於防範雙眼受氧化損傷（26頁）。紅色品種的果實在熟成階段失去葉綠素、葉黃素和青嫩香氣，但其他類胡蘿蔔素色素則逐漸累積，重要種類有椒紅素、辣椒紫紅素以及β-胡蘿蔔素（維生素A的前驅物）。熟果呈紅色的品種含有豐富的類胡蘿蔔素，是我們攝取這類物質的最豐富源頭之一；紅辣椒粉含大量色素，重量比或可超過1%。這些品種還有豐富的維生素C。同時，這類果實都含細胞壁果膠，因此，無論是採生辣椒或乾燥還原辣椒來烹調、搗泥、煮湯或調製醬汁，同樣都可以做出均勻滑順的濃稠質地。

茄子

茄子是茄科家族中唯一出身歐洲的重要成員。早期或許有個祖先從非洲漂流抵達印度或東南亞，隨後在當地由人工培植，時至今日，有種小型帶苦味的品種仍是當地備受喜愛的調味料。中世紀時，阿拉伯商人把茄子帶到西班牙和北非；義大利在15世紀已經開始吃茄子，法國則是在18世紀。（茄子法文名 aubergine，引自西班牙文和阿拉伯文，其本源則出自梵語，在在映現了茄子的歷史。）茄子出身於熱帶地區，不適合擺進冰箱存放；內部凍傷會促成褐變，過沒幾天就會變味。

茄子有許多品種，顏色各不相同，外皮有白有橙也有紫，尺寸有的像豌豆有的像黃瓜也有的像甜瓜，滋味非常清淡，卻有強烈苦味。市售品種多呈花青素的紫色色澤，另有種衣索比亞茄（Solanum aethiopicum）帶橙色類胡蘿蔔素。所有茄子內部都鬆軟如海綿，細胞之間有眾多細小氣穴。烹煮之後氣穴塌陷，果肉也凝成質地纖細的團塊，有些滑潤如乳脂（大多數亞洲品種），還有些則類似肉品（大多數歐洲品種），視品種、熟度和料理法而定。焗烤燉燒的茄片仍保有部分構造，如希臘茄片羊肉派（moussaka）和義大利雞胸焗茄（eggplant parmigiana）；中東的烤茄子醬是把茄子搗泥，然後烤成均勻

滑順、綿密軟嫩的蘸醬，帶有芝麻糊、檸檬汁和蒜香風味。

　　茄子的構造鬆軟，對廚師具有兩項重大影響。一是茄子經烹煮便縮得相當小。另一項是，若以油炸料理茄子，生茄片會吸油，因此鍋中只剩少數油可作潤滑，而茄子則變得非常油。有些茄子菜強調這種特性，料理時讓茄子盡量多吸油脂，例如阿拉伯名菜「教長都昏倒」（Imam bayaldi），料理時把茄子對切，填入餡料，置於烤盤，加入大量橄欖油燒烤。還有種作法是在油炸之前先讓茄肉的鬆軟構造塌陷，降低吸油的能力。預煮可以辦到這點（微波爐效果也很好），或者也可以在茄片上抹鹽，把茄片細胞內的水分吸入間隙氣穴。長在乾旱環境的茄子放老了，偶爾會變苦，這時常有人建議加鹽，可以去除苦味。不過，加鹽或許只是降低我們對生物鹼的味覺（見第三冊），而大量帶苦味的細胞液仍留在細胞內。

南瓜和黃瓜家族

　　南瓜及葫蘆家族都屬葫蘆科（Cucurbitaceae），這個科為人類貢獻出三大類重要食材，為我們帶來愉悅和養分。這些食材包括多汁的甜瓜，這部分留待下一章討論；還有又甜又滋養的澱粉質「冬」南瓜，這類南瓜都在完全成熟、硬實之後才收成，可保存數月；另一類是不那麼甜但多汁的黃瓜和「夏」南瓜，後者未完全成熟便採收，瓜肉柔嫩，可保存數週。（南瓜英文名squash，源自印第安納拉甘西特族語，意思是「可生食的青綠食物」。）

　　冬南瓜經烹調會變得黏稠，有時還會產生類似甘藷的滋味，而夏南瓜和未成熟的亞洲葫蘆則會散發一種獨特的清淡香氣，質地呈半透明，且溼滑幾如凝膠。栗南瓜（Cucurbita maxima）和其他冬南瓜的果實碩大，重可達135公斤，稱霸植物界。大多數葫蘆的果實都呈一種特殊的漿果型式，稱為瓠果，具保護用的外皮，還有大量儲存組織，內藏許多種子。它們全都屬溫暖氣候原生種，因此若儲放在標準冰箱溫度會受到凍傷。除了果肉之外，葫蘆的藤蔓、花朵和種子也有人採食。

冬南瓜

　　冬南瓜約公元前5000年在美洲栽植。這類南瓜營養豐富（許多都含澱粉，還有大量β-胡蘿蔔素和其他類胡蘿蔔素），且用途廣泛。多數品種的果肉都十分結實，可煎也可切塊燜燉（多纖維的金線瓜除外）。這類南瓜烹煮後還可搗成質地非常細緻的果泥。冬南瓜甜味適中，很適合用在鹹的甜的菜餚，從湯類、小菜到派餅和卡士達都可。這類果實具堅韌、乾燥外殼，還有中空構造，是很好用的可食容器，用來盛裝鹹、甜液體，烘烤之後便可以隨瓜內食材一起吃掉。冬南瓜可以儲藏數月，許多種類還可供整年食用，不過，在晚秋收成之後的短暫期間，滋味最為鮮美。冬南瓜適合儲藏在較乾燥的環境（相對溼度50~70%），溫度最好保持在15°C上下。

夏南瓜

　　夏南瓜經人工培育，產生多樣化可愛造型。有扁平、外緣為扇狀，號稱「扇貝南瓜」的扁圓南瓜；有柄端束起來的彎脖子南瓜或直脖子南瓜；瓜形很長的菜用葫蘆（或稱小青南瓜、節瓜）；以及中東和亞洲的種種獨特型式。有些表皮青綠，有些鮮黃並具類胡蘿蔔素色素，有些帶斑駁色彩；所有品種都具淡色果肉，質地鬆軟綿密，在烹調時很快就會軟化。在幼嫩時採收，滋味最甜美，在7~10°C的環境可存放數週。

黃瓜

　　黃瓜約公元前1500年在印度栽植，過了1000年左右傳抵地中海區，如今是全世界第二重要的葫蘆類食物，地位僅次於西瓜。如同西瓜，黃瓜也帶有鮮脆、多汁、清淡、清新等明顯特點。黃瓜主要都採生食，或醃漬食用；也可以打成風味細緻的黃瓜汁，然後用在沙拉醬、煮魚，或其他烹調步驟中。黃瓜一經切開或入口咬嚼，果肉便散發出獨特卻又很像甜瓜的香氣，這種香味也得自酵素作用：酵素分解胞膜脂肪酸長鏈分子，形成9個碳原子長度的較短分子鏈；甜瓜的典型碎片為醇類，而黃瓜的碎片則為醛類。黃瓜的糖分含量適中（1~2%），瓜形越大則越甜、酸度越低。

南瓜家族

亞洲和非洲品種

黃瓜	Cucumis sativus
小黃瓜	Cucumis anguria
甜瓜：哈密瓜、密露瓜（白蘭瓜）等	Cucumis melo
西瓜	Citrullus lanatus
冬瓜	Benincasa hispida
絲瓜、稜角絲瓜	Luffa acutangula
葫蘆（瓠、匏）	Lagenaria sicerar
苦瓜	Momordica charantia

黃瓜種類 　黃瓜品種可分五大類。中東和亞洲的瓜形較小。美式醃漬用品種比切片用的品種較小，或是成長得較慢，而且有一層薄皮可以讓醃漬用的鹽水滲入較慢。標準美式切片用黃瓜已經培育得很強悍，能耐受田野生產和長距離輸運等嚴苛條件。這類黃瓜往往比較粗短，外皮相當堅韌，瓜肉較乾，種子分明可見，帶有強烈的黃瓜風味，果柄末端和貼近外皮的部位都帶點苦味，這苦味來自葫蘆素，是驅蟲用的化學防禦物質。

歐洲品種主要栽植於溫室的受控環境中，瓜形普遍細瘦修長，外皮很薄，質地柔嫩，瓜肉多汁。由於未接觸傳粉昆蟲，種子均未成形，風味也較為清淡且不帶苦味（瓜農已經去除葫蘆素）。美式黃瓜常塗上蠟，以延緩水分流失，因此食用前幾乎都要去皮，而歐洲品種都用塑膠套裹住，可以達到相同目的，而外皮仍可食用。

所謂的「亞美尼亞黃瓜」（Armenian cucumber）實際上是一種外形拉長的非洲甜瓜。小黃瓜指四處可見的醃漬小黃瓜品種，呈圓形，約2公分長，同樣是黃瓜在非洲的近親。

苦瓜

如果說黃瓜含苦味葫蘆素算是個缺陷，那麼苦瓜則以這種特色風靡亞洲，長久以來深受當地人士喜愛。近代研究已經發現，葫蘆素或許有助於減緩癌症病情，因此養成這種口味，背後或有很好的理由。苦瓜呈現淺綠色，外表凹凸不平。這種瓜類常在未成熟時取食，有時會先初步汆燙，局部去除水溶性葫蘆素，接著或填入鑲料，或與其他食材混合烹調，兩者都可以調和苦味。成熟的苦瓜種子會包覆一層紅色具黏性的物質，帶有甜味，也有人吃。

葫蘆

葫蘆在最成熟時摘下來，然後加以乾燥，做成容器和裝飾品。葫蘆在中國古稱瓠、匏。義大利稱未成熟果實為 *cucuzze*，先去皮再烹煮，料理出滋味較淡的夏南瓜菜式。

南、北美洲品種

夏南瓜和小青南瓜、節瓜、大果南瓜、金線瓜	*Cucurbita pepo*
冬南瓜：白胡桃瓜、起司南瓜、日本南瓜	*Cucurbita moschata*
冬南瓜：Hubbard南瓜、福瓜、香蕉瓜、日本南瓜	*Cucurbita maxima*
金瓜	*Cucurbita mixta*
佛手瓜、合掌瓜	*Sechium edule*

絲瓜（稜角絲瓜）

絲瓜有時也稱為「中國秋葵」，這種果實外形瘦長，具明顯稜角，未成熟果實的滋味清淡，質地細緻。（另一個種類可用來生產富含纖維的絲瓜絡，即菜瓜布，西方俗稱「絲瓜海綿」，但其實真正的海綿是種海中生物。）

冬瓜（蠟瓜、毛瓜）

冬瓜外皮會儲存防護蠟質，足以刮下製造蠟燭。在幼嫩的果實外皮上，產蠟腺體比蠟質本身更顯眼，因此幼瓜便稱為「毛瓜」。幼嫩冬瓜的煮法類似夏南瓜，瓜肉煮熟後幾呈半透明狀。冬瓜很好儲存，華人拿冬瓜當容器，裝食材隔水燉煮做出宴席菜冬瓜盅，容器也可食用。

佛手瓜（合掌瓜）

佛手瓜是南瓜家族中最不像南瓜的成員。這是中美洲藤蔓植物的果實，看起來有點像大型梨子，長約12~20公分，果心含一枚大型種子。和夏南瓜相比，佛手瓜肉的質地更細緻，烹煮較費時，除此之外，其香氣清淡、多汁則一如夏南瓜。種子生長腔室偶爾會填上餡料，種子也有人吃。

豆科家族：鮮豆和豌豆

可食用的果實多半具有引誘動物幫忙散播種子的構造，豆科的果實除外。這個植物族群通常稱為「莢果」。莢果是豆科特有的果實型態，豆莢壁很薄，成熟後變得乾燥酥脆，裡面包覆好幾枚種子，在受擾動時爆開散播種子。莢果作物多半在乾燥後收成，這時豆子可以無限期儲藏，裡頭還含有濃縮的營養素（見第5章）。四季豆和豌豆都是未成熟的莢皮和／或種子，還沒開始乾燥便已採收，而且都屬於非常古老同時也非常晚近的食物。由於乾豆子必須烹調才能食用，因此早期人類可能是食用新鮮莢皮和豆子。然而，乾燥豆的用途畢竟廣泛得多，因此，人類直到最近幾百年才培育出專門供應新鮮莢皮專門培育的品種，這類品種沒有堅韌「羊皮紙」內膜，而且整顆

莢果的纖維含量都較低。

　　新鮮莢果的種子滋味鮮美又含有豐富養分，因為匯集了糖分、胺基酸，以及植物其餘部位的其他營養素，卻又還未將這些養分全包入毫無滋味、緊實的澱粉和蛋白質中。由於莢皮是種子養分的臨時儲藏所，因此新鮮莢皮的滋味很美，又含有豐富的養分。莢皮也具有光合作用，利用莢內種子成長時釋出的二氧化碳自行生產所需糖分。收成之後，新青莢皮繼續輸送糖分給種子，本身的甜度因此降低。我們吃許多莢果的新鮮種子，特別是萊豆（皇帝豆）、蠶豆和大豆（第5章），卻只吃少數幾類的莢皮，如菜豆、豇豆和豌豆。

四季豆

　　四季豆採自一種攀緣植物，屬於中美洲和南美北部安地斯山區的原生種。儘管當初培植四季豆的民族，或許也會吃部分未成熟莢皮，然而專門當蔬菜食用的改良品種，卻遲至最近200年才出現。今日還有不帶葉綠素的淡黃色「蠟質」品種；此外也有紫色品種，其花青素蓋過葉綠素，但烹煮時則變為綠色（55頁）。豆莢的兩面莢片平常由纖維「絲」相連，處理食材時連莢柄一併撕下，因此西方又稱四季豆為「絲豆」。到了19世紀，紐約一家栽培業者已培育出不具此纖維絲的品種，而時至今日，大多只有家傳品種才長有纖維絲。四季豆可分為兩大類：圓滾薄莢皮和扁平闊莢皮。如今我們發現，扁平種類的風味都比較強。烹調後的四季豆，風味千變萬化，包括幾種含硫物質和「青綠」化合物，不過也含有新鮮菇蕈類要素（辛烯醇），還有一種帶花香的萜烯類物質（芳香醇）。

　　四季豆是最脆弱的蔬菜之一，因此很難找到品質優良的貨色。四季豆組織的活性極高，很快就會把糖分耗光，就算儲存在低溫下，甜味也會迅速流失。還有，由於四季豆出身亞熱帶地區，因此儲存在冷藏溫度下並不妥當，細胞會受損，失去葉綠素。質地柔嫩的低纖維品種一經採摘，水分和糖分就會開始流失，很快便皺縮，變得軟趴趴。市售品種都經過改良，含有較多纖維，可以耐受運輸、銷售作業，維持較好賣相。

幾種豆類蔬菜和起源

俗名	學名	地區
普通菜豆、四季豆	Phaseolus vulgaris	中美洲
萊豆（皇帝豆）	Phaseolus lunatus	南美洲
豌豆、甜豌豆、雪豆、豌豆芽	Pisum sativum	西亞
蠶豆	Vicia faba	西亞
豇豆	Vigna unguiculata	非洲
大豆	Glycine max	東亞
翼豆、蘆筍豆	Tetragonolobus purpureus	非洲

豇豆

在英語系國家，豇豆有時也稱蘆筍豆（asparagus beans）、碼豇豆（yard-long beans），有時確實能夠長到一碼長。有種豆莢細瘦、種子小的亞種，俗稱「黑眼豆」，屬非洲原生種，約2000年之前傳至亞洲。當時亞洲文明已經擁有幾種出色的種子類莢果，卻還沒有溫暖氣候型的蔬菜類莢果，而長達一碼的黑眼豆，便是在印度或中國培育出來的。這類豇豆的纖維含量高於普通四季豆，因此烹煮後質地較乾，也較為結實。黑眼豆對低溫很敏感（低溫環境儲存效果最好，不過若接著移到室溫環境，很快就會變壞）。

豌豆

豌豆採自一種地中海區原生攀緣植物，可連同莢皮一起食用，也可以去除莢皮，單吃新鮮種子（豌豆的嫩芽、嫩莖和嫩葉，都是亞洲常用蔬菜）。可當作蔬菜的豌豆品種，最早在17世紀育成，一開始是在荷蘭，然後是英國，有很長一段時期都屬於奢侈食物。莢果型豌豆有好幾種不同類型，包括傳統英式（或稱歐式）圓滾薄莢皮，還有非常近代才出現的「甜豌豆」（即「甜荷蘭豆」），這個圓滾厚莢皮品種的質地相當鮮脆；還有「雪豆」（或稱「亞洲豌豆」），果莢扁平寬闊，莢皮薄、種子小。豌豆和綠色的「燈籠椒」都含非常濃烈的相仿「青綠」芳香化合物（異丁氧基甲氧基吡嗪）。

其他當作蔬菜食用的果實

酪梨

酪梨樹（*Persea americana*）是中美洲原生種，是月桂家族的成員，近親包括月桂、加州月桂和黃樟。酪梨及其近親同樣具有芳香葉片，可以當作調味料（222頁）。酪梨果實的特色是糖分、澱粉含量都極低，有的甚至完全沒有，油脂含量則高達30%，相當於滿布油花的肉類（不過這些油花都要是橄欖油，因為酪梨的油脂大部分都是單元不飽和脂肪）。酪梨顯然是為了迎合大型動物，因應其高熱量需求而演化。酪梨英文名avocado源自墨西哥納瓦特爾語

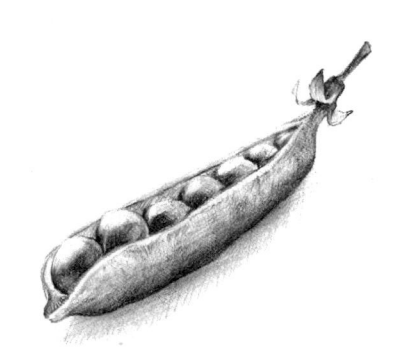

*ahuacatl*一詞，顯然納瓦特爾人見了這種果實外觀如梨，表面又凹凸不平，靈機一動才取了這個名字，它的意思是「像睪丸的」。

酪梨依地理分三大類。墨西哥品系在較涼爽的亞熱帶高地演化出現，因此最能耐低溫；果實小，肉質滑順，油脂含量高，可儲藏於約4℃的較低溫環境。低地品系在瓜地馬拉半熱帶西岸地區演化，最不耐低溫；其果實往往較大、肉質粗糙，低於12℃左右便會凍傷。還有瓜地馬拉品系，出身於半熱帶高地，各方面表現多介於上述兩者之間；果肉纖維含量最低，種子體積比也最低。

美國酪梨多半栽植於加州南部，市售品種的背景都很混雜。最常見的酪梨品種名叫Hass，是上選品種，果皮色黑，狀如卵石，主要屬瓜地馬拉品系。外皮平滑青綠的Fuerte、Pinkerton和Reed，滋味也都相當濃郁，而白綠色的Bacon和Zutano，還有佛羅里達州的Booth和Lula，親緣都比較偏向低地品系，質地往往很結實，且脂肪含量只及Hass的一半，甚至更低。

酪梨在採摘之後才會開始熟成，因此都儲放在樹上。所有品種在收成約1週之內由較寬那一端開始朝果柄漸次熟成，熟成環境的溫度在15~24℃之間品質最佳。若把酪梨連同香蕉一起裝入紙袋封好，由於香蕉會釋出乙烯，便能加速酪梨的熟成。這種溫暖地區的果實一經冷藏，細胞運作機制就會受損，果實便永遠無法熟成；但一旦熟成後，便可以冷藏數日，不減品質。酪梨香氣主要得自一組溫和的香料味萜烯物質，包括石竹烯，還有罕見的10碳式和7碳式脂肪酸碎片。

油脂多的酪梨果肉很容易搗泥，完全不必烹煮便能搗成柔滑果糊，而含油較少的品種則仍具若干脆度，切片做成沙拉也能保持很好的形狀。大家都知道，酪梨一經切開或搗泥，果肉會很快就變褐色（42頁），補救作法是添加酸性成分（通常用萊姆汁），或用能有效隔絕氧氣的保鮮膜緊緊包裹，其中聚偏二氯乙烯樹脂（PVDC，商品名賽綸）效果遠勝聚乙烯或聚氯乙烯（PVC）。因此，若想搗製酪梨泥，可用保鮮膜包住再往下壓。儘管酪梨不常入鍋烹煮（受熱會產生一種苦味化合物，並帶出一種古怪蛋味），卻也可以用來調味或增加濃稠度，在煮湯、調醬或燜燉食品的最後一刻再加入。

甜玉米

我們當蔬菜吃的玉米，就是用來爆玉米花、磨製玉米粉的澱粉質乾燥穀粒（第5章）的新鮮模樣。玉米穗上每顆穀粒都是個細小果實，裡面主要是種子，含一個細小胚胎植株，加上儲量相當豐富的蛋白質和澱粉。我們吃的新鮮玉米在傳粉後3週左右採收，這時果實還未成熟，儲存組織依然甜美多汁。玉米的典型黃色得自類胡蘿蔔素色素，包括玉米黃素（zeaxanthin，名稱得自玉米的學名 Zea mays，這也是兩大護眼抗氧化物之一）。玉米也有白色品種，其類胡蘿蔔素含量很低，還有些品種呈現了花青素的紅、藍色，此外還有幾個綠色品種。

新鮮玉米的碳水化合物和特質　新鮮玉米含三類碳水化合物，各自散發不同特質，而且含量比例依品種而異。玉米植株會製造糖分並輸送給種子，糖分在種子中會暫時保留原樣，並帶來甜味，直到細胞把糖串成較大的儲藏分子為止。一條條非常長的糖鏈都會塞進澱粉粒，澱粉粒本身沒有味道，卻讓生玉米具備粉狀質地。接著是中等大小、沒有滋味的醣類聚合體「水溶性多醣」，含有眾多短糖分子分支。這種叢狀結構小到足以溶解、懸浮在細胞液中，卻又大得足以與大量水分子結合，並擋住彼此的去路，結果便使細胞液變濃，構成一種綿滑、均勻的濃稠質地。

傳統甜玉米具有一種遺傳特徵，這種特徵出現在前哥倫布時期南美洲的田地，可讓熟成中的果實澱粉變少、糖分和可溶性多醣則變多，因此生玉米仁會比標準玉米更甜、更綿滑。美國育種業者在1960年代早期推出新式「超甜」品種，其糖分含量非常高，澱粉質則少之又少，水溶性多醣也較少，於是玉米仁的汁液便沒有那麼滑，水分也較多（見本頁下方）。超甜品種的優點是輸運、儲藏時較不會流失甜分（傳統甜玉米所含糖分在3天內就會變成沒有味道的分子鏈），不過有些愛吃玉米的人士認為這種玉米太甜了，而且風味太單調。

處理玉米　儘管我們通常都拿整顆玉米籽來處理、食用，然而玉米風味大

碳水化合物和新鮮玉米的特質

本表列出不同玉米品種所含碳水化合物比例。碳水化合物讓煮過的玉米變甜，入嘴還帶有綿滑或乾乾的口感。下表所列玉米均於傳粉後18～21天採收，數值代表各成分占玉米鮮重的百分比。

	糖（甜度）	多醣類（綿滑度）	澱粉（乾澀度）
標準玉米	6	3	66
甜玉米	16	23	28
超甜玉米	40	5	20

出處：A. R. Hallauer, ed., *Specialty Corns*. 2nd ed. (2001).

多來自其內部組織,因此有些廚師便取生玉米籽來研磨、攪拌或打汁,然後把汁液和種皮分開;種皮會隨時間變硬、變厚。這種汁液含有若干澱粉,因此約加熱至65℃以上,就會濃稠如醬汁。加熱也會讓玉米的典型香氣變得更濃,這大半來自於二甲基硫和硫化氫,以及其他含硫揮發物(甲硫醇和乙硫醇)。在煮牛乳和軟體動物時,二甲基硫也是重要香氣成分,因此玉米和海鮮濃湯才會如此搭配。甜玉米也可乾燥備用,乾燥玉米略帶焦糖風味的烘烤香調。玉米穗軸是種不可食用的堅硬支撐構造,能用來為蔬菜高湯增添風味;若事先把穗軸放入爐灶烤至褐色,熬出的湯頭會更具堅果風味。

玉米筍 玉米筍指很小或初生的玉米,其實是未授粉、未成熟的玉米穗,和正常尺寸玉米是同一品種,但在玉米鬚長出之後2~4天,趁玉米穗還可食用、又甜又鮮脆時便即採收。(植株其餘部位成為動物飼料。)玉米穗長度為5~10公分,糖分含量為2~3%。玉米筍生產技術在台灣發展成形,由泰國進一步改良;中美洲在近年成為重要產地。

秋葵

秋葵果實採自一年生的秋葵植株(*Hibiscus esculentus*,亦作 *Abelmoschus esculentus*),為木槿家族成員,其近親包括洛神葵(117頁)和棉花。秋葵源自東南亞或非洲東部,隨奴隸貿易來到美國南部。我們吃的部位是未成熟的種莢(或稱為蒴果),具獨特五角造型,橫切面呈星形。秋葵種莢含黏質,素以黏膩聞名。植物黏質的成分複雜,由糾結的碳水化合物長鏈分子和蛋白質混合而成,可以幫助植株和種子留住水分。(仙人掌和馬齒莧同樣也很黏;而羅勒、葫蘆巴和亞麻的種子泡入水中,便會滲出能夠截留水分的黏質,因此可以用來勾芡,或讓飲料更濃稠。)秋葵黏質可以當成濃稠劑,用來煮濃湯、燜燉(例如燉路易斯安那州秋葵湯時,便以秋葵來取代或增補黃樟葉粉),或也可以採乾式烹調法(煎炒、油炸或烘烤),把黏性減至最低。非洲會把蒴果切片曬乾。秋葵的風味清淡,不過其近親黃葵(*Abelmoschus moschatus*)的種子氣味芬芳,香水業者以此萃取具麝香氣味的「葵子麝香」。

秋葵果實有的表面長毛，有的甚至長刺，內部各層還長有纖維束，而且成熟後會變得更粗、更堅韌。3~5天大的小型幼果質地最嫩。秋葵是亞熱帶原生植物，儲藏溫度低於7°C左右便會受損。

橄欖

橄欖是洋橄欖樹（*Olea europaea*）的小型果實，這種植物是東地中海原生種，生命力極強，十分耐旱又長壽，能存活、產果達1000年。除了作為糧食之外，橄欖還進入我們的日常用語：古希臘稱橄欖為*elaia*，演變成英文oil（油），義大利文*olio*和法文*huile*也都源出此字。橄欖中心長有一枚大型種子，周圍果肉含油量可達30%，史前人類只需碾磨、絞擰便能榨出油，用在烹調、點燈上，還可拿來化妝。

橄欖還有一個特性在普通食用果實中很少見：它難吃極了！橄欖天生具有大量酚類化學物質，這能提供若干保護，抵禦微生物和哺乳類的侵害。（野生橄欖主要由鳥類取食、散播種子，因為牠們是整顆吞食，而哺乳類會咀嚼、咬壞種子。）醃漬橄欖的作法沿用已久遠，各以不同技巧來調節、去除苦味（44頁）。熟橄欖色黑，得自果實外層所含淡紫色花青素色素。

如今橄欖已經成為全球大宗作物，其中約90%用來提煉橄欖油。

生產橄欖油 橄欖油取自6~8個月大的洋橄欖果實，此時果實已經成熟，油脂含量逼近最高，同時才剛要從綠色轉變為紫色。果實完全成熟之後，珍貴的青綠香氣會變少。橄欖經清洗、強力碾壓、去核等步驟（有時會連同若干橄欖葉一併處理），接著細密研磨成糊，果實細胞受到破壞後會釋出所含油脂。橄欖泥攪拌20~40分鐘，讓小油滴有機會和含水的橄欖果肉團分開，並彼此結合（這個步驟稱為「拌和」）。接下來便壓濾橄欖糊，把油脂和含水液體榨出來。橄欖糊可一再榨壓並加熱處理，這樣可以得到較多油脂，但品質較差。「第一道冷壓油」最為精緻、安定，也最可能煉出「特級初榨油」（見下文）。最後再使用離心或其他方式，把油脂和液體分開，隨後過濾即成。

橄欖油

橄欖油是種獨特的食用油，因為它不是從乾燥的穀物或堅果中榨取，而是得自肉質果實，而且油中還帶有明顯的橄欖風味。最受人喜愛的橄欖油是收成不久的初榨未精煉油，越新鮮越好。這種油由於滋味芳香細緻，多半直接用來調味，而不是當成烹調其他食材的媒介。義大利、法國和地中海區其他國家，都是橄欖油的最主要生產者和消費者。

橄欖油的色澤和風味　製成的橄欖油因葉綠素和類胡蘿蔔素色素（β-胡蘿蔔素和葉黃素）而呈金綠色，還帶點辛辣味，因為油中含有多種酚類化合物，以及脂肪分解後產成的若干產物（葉醇），香氣則得自幾十種揮發性分子散放的芳香物質，包括具花味和柑橘香的芳香萜烯類、果香酯類、還有散發泥土味、杏仁味和乾草般香氣的分子；不過，最重要的是類草香的青綠香氣，得自脂肪酸碎片，而這也是葉菜和其他青菜（朝鮮薊）、香草、蘋果等食物的典型氣味。這類分子多半在碾磨、拌和過程中產生，因為這些步驟會破壞果實細胞，於是活性酵素便與綠色葉綠體中脆弱的多元不飽和脂肪酸接觸。（有時會連同葉片一起研磨，可得到更多葉綠體。）橄欖油的優點是含單元不飽和脂肪酸（油酸），比較不受氧化作用影響。

橄欖油的品質　橄欖油的品質是根據其整體風味和「游離脂肪酸」含量來評斷。游離脂肪酸就是不受束縛的懸浮脂肪碳鏈，原本是鍵結在完整的油分子中，結果卻脫離油分子而任意漂移，這顯示橄欖油已經變質、不安定了。按照歐洲經濟共同體規範，「特級初榨」橄欖油的游離脂肪酸比例必須低於0.8%，「初榨」油則須低於2%。（標示食油品質的規範，美國迄今仍未制定。）游離脂肪酸含量較高的油脂，通常需經加工處理，去掉絕大部分的雜質，只留下仍保持完整的油分子，但這同時也會去掉誘人的風味分子。榨油業者會在這種精煉的（或稱「純煉的」）橄欖油中混入一些初榨油，以提升風味。

橄欖油儲藏法　初榨橄欖油未經精煉處理，結果有利有弊。當然了，漂亮色澤和豐富滋味都是絕佳優點。初榨油還含有大量抗氧化物，包括酚類化合物、類胡蘿蔔素和生育酚（維生素E），這些成分讓初榨油比其他食用油更能抵禦氧的攻擊。然而，讓油呈綠色的葉綠素，卻也讓油特別容易受光照破壞，因為葉綠素原本就是為吸收光能而設計。為免橄欖油受光氧化作用的破壞而發出陳腐、刺鼻味，儲藏環境最好保持黑暗（例如裝進不透明油罐），同時維持低溫，因為低溫可延緩一切化學作用。

大蕉

大蕉是香蕉變種，成熟後仍大致保有澱粉質地，同時也被當成澱粉質蔬菜來處理。大蕉和較甜的表親都留待後續篇章討論（183頁）。

海藻

海藻泛指許多大型海洋植物。海洋植物幾乎全都歸入藻類，這個生物類群稱霸各水域幾達10億年，孕育出一切陸地植物，包括我們賴以為生的種類。藻類有2萬多種，其中人類取食享用的有好幾百種。在全亞洲沿岸各區、不列顛群島，還有冰島和夏威夷這些非常特殊的地方，藻類向來都是特別重要的食物，因為那些地區除了藻類，可食的原生種植物便極其稀少。日本人拿海藻來包裹食材，也用來做沙拉、煮湯；華人把海藻當蔬菜；愛爾蘭人把海藻搗泥，拿來煮粥、讓甜點變濃稠。海藻多半帶有濃烈甘味，散發芬芳清香，令人想起海洋，而實際上，海邊的氣味，部分便是得自海藻的香氣。許多海藻都含有豐富的維生素A、B、C和E，還含有大量碘與其他礦物質；乾海藻的蛋白質含量可達1/3。海藻數量龐大，在1~2年的生命周期中很快就能重生，而且很容易以乾燥法保存。日本自17世紀開始便懂得培育海藻，為包裹壽司而栽種的海藻，價值超過其他一切水產養殖（包括魚類和甲殼類）。

海藻以水為家，而水也發揮種種作用，塑造了海藻的本質，其中和廚師有關的有：

- 海藻能在水中漂浮，因此堅韌的支撐結構減到最少，光合組織則可增至最多。有些藻類（例如海苔、石蓴）基本上全是葉片，厚度只相當於1~2顆細胞，非常柔嫩、細緻。
- 海藻浸泡在含鹽量高低不等的鹹水中，體內聚積多種分子，得以保持細胞滲透平衡。其中有些分子還帶來特有風味。甘露醇是種糖醇，帶甜味（不過我們的身體無法代謝，因此熱量很低，見第三冊）；麩胺酸帶甘味；另有某些複雜的硫化物則醞釀出帶海洋風味的芳香二甲基硫。
- 由於水選擇性地吸收陽光的紅色波段，有些藻類除了葉綠素之外，還會

製造特殊色素來捕捉剩餘的波段。許多海藻都呈褐色或紅紫色，烹煮時還會變色。
- 海中生活帶有多種物理壓力，促使某些海藻在細胞中填入大量凝膠狀成分，好讓組織更有韌性和彈性。這種成分能由表面泌出，棲生在岸邊的種類在退潮時會暴露在空氣中，這時膠質便可協助保留水分。後來這種特殊的碳水化合物，還被拿來製造果凍（洋菜），或讓食物變得更濃稠。（褐藻膠、紅藻膠；其他用來增稠的物質請見第三冊。）

綠藻、紅藻和褐藻

可食用的海藻幾乎全部歸入三大類群：綠藻、紅藻和褐藻類群。
- 綠藻類（包括石蓴和青海苔）是陸生植物的源頭，長得也最像陸生植物。綠藻的主要光合色素是葉綠素，還帶少量類胡蘿蔔素，而且會形成澱粉來儲藏能量。
- 紅藻類（包括海苔和龍鬚菜）最常見於熱帶和亞熱帶水域，顏色得自一群特殊的色素「蛋白質複合體」，這種水溶性物質對熱很敏感，因此烹調時顏色會出現相當驚人的變化：由紅色變綠色。紅藻類構成型態特殊的澱粉來儲藏能量，還大量製造半乳糖，以及由半乳糖構成的糖鏈，從而為我們帶來洋菜和紅藻膠（鹿角藻膠）等增稠劑。
- 褐藻類（昆布和若布）是溫帶海域的優勢族群，除了葉綠素之外，還含有

幾類重要的食用海藻

	學名	用途
綠藻		
石蓴	Ulva lactuca	生食沙拉、湯
總狀蕨藻	Caulerpa racemosa	帶胡椒味；生食或塗裹糖衣食用（印尼）
青海苔 awonori	Enteromorpha、Monostroma	磨粉製成調味料（日本）
紅藻		
海苔、紫菜	Porphyra	煮燕麥粥（愛爾蘭）；用來捲壽司或油炸成海苔脆片（日本）
龍鬚菜	Gracilaria	分支莖；生食、鹽漬、醃漬，作為模製甜食的膠凝劑，如：洋菜、日本寒天
愛爾蘭苔、鹿角菜	Chondrus crispus	甜點濃稠劑（鹿角菜膠、紅藻膠）
掌狀紅皮藻、海歐芹	Palmaria palmata	馬鈴薯、牛乳、湯和麵包的配菜（愛爾蘭）
褐藻		
海帶（即昆布）	Laminaria	湯底（日本稱「出汁」）、沙拉、海苔（日本）
若布（即裙帶菜）	Undaria	味噌湯、沙拉（日本）
羊棲菜（即鹿尾菜）	Hizikia fusiformis	蔬菜、湯、泡「茶」（日本、中國）

一群類胡蘿蔔素色素,其中最主要的是褐色的岩角藻黃素。它們把能量部分儲藏於帶甜味的糖醇(甘露醇)中,昆布在秋季採收乾燥之後,有1/4的重量是甘露醇。它們的典型黏質成分是褐藻膠。

河川池塘的淡水藻類有些也可食用,例如剛毛藻(Cladophora)的幾個品種,東南亞採這種藻類來壓製成類似海苔的薄片,用途也相仿(寮國的五香芝麻海苔)。兩種藻狀生物(其實都是藍綠菌)有時也會在廚房現身:當作營養增補劑的螺旋藻,還有華人吃的「髮菜」,或稱為「髮苔」,歸念珠藻屬(Nostoc),長在蒙古沙漠山泉水中。

海藻的風味

提到風味,這三大海藻家族同具基本的鹹、甘滋味,因為它們都含有高濃度礦物質和胺基酸,特別是麩胺酸,這是在海藻各部位之間輸送能量的分子之一。海藻還有共通的香氣物質二甲基硫,煮過的乳汁、玉米和甲殼類食材中都會出現,濱海地區的空氣也有這種物質。此外還有高度不飽和脂肪酸(主要為醛類)碎片,帶來綠茶般的氣味和魚腥餘味。除了這種共通的根本氣味,三類海藻確實也各具獨有滋味。

紅色海藻乾燥之後往往散發比較濃烈的硫香氣,得自硫化氫和甲硫醇,還有聞起來像紅茶的花香,這是胡蘿蔔素色素的分解產物。龍鬚菜乾燥之後會散發出特有的培根香。有些紅藻會聚積溴、碘化合物,因此帶有強烈的碘味,例如海門冬(Asparagopsis,又稱為蘆筍藻)。

褐色的海藻味道通常很淡,具有典型的碘味(碘辛烷),還散發類似乾草的氣味(得自萜烯類物質cubenol)。少數種類還含有好些香料化合物,顯然作用是發出生殖訊息,其犖犖大者有夏威夷人拿來調味的網地藻(Dictyopteris)。有些褐藻帶明顯澀味,得自類似鞣酸的酚類化合物,褐藻乾燥之後,這種物質便構成一種深棕色複合物(藻褐素)。

褐藻在液體中長時間烹煮後,往往會發出濃重的魚腥味,因此,海藻的烹調時間通常都很短暫。舉例來說,日本高湯「出汁」便是從冷水開始熬煮。

海藻和最早的味精

人類味覺知識領域能有重大突破,還得歸功於海藻,而它也為世界帶來一種備受爭議的食物添加劑:麩胺酸鈉,也就是味精。1000多年來,日本人都拿褐藻昆布當湯底熬製高湯。1908年,日本化學家池田菊苗發現,昆布的麩胺酸鈉含量特別豐富。事實上,這種物質會在乾燥昆布的表面結成晶體。他還發現,麩胺酸鈉能帶來一種獨特的甘味感受,不同於甜、酸、鹹、苦等標準味道。他把這種滋味命名為「鮮味」(甘美滋味之意),同時還指出,肉類和乳酪等其他食物也都具有這種滋味。西方科學家則遲疑不決,不肯接受鮮味除了提升了整體味覺,本身還是種真正的味道。最後到了2001年,加州大學聖地牙哥分校生物學家查爾斯・祖克爾(Charles Zuker)才和同事一起提出最終定論,證實人類和其他動物確實擁有針對麩胺酸鈉的特定味覺受器。

首先把乾燥的褐藻即昆布放入冷水，水一沸騰便取出昆布，鍋中主要只剩溶入湯汁的甘味礦物質和胺基酸。由於滋味鮮美的礦物質和胺基酸都在乾海藻內外形成結晶，因此昆布不經清洗，貢獻的成分更多。若昆布很厚，也可以用刀劃開，釋出內部所含物質來提升滋味。

菇蕈類、松露和其近親

菇蕈類和其近親都不是真正的植物，而隸屬另一個生物界，統稱為真菌。黴菌和酵母菌同屬這類。

共生及出自腐朽的生物

真菌不同於植物，它們不具葉綠素，也不能從陽光捕捉能量。因此，真菌要靠其他生物體來維持生命，包括植物和植物殘骸。各種菇蕈各以不同方式維生。有些菇蕈（包括牛肝菌和松露）和喬木構成共生關係，雙方互蒙其利：菇蕈收集土壤中的礦物質，並與樹根分享，樹根則以糖分回報。有些致病的真菌寄生在植物上；例如玉米黑粉菌，這種寄生菌會讓玉米染病。還有些真菌則以植物的腐朽殘骸維生，其中有幾種還是世界上極受歡迎的菇蕈。白、褐相間的菇蕈顯然是與吃植物的動物一道演化，以動物營養豐富的糞便維生！如今，它們在人工堆肥和廄肥上大量滋長。

長在腐朽植物上的菇蕈向來都相當容易栽植。13世紀，華人便在櫟樹圓木表面種植香菇。一般的白色洋菇至17世紀才在法國開始培育，到拿破崙時代，更在巴黎附近的採石場坑道中大量栽培。如今，這種洋菇（*Agaricus bisporus*）都以廄肥、稻草和土壤混成的培養土來培育，種在黑暗屋內，並小心控制溼度和溫度。熱帶地區的鈕扣菇是長在稻草堆肥上的草菇。在另一方面，共生型品種就很難培育，因為菇蕈必須長在活喬木身上，得有一整片森林才能大量生產。因此牛肝菌、雞油菌和松露才都那麼稀罕又昂貴：這類食材多半仍需在野地採集。可食菇蕈估計有上千種，其中只有幾十種能成功栽培。

池田菊苗發現麩胺酸鈉之後幾年，他的一位同事又發現一種鮮味物質（肌苷酸，英文簡稱IMP），見於燻鰹節，這又是種熬高湯的湯底（見第一冊300頁）。隨後在1960年，國中明發表一種見於香菇的鮮味物質（鳥苷單磷酸，英文簡稱GMP）。國中明還發現，這幾種物質能幫助彼此發揮功能，也和麩胺酸鈉共同作用：只要非常少量就能相互強化個別滋味。感官科學界仍在研究，設法理解這些作用的本質。

池田菊苗發表他的發現一年後，日本味之素公司便開始銷售純麩胺酸鈉，這種調味料取自含有大量麩胺酸鹽的麥麩蛋白（小麥麵筋蛋白），事實上，麩胺酸之名便是來自麥麩。味精製品很快流行起來，日本和中國的廚師先行採用，隨後全世界食品製造廠也紛紛跟進。如今味之素已經成為一家大型跨國公司，和同業利用細菌產出一噸噸味精，這些細菌會把合成的大量麩胺酸鈉，排入它們生長的液體中。

菇蕈類的構造和特質

菇蕈類和植物有幾項重大差異。我們吃的部位只占這種生物體的一小部分，它們的構造大半長在地下，形成細密如棉花的纖維網絡，或稱為菌絲。菌絲在土壤中縱橫交錯生長，負責吸收養分。1立方公分土壤所含的菌絲，長度加起來可達2000公尺！當這種地下纖維團塊累積了充分材料，儲藏充足能量，便會織造出新的緻密菌絲，交纏長成子實體，並吸飽水分，破土冒出地表，隨後便把後裔孢子釋入空中。我們吃的菇蕈就是這種子實體。（羊肚菌的子實體造型罕見，內部中空且菌傘呈特有蜂巢狀，孢子長在菌傘凹陷處。）由於子實體是菇蕈生殖、存活必要構造，因此常具有防禦性毒素以抵禦動物。有些菇蕈毒素會致命。因此野生菇蕈應該只能由菇蕈專家來採收。歐洲以往都會採收並食用一種菇蕈，如今則認定這個種類確有難以預測的危險，有可能造成肼聯胺中毒，有致命之虞。這種菇蕈是假羊肚菌，鹿花菌屬（*Gyromitra*）。

菇蕈是靠水的膨壓來撐住蕈株，水分比例可達80~90%，外表皮層很薄，可以迅速取得水分，但流失也很快。它們並不藉植物纖維素來強化細胞壁，而是靠幾丁質，這是碳水化合物和胺的複合物質，昆蟲和甲殼動物的外骨骼也是以此構成。菇蕈類的特點是含有大量蛋白質和維生素B12，含量遠超過其他新鮮農產品。有好幾種菇蕈都成為傳統藥材，而且科學證據顯示，香菇、松茸、鮮脆有趣的木耳所含的罕見細胞壁碳水化合物，裡頭含有幾種物質能抑制腫瘤生長。香菇還有一種成分，或許能抑制我們的身體在消化系統中製造亞硝胺，即一種誘發有機物突變的物質。

菇蕈類的獨有風味

我們喜愛真菌那種濃郁幾可與肉類媲美的風味，欣賞它們能夠為眾多菜餚增色的特性。這些特性大半得自高含量的游離胺基酸，包括麩胺酸，而菇蕈類也因此（和海藻一樣）成為麩胺酸鈉鹽的高濃度天然來源。還有一種

（接上頁）

自1960年晚期開始，味精被指為「中國餐館症候群」禍首。顧客到中國餐廳用餐，第一道上的是滿含味精的湯，敏感人士一喝下便突發燒灼、壓力和胸痛症狀。後來毒理學家歸結許多研究，認為麩胺酸鈉成分對多數人並無危害，就算大量攝取也無妨。味精這段沿革的最不幸層面在於，種種真材實料的出色食品，總有人想開發、供應廉價、膚淺的替代品。扶霞·鄧洛普（Fuchsia Dunlop）便在她的四川菜烹飪書《天府之國》（*Land of Plenty*）中寫道：

> 這實在令人哭笑不得，在中國許多地區，廚師投入幾世紀時光，發展出最高明的廚藝。結果這種大量生產的白色粉末，竟然號稱「味之精髓」，冠上「味精」大名。

增味劑也能與麩胺酸鹽共同作用,這種成分最早是在香菇上發現,稱為鳥苷單磷酸(GMP),同樣賦予菇蕈類濃郁滋味。

新鮮洋菇的典型香氣主要得自辛烯醇(一種8碳醇),這是在組織受損時,多元不飽和脂肪酸受酵素作用的產物,能夠協助抵禦某些蝸牛和昆蟲的侵害。菌褶組織比其他部位產生更多辛烯醇,因此菌傘未開展的未成熟洋菇比較清淡,而菌褶明顯的成熟洋菇滋味較濃,部分便肇因於此。褐菇和野生菇的風味濃郁超過白菇,特別是protobello大褐菇的滋味更是濃烈,一般會多給這種褐菇5~6天的熟成時間,直到直徑達15公分。

其他菇蕈也散發各式各樣的香氣。有種和洋菇關係密切的品種能產成杏仁香精,還有幾個更奇特的品種則能散發各式令人珍愛的香味,比如肉桂、胡椒、蒜、松針、奶油糖和甲殼海鮮。香菇的獨有香氣歸功於一種罕見分子,稱為香菇香精,由碳環和硫原子構成,是組織受損時的酵素產物。要得到最多香菇香精,可以用常用手法來處理香菇,先予乾燥,隨後泡溫水還原(新鮮或乾燥香菇烹煮片刻,酵素便會受到破壞,沒有機會產生作用,這時香菇香精的產量會最低)。除了雞油菌、鮑魚菇和松茸等少數例外,乾燥法都能提升酵素活性,促使胺基酸和糖類產生褐變反應,為菇蕈類增添風味。常見實例包括香菇和牛肝菌菇,這些品種天生具有硫化物,能產生肉味香氣,因此風味尤其濃郁。就連家庭手工製造出來的乾燥鈕扣菇也比新鮮菇類更富滋味,不過乾燥成品已經失去新鮮的辛烯醇成分。

菇蕈類的儲藏、處理方式

和其他多數農產品相比,菇蕈收成之後,生機依舊非常旺盛,甚至還有可能繼續生長。菇蕈若儲藏於室溫環境,會在4天間消耗約一半的庫存能量,用來形成細胞壁幾丁質。同時酵素也會喪失部分活性,不再產生清新風味,

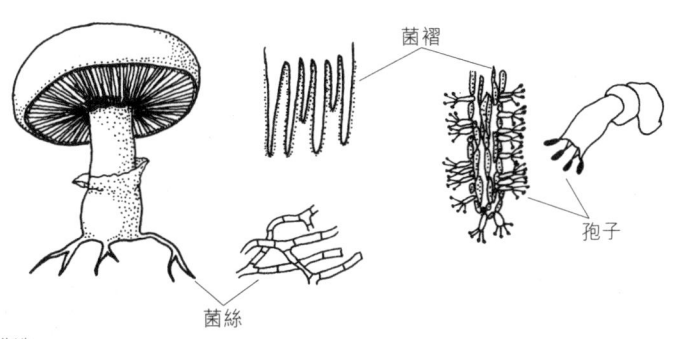

菇蕈解剖構造
菌絲狀似絲線,在土壤中生長,負責吸收養分。菇蕈的主體是子實體,由菌絲向上推送,穿破地表,讓菌褶所含孢子散播四方。

而菌柄所含蛋白質消化酵素則更為活躍，會把菌柄蛋白質轉變為胺基酸，以供菌傘和菌褶之用，於是這些部位的甘味便略有增加。冷藏於4~6℃可以減緩菇蕈的代謝作用，不過應以吸水材料鬆鬆地包住，以免菇蕈排出的水分沾溼了表面並助長腐敗。菇蕈買回來之後應該儘速食用。

食譜通常建議不要清洗菇蕈，以免變得水溼軟或稀釋了風味。但菇蕈原本就有一大半是水，沖洗片刻就算會洗掉滋味，影響也極其低微。然而，菇蕈一洗過就應該馬上烹調，因為清洗會損傷表層細胞，導致全面變色。

菇蕈類烹調法

菇蕈類有多種烹調法。以乾式加熱慢慢烹調，所得的風味往往最強，也最成熟，這樣酵素才有時間產生作用，不致過早失效，同時也可以把大量水分煮乾一部分，讓胺基酸、糖分和香氣更濃縮。熱度也會瓦解氣穴，讓質地更結實。（烹調讓菇蕈喪失水分和空氣，因此體積會大為縮減。）幾丁質和其他細胞壁材料都不溶於水，這點和纖維素相同，因此菇蕈經長時間烹調也不會變糊。風靡亞洲烹飪界的黑、白木耳都含有極多可溶性碳水化合物，因此會產生一種凝膠狀質地。

多種菇蕈都含有豐富的褐變酵素，特別是菌褶部位，一旦切開或受了擠壓，顏色很快就會變深。這些深暗色素都溶於水，還會讓其他食材染上色澤，結果有好有壞。

松露

松露指塊菌屬（*Tuber*）的子實體，其中少數幾種是重要市售商品。典型松露是布滿疙瘩的緻密團塊，尺寸從胡桃到拳頭甚或更大都有。松露始終藏身地下，和菇蕈類不同。它們散放一種氣味，吸引動物來幫忙散播孢子。甲蟲、松鼠、兔子和鹿都會尋覓取食松露，於是孢子就隨牠們的糞便散布四方。因此松露帶有一種經久不散的芬芳麝香，目的在吸引動物幫忙散播

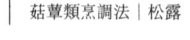

孢子，也因此至今我們仍然訓練犬、豬，靠牠們幫忙採集松露，不然就要找出「松露蒼蠅」出沒之處，這種昆蟲在松露生長地帶的上空盤旋，把卵產在地面，往後幼蟲就可以向下鑽穴，吃地下的真菌。

松露只能和喬木共生，通常是櫟樹、榛木或菩提樹，因此要栽植松露，就得找到或種出一片森林，而且至少要過10年才會有大量收成。法國佩里戈爾地區向來以生產黑松露（*Tuber melanosporum*）著稱，而義大利中、北部地區則以白松露（*Tuber magnatum Pico*）聞名。兩種松露都炙手可熱，供量有限，價錢十分昂貴。烹調過的完整松露或松露泥，以及浸過松露的油脂、奶油和麵粉，售價都比較合理，不過其中有些產品是以人工調味。此外，歐洲、亞洲和北美洲還採收其他幾種松露，不過風味都沒有那麼濃。不論哪種松露，在成熟前都沒有什麼味道。

黑、白松露風味迥異。黑松露的風味比較細緻，土味較重，混有十幾種醇和醛類的味道，還有些二甲基硫。（松露還含少量雄固烯酮，這種固醇化合物也見於男性腋下汗水。公豬泌出的唾液也含有這種物質，可促使母豬發情。有些人嗅不出雄固烯酮，另有些人則聞得到，還或許覺得那很倒胃。白松露氣味較強，辛辣又帶點蒜味，肇因於幾種罕見硫化物。一般認為黑松露經文火烹煮可以提味，而白松露儘管風味較重，卻也容易變味，最好在享用前片刻才削成紙張般的薄片上桌。松露經切片便露出內部構造：細緻脈理網絡在長孢子的細胞團塊之間交錯。

新鮮松露非常容易變質，儲藏時會釋出香氣。最好置入密封容器冷藏保存，裡面擺些吸水材料（通常是米粒），不使表面沾染溼氣，以防微生物入侵導致腐敗。

俗稱「烏鴉糞」的玉米黑粉菌

「烏鴉糞」指玉米植株受了一種真菌寄生而長出的構造，這種真菌稱為玉米黑粉菌（*Ustilago maydis*），自阿茲特克時代以來，便一直是墨西哥和中美洲地區的食材。玉米黑粉菌寄生在植株多處部位上，包括成長穗軸上的玉米

菇蕈的類別和特性

菇蕈可依粗略的親緣關係分成幾大類。可食用的菇蕈，孢子大多都長在菌褶間。

俗名	類別	學名
具有菌褶的菇蕈		
洋菇 　白洋菇、鈕扣菇 　褐菇、cremini小褐菇、protobello大褐菇 　champignon法國蘑菇、野菇 　杏菇	分解培育葉、糞便 杏仁風味	Agaricus 屬 A. bisporus var. alba A. bisporus var. avellanea Agaricus campestris Agaricus subrufescens
鮑魚菇、木牡蠣菇	分解培育木	Pleurotus
香菇	分解培育櫟木	Lentinus edodes
松茸	分解野生美國赤松； 松味、肉桂味	Tricholoma
蜜環菌	分解野生木	Armillariella
小皮傘、妖精指環菇	分解野生葉	Marasmius
冬菇、金針菇	分解培育木；長在0°C環境	Flammulina velutipes
紫丁香蘑	分解野生葉；紫、藍色	Clitocybe nuda
草菇	分解稻草	Volvarielia volvacea
傘菇	分解野生葉、培育葉	Lepiota
墨汁鬼傘	分解野生糞便	Coprinus
滑菇（日文：滑子）、粟蕈、「淺褐傘菇」	分解培育木；凝膠狀菌帽	Pholiota
牛肝菌，義大利俗名普奇諾菌， 法國稱「莖菇」	與野生樹共生	Boletus
虎列剌茸：俗名「糖果傘菇」	分解野生木	Lactarius rubidus
不具菌褶的菇蕈		
灰樹花：日本稱「舞茸」， 英文俗名「林中母雞」	分解野生櫟木	Grifola frondosa
硫色絢孔菌菇： 俗名「林中雞菇」、「硫色擱板菇」	分解野生樹	Laetiporus sulphureus
捲緣齒菌：俗名「刺蝟菇」、「獅鬃菇」	與野生樹共生	Hydnum
繡球菌、繡球菇、花瓣蕈	寄生於野生樹	Sparassis crispa
雞油菌	與野生樹共生；金黃、白、紅色	Cantharellus
喇叭菌菇：俗名「黑杏菇」、「豐饒羊角菇」	與野生樹共生	Craterellus
黑木耳：木耳、光木耳、毛木耳（雲耳）	分解培育木；含膠質；具蛋白	Auricularia
白木耳：雪耳、銀耳、「白膠凍」木耳	分解培育木；含膠質；點心食材	Tremella fuciformis
灰蕈、馬勃菌、塵埃菌	分解野生糞便	Calvatia、Lycoperdon
羊肚菌	分解野生樹	Morchella
松露	與野生樹共生	Tuber
泌乳紅蕈寄生菌：非菇蕈類， 屬子囊菌種類，俗名「龍蝦菌」	分解野生菇蕈	Hypomyces lactifluorum

仁。受寄生的部位會長出不規則海綿狀團塊（俗稱「癭」），其組成包括大幅膨大的植株細胞、真菌用來吸收養分的菌絲，還有藍黑色孢子。癭完全成熟之後，便形成內含黑孢子的乾燥囊袋。最佳收成階段為感染後2~3週，這時一株玉米穗上的癭可重達500公克，裡面約3/4變黑。烹煮之後，這種未成熟的癭會散發一種甜、甘木質風味，得自葡萄糖、呋喃酮和香草醛。美國向來只把玉米黑粉菌看成植物疾病，直到1990年代，由於墨西哥食物日漸風靡，農戶才開始刻意栽培烏鴉糞。

中國和日本也吃一種和玉米黑粉菌有關的菰黑粉菌（*Ustilago esculenta*）。這種真菌寄生在亞洲種野生稻（菰，學名 *Zizania latifolia*）上，菌絲滋長，導致稻莖膨大。受寄生的膨大莖稱為茭白筍，日本稱真菰筍，可以當蔬菜食用，聽說滋味很像竹筍。

真菌蛋白，或稱素肉

真菌蛋白是20世紀的發明，取自一種常見真菌，把它原本無用的地下菌絲改造成食品，這種真菌名為鐮孢黴（*Fusarium venenatum*）。當年有一家廠商，從英格蘭白金漢郡一處田野採得一株鐮孢黴菌，移到工廠發酵槽的培養液中。他們採收菌絲團塊，清洗後快速加熱。這樣製成的極細微纖維含有豐富蛋白質，長約0.5毫米，直徑則為0.003~0.005毫米左右，尺寸約與肉品的肌纖維相當。這種真菌蛋白基本上並不具滋味，可用來製造素肉等多類食品。（真菌蛋白的英文為mycoprotein，其中myco字根的意思是「和真菌有關的」。）

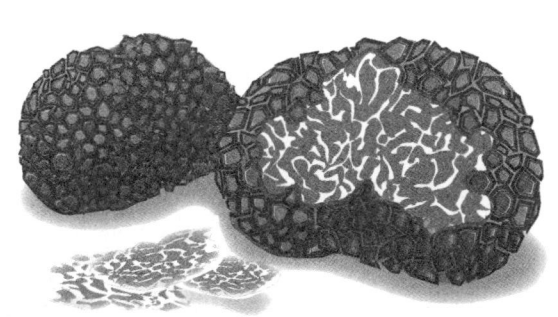

松露構造
松露和菇蕈類同樣都是真菌的子實體；不過松露始終長在地下，這點和菇蕈類不同。孢子長在脈狀褶皺間的厚塊組織裡面。

常見果實

chapter 3

　　第2章討論的蔬菜,多半是清淡、風味次要的植物部位(根、莖、葉),抑或風味濃烈,具防禦機能的部位(洋蔥和甘藍家族)。這類蔬菜我們通常都採熟食,因為烹調可以提增風味、軟化構造,也比較好入口。至於本章要談的果實,都是植物為了吸引動物才長出的部位,動物吃了就能幫植物散播果內的種子。因此,植物在果實裡填滿令人垂涎的糖分和酸質,果實還帶有宜人香氣和搶眼色澤,並且會軟化以供我們享用:果實無需處理便很可口又很漂亮。我們在189頁的表格彙總出幾樣常見果實的基本風味元素,特別是構成果實滋味的基礎酸甜平衡。

果實的形成過程：熟成

果實會依循特有歷程，從不可食用轉為可口且可食用，這點在我們所有食物當中獨樹一幟。未成熟的蔬菜和幼齡的供肉動物是最柔嫩、最好吃的，但果實若未成熟，卻往往最不具吸引力。我們或許仍會拿來食用，也吃得津津有味（青番茄、青木瓜、青芒果），不過卻是把它們當成蔬菜來處理，切成小塊拌製成沙拉，或加以烹煮、醃漬後食用。果實必須經歷所謂的「熟成」，才能產生獨特的性質，從而超脫蔬菜的範疇。

熟成前期：成長和膨脹

果實是獨特的器官，從植物的花朵（特別是子房部位）發育而來，而子房是花朵的雌性組織，內含逐漸成熟的種子。多數果實都是由子房壁加厚而形成，另有些則會同時把鄰近組織納入。以蘋果和梨子為例，這兩種果實主要都是由嵌入花朵部位的莖尖（花托）所構成。果實通常會發育出三層不同構造：外側薄層是保護性表皮；內部則是保護性薄層，包覆著位在核心的種子；兩薄層之間是風味十足又多汁的厚層果肉。

果實歷經四個發育階段。首先通常是雌性胚珠和雄性花粉的受精作用，這會啟動製造發育激素，讓花朵的子房壁開始膨脹。有些果實無需受精便能發育，還能長出便於食用的無子果實，例如香蕉、臍橙還有幾種葡萄。果實的第二個發育階段較為短暫，此時子房壁細胞逐漸增生，就番茄來講，這個階段在受精之際就已大致完成（番茄一開花，就可以見到花朵基部有完全成形的細小果實）。

果實發育至第三階段變化最為明顯，這個時候儲存細胞會逐漸膨脹，而且變化的幅度可能十分驚人。甜瓜在最活躍的階段，每天增長的體積可達80毫升，甚至還可能更多。這種膨脹現象大半要歸功於細胞液泡持續聚集的水性汁液。成熟果實的儲存細胞，尺寸高居植物界細胞之冠，西瓜的細胞直徑就逼近1毫米。

在這個增長階段，糖分會儲存在細胞液泡或是更密實的澱粉粒。細胞液泡還會積蓄化學防禦物質，其中包括有毒的生物鹼以及帶澀味的收斂性鞣酸，

說文解字：熟成的、更年型的

Ripe（熟成）出自一個古英文字，意思是「可以收割了」，而且和reap（收割）都源自印歐語的字根，意思是「動手切割」。此外，英文river（河）、rope（繩索）、row（排）和rigatoni（紋管通心粉）也是相近的單字。climacteric（更年型的）的字根有「傾靠」的意思，並可追溯至希臘字 *climax*（梯子），隨後的意思還衍生出「梯子的橫檔」，因此也代表「危險位置」，最後就演變出 climacteric 這個字，意思是生命的關鍵階段，用在果實意思是「更年型的」，用於人類意思是「更年期的」。

果實採收後品質可改良的幅度及最佳儲藏溫度

果實類別	收成後的改良	儲放於0℃	儲放於7℃	儲放於13℃
仁果類				
蘋果	甜度、香氣、軟度	+		
梨子	甜度、香氣、軟度	+		
果實類				
杏	香氣、軟度	+		
櫻桃	－	+		
桃子	香氣、軟度	+		
李子	香氣、軟度	+		
柑橘類				
甜橙	－		+	
葡萄柚	－			+
檸檬	－			+
萊姆	－			+
漿果類				
黑莓	－	+		
黑穗醋栗（黑茶藨子）	－	+		
藍莓	香氣、軟度	+		
蔓越莓	－	+		
鵝莓醋栗	－	+		
葡萄	－	+		
覆盆子	香氣、軟度	+		
紅穗醋栗（紅茶藨子）	－	+		
草莓	－	+		
甜瓜類				
網紋香瓜	香氣、軟度		+	
蜜露瓜	香氣、軟度		+	
西瓜	－			+
熱帶果實				
香蕉	甜度、香氣、軟度			+
冷子番荔枝	香氣、軟度			+
番石榴	香氣、軟度			+
荔枝	－	+		
芒果	甜度、香氣、軟度			+
番木瓜	香氣、軟度			+
百香果	香氣、軟度		+	
鳳梨	－		已熟成	未熟成
其他種類				
酪梨	香氣、軟度	已熟成	未熟成	
海棗果	－			+
無花果	－	+		
奇異果	甜度、香氣、軟度	+		
柿子	香氣、軟度	+		
石榴	－	+		
番茄	香氣、軟度			+

可用來抵禦感染或嚇退掠食型生物，同時，各種酵素系統也蓄勢待發。一旦種子能夠自行發育，果實也足以吸引動物前來散播種子，我們便說果實已經成熟。

乙烯和酵素的作用

果實發育到最後便進入熟成階段，這是果實生命發生劇烈變動的時期，過了這個時期，便會邁向死亡。這個階段有幾件事情會同時發生：澱粉含量和酸含量遞減，糖分則升高；果實質地軟化，防禦性化合物消失，特有的香氣出現；表皮色澤改變，通常從青綠轉變為黃、紅的漸層色澤。於是果實變得更甜、更軟，滋味也更好，同時它的外觀還會大肆張揚這些改良成果。

由於熟成作用很快就會結束，接著就要腐敗，因此長久以來熟成都被視為果實通盤瓦解的早期階段。不過，我們如今已經明白，熟成是生命最後、最熾烈的階段。果實藉由熟成的過程，積極為生命終點做準備，把自己妝點好，呈現出視覺和味覺的盛宴。

熟成帶來的改變多半是大批酵素作用的結果。複合分子受酵素作用，分解為較簡單的型式，同時也生成新的分子，供應果實在這個生命階段使用。人們是在1910年左右首度發現這個觸發熟成酵素發揮作用的因素。一份來自於加勒比海群島的報告指出，香蕉若是儲放在甜橙附近，會比其他批次更早熟成。隨後，美國加州柑橘果農也注意到，青綠果實若儲存在煤油爐附近，變色速率會比其他存貨更快。究竟煤油爐和甜橙具備哪種神祕的熟成媒介？

答案在20年之後出現。觸發熟成的物質是乙烯，那是植物和燃燒煤油都會產生的單純烴氣，它讓已經長成但是尚未熟透的果實開始熟成。科學家要到好一段時間之後才又發現，果實其實也能自行生成乙烯，而且是在開始熟成之前便開始製造。因此，激素是在一個井然有序的計畫中去啟動熟成作用。

兩類熟成作用，兩種處理方式

　　果實的熟成作用可以分為兩類。其中一類作用相當劇烈。果實在受了乙烯觸動之後，會自我刺激進而製造出更多乙烯，同時呼吸作用（吸進氧氣、吐出二氧化碳）的速率會達到先前的2~5倍。這時候果實的風味、質地以及顏色都會快速轉變，而且隨後往往也會以同樣的速度衰敗。「更年型」果實在已經成熟但外觀仍舊青綠的時候就可以收成，它們在之後會自行熟成，若是人工加入乙烯，熟成效果還會更好。更年型果實的糖分通常都會轉變為澱粉儲存起來，到了收成之後的熟成期間，就能夠藉著酵素將澱粉轉換回甜味。

　　另一類的熟成作用並不劇烈。乙烯無法對「非更年型」果實產生前述反應，果實本身也不會漸次提高乙烯產量。這類果實是逐步熟成，通常並不會把糖分轉化為澱粉儲藏起來，因此必須連結在親系植株才能繼續變甜。於是果實一旦收成就不會變得更甜，不過其他酵素仍有可能維持活性，繼續軟化細胞壁並生成芳香分子。

　　廠商和廚師該如何處理果實，就要視熟成型式而定。更年型果實可以在成熟但肉質依然堅硬的時候就採收，這樣可把物理損傷降到最低，待包裝、輸運到目的地之後再注入乙烯氣體促進熟成，接著就可以擺進農產品銷售箱，這類果實包括香蕉和酪梨、梨子和番茄等。消費者也可自行加速這個過程：把果實連同一顆已熟成果實裝進紙袋封好（塑膠袋會封住太多溼氣），如此未熟果便能接觸到熟果釋放出來的乙烯，並提高周遭空氣的乙烯濃度。

　　非更年型果實並不會儲備澱粉，收成後也不會大幅改良，因此果實的品質取決於它們在植株上的熟成度，這類果實包括鳳梨、柑橘、多數漿果還有甜瓜。非更年型果實最好在熟成程度最高時採收、輸運，消費者則完全無法影響它們的品質。我們唯一能做的，就是在一開始就要挑到好貨。

　　就算是更年型果實，在植株上熟成之後再摘取，都能大幅提高果實的品質（不過梨子、酪梨、奇異果、香蕉等除外）。它們在收成之前，都可以在母株上繼續積存風味原料。

溫帶果實：蘋果和梨子、核果和漿果

仁果：蘋果、梨子和近親

蘋果、梨子和榲桲都隸屬薔薇科近親，同屬歐亞大陸原生種類，人類在史前時代便已有栽培。這些果實都稱為仁果（pome，拉丁字源意指「果實」）。仁果的肉質部位是由花梗尖端大幅膨大而成。花朵殘部隱身於果實底部繼續發育，果核周圍具堅韌護壁，內部含幾顆小型種子。蘋果和其近親都屬更年型果實，收成後便能將儲備的澱粉轉變為糖分。這類果實在低溫環境多半可以保存得很好，但是晚期才收成的果實，核心往往會變成褐色。蘋果通常都在熟成之後才上市販售，最好馬上包起來冷藏；梨子常是在未熟成的時候販售，最好擺在較低室溫環境中熟成後再冷藏，不過別包太緊。

仁果淡淡的紅色（通常見於表皮，不過也偶爾見於果肉）主要得自水溶性花青素，黃色和乳白色則得自脂溶性類胡蘿蔔素，包括β-胡蘿蔔素和葉黃素（40頁）。這類果實含有豐富的抗氧化性酚類化合物（42頁），特別是較單純成分（漂木酸，也見於咖啡），表皮含量還特別高。有些蘋果的抗氧化活性極高，和30倍分量的甜橙所含維生素C不相上下！

蘋果和梨子的主要風味來自其特有的酯類物質（見右頁下方）。仁果的風味會隨著品種而不同，同一棵果樹從上到下、由內到外，不同植株部位所結果實，風味也各不相同。梨子靠花朵那端的果肉，風味通常比果蒂那端濃郁。不過蘋果和梨子都含一種不能消化的微甜糖醇，稱為山梨醇（0.5%），因此一大杯微甜蘋果汁所引發的不適，會和富含菊芋多醣的食品相當（頁）。

蘋果

蘋果樹適應力強，或許是地球上分布最廣的果樹。蘋果屬（Malus）含35個品種。我們吃的蘋果大多是人類栽培的塞威氏蘋果（Malus x domestica），它可能是來自哈薩克山區，由亞洲種塞威氏蘋果（M. silver，又稱「新疆野蘋果」）和若干近親雜交而成。培育出的蘋果很早期就遍布中東地區。地中海地區在希臘史詩時代就知道蘋果，接著羅馬人把蘋果引進歐洲其他地區。近年來，蘋果栽培成為一種跨國企業，當北半球進入非生產季節，蘋果存量不

仁果和結出果實的花朵
蘋果和梨子可食用的部分來自花朵基部，也就是花托。由於子房大多位於花朵下方，因此可以在果實底部看到花朵殘留的痕跡。

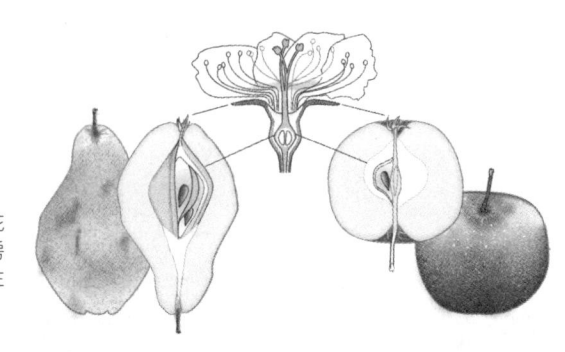

足，便由南半球各國來供應，而常見的品種中，西方和亞洲（如日本富士蘋果）的數量也不相上下。蘋果叫得出名字的品種就有好幾千個，可以區分為以下四大類：

- 榨汁用蘋果：主要是歐洲的原生種類，稱為「小蘋果」（M. sylvestris）。這種高酸度果實含有豐富的收斂性鞣酸，有助於控制酒精發酵並澄清汁液。（鞣酸能讓蛋白質和細胞壁粒子交叉連結，促使它們沉澱。）這類蘋果只用來榨汁。
- 甜點用或食用蘋果：這類蘋果鮮脆多汁，生食滋味宜人，酸甜適中（酸鹼值 3.4，糖分含量 15%），但烹調後會變得比較清淡。超市和農產品市集的蘋果多半屬於甜點用蘋果。
- 烹調用蘋果：這類蘋果生食非常酸（酸鹼值約等於 3，糖分含量約 12%），烹煮後酸甜適中、肉質結實，在派或蛋糕中加熱後構造依舊完整，並不會馬上糊成泥，也不像早期某些「烹飪用長蘋果」那樣鬆垮多泡。許多國家都有傳統的標準烹調用蘋果；法國的是 Calville blanc d'hiver，英國的是 Bramley's Seedling，德國的則是用來烘烤水果餡餅的鐘形蘋果 Glockenapfel。不過，這些品種已經由各類兩用品種取而代之。
- 兩用蘋果：生食或熟食皆宜的蘋果，像是美國黃蘋果「金冠」和澳洲青蘋果「史密斯奶奶」。這類蘋果在酸酸的幼齡階段烹調滋味最好，而較老、較成熟的果實則宜於生食。

把蘋果切片加熱，可以測出是否適合烹調。以鋁箔包裹切片在熱烤箱內烘烤 15 分鐘，或是以保鮮膜包裹直到保鮮膜充滿蒸氣而鼓脹為止。

蘋果的風味　不同品種的蘋果各有其獨特風味，而且果實由樹上採下之後，滋味依然會繼續變化。百年前的英國人便是蘋果鑑賞行家，而蘋果行家愛德華・邦亞德（Edward Bunyard）還寫道，蘋果妥善儲放在陰涼處並按時品嚐，喜愛蘋果滋味的人，便可以「抓住揮發性乙醚釋出最多的時機，品嚐到酸甜最均衡的滋味。」蘋果擺放一段時間確實會變得成熟香醇，因為它們會消耗

果香化合物：酯類物質

有許多種果實的典型香氣，都得自「酯」這種化學物質。酯質分子是由兩個分子所構成：酸分子和醇分子。典型植物細胞含有不同的酸分子和醇分子。酸分子可以是細胞液或液泡內的乙酸或肉桂酸、油脂分子的脂肪酸，或是己酸或丁酸等細胞膜的組成分子。醇類分子通常為細胞代謝作用的副產物。果實含有幾種酵素，能把這些基礎細胞材料組合成芳香酯類物質。單一果實能散發出多種酯類物質，而其中一、兩種酯質便足以構成果實的特定香氣。這裡舉幾個實例：

乙醇＋乙酸＝乙酸乙酯（蘋果的典型香氣）
己醇＋乙酸＝乙酸己酯（梨子的典型香氣）
乙醇＋丁酸＝丁酸乙酯（鳳梨的典型香氣）
異戊醇＋乙酸＝乙酸異戊酯（香蕉的典型香氣）

部分蘋果酸來取得能量。蘋果芳香大半來自於表皮，因為那裡能催化生成揮發性成分的激素濃度最高。當蘋果燒煮成漿，會釋放出「大馬酮」這種類胡蘿蔔素的香味碎片，因而散發獨特香氣。

蘋果的質地和氣體　蘋果和梨子的差別在於，蘋果有1/4的體積是氣體，而梨子的含氣量低於5%，這得歸功於蘋果的細胞間隙是互通的。蘋果過熟時會出現軟綿口感，便是因為這些氣體空間：當蘋果的細胞壁軟化、細胞內部乾涸之後，細胞都已經彼此分開，因此一口咬下只是把細胞推得更開，而不是咬破細胞釋出裡面封存的汁液。因此烘烤整顆蘋果時，必須考慮到含氣的細胞；當蘋果逐漸烘熟，細胞會充滿蒸氣、脹大，因此得先在頂部削掉一道皮來釋放壓力，否則果皮會裂開。

蘋果和野生酸蘋果的細胞壁含有豐富的果膠（38頁），正適合用來製造果凍。因此單單把蘋果搗爛、稍微煮一下，便可以調製出濃稠綿密的蘋果泥，或者慢火熬煮濃縮成蘋果醬。

蘋果汁和蘋果酒　蘋果汁有些呈乳白色，也有的很清澈，這要看偏折光線的果膠及蛋白質是否完好無缺。鮮榨果汁的淡白色及清新風味約可維持一小時，隨後色澤變暗，同時酵素和氧氣對香氣的影響也越加明顯。若果汁快速加熱至沸騰，能引發褐變的酵素便會喪失活性，從而讓褐變作用減至最輕，不過這樣一來，果汁自然會帶有烹煮過的風味。加溫殺菌過的蘋果汁最早是1900年左右在瑞士開始生產，如今已成為美國最重要的商業水果產品之一。蘋果酒至今仍是西班牙西北部、法國西部和英國的重要農產品，這些地方的傳統製法是混合果汁和果渣一起在冬天緩慢發酵，最後酒精含量約可達4%。

蘋果的特有風味和品種

風味	品種
單純、清爽	格拉文斯坦（Gravenstein）、史密斯奶奶（Granny Smith）
草莓、覆盆子	北方間諜（Northern Spy）、史匹茲柏格（Spitzenburg）
酒味	麥金塔（McIntosh）
芳香和花香	考克斯橙（Cox's Orange）和里柏斯敦蘋果（Ribston Pippins）
蜂蜜味	金冠（Golden Delicious）、富士（Fuji）、加拉（Gala）
洋茴香或龍蒿味	艾里森橙（Ellison's Orange）、菲諾列特（Fenouillet）
鳳梨味	紐鎮蘋果（Newtown Pippin）、萊內鳳梨（Ananas Reinette）
香蕉味	陶茲（Dodds）
堅果味	布倫海姆橙（Blenheim Orange）
肉豆蔻味	達西香蘋（D'Arcy Spice）

梨子

梨子是梨屬（*Pyrus*）植物的果實，成長習性比蘋果更捉摸不定，栽植範圍也較不廣泛，由於梨的風味、質地都很細緻，且外形美觀，因此有些人稱之為「果中之后」。梨子質地比蘋果細緻，也沒有蘋果那麼酸。市面常見外表平滑、長形的歐洲梨（西洋梨）是西亞「普通梨」（*P. communis*）的變種。「亞洲梨」的各個品種都出自中國兩個原生種，後來經日本大幅改良而成「和梨」（*P. pyrifolia*）和「烏蘇里梨」（*P. ussuriensis*）。這些梨種的果肉多汁鮮脆，具有富含纖維素的「石細胞」，因此吃起來會有點沙沙的，外觀有長形或蘋果形。梨子的典型香氣來自「梨酯」（癸二烯酸乙酯）等數種脂質。

一般而言，梨子的呼吸率都高於蘋果，儲藏狀況也不如蘋果理想。梨子是一種獨特的溫帶水果，因為要達到最佳食用品質，是在它長成但果肉依然堅硬時採收，再讓它自行熟成；若在開始熟成時才採收，質地便開始糊軟，果核也會瓦解。倘若原先儲藏於低溫環境，隨後溫度卻升得太高，果核就會呈粉質。梨子最好擺放在18~20°C的溫度下數日，讓它慢慢熟成。梨子對二氧化碳反應靈敏，因此無論在哪個階段，都不得用塑膠袋來包裝。亞洲梨特別容易受損，通常會先套上保護材套才上市。

梨子的品種 最早的梨子全都是又沙又硬的「沙梨」。歷經好幾世紀的育種，含帶沙質的石細胞數量明顯大減（不過用來釀造梨酒的品種除外，這類梨子所含沙質很有用，利於發酵前研磨果肉）。歐洲梨有許多種類的果肉質地如「奶油般」柔軟，這類品種在18世紀由比利時和法國業者栽培而成。歐洲梨依收成時節和傳統儲藏期限（現在藉由對環境和溫度的控制，期限可以延長）區分為三類。夏季梨子在7~8月收成，可儲藏1~3個月，如Bartlett，也稱為Williams、Bon chretien；秋季梨子在9和10月收成，可儲藏2~4個月，如Bosc和Comice；冬季梨子在10和11月收成，可儲藏6~7個月，如Anjou和Winter Nellis。

榲桲

榲桲果實採自中亞榲桲屬榲桲樹（*Cydonia oblonga*），讓我們有機會嚐到蘋果、梨子原始品種的滋味。榲桲具有石細胞，含帶沙質並具澀味，就算熟成了肉質依然堅硬。不過榲桲具有獨特的花香（這得歸功於內酯和具有紫羅蘭氣味的芝香酮，這些物質全都衍生自類胡蘿蔔素分子），氣味最濃郁的部位是凹凸不平的黃色表皮。

烹調能馴服這些物質：加熱能分解、軟化富含果膠的細胞壁，並將帶澀味的鞣酸束縛在細胞壁裡，於是滋味便會變得柔順。有些國家把榲桲搗成泥，製作出堅韌得可以切片的傳統製品，這在西班牙稱為 *membrillo*，在義大利稱為 *cotognata*，而葡萄牙的一種榲桲漬品 *marmalada*，則是現今柑橘皮果醬的濫觴。16世紀煉丹術士暨糕點師傅諾斯特拉達穆斯（Nostradamus）曾提出好幾份醃漬榲桲的食譜，還記述廚師：「在烹調前莫名其妙把榲桲去皮，其實表皮可以增添氣味。」（蘋果也一樣。）

榲桲還有另一種引人入勝的特質。榲桲切片擺進糖水以文火燉煮幾個小時，顏色會從蒼白轉變為粉紅，最後再轉變成半透明的深寶紅色。變色的關鍵在於果實儲存的酚類化合物質，這種無色物質受熱會轉變為花青素色素（55頁）。梨子也含這類化合物，不過含量較少，普通巴特勒梨僅有榲桲量的1/25，澳洲梨（Packham）則為1/10~1/2，因此通常最多只會變成粉紅色。

波斯山楂

波斯山楂果又稱歐楂果，是日耳曼山楂樹（*Mespilus germanica*）的果實，這是蘋果的近親，果實很小，為中亞原生品種，過去也是歐洲分布很廣的冬季果實，如今已經很少見。波斯山楂和榲桲一樣，熟成後依然又硬又澀，因此果實留在樹上度過初冬的霜期，仍然可以保存得很好，風味甚至還會更佳。波斯山楂可以醃漬食用，不過常用的作法是任其「過熟腐爛」（bletted，這個字是在19世紀發明的，來自「挫傷」的法文 *blessé*），或者從樹上採收後儲存在陰涼、乾燥處數週，直到果實本身細胞所含的酵素由內自行消化，讓肉質變軟而轉呈褐色為止。這時澀味消失，蘋果酸也耗盡，香氣散發出

香料、烘烤蘋果、酒香和微腐的強烈餘韻，醞釀出英國作家大衛・勞倫斯（D. H. Lawrence）描述的那種彷如「告別的雅致氣味」。

枇杷

枇杷和其他仁果幾乎沒有相似之處。枇杷的果實很小，果型瘦長，源自中國原生枇杷（*Eriobotrya japonica*），後經日本人大幅改良，19世紀再散布到亞熱帶眾多地區，尤其是西西里島，當地稱之為 nespole。枇杷通常比櫻桃更早熟成，滋味清淡、細緻。核心有幾枚大型種子，果肉含類胡蘿蔔素，會由白色再轉為橙色。美國品種主要是觀賞用，所結果實很小，而歐洲和亞洲的果實則最重可達250公克。枇杷可生食、製作果凍和果醬，也可添入香料糖漿烹煮熟食，煮法類似蜜漬桃子。枇杷不是更年型果實，也不容易凍傷，因此通常能保存良好。

核果：杏、櫻桃、桃子和李子

核果泛指所有的李屬（*Prunus*）果實，隸屬種類繁多的薔薇科，和仁果類是近親。核果類的英文名 stone fruits，是因為果實核心有堅硬如石的「外殼」，裡面包覆著單一大型種子。儘管李屬在北半球共有15種，重要的品種卻大半產自亞洲。核果不會儲藏澱粉，因此收成之後甜味不會增加，不過果實確實會變軟並發出香氣。核果若放太久，內部組織往往會變得粉粉的甚至整個瓦解，因此，如果和能夠儲藏較久的蘋果、梨子相比，新鮮核果更具季節性。

核果和部分仁果都會積聚不可消化的糖醇，無糖口香糖和無糖糖果就是常以這種山梨醇作為成分（見第三冊）；核果也含有大量的抗氧化酚類化合物。核果的種子受到一種酵素的保護，這種酵素能生成氰化物，還可以生成杏仁萃取物的典型香氣（杏仁是扁桃樹的種子，也是李屬）。因此，核果以糖或酒精保存，便會表現出杏仁的特色，還能取代歐洲麵食和甜點中常用的「苦杏仁」（345頁）。

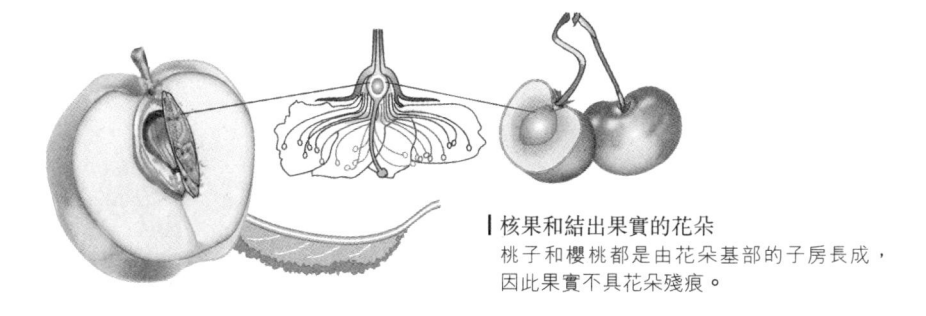

核果和結出果實的花朵
桃子和櫻桃都是由花朵基部的子房長成，因此果實不具花朵殘痕。

杏

　　西方最常見的杏是「亞美尼亞李樹」(*P. armeniaca*)的果實，這是中國原生植物，羅馬時期傳進地中海一帶。如今杏已經有好幾千個品種，有白色、紅色(得自茄紅素)和橙色，其中多數品種都已經適應特定氣候。杏的花期和果期很早(英文名apricot得自拉丁字*praecox*，意思是「早熟的」)，因此在冬季氣候溫和、變化規律的地區，杏果實結得最好。另有幾個生長在亞洲的品種，像是梅樹(*P. mume*)，日本人便是鹽漬並染紅梅果製成「梅乾」這種調味品。新鮮杏的獨特氣味由多種萜烯類物質混合而成，散發出柑橘、香草和花香，以及內酯類物質散發出桃子的香氣。杏含有豐富的果膠，因此完全熟成後質地滑膩，乾燥後則呈肉質口感。

　　杏是種脆弱的果實，不耐輸運，因此多半會加工處理。杏特別適於乾燥保存，即使過熟了，乾燥加工還是能適度濃縮其甜酸風味。美國的杏乾果多半產自西部幾個州或是由土耳其進口。土耳其出產的品種顏色較淺、味道較淡，類胡蘿蔔素和酸度都只有加州布蘭罕(Blenheim)和帕特森(Patterson)品種之半。杏果實在初夏曝曬一、兩週，水分含量降到15-20%時便製成杏乾。杏果通常會以二氧化硫處理，以保存豐富的β-胡蘿蔔素和其他類胡蘿蔔素、維生素C，並留住清新風味。杏未經硫化物處理不但會轉呈褐色，還會變味，出現一種烹煮過的味道。

櫻桃

　　櫻桃可以概分為兩大類，都是來自西亞和東南歐的原生品種。甜櫻桃是歐洲甜櫻桃樹(*P. avium*，又稱野櫻)的果實，可能是歐洲酸櫻桃樹(*P. cerasus*)的親種之一。甜、酸櫻桃的差別主要在於最高含糖量，甜櫻桃積聚的糖量明顯較高。櫻桃採收之後，風味便不會再改進，因此必須等待熟成後再採收，也因此果實相當脆弱。美國的甜櫻桃多半在境內栽植並新鮮販售，不過經加工處理的酸櫻桃則數量更多。櫻桃會大受歡迎，不僅因為滋味甜美，色澤也討喜，而且種類多，從深紅色(富含花青素)到淺黃色的都有。紅色品種是酚類抗氧化物的絕佳來源。

櫻桃風味主要得自帶杏仁味的苯甲醛，還有花香味萜烯類（芳香醇），以及丁香香精（丁香油酚）。加熱可以增添杏仁香和花香，若把種子留在果實內一起加熱，氣味還會特別明顯。因此，法國的經典甜點「櫻桃蛋奶凍」（一種卡士達甜塔）風味才那麼濃烈，因此食用時請小心櫻桃核。

美國常見的「馬拉斯基諾櫻桃」（maraschino）可上溯至幾百年前，源自義大利東北部和鄰近巴爾幹半島一帶，當地人把原生馬拉斯加櫻桃浸漬在釀成的甜露酒（利口酒）中，留待冬季食用。現代工業版則以二氧化硫把淡色果肉的品種漂白，儲放在鹽水中備用，隨後再注入糖漿，將櫻桃染紅，並以杏仁萃取物調味，再加溫消毒便成。經過這整套程序，原有櫻桃大體只殘留骨架，也就是細胞壁和表皮。

桃子和油桃

桃子和油桃都是李屬桃樹（*P. persica*）的果實。油桃表皮平滑，桃子表皮則是毛茸茸的，油桃的果型通常較小、較堅實，氣味也較香。桃子的英文名peach和桃樹的學名*persica*，都衍生自「波斯」（Persia），因為桃子是在公元前300年左右，從中國取道波斯抵達地中海世界。

現代的桃子和油桃品種可以概分為幾個類別。其果肉有的白有的黃，質地有的結實有的軟嫩，果肉有的緊緊依附於中央大型果核（黏核桃），有些則可輕易分離（離核桃）。而色白、軟嫩、容易剝離的果肉，則屬於遺傳上的顯性特質。黃色品種主要在1850年之後才培育問世，而果肉結實的黏核桃種，主要是為了製作乾果或罐頭加工而栽培，此外也希望果實更耐受輸運、處理作業。黃色色澤得自少數幾種類胡蘿蔔素，其中包括 β-胡蘿蔔素；較罕見的紅色品種含有花青素（果皮通常都含這類色素）。桃子熟成從柄端開始，沿著溝槽（或作「縫線」；果實表面的接合線）漸次進行，而且看來收成之後，風味還會繼續增加。桃子和油桃的特殊香氣，大半得自內酯這種化合物，椰子的香氣也是得自內酯；有些品種還包含帶丁香味的丁香油酚。

桃子最常見的問題是果肉變得粉粉的，這顯然是果膠受損瓦解，若桃子曾儲放於8°C以下的低溫，就可能發生這種情況。超級市場的桃子尤其常見。

李子和雜交李種

　　李子多半來自兩種李樹。一種是歐亞大陸的「歐亞李」(P. domestica)，它隨後演變出歐洲李，包括法國和義大利的乾果李、青李和萊茵克洛德李（Reine Claude），以及黃卵李和皇后李。其中最常見的是紫藍色乾果李，果呈卵形，果肉多，肉質半軟嫩、屬於半離核果實。第二種是亞洲種的「亞洲李」(P. salicina)，源自中國，經日本改良後於1875年傳入美國，由路德‧巴爾班克（Luther Burbank）等業者進一步育種。亞洲李的衍生品種（聖羅沙李、象心李等眾多品種）果實往往較大、較圓，從黃色、紅色到紫色都有，隸屬黏核果實，果肉軟嫩。歐洲李通常製成乾果或醃漬食用，亞洲李則多生食。李子是更年型果實，因此可於熟成前採收，儲放於0℃的環境下最多10天，接著靜置於13℃的環境下讓它慢慢熟透。不同品種的李子香氣也不同，不過一般都包含杏仁味的苯甲醛、花香味的芳香醇、桃子味的內酯和香辛氣的肉桂酸甲酯。

　　李子和杏的雜交種「杏李」（以李為主種）或「李杏」（雙邊持平），通常會比李子甜，香氣也更複雜。另外還有好幾種體型較小的李子，包括英國的大母松李（P. insititia）和黑刺李（P. spinosa）。黑刺李果小味澀，可用來浸泡黑刺李琴酒。

乾果李　果肉結實的乾果李很適合日曬乾燥，或是以乾燥機在79℃左右持續乾燥18~24小時，效果也很好。乾果李的濃郁風味，來自於高濃度糖分和酸度（重量比分別為果實的50%和5%左右），以及會生成焦糖味和烘烤香的褐變反應。褐變反應還會使乾果呈現漂亮的深棕色，而非土土的黃褐色。這些豐富的特性，使得乾果李能在許多鮮美的肉類料理中發揮絕佳作用。乾果李含有高濃度抗氧化性酚類化合物（每100公克含150毫克），因此是絕佳的天然風味安定劑，在絞肉中添加這類物質（每公斤約兩匙，比例約百分之幾），就可以避免出現剩菜再熱的味道。乾果李含有豐富的山梨醇以及飽含水分的纖維，因此可替代漢堡及其他烘焙食品中的脂肪（乾燥櫻桃也具多種相仿的特性和用途）。這類果實會使人類消化道產生輕瀉，我們還不完全

清楚它的機制，不過或許和山梨醇有關（見第三冊），這種糖醇含量可達果實（果肉加上果汁）重量的15%。我們無法消化山梨醇，因此這種糖醇會進入腸道，引發幾種刺激性反應。

漿果、葡萄和奇異果

漿果一詞在植物學上有其嚴謹的定義，不過一般而言，我們指的是生長在灌木和低矮植株（而非喬木）上的小型果實。美國常見的漿果，多半為北方林地原生種。

覆盆子類植物：黑莓、覆盆子及其近親

覆盆子類植物指懸鉤子屬植物（Rubus）的果實，它們自然生長於北半球溫帶多數地區，其植株細長、莖桿多刺。歐洲和美洲的原生黑莓達好幾百種，覆盆子卻只有數種。覆盆子類植物約在1500年才開始大量栽培，如今已經產生出好幾種黑莓和覆盆子的雜交品種，包括衍生自美洲種的伯森莓（boysenberry）、羅甘莓（loganberry）、雍莓（youngberry）和泰莓（tayberry），以及出身歐洲種的貝福德大果黑莓（Bedford giant）。較不常見的莖生莓種包括雲莓（cloudberry），這是一種黃橙色北歐莓果，還有果實具強烈香氣的暗紅色北懸鉤子。

覆盆子類植物是種聚合果實：一朵花擁有50~150個子房，每個子房各自生成一個小果，就像具有一枚堅硬種子的袖珍型李子。這些聚合小果各與花朵基部相連來取得養分，表面還長出纏結細毛，把眾多小果揪在一起（這也是「魔鬼氈」的靈感來源）。黑莓熟成之後果托底部便自花梗脫離，因此花托屬於果實的一部分；覆盆果實則是自子房基部脫離，因此果實內會

常見漿果
藍莓（圖左）是真正的漿果，就是由植物子房生成的單一果實。覆盆子類植物（譯注：生長在母枝的溫帶莓果統稱，包括多種覆盆子和黑莓等）和草莓都不是真正的漿果，而是眾多小果聚合而成，這些小果都由同一花托的眾多子房發育而成。覆盆子或黑莓（圖中）的眾多細小部分，都是完整的核果。草莓（圖右）是種「假果」：花朵膨大的基部表面布滿了許多乾「種子」，其實每顆都是完整的果實，相當於覆盆子類植物的細小部位。

有空腔。覆盆子類植物是更年型果實，而且是所有果實中呼吸率最高的；由於呼吸率高，表皮又薄，因此這類果實都極為脆弱，很容易腐敗。

覆盆子的特殊風味，得自一種「覆盆子酮」化合物，它會散發紫羅蘭般的氣味（出自芝香酮這種類胡蘿蔔素碎片）。我們已知野生漿果的風味遠比栽植的種類更強。不同黑莓風味也不同，歐洲品種比較清淡，美洲品種則較強，還帶有萜烯類物質散發出的香料氣味。覆盆子類植物的色澤多半得自花青素，這種色素對酸鹼濃度反應敏銳，因此黑莓一經冷凍便由深紫色轉呈紅色（55頁）。這些果實都是酚類抗氧化物的絕佳來源，而且其中的土耳其鞣酸還能在果醬製造過程中提高抗氧化物含量。覆盆子類植物醃漬之後，內部的許多種子（每100公克就有數千枚）有時會吸收糖漿並變得半透明，並讓一般的深色果醬呈乳白混濁狀。

藍莓、蔓越莓及其近親

這類漿果是好幾種越橘屬植物（*Vaccinium*，另譯「烏飯樹屬」）的果實，遍布北歐和北美。

藍莓 藍莓是北美越橘屬灌木所結的小果，這種植物的分布範圍從熱帶延伸到北極地區。矮叢藍莓（*V. angustifolium*）和高叢藍莓（*V. corymbosum*）狀似雜草，野地受火焚燒之後會率先重生。藍莓在1920年代之前都是從野地採集，隨後紐澤西州才培育出最早的「高叢」植株。山桑（*V. myrtillus*，又稱歐洲越橘、鳥嘴莓）是歐洲藍莓的近親，兔眼藍莓（*V. ashei*）則是美國南方原生種的近親，

覆盆子類植物的相互關係
所有覆盆子類植物都屬於薔薇科覆盆子屬。

俗名	學名
歐洲覆盆子	*Rubus idaeus vulgatus*
美洲覆盆子	*R. idaeus strigosus*
美洲黑覆盆子	*R. occidentalis*
歐洲黑莓	*R. fruticosus*
美洲黑莓	*R. ursinus, laciniatus, vitifolius* 等種類
歐洲露珠莓	*R. caesius*
美洲露珠莓	*R. flagellaris, trivialis*
伯森莓、雍莓	黑莓和覆盆子雜交生成的各類品種
雲莓	*R. chamaemorus*
黃莓（美國俗稱鮭莓）	*R. spectabilis*
北懸鉤子	*R. arcticus*

不過風味較淡。黑果則泛指越橘屬眾多種類中含有少量大型堅硬種子的果實，藍莓則是含有多枚小型種子的果實。

藍莓獨具特殊香料氣味，這顯然是得自好幾種萜烯類物質，它還含有豐富的酚類抗氧化物以及花青素色素，特別是表皮含量更豐。這類小型漿果適合冷凍保藏，經烘烤依然保持結實並不失外形。若烹煮時配料含有鹼性成分（例如英式鬆餅便含有小蘇打），藍莓所含色素便會轉呈怪誕綠色。

蔓越莓及其近親　蔓越莓（俗稱小紅莓）是北美多年生藤蔓植物蔓越莓（*V. macrocarpon*）的果實，是美國北方各州沼澤地的原生種，分布範圍從新英格蘭六州到中西部。19世紀開始，大果越橘便由人工培育致力改良，20世紀初，一家大型製造業者決定把他的受損漿果加工製成罐裝果泥，就成了今日常見的膠狀蔓越莓果醬。

蔓越莓可採乾式採收（用梳狀機器）或溼式採收（放水淹沒沼地），其中乾式採收的漿果較能久藏，可存放好幾個月。蔓越莓耐存放的理由有幾項。其中一項是果實酸度高，僅次於檸檬和萊姆，這也是蔓越莓難以直接食用的原因。另一項是它的酚類化合物含量非常高（每100公克含200毫克），其中部分具有抗微生物作用，或許還能保護果實在潮溼的環境中生長。這些酚類化合物中，很多也對我們很有用，有些具抗氧化功能，有些則能對抗微生物。其中的苯甲酸已成為今日調理食品的常用防腐劑。蔓越莓（以及藍莓）有種特別的色素先驅物，能制止細菌著生在人體多處組織部位，因此能預防尿道感染。

蔓越莓的香料味來自萜烯類和香料酚類衍生物（肉桂酸鹽、安息香酸鹽、香草醛和扁桃味苯甲醛）。部分酚類化合物具有明顯澀味。蔓越莓含有豐富果膠，因此蔓越莓果泥只要稍微烹調，就會成為濃稠的醬汁；也因此把蔓越莓浸入酒精，酒精便會凝結成凍。

越橘（*V. vitis-idaea*）又稱苔桃、苔莓和牛莓，是蔓越莓的歐洲近親，具有獨特的複合風味。歐洲種蔓越莓「蔓狀越橘」（*V. oxycoccus*）的風味比美國種濃重，含有更強烈的禾草味和草味。

穗醋栗和鵝莓醋栗

穗醋栗和鵝莓醋栗都來自醋栗屬植物（Ribes），分布於北歐和北美。這種小型漿果似乎要到公元1500年才有人工培育。（由於這類植株可能藏有一種會侵襲白松的疾病，美國聯邦和各州因此限制栽種）。醋栗屬包括白醋栗（R. sativum）和紅穗醋栗（R. rubrum），以及這兩種植株的雜交種。黑穗醋栗（R. nigrum）含酸量居其他品種之冠，香味獨具，成分包括眾多香料味萜烯類、果香酯類，還有一種彷似麝香的「貓味」硫化物，這種物質也見於蘇維翁白酒。黑穗醋栗還含有特別豐富的維生素C以及抗氧化性酚類化合物（含量高達其重量的1%），其中約1/3為花青素。穗醋栗主要都用來製作醃漬食品，法國人還拿黑穗醋栗來製作甜露酒，稱為黑穗醋栗乳酒。

鵝莓醋栗（R. grossularia）果型比穗醋栗大，常在未熟成時採收，用來調製水果蛋糕和果醬。黑鵝莓是黑穗醋栗和鵝莓醋栗雜交而成。

葡萄

葡萄是葡萄屬（Vitis）木本藤蔓植物的漿果。歐洲葡萄（V. vinifera）為歐亞大陸原生種（見第三冊），為釀酒用和食用葡萄的主要來源。亞洲溫帶地區的原生葡萄約有10種，北美有25種，Concord和Catawba葡萄便是來自其中的美洲葡萄（V. labrusca）。全世界生產的葡萄約2/3拿來釀酒；剩下的葡萄，約2/3拿來生食，另外1/3則用來製造葡萄乾。葡萄有好幾千個品種。釀酒用葡萄多半源自歐洲，而生食或製作葡萄乾的品種，則往往來自西亞。釀酒用葡萄較小串，酸度高，足以控制酵母發酵作用；食用葡萄較大串，也沒有那麼酸；製成葡萄乾的品種表皮薄、含糖量較高，葡萄串的結構鬆散，利於乾燥作業。美國最常見的食用葡萄和葡萄乾是湯普森無籽葡萄（Thompson），這個品種來自古代中東的通用品種Kishmish。

食用葡萄種類多，有的帶籽、有的無籽，有些具花青素呈深紫色、有些呈淡黃色；糖分含量範圍14~25%，酸度則0.4~1.2%。氣味方面，有的帶有中性的青綠香氣（湯普森無籽品種），還有些則含萜烯類物質，散發花香和柑橘香（麝香葡萄），還有些則含胺基苯甲酸酯和其他酯類物質，散發麝香氣

味（Concord葡萄和其他美國品種）。至今培育出的商用品種，能具有無籽、清新、酸、甜等特色，且儲藏期限長。湯普森無籽葡萄在早晨寒冷的氣溫下採收，以二氧化硫做抗微生物處理，能在0℃的環境下儲藏2個月之久。

葡萄乾　葡萄經日曬後製成葡萄乾，利於保藏。美國通常在葡萄園的植株走道間鋪上紙張，上頭擺放葡萄日曬乾燥約3週。葡萄乾經由褐變反應，會自然呈現褐色並帶有焦糖味（酚類化合物的褐變酵素氧化物，再加上糖分與胺基酸直接褐變產生多種物質，見42頁、第一冊310頁）。高溫可加速顏色和氣味的變化，因此在陰暗處風乾的葡萄顏色較淺。葡萄以二氧化硫作為抗氧化物，控制在一定的溫度和溼度下以機械脫水，能得出更具果香、但滋味較清淡的金黃葡萄乾。桑特葡萄乾由色黑粒小的哥林多葡萄（Corinth）曬製而成，比普通葡萄乾更酸，這是由於桑特葡萄表皮對果肉的比值較高。

酸葡萄汁和薩巴汁　有兩種古老的葡萄製品，在廚房中很好用。收成前6~8週，先採集瘦弱的幼果搗碎、過濾製成酸葡萄汁，這種酸果汁可以代替醋或檸檬汁，且略帶甜味，具細緻的青綠芳香。未採收葡萄在成熟後，可以熬成濃汁，製成帶甜、酸滋味的芳香糖漿（拉丁文 *sapa*，義大利文 *saba* 或 *mosto cotto*，土耳其文 *pekmez*，阿拉伯文則為 *dibs*）。在廉價的調味糖問世之前，葡萄糖漿就跟石榴等果實熬成的濃稠果汁一樣，是重要的甜味劑，而且還提供酸味和香氣。義大利黑醋（balsamic）很可能是從葡萄糖漿演變而來，糖漿在久放之後發酵成為果醋（見第三冊）。

奇異果

奇異果是中國藤蔓植物「美味獼猴桃」（*Actinidia deliciosa*）的酸味漿果。「奇異果」（kiwi）是個商品名，1970年代紐西蘭業者首度以這個名稱進行跨國行銷。如今，獼猴桃也培育出多樣品種，像是「中國獼猴桃」（*A. chinensis*），果肉從黃到紅都有。奇異果的外觀和熟成變化都相當特別。它的表皮很薄，周身長滿絨毛，熟成期間不會變色；內部果肉含有葉綠素，呈半透明綠色；

種子小而黑，排成環狀嵌於果肉，數量可多達1500枚，白色維管束組織則與核心相連。（還有幾個品種並不含葉綠素，果肉有黃色、紅色和紫色。）因此奇異果的橫切片看來非常漂亮。奇異果收成時含有大量澱粉，因此果實擺放在0°C的環境下存放數個月，澱粉便會慢慢轉化為糖分而帶有甜味。接著它們會在室溫下經歷更年型熟成變化，歷時約10天。熟成後果肉變軟，同時，安息香酸鹽、丁酸等脂質所具有的強烈果香會逐漸蓋過醇類和醛類物質的細膩禾草氣味，使得香氣更加顯著。某些品種的獼猴桃含有豐富的維生素C和類胡蘿蔔素。

奇異果讓廚師大為頭痛。「獼猴桃鹼」是種能消化蛋白質的強效酵素，若混入食材會損傷其他成分，並刺激敏感皮膚。加熱能讓酵素喪失活性，卻也讓果實的半透明細緻色澤變得混濁。奇異果還含有草酸鈣晶體（31頁），搗泥、榨汁和乾燥都會讓這種晶體的味道更加明顯，並刺激口腔和喉部。

桑椹

桑椹是桑屬喬木（*Morus*）的果實，體型嬌小、肉質柔嫩。桑椹的外形很像黑莓，不過每顆小果都是由短柄上的單一花朵發育而成。白桑樹（*M. alba*）是中國原生種，過去一直用這種樹的葉片來養蠶。白桑樹的桑椹從白到紫色都有，風味較為清淡；白桑椹通常都製成乾果，因為乾燥可強化風味。波斯桑樹（*M. nigra*，或稱為黑桑樹）源自西亞，其桑椹始終維持深紫色，風味較強。北美的赤桑樹（*M. rubra*）大致上都帶酸味。桑椹可醃漬食用，也可熬成糖漿或用來調製冰沙。

草莓

草莓採自草莓屬（*Fragaria*）一種多年生矮小植物，這個屬含20個種，分布北半球各地。這種植物好栽植、分布廣，從北極附近的芬蘭到熱帶的厄瓜多都見得到。草莓具有一種罕見特色，它的「種子」長在肉質部分的表面而非內部。這群「種子」實際上是袖珍型乾燥果實（瘦果），和蕎麥與向日葵的「種子」情況相同；此外，肉質部分是花朵的膨大基部，並非子房發育而成。

說文解字：漿果、草莓

berry（漿果）的印歐字根有「光耀」的意思，或許是指由眾多小果實齊聚綻放出的亮麗色彩。strawberry（草莓）的straw，其來源的字根有「散布、傳播」的意思。straw是穀類作物收成後，布滿田野的乾稈；strawberry的命名，或許就和藉由動物向外散播的特性有關。Streusel（糕餅上的飾料）也與此有關，指的是烘烤食品上隨性撒放的材料。

草莓細胞在熟成過程會膨脹並彼此分開，因此這種漿果裡面充滿細小氣室。氣室在細胞內部造成壓力，所以每個細胞會緊緊相鄰，維持果實外形。果實在乾掉或冷凍後，細胞壁會穿孔，這時內部壓力紓解，於是結構弱化，果實也變得柔軟黏糊。草莓一旦採收風味便不會再改變，因此熟成之後才能採收。草莓的外皮很薄，結構脆弱，就算在低溫環境也只能存放幾天。

標準草莓中的鳳梨氣味來自乙酯。再加上幾種含硫化物以及二甲羥基呋喃酮（複合式焦糖狀含氧環，也是鳳梨的典型成分），形成草莓的氣味。較小型歐洲林地草莓帶有Concord葡萄的風味（得自胺基苯甲酸酯）以及仿似丁香的香料味（得自丁香油酚）。草莓含有豐富的維生素C以及紅色花青素等大量抗氧化的酚類物質。草莓的果膠含量很低，因此草莓蜜餞常需添加調理果膠或富含果膠的果實。

草莓的栽植　今日我們栽種的草莓多半衍生自兩個美洲種，它們一直到將近300年前，才被帶到歐洲（而非美洲）混成新種。

歐洲也有原生草莓，即森林草莓（*F. vesca*）和麝香草莓（*F. moschata*），這些草莓已由人工培育，不過仍統稱為「野生草莓」或「林地草莓」。這種草莓最早曾出現在羅馬文獻，經人工培育後，15世紀培育出香氣四溢的品種，不過果型仍小、含果心，而且產量低。早期造訪北美的歐洲人，對美洲維吉尼亞草莓（*Fragaria virginiana*）的尺寸和氣勢深感折服，於是把這種草莓帶回歐洲。隨後法國人阿梅代‧弗朗索瓦‧弗雷澤（Amédée-François Frézier，巧的是法文的草莓就叫做*fraisier*）發現了胡桃大小的美洲種智利草莓（*F. chiloensis*），便在1712年把這種植株帶回法國。1750年左右，兩個美洲種草莓在法國不列塔尼半島普魯格斯塔爾一帶的草莓生產區，意外雜交出混合種。隨後，智利草莓也在海峽對岸的英國，自然突變出大型、粉紅色的新種草莓，其形狀和香氣都與鳳梨很像。現代果大色紅、風味濃郁的草莓品種，全都衍生自這兩個美洲種，正式學名為「鳳梨草莓」（*F. x ananassa*，x代表源自混成種，*ananassa*則指明顯的鳳梨味）。

接骨木果和小檗果

接骨木和小檗的果實都屬次要莓果,不過仍值得重新好好認識一番。接骨木的果實氣味芬芳,接骨木屬(*Sambucus*)的樹種分布範圍遍布整個北半球。這類果實非常酸,無法生食,其中的抗營養性凝集素(30頁)必須加熱才能去活性,因此通常會加以烹煮或釀製成酒。接骨木果實含有豐富的花青素和抗氧化酚類化合物。北半球的灌木小檗果也是,有些小檗果看來就像袖珍型蔓越莓,而且很容易製成乾果。波斯料理常用到小檗果,其中一道寶石飯,裡面便放置了又酸又紅的小檗果。

其他溫帶果實

酸漿果

酸漿果俗稱地櫻桃,指茄科幾種低矮植株所結果實,是墨西哥酸漿(綠番茄 tomatillo;見123頁)的近親。祕魯苦蘵(*Physalis peruviana*)也稱為燈籠果或好望角鵝莓,產自南美洲;毛酸漿(*P. pubescens*)為南、北美洲原生種。兩種果實都很像袖珍型的淡黃色厚皮番茄,外表包覆紙質果殼(因此又稱為帶殼番茄),在室溫環境很耐儲存。祕魯苦蘵含酯類物質,除了具備漿果常有的果香,還有花香和焦糖香氣。這類果實可醃漬食用,還可用來製作派餅。

柿子

柿子是柿屬喬木(*Diospyros*)的果實,柿樹為亞洲和北美洲原生種。維吉尼亞柿(*D. virginiana*)為原生種的美洲柿,大小跟李子差不多,還有一種俗稱「黑色人心果」的墨西哥黑柿(*D. digyna*),不過,全球最重要的柿樹品種是「日本柿」(*D. kaki*),這種柿樹是中國原生種,後來才引進日本;有人說日本人心目中的柿子,相當於美國人心目中的蘋果。日本柿子是香甜而不酸的溫和果實,裡面有幾枚褐色種子,種子外包覆著亮橙色果肉。柿子果肉的色澤來自各種胡蘿蔔素,包括 β-胡蘿蔔素和茄紅素。日本柿的香氣溫和,令人想起冬季的南瓜,這種氣味或許出自類胡蘿蔔素後所產生的物質。

日本柿可概分為兩類：會澀和不會澀的柿子。會澀的品種（例如錐形的「蜂屋柿」）由於鞣酸含量相當高，因此要等完全熟成（果肉半透明、幾乎呈液態）才能吃。不會澀的品種（像是底部平坦的「富有柿」和「次郎柿」）不含鞣酸，在未熟成、質地鮮脆時即可食用（無澀柿不會變得像澀柿那麼軟）。幾世紀之前，中國人想出一種方法，可以去除未熟成柿果的澀味。這或許是環境調控儲藏法的第一例！他們只不過把柿果埋藏在泥中數日，就發現果實在缺氧環境中會改變新陳代謝，累積出乙醛這種醇類衍生物。乙醛會與細胞中的鞣酸結合，於是鞣酸被消耗掉，無法與我們的舌頭結合。現代廚師以真正氣密的薄膜（聚偏二氯乙烯樹脂，商品名「紗綸」）緊密包紮柿子，也可達到同樣目的。

柿子通常都生食，或整顆冷凍製成天然冰沙，也可以製成布丁。傳統美國柿子布丁獨特的深褐色，是由於柿子中的葡萄糖和果糖、麵粉和蛋類蛋白質、鹼性小蘇打在好幾個小時的烹調後產生的深度褐變反應（見第一冊310頁；若以中性發粉代換小蘇打，或者縮短烹煮時間，布丁就會變成淺橙色）。柿子果肉可以打成泡沫而且持久不消，這是因為果實中的鞣酸能聚集細胞壁碎片，安定氣室。日本的蜂屋柿多採乾燥處理，每隔幾天便「按摩」一次，把水分均勻揉散，分解部分纖維成分，捏成柔軟如麵糰的黏稠度。

大黃

大黃是蔬菜，但常被誤認為果實。它是溫帶歐亞大陸原生大黃（*Rheum rhabarbarum*）的葉柄，味道酸得驚人。這種大型香草後來在19世紀早期風行英國，成為初春最早上市的類果實農產品。大黃根長久以來一直是中醫的通便藥材，而且廣為流傳。大黃葉柄還可作為蔬菜，伊朗和阿富汗會以大黃葉柄和菠菜一起下鍋燉煮，在波蘭則是與馬鈴薯同煮。到了18世紀，英國人使用大黃來調製甜派和餡餅。19世紀出現了較佳品種，加上技術進步，能夠挖出成熟的菜根，並在溫暖黑暗的棚屋中使葉柄快速成長，產出較甜、較嫩的葉柄。由於大黃種植技術的改良，加上食用糖價位下滑、供量增加，於是造就出大黃的榮景，在兩次世界大戰之間達到高峰。

說文解字：大黃

rhubarb（大黃）是中世紀出現的拉丁字，源自希臘文 *rha* 和 *barbarum*，意思分別是「河流的喧鬧」和「外來的」。*rha* 也有窩瓦河的意思，因此，這種植物有可能是依這條河川命名：大黃來自窩瓦河東的外地。

大黃葉柄可為紅色（得自花青素）、綠色或中間色澤，這取決於品種和生產技術。大黃的酸來自幾種有機酸，酸度為 2~2.5%，其中草酸貢獻了約 1/10。（大黃的草酸鹽含量達菠菜和甜菜的 2~3 倍。）據說大黃葉片有毒，部分原因是它的草酸鹽含量高（可達葉片重量的 1/100），不過或許其他化學物質也是原因。如今，溫室栽植使得大黃得以全年供應，不過有些廚師偏愛風味、色澤都比較濃厚的晚春收成野地品種。要想留住紅色葉柄的原色，最佳作法便是盡量縮短烹調時間，添加的液體量也要減到最少，因為烹調液會稀釋色素。

熱帶和亞熱帶果實：甜瓜、柑橘等

甜瓜

甜瓜（西瓜不算在內）指的是厚皮甜瓜（*Cucumis melo*）的果實，它是黃瓜（*C. sativus*）的近親。甜瓜原生於亞洲亞熱帶半乾旱地區，栽植於中亞或印度，公元 1 世紀初期傳抵地中海。由於果型大、生長迅速，因此成為生殖、豐足和奢華的共同象徵。甜瓜有許多品種，各具獨特的外皮、肉色（橙色品種含有豐富的 β-胡蘿蔔素）、質地、香氣和大小，保存的特性也各不相同。

甜瓜一般都是生食，可以切片或搗泥食用。甜瓜含黃瓜素，這是種消化酶，可防止膠質凝固，唯有加熱讓酵素變性或額外添加膠質，才可能凝固。甜瓜表面有可能受野地微生物的污染，倘若微生物在剖瓜時被帶入果肉，會引發食物中毒；建議作法是，要切開甜瓜之前，先以高溫肥皂水徹底清洗表面。

甜瓜家族和特質

西方最常見甜瓜有兩大家族：
- 夏季甜瓜香氣十足又極易腐敗，通常具堅韌的外皮。這類甜瓜包括羅馬甜瓜和麝香甜瓜。

・冬季甜瓜香氣較淡，也不那麼容易腐敗，外皮或平滑或摺皺。冬季甜瓜包括蜜露瓜、加薩巴甜瓜和雀黃甜瓜。

兩類甜瓜的差別來自生理上的差異。氣味芳香的夏季甜瓜通常屬於更年型果實（網紋甜瓜除外），熟成後便自莖柄脫離；而且果實中的活性酵素能對多種胺基酸前驅物產生作用，生成200種以上不同酯類物質，形成特有的濃郁香氣。冬季甜瓜和黃瓜、小果南瓜等近親一般而言都屬於非更年型果實，酯類物質酵素的活性低，因此風味較清淡。

甜瓜不會儲存澱粉，收成後不再變甜，因此甜瓜一定要在藤蔓上熟成才採收。帶有香氣的甜瓜若留有殘莖，表示果實未完全熟成便提早採收，至於冬季甜瓜（和羅馬甜瓜）則就連熟成的果實，也都帶有殘莖。甜瓜脫離藤蔓之後，香氣有可能繼續醞釀，不過和留藤熟成的果實氣味不同。甜瓜除了帶有果香的酯類物質之外，還含有若干最富青綠、禾草氣息的化合物（黃瓜的特有風味也來自於此），此外還有硫化物，使其甜美更具層次感。

次要的甜瓜

除了西方的甜瓜，亞洲也有好幾種，例如日本越瓜（或稱為茶瓜），其中有許多肉質鮮脆的品種。蛇形瓜的瓜型很長，扭曲像蛇，例如「亞美尼亞黃瓜」。另有蘋果瓜，這是具有麝香味的小型甜瓜，美國南方和其他地區會將這種甜瓜醃漬起來作為空氣芳香劑（袋瓜、石榴瓜、香甜瓜）；dudaim（蘋果瓜）是希伯來文，意思是「愛的植物」。刺角瓜（C. metuliferus），又稱非洲角黃瓜，商標名「基瓦諾」（Kiwano），原生自非洲，果皮具棘刺，色黃帶少量翠

部分甜瓜品種

夏季甜瓜：非常芳香，可存放1~2週
　羅馬甜瓜（cantaloupe）：平滑或略具網紋，橙色果肉，風味濃郁（沙杭特甜瓜、卡維儂甜瓜）
　麝香甜瓜（muskmelon）：具深刻網紋（美國大多數品種，美國人誤稱為cantaloupe。審定注：哈密瓜亦屬此類。）
　　嘉麗雅（Galia）、奧根（Ha Ogen）、羅基福德（Rocky Ford）甜瓜：綠色果肉，香甜芬芳
　　安布羅斯（Ambrosia）、金山（Sierra Gold）甜瓜：橙色果肉
　　波斯甜瓜：果型大，橙色果肉，味淡
　　夏琳／鳳梨甜瓜（Sharlyn/Ananas）：半透明果肉，色淡
　　五香甜瓜（Pancha，沙杭特甜瓜和麝香甜瓜雜交種）：具網紋和稜紋，橙色果肉，香氣十足

冬季甜瓜：香氣較淡，可存放數週至數月
　蜜露瓜（Honeydew）：外皮平滑，綠色或橙色果肉，味甜，香氣清淡（有很多品種）
　加薩巴（Casaba）、聖可拉斯（Santa Claus）甜瓜：外皮摺皺或平滑，白色果肉，甜度和香氣都低於蜜露瓜
　雀黃甜瓜（Canary）：外皮略具皺摺，白色果肉，鮮脆，芳香

雜交種
　克倫肖甜瓜（Crenshaw，波斯甜瓜和加薩巴甜瓜的雜交種）：外皮摺皺呈黃綠色，橙色果肉，多汁，芳香

綠色澤，種子周圍包覆半透明凝膠。這種凝膠帶有香甜的黃瓜風味，可用來調製飲料、鮮果醬和冰沙。可挖空留下外皮製成裝飾容器。

西瓜

西瓜是其他甜瓜的遠親，為非洲藤蔓植物西瓜（*Citrullus lanatus*）的果實，其野生近親的味道非常苦。埃及人在5000年前就吃西瓜，希臘人要到公元前4世紀才認識西瓜。現今全世界西瓜產量為其他所有甜瓜總產量的2倍。西瓜的特色是瓜型大、細胞也大，大到連肉眼都可以輕易辨識，而且重量可達30公斤以上。西瓜和其他甜瓜有一個差別：西瓜是由含有種子的胎座組織所組成，而不是包圍種子的子房壁（此處無種子）。1930年代日本首度育成的無子西瓜，實際上也含有未發育的小型種子。正規西瓜的果肉是深紅色，含有能抗氧化的茄紅素（一種類胡蘿蔔素），而且實際上西瓜中的含量還超過番茄！近年已經培育出黃橙色的品種。優秀西瓜的質地鬆軟、鮮脆，甜味適中，並具有細緻的清香。西瓜的品質可以從幾個外在特色辨識：單位體積的重量要高，表皮變黃（表示葉綠素流失）代表這顆瓜已經熟成，還有彈擊回音要渾厚。

除了生食，西瓜果肉也可以醃漬或蜜漬（通常需預先乾燥），也可熬成糖漿或濃稠果泥。密實的瓜皮常用來製成酸、甜漬品。西瓜有個子群「枸櫞西瓜」（*C. lanatus citroides*），俗稱「醃漬用西瓜」，果肉不可食用，瓜皮卻很厚實，可供醃漬。許多地區會拿甜瓜子和西瓜子烘焙後食用，或磨成粉調製飲料。

乾旱氣候區果實：無花果、海棗果等

刺梨

刺梨是美洲的印度無花果仙人掌（*Opuntia ficus-indica*）的果實，商品名「仙人掌梨」（英文 cactus pear，西班牙商品名 *tuna*）。這種植物的學名源自早期歐洲人的誤解，他們見到這種乾燥果實，以為這是「印第安人的無花果」。這種仙人掌植株在16世紀傳抵歐洲大陸，然後在南地中海區和中東地區像野草

說文解字：甜瓜
Melon（甜瓜）在希臘文的意思是「蘋果」，不過也指其他含有種子的果實。希臘人稱甜瓜為 *melopepon*（蘋果胡蘆），後來這個單詞才縮短為 *melon*。

般繁衍。美洲人食用它的肉莖和果實，歐洲人則主要吃果實。果實在夏季和秋天熟成，外皮很厚，顏色從綠色、紅色乃至紫色不等，堅硬的種子密密麻麻鑲嵌在淡紅色（有時呈洋紅色）的果肉當中。刺梨的主要色素不是花青素，而是類似甜菜成分的甜菜鹼（42頁）。刺梨氣味清淡，就像甜瓜，因為兩者含有類似的醇類和醛類物質。刺梨、鳳梨與奇異果同樣都含蛋白質消化酶，必須烹調才能去除活性，否則這種酵素就會影響明膠。取食須先去除果渣，通常榨汁生飲或調製成莎莎辣醬，也可以熬成糖漿或進一步熬製得更加黏糊。這種果糊可以製成糖果，或添加麵粉、堅果來烘焙蛋糕。

海棗果

海棗果是沙漠棕櫚植物海棗樹（*Phoenix dactylifera*）的果實，味道甜、容易乾燥。海棗稍能耐冷，只要有水分就能生長繁衍。海棗樹原生於中東和非洲的綠洲，5000年之前便有人工灌溉、授粉加以培育；如今海棗也見於亞洲和美國加州。我們平常見到的海棗乾果只有2~3種，但事實上海棗有好幾千種，而且大小、外形、顏色、風味和熟成時節各不相同。

海棗栽培業者和同好把海棗發育過程劃分為四個階段：未成熟時期，果實呈青綠；成熟但未熟成時期，果實呈黃色或紅色，質地結實、硬脆又帶澀味；熟成時期（阿拉伯文 *rhutab*），此時海棗果柔軟、細緻，呈深金黃色；最後是乾燥階段，呈褐色且具皺摺，帶有強烈甜味。海棗果通常在樹上乾燥。鮮果多汁多肉，含水量從50~90%，乾果很有嚼勁，水分低於20%。乾燥海棗果肉的質地，來自於60~80%的含糖量，還含有若干果膠和其他細胞壁原料，加上些許比例的脂質（包括表面蠟質）。海棗果乾燥後可以研磨成粗粉，製成「海棗果糖」。

海棗果經乾燥後轉呈褐色，並產生褐變的風味，這得歸功於褐變酵素對酚類物質所生的作用，以及高濃度糖分和胺基酸之間的褐變反應。有些品種含有豐富的酚類物質，特別是「光之手指」（Deglet Noor），這種棗果加熱後澀味會變強且紅色轉深。海棗果含酚類等化合物，具有抗氧化和防止突變的功能。

說文解字：海棗、石榴

Date（海棗）源自希臘字 *daktulos*，意思是「手指」，因為海棗果型修長，就像手指。
Pomegranate（石榴）源自中世紀法文，由兩個拉丁字根組成，一個意思是「蘋果」，一個意思是「顆粒狀」或「種子狀」。

無花果

　　無花果是無花果樹（*Ficus carica*）的果實，是地中海和中東地區原生喬木，桑樹的近親。無花果就像海棗果，很容易受日曬乾燥，因此是耐長期保存的高營養食物。數千年來，無花果都是人類重要糧食，也是《聖經》最常提起的果實，相傳伊甸園中也有栽植。西班牙探險家把無花果帶往墨西哥，繼而傳入美國，如今在亞熱帶許多乾燥地區都見得到無花果樹。無花果有許多品種，果皮有綠有紫，有的果肉還是鮮紅色的。熟成的新鮮無花果含水量高達80%，十分脆弱、很容易腐壞。全球的無花果有極高比例採乾燥保存，果子通常是在樹上就開始進行乾燥作用，最後落在果園地面曬乾，或在機器中完成乾燥。

　　無花果的特點在於花朵的比例超過果實，其主體是花朵的肉質基部所單獨形成的構造，花莖另一側有個小孔，內部雌性小花則發育成一顆顆細小乾果，像是質地硬脆的「種子」。小花靠小黃蜂鑽入小孔為其授粉。有許多無花果品種不需受粉便能結果，所產「種子」裡面並無胚胎。不過無花果專家表示，果實若經受粉並長出種子，似乎能產生不同風味。只是如此一來，黃蜂也會把微生物帶入無花果內部，因此受粉的果實也會更容易腐壞。士麥納無花果（Smyrna）及其衍生品種（例如美國加州的「加利麥納 Calimyrna 無花果」）必須受粉才能結果。這種果樹必須種在另一種不可食的「卡布里無花果」（caprifig）附近，讓黃蜂取得花粉，然後為士麥納花授粉。

　　無花果的外果皮含澀味的鞣酸細胞和負責傳輸無花果蛋白酶的乳膠導管。無花果的酚類化合物含量極高，其中有些為抗氧化物，還有比一般果實還多的大量鈣質。熟成無花果香味獨特，主要得自香料酚類化合物和一種帶花香的萜烯類（芳香醇）。

棗子

　　棗子也稱中國海棗，是中亞原生棗樹（*Zizyphus jujuba*）的果實。棗子和海棗確有相似之處，還有一種印度棗（*Z. mauritiana*，印度語 *ber*）也很像海棗。兩種棗樹都能耐熱、耐旱，如今在世界各地都有栽植。棗子果型小，果肉稍

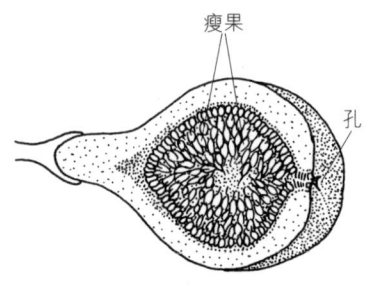

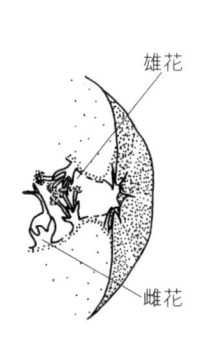

微乾而綿軟，甜味凌駕酸味。棗子富含維生素C，是甜橙的2倍以上。棗子可生食，或是乾燥、醃漬後食用，也可加入米食糕點，或是發酵後釀製成酒精飲料。

石榴

　　石榴是灌木型石榴樹（*Punica granatum*）的果實，原生於地中海和中亞的乾旱和半乾旱地區；據說伊朗的石榴品質最佳。石榴的外皮乾燥暗沉，內部的雙層腔室長滿豔紅如寶石的半透明小果（也有灰白和黃色的品種）。石榴的身影很早就出現在神話和藝術作品當中。史前特洛伊城便有石榴形狀的高腳杯出土，而在希臘神話當中，普西芬尼便是受誘吃了石榴籽，才必須留在冥界。石榴非常甜，也相當酸，而且往往帶有澀味，這是由於色澤強烈的汁液飽含花青素和相關的酚類抗氧化物。整顆石榴壓碎後搾取的果汁和單搾取內部小果相比，鞣酸的含量較高；石榴外皮的鞣酸含量非常豐富，還一度用來鞣製皮革！由於每顆小果都含一枚顯眼的種子，因此石榴通常都搾成果汁直接飲用，也可以熬成糖漿或「糖蜜」，或是發酵釀成酒。正宗石榴糖漿是以石榴汁和熱糖漿調合製成。如今的市售石榴糖漿多半是化學合成。印度北部地區會將石榴小果曬乾後研磨成酸性粉末。

柑橘家族：甜橙、檸檬、葡萄柚及其近親

　　柑橘是最重要的喬木果實之一，原生於中國南方、印度北部和東南亞，遍布全世界亞熱帶和較溫暖的溫帶地區。公元前500年之前，柑橘類枸櫞隨古代貿易傳往西亞和中東，而中世紀十字軍則把酸橙帶到歐洲；熱那亞和葡萄牙貿易商在1500年左右引進甜橙，再由西班牙探險家把甜橙帶往美洲。如今，全世界的甜橙產量大多出自巴西和美國。近1世紀之前，甜橙還是佳節才有的珍品；如今許多西方人早上起來都要喝甜橙汁。

　　柑橘類為什麼這麼受歡迎？它具有幾項罕見優點，而其中最重要的是，柑橘皮的香氣獨特而濃烈。人類培育出汁水甜美的品種之前，柑橘或許就

無花果
左頁圖是內含細小花朵的肉質「果實」（實際上是花朵的膨大基部）。無花果是草莓的反轉版本：無花果是果肉包覆著細小的果實（瘦果），草莓則是果實包覆著果肉。

是因此而深受喜愛。改良品種搾出的果汁的確具有提神之效，滋味從酸到甜酸都有，而且榨汁中幾乎不含絲毫果渣。果皮含有豐富的果膠（能夠形成凝膠）。柑橘還相當結實，是更年型果實，收成之後品質還能維持一段時間，而且厚實的果皮具有保護作用，能防止物理傷害和微生物的侵害。

柑橘的解剖構造

柑橘每個瓣瓣都由子房的一個部位長成，裡面塞滿了細長的小囊袋，稱為「囊泡」，每顆囊泡都含眾多細小的汁液細胞，這些細胞會隨著果實發育而逐漸累積水分並溶解物質。瓣瓣周圍包覆著厚層白色海綿狀構造，這部分稱為白軟皮，通常含有大量苦味物質和果膠。白軟皮上方還覆蓋一層薄皮，帶有色素和細小圓形腺體，負責製造、儲藏揮發性油脂。柑橘皮一經彎折，脂腺便爆開，會向空中噴發肉眼可見的芳香霧氣，而且遇火可燃！

柑橘的顏色和風味

柑橘果實有黃有橙（橙色的英文名orange源自梵文的「水果」），這些顏色來自類胡蘿蔔素的混合物質，但其維生素A的活性低。柑橘皮一開始是綠色，熱帶品種往往不再變色，連熟成的果實都是綠的。而在其他地方，低溫會破壞外皮的葉綠素，類胡蘿蔔素的顏色便會凸顯出來。市售果實常在青綠時採收，再經乙烯處理改良色澤，並塗敷可食蠟質以延緩水分流失。葡萄柚果肉的粉紅色和紅色來自茄紅素，紅色甜橙來自茄紅素、β-胡蘿蔔素和隱黃素的複合色澤，血橙的紫紅色來自花青素。

柑橘的味道來自少數幾種物質，其中有檸檬酸（柑橘檸檬家族的典型成分）、糖類，還有若干苦味酚類化合物（中果皮和外果皮含量最高）。柑橘果實的麩胺酸鹽（一種甘味胺基酸）含量極高，有時還與番茄不相上下（甜橙每100公克含70毫克，葡萄柚含250毫克）。柑橘幾乎不含澱粉，因此採收之後甜度無法提高多少。一般而言，果頂（著花端）酸質和糖分含量都較高，因此味道會比果蒂（著梗端）更強。就算是相鄰的瓣瓣味道也可能大不相同。

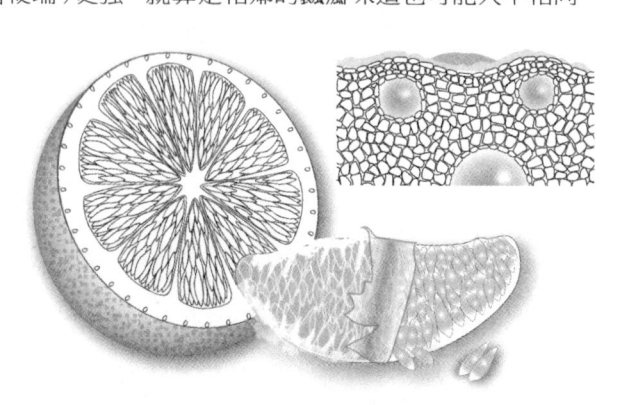

柑橘的香氣來自表皮的脂腺以及汁液囊泡中所含的油滴，而它們散發出的香氣則相當不同。囊泡油脂含較多帶有果香的酯類物質，果皮油脂則是帶清香的醛類和柑橘香／香料的萜烯類物質（198頁）。柑橘果實的芳香化合物有幾種是共通的：帶普通柑橘味的檸檬油精和少量帶蛋味的硫化氫。鮮榨果汁中，液囊油滴會逐漸和果渣物質集結，如此一來便會減少果汁的香氣，若再把部分果渣濾除，香氣還會再減少。

柑橘皮

柑橘皮的風味相當強烈，長久以來人們都用它來為菜餚調味（如川菜所用的「陳皮」），而且果皮本身也可以蜜漬成食品。柑橘外皮含芳香脂腺，下方富含果膠、絨狀的白色白軟皮，則通常含有具保護作用的苦味酚類物質。外皮油脂的萜烯類物質及抗氧化性酚類物質，都是珍貴的植物性化學物質（25頁）。苦味成分可溶於水，油脂類則否。因此，廚師會把柑橘皮迅速浸入熱水或緩緩浸入冷水，以溶除苦味化合物，之後若還要軟化白軟皮，便以文火烹煮，最後再把柑橘皮浸入濃縮糖漿。經過這整套程序，外皮不溶於水的油脂大半都會保留下來。Marmalade（橘皮果醬）這種糖漬食品就含有柑橘皮，這原本是以榲桲製成的一種葡萄牙果醬，然而到了18世紀，便開始以果膠含量高又容易凝結的酸橙來取代榲桲。甜橙製成的橘皮果醬凝結效果沒那麼好，風味也不特出，缺乏能幫助均衡糖分的苦味。

多數果實在接近沸騰的水中稍微浸泡一下，外皮就比較容易和下層組織分開、剝除，柑橘也有相同現象。柑橘的外皮很厚，須浸泡好幾分鐘。連結外皮和果肉的細胞壁膠結材料受熱後便會軟化，此外，熱度還可能催化某些酵素去溶解這種膠結材料。

柑橘屬

柑橘屬（Citrus）樹木的品種千變萬化，還往往彼此雜交，讓科學家花了很大一番努力才得以釐清箇中親緣關係。如今我們認為，一般栽植柑橘來自三個親種：枸櫞（C. medica）、中國的橘子（C. reticulata），以及柚（C. grandis）。

脂腺（左頁圖）

柑橘的解剖構造。柑橘的外果皮具保護作用，上頭的芳香脂腺是從內層帶苦味的白色襯皮（白軟皮）長出。柑橘瓤瓣都由心皮長成，瓤瓣內眾多纖細的液囊都有強韌的薄膜包覆著。

若干柑橘果實的氣味

本表前五種風味的化學物質皆都屬萜烯類，這也是柑橘類果實和部分香草、香料的特殊成分（390頁）。

果實	柑橘味（檸檬油精）	松木味（松烯）	草本味（萜品烯）	檸檬味（橙花醛/香葉醛）	花香味（芳香醇等）	鹼味、皮味（癸醛、辛烯醇）	麝香味（硫化物）	百里香（百里酚）	香料味（其他類萜化合物）	其他
橙（甜橙）	+	+							+	烹調過製成橙皮果醬（凡倫橘烯、甜橙醛）
橙（酸橙）	+	+								
橙（血橙）	+	+							+	凡倫橘烯
橘子（寬皮柑）	+		+	+	+					
檸檬	+	+	+				+			
檸檬（梅爾檸檬橙）	+	+	+					+		
萊姆	+		+	+				+		
枸櫞	+									
葡萄柚	+	+	+		+		+		+	
香橙（日本柚子）	+				+					甜橙醛
泰國青檸葉				+						
油橙	+	+	+						+	

還有葡萄柚，這算是晚近才出現的品種，而且顯然是源自西印度群島，18世紀由柚和甜橙雜交混成。

枸櫞　枸櫞原生於喜瑪拉雅山山麓，或許就是最早傳抵中東（約公元前700年）和地中海一帶（約公元前300年）的柑橘類果實。枸櫞的俗名citron來自地中海一帶的常綠雪松（希臘名 kedros），因為枸櫞果實看起來和常綠雪松的毬果很像，citron後來演變為柑橘屬屬名。枸櫞有好幾個汁液極少的品種，外皮能散發強烈香氣，可以用來薰香室內（亞洲和猶太宗教儀式中都有用到枸櫞），也是歷史悠久的蜜漬食品（76頁）。中國四川省民眾還把枸櫞果皮醃成辣味醬菜。

橘子　橘子自古便在印度和中國栽培，歷史超過3000年。西方人熟知的日本薩摩蜜柑（satsuma，又稱溫州蜜柑）在16世紀問世，而地中海型橘子（tangerine，得自摩洛哥Tangier城）則出現於19世紀。橘子果實通常較小，果型較扁，外皮帶紅色，很好剝除，散發特有的百里香和Concord葡萄濃郁香氣（百里酚、磷胺苯甲酸甲酯）。橘子是最耐寒的柑橘樹種，然而果實卻相當脆弱。薩摩蜜柑不結籽，通常取瓤瓣加工製成罐頭。

柚樹　相較於常見的柑橘果實，柚樹所需的成長環境最為溫暖，自古在熱帶亞洲便有栽培，但擴散速度始終很慢。柚子果型大，直徑為25公分或更寬，白軟皮相當厚；果肉液囊很大，容易分開，入口爆裂；瓤瓣有堅韌厚膜；另外，柚子不帶有苦味，不像它的後代葡萄柚。有些品種具有粉紅色或紅色囊泡。

甜橙　全球所產柑橘類果實，甜橙占了將近3/4。甜橙汁多、大小適中、酸酸甜甜，因而用途特別廣泛。甜橙或許是古代以橘子和柚子雜交而成，隨後又孕育出好幾種不同的品種。

美國臍橙：可能源自中國，但要到後來某個巴西品種在1870年傳抵美國，

才成為風靡全球的重要商品。這種甜橙的果頂看來就像肚臍，由第二套小型瓣瓣發育長成。美國臍橙不結籽，果皮也很好剝，是理想的生食甜橙。然而，臍橙樹卻不好種，而且果實汁液所含的果香酯類物質較少，不是最理想的榨汁品種。美國臍橙榨成果汁，擺放30分鐘左右便明顯帶有苦味。這是因為汁液細胞一遭破壞，裡面的物質彼此混合，酸質和酵素便會把一種沒有味道的前驅分子轉變為檸檬苦素這種帶強烈苦味的萜烯類化合物。

美國常見甜橙（即榨汁用甜橙）：果頂平滑，通常含籽，果皮對果肉的附著性超過美國臍橙。市售甜橙汁採榨汁用品種，因此不太會散發檸檬苦素。甜橙汁的風味清淡，通常加入橙皮油脂來添加風味。

血橙：最晚自18世紀便在地中海南部一帶栽種，可能源自當地，也可能來自中國，如今則是義大利主要的甜橙品種。血橙橙汁因花青素而呈深褐紅色，這種色素只在地中海一帶秋冬夜間的低溫環境才有辦法生成。這些色素往往積聚在果頂以及緊鄰瓣瓣壁膜的囊泡裡，而且收成之後，只要果實儲存在低溫環境，色素還會繼續累積。由於血橙有這類色素，又含酚類前驅物，因此其抗氧化價值高於其他甜橙。血橙的特殊風味來自柑橘和覆盆子香氣的結合。

無酸橙：在北非、歐洲和南美洲都有小量栽植，酸度約為普通甜橙和美國臍橙的1/10，甜橙香氣也比較清淡。

酸橙：它的出身和上述種類都不相同，味道又酸又苦（禍首並非檸檬苦素，而是相關的化合物新橙皮甙），還帶有強烈的橙皮特有香氣。酸橙在12世紀傳抵西班牙和葡萄牙，很快便取代檳榔，成為醃漬橘皮果醬的主要原料。

柑橘類群的親緣關係

原始種	
枸櫞	*Citrus medica*
橘子	*Citrus reticulata*
柚子	*Citrus grandis*

衍生種	
酸橙	*Citrus aurantium*
甜橙	*Citrus sinensis*，柚子 × 橘子（？）
葡萄柚	*Citrus paradisi*，柚子 × 甜橙
酸萊姆	*Citrus aurantifolia*
波斯／大溪地萊姆	*Citrus latifolia*，酸萊姆 × 枸櫞（？）
檸檬	*Citrus limon*，枸櫞 × 酸萊姆 × 柚子（？）
梅爾檸檬	*Citrus limon*，檸檬 × 橘子（或甜橙？）

現代雜交種	
橘柚	*Citrus x tangelo*，或橘子 × 葡萄柚
橘橙	*Citrus x nobilis*，或橘子 × 甜橙

酸橙花朵可用來製造橙花純露。

葡萄柚 葡萄柚是甜橙和柚子的雜交種，18世紀在加勒比海一帶育成，至今美洲仍是主要產地。紅肉葡萄柚的顏色來自茄紅素，20世紀初期在佛羅里達州和德州突變問世（晚近才大受歡迎的紅寶石葡萄柚和里約紅葡萄柚，都是以輻射刻意誘發突變所得品種）。葡萄柚的茄紅素跟血橙的青花素不一樣，前者必須在穩定高溫生長環境才能長得好，並均勻出現在所有液囊，而且性質安定可耐高溫。葡萄柚典型的中等苦味得自柚皮苷這種酚類物質，濃度隨果實熟成度遞減。葡萄柚跟美國臍橙一樣，含有一種檸檬苦素前驅物，而且果汁靜置也會逐漸變苦。經發現，有些葡萄柚所含酚類化合物會干擾我們對某些藥物的代謝作用，於是這類藥物會在體內停留較久，效果相當於服藥過量，因此藥物標籤有時會警告患者，服藥時忌食葡萄柚或葡萄柚汁。（目前正對這群酚類物質進行研發，作為增強活性的藥物成分。）葡萄柚的香氣特別複雜，成分包括帶肉味和麝香味的硫化物。

萊姆 萊姆是最酸的柑橘類果實，檸檬酸含量占果實重量的8%。墨西哥萊姆（*C. aurantifolia*，又稱佛羅里達礁島萊姆）是小型有籽萊姆，也是熱帶地區的標準酸柑橘（檸檬在高溫環境長得不好）。西亞地區會把果實整顆曬乾，然後研磨成略帶麝香味的芳香酸化劑。波斯萊姆（*C. latifolia*，又稱大果萊姆）是較能耐冷的大型無籽萊姆，有可能是純正萊姆和枸櫞的雜交種，這也是美國和歐洲較常見的種類。一般人都覺得萊姆都呈典型的「萊姆綠」（黃綠色），不過這兩種萊姆果實完全熟成之後，都會轉呈淡黃色。它們特有的氣味則來自萜烯類物質的松香、花香和香料。

檸檬 檸檬可能是經過兩個階段的雜交種，第一個階段發生在印度西北和巴基斯坦地區（枸櫞和萊姆雜交種），第二個階段則是在中東完成（枸櫞和萊姆雜交種後，再和柚子雜交）。檸檬大約是在公元100年傳抵地中海一帶，公元400年在摩爾人統治下的西班牙果園便已有栽種，如今主要都於亞熱帶

地區。檸檬的價值在於酸度（檸檬汁的酸含量常達5%）和清新香氣，許多受歡迎的新鮮或罐裝飲料都添加了這種基本成分。純正檸檬有許多變種，還有好幾種進一步混成的品種。龐德羅沙（Ponderosa）品種的果型大，果皮凹凸不平，有可能是檸檬和枸櫞的雜交種；而皮薄、酸度較低的梅爾（Meyer）檸檬橙則是在20世紀早期傳進美國加州，或許是檸檬和甜橙（或橘子）雜交混成，其特有風味部分得自百里酚的百里香氣味。檸檬通常都經「處理」來延長貨架壽命；檸檬在青綠階段便採收，在受控環境儲放數週，讓果皮變黃、變薄並產生蠟質，也讓液囊脹大。

近來，北非的醃漬檸檬也成為廣受歡迎的調味品。製作時先將檸檬切片、鹽醃，靜置發酵數週。細菌和酵母菌能軟化外皮，原本清新、酸烈的香氣，也變得濃郁、醇厚。有些較不費時的加工過程（例如將檸檬冷凍、解凍以加速鹽份透入，接著用鹽醃幾個小時或幾天）可以破壞脂腺，讓所含成分與其他物質混合，從而引發幾種化學變化，不過不包括會醞釀出的完滿風味的發酵作用。

其他柑橘果實　有些柑橘果實名聲較不響亮，但還是很值得認識一下：
- 油橙（*C. bergamia*）或許是酸橙和甜萊姆（*C. limettoides*）的雜交種，主要在義大利栽植，目的是取其帶有花香的果皮油脂。這是德國17世紀古龍水的原始成分之一，主要也用於香水、菸草和伯爵茶。
- 金橘為金橘屬（*Fortunella*）植物，果實約一口大小，可整顆取食，果皮和所有部位都很薄。金橘通常酸而不苦。金桔也是種嬌小的柑橘，有可能部分演變自金橘。
- 手指萊姆（*Microcitrus australasica*）是果形細小修長的澳洲原生柑橘。果實中的圓形液囊結實且漂亮，顏色可為灰白或深粉紅，散發一種特有香氣。
- 泰國青檸（*C. Hystrix*，又稱為卡非萊姆）在東南亞很普遍。它有綠色的果皮，其萊姆香氣帶有一般柑橘（來自檸檬油精）和松香（來自蒎烯）的氣味，可作為各式料理的調味品。泰國青檸的葉片帶強烈檸檬味，也會用在調味上。

說文解字：甜橙、檸檬、萊姆
orange（甜橙）來自古梵文 *naranga*，後來這個單字又轉借用來形容甜橙的典型鮮明色彩。lemon（檸檬）和lime（萊姆）都是從波斯文經由阿拉伯文轉變而來，而這也是它們從亞洲傳播到西方的路徑。

- 橘柚和橘橙都是近代才由橘子和葡萄柚，以及橘子和甜橙雜交混成，風味也是混合而成，通常都是直接食用。
- 香橙（*C. junos*，即「日本柚子」），有可能是橘子的雜交種，源自中國，約1000年前傳至日本並栽植。這種黃橙色的小果，外皮可用來調味，料理各式菜餚。也可用來製作醋、茶和醃漬食品。風味來自帶麝香的硫化物、酚類化合物如帶丁香味的丁香油酚，以及帶奧勒岡香氣的香旱芹酚。

常見熱帶果實

一個世紀以前，歐洲和北美洲只見得到少數幾種熱帶果實，而且都屬奢侈品。現在香蕉已成為常見早餐食品，而且年年都有新型果實問世。這裡列出幾項最常見的種類。

香蕉和大蕉

香蕉和大蕉高居世界水果生產和交易之冠，這得歸功於它們產量高又富含澱粉。現在蕉類的世界人均年消耗量將近14公斤，而以蕉類為主食的地區，人均年消耗量則可達好幾百公斤。香蕉和大蕉是喬木大小的香草禾本植物所結的無籽漿果，和原生於東南亞熱帶地區的普通香蕉（*Musa sapientum*）是近親。每棵香蕉樹只會開一朵花，而每朵花則會結出1~20串香蕉，總計可達300根，每根重達50~900公克。這種長形果實的前端會向上生長，在重力拉扯下，長出蕉類特有的彎曲造型。香蕉和大蕉都屬更年型果實，能量會轉化為澱粉儲存起來，熟成時再把所有（或部分）澱粉轉換成糖分。香蕉的轉換作用十分劇烈，成熟但未熟成的果實中，澱粉對糖分比例為25：1，而熟成之後則變成1：20。

香蕉和大蕉是兩種範圍廣大的蕉類，品種眾多，甚至有部分重疊。香蕉通常是甜點品種，大蕉則為高澱粉的熟食品種。香蕉熟成之後味道非常甜美，含糖量接近20%，只輸給海棗果和棗子，而熟成的大蕉含糖量可能只有6%，澱粉含量則高達25%。兩種蕉都在青綠時便採收，在儲藏時期熟成，由

於代謝作用活躍，一旦熟成便非常容易腐壞。香蕉的質地滑順濃稠，入口即化，其特有香氣主要得自乙酸戊酯和其他酯類物質，以及青綠、花香與丁香味（丁香油酚）。香蕉熟成時酸度隨之提高，有時甚至倍增，因此就幾個層面來看，風味都變得更為飽滿。一般而言大蕉熟成後是乾燥的澱粉質地，料理方式就如馬鈴薯，可以油炸、搗泥或切塊烹煮。

蕉類果實搗成泥之後的顏色來自類胡蘿蔔素（各種大蕉品種的顏色則更為明顯），另外鞣酸還會讓未熟的果泥漿汁帶澀味。香蕉和大蕉都非常容易轉呈褐黑色，這是因為含有乳膠的防禦性導管中的褐變酵素和酚類物質，這種乳膠由維管系統相關導管負責輸運。促成變色的物質在熟成期間大約會減少一半，因此蕉類果實一旦熟成便可冷藏，蕉肉也幾乎不會變色（不過蕉皮依然會變黑）。

香蕉的國際貿易市場由少數幾項品種獨占：大矮蕉、大麥可和華蕉等。在美國的民族傳統市場還有許多源自拉丁美洲和亞洲的有趣品種，這些品種通常較短，蕉皮和蕉肉都帶有斑痕，而且風味迥異、耐人尋味。

冷子番荔枝

冷子番荔枝和釋迦都是番荔枝屬樹木（*Annona*）的果實，這類喬木是南美洲熱帶和亞熱帶地區的原生植物，同屬的植物還包括刺果番荔枝（又稱紅毛榴槤，西班牙文 *guanabana*）和牛心梨。冷子番荔枝的果型中等，由種子和子房融合成果肉，外面包覆的綠色或棕色果皮則不可食用。冷子番荔枝的肉質跟梨子一樣，包含沙質石細胞。冷子番荔枝和鳳梨釋迦都屬更年型果實，儲存的澱粉會在熟成過程中轉化為糖分，因此果肉會變得軟甜而不酸，熱量也達一般溫帶果實的2倍。這類果實具有帶香蕉氣味的酯類物質，以及帶花香和柑橘香氣的萜烯類物質。冷子番荔枝得儲放在13°C以上的環境中熟成，之後在冰箱中可保存數日。冷子番荔枝和鳳梨釋迦可以冷藏或冷凍後以湯匙舀食，也可以搗泥調製成飲料和冰沙。

榴槤

榴槤外表滿布棘刺,是東南亞原生喬木榴槤樹(*Durio zibethinus*)的果實,主要栽植在泰國、越南和馬來西亞。榴槤的氣味惡名昭彰,很不像果實,強烈的氣味讓人想起洋蔥、乳酪和腐爛程度不等的肉類!不過,也有許多人珍愛榴槤的細緻風味和卡士達般的綿滑質地。榴槤身披盔甲,全果由數個帶籽的子房融合而成,總重可以超過6公斤。榴槤顯然是為了吸引象、虎、豬等大型森林動物,才演化出洋蔥、蒜頭、過熟乳酪、臭鼬噴液和腐蛋中種種氣味強烈的硫化物。這些化合物主要出現在外皮,至於種子外圍的肉質瓤瓣,味道就比較像傳統果實,不但美味,糖分和其他可溶固體的含量也特別高(36%)。榴槤可以直接取食,也可調製成飲料、糖果和糕餅,或是拌入米飯和蔬菜料理。榴槤還可以發酵,製造出更濃烈的味道(馬來西亞的「tempoyak榴槤醬」)。

番石榴和鳳梨番石榴

番石榴是桃金孃科番石榴屬(*Psidium*)這種灌木或小型喬木的大型漿果,原生於熱帶美洲,近親包括丁香、肉桂、肉豆蔻和和多香果等樹種。番石榴和其他家族成員一樣,會散發一種強烈的香料/麝香氣味(來自肉桂酸酯和若干硫化物)。番石榴果肉內含數百枚小籽,還有許多沙質石細胞,因此這種果實最常用來搗泥、打成果汁、製成糖漿,或是蜜漬食用。西班牙殖民者曾利用番石榴的高含量果膠,在殖民地製作出新版的「榲桲」醬。番石榴的維生素C含量極高,每100公克可達1公克,大半集中於脆弱的薄層表皮附近。

所謂的「鳳梨番石榴」是灌木植物鳳梨番石榴木(*Feijoa sellowiana*)的果實,這也是南美洲的桃金孃科植物。果實大小和構造都與番石榴相似,風味元素也有若干雷同。氣味強烈,獨特且不複雜,主要是一群苯甲酸生成的酯類物質。鳳梨番石榴的果實也多半搗成果泥,渣質濾除後用來調製液態製品。

麵包果和波羅蜜

麵包果和波羅蜜果是兩種亞洲波羅蜜屬（*Artocarpus*）植物所結的果實，其近親包括桑椹樹和無花果樹。兩種果實構造相似，果型非常大，都是由子房連同種子融合而成；麵包果重達4公斤，波羅蜜果更可10倍於此。波羅蜜果是印度原生果實，成分就像一般果實（大部分為水，含糖量8%，澱粉4%），香氣強烈而複雜，帶有麝香、漿果、鳳梨和焦糖氣味。波羅蜜果可生食或拌入冰淇淋，也可以製成乾果或醃漬食用。麵包果源自某個太平洋島嶼，因為澱粉含量非常高而稱為麵包果。一個成熟而未熟成的麵包果，或是把它煮乾成為能夠吸水的果肉團塊，所含澱粉比例最高可達全果重量的65%（糖分則為18%，水分只有10%）。麵包果是南太平洋和加勒比海一帶的主食，當初布萊船長指揮英艦邦蒂號來到南太平洋，目的就是要取得麵包果，結果尚未抵達便發生著名的叛變事件。麵包果可以沸煮、烘烤或油炸食用，也可以發酵製成酸果糊後乾燥並研磨成粉。熟成麵包果味甜肉軟，甚至呈半液狀，可以製成甜點。

荔枝

荔枝是亞洲熱帶喬木荔枝樹（*Litchi chinensis*）的果實，大小如李子，外皮乾鬆，內有一枚大型種子。可食部位為包覆種子的肉質組織（假種皮），呈瑩白色，味甜，獨特的花香味來自數種萜烯類物質（玫瑰氧化物、芳香醇、香葉醇；Gewürztraminer葡萄及其葡萄酒也有這幾種香氣）。種子發育不全的小核荔枝由於果肉多、種子小，相當受歡迎。

荔枝採收之後便不再增進風味。常見問題是果實因脫水或凍傷導致果肉變成褐色。荔枝最好是裝在未密封的塑膠袋，置於較低的室溫環境。新鮮荔枝還可以烹調食用，果肉加熱後有時會隱約泛出粉紅色澤，這是由於酚類物質分解轉化為花青素所致（55頁）。荔枝可以生食、浸泡糖漿做成罐頭，也可以製成飲料、醬汁或蜜餞，還可稍微烹煮後與肉類、海鮮一起上桌，甚至冷凍製成冰沙和冰淇淋。西方的「荔枝堅果」指的是荔枝乾，而不是荔枝種子。紅毛丹、龍眼和葡萄桑（pulasan）全都是假種皮型亞洲果實，和荔

枝同樣都歸入無患子科，而且性質相似。

芒果

芒果是亞洲喬木芒果樹（*Mangifera indica*）的果實，果肉又香又多汁，人工栽培已有好幾千年，是阿月渾子（開心果）、腰果樹的遠親。芒果有好幾百個品種，風味、纖維含量以及澀度等特質都不盡相同。芒果皮含有會引發過敏反應的刺激性酚類化合物，和腰果中的酚類成分相似。芒果的深橙色來自類胡蘿蔔素（主要為 *β*- 胡蘿蔔素）。

芒果屬更年型果實，會儲存澱粉，因此可以在青綠時採收，熟成時會從種子向外漸次變甜、變軟。芒果的風味特別複雜，主要或許是桃子和椰子的典型香氣（內酯類物質）、尋常果香酯類物質、具有藥味（甚至松節油味）的萜烯類物質，以及焦糖香氣。青芒果非常酸，可以醃漬或是乾燥研磨成酸化粉（北印度稱 *amchur*）。醃漬芒果在18世紀風靡英國，於是芒果的英文名 mango 又指這種處理食材的方法，或是有些食材也冠上芒果之名，例如黃色甜椒（mango pepper）。

山竹

山竹果是亞洲山竹樹（*Garcinia mangostana*）的果實。山竹果是具有皮革般外皮的中型果實，白色的果肉是由假種皮構成，裡面結籽數枚。山竹果的假種皮富含水分、酸酸甜甜，氣味細緻並帶果香和花香，有點像荔枝。山竹果通常生食或醃漬食用，也可製成罐頭。

木瓜

木瓜是番木瓜屬植物（*Carica*）的果實，原生自非洲熱帶，外形似小型喬木，其實是大型草本植物。普通木瓜（*C.Papaya*）果實由子房壁加厚而成，含類胡蘿蔔素，果肉顏色從橙色到橙紅色，果心的大型空腔布滿深色種子。木瓜是不儲存澱粉的更年型果實，由果心向外逐漸熟成，類胡蘿蔔素和香氣分子會增長數倍，而且果肉明顯軟化。軟化時，木瓜果肉的含糖量並沒有改

說文解字：熱帶果實

許多熱帶果實的英文名稱都是原本當地居民的稱呼，由最早與他們接觸的西方人帶回家鄉。Banana（香蕉）來自好幾種西非語言，mango（芒果）來自南印度泰米爾語，papaya（木瓜）來自加勒比語，durian（榴槤）來自馬來語（原意是棘刺）。

變，但組織軟化後更容易釋出糖分，因此嘗起來會更甜。木瓜熟成之後酸度很低，具有帶細緻花香氣味的幾種萜烯類物質，還有帶甘藍般辛辣味的幾種異硫氰酸鹽（109頁）。這類化合物在種子中含量特別高，乾燥後可製成溫和的芥末味調味料。

未熟成的青木瓜質地鮮脆，可拌入沙拉或醃漬食用。青綠木瓜含乳膠的導管中的乳膠富含能夠消化蛋白質的「木瓜蛋白酶」，某些肉類嫩化劑也含這種酵素。這種蛋白酶在熟成時含量會漸減，不過仍會影響肉質和滋味，就如鳳梨的鳳梨蛋白酶所帶來的影響（190頁）。

美國市面上還可以見到另外兩種木瓜。適應低溫氣候的大果型山木瓜（*C. pubescens*），甜度不如低地木瓜，不過木瓜蛋白酶和類胡蘿蔔素（往往也包括茄紅素）都更為豐富，因此果肉顏色偏紅。五稜木瓜（*C. pentagona*）顯然是自然雜交種，具有乳白色果肉，酸而無籽。

百香果和西番蓮

百香果和甜百香果分別來自十數種西番蓮屬（*Passiflora*）和香蕉百香果屬（*Tacsonia*）的藤蔓植物，原生於南美洲熱帶低地和亞熱帶高地。果實外殼有的硬脆（西番蓮屬）有的柔軟（香蕉百香果屬），內部有成團的硬籽，每顆硬籽都包覆著漿狀種皮（假種皮）。只有假種皮可食，重量僅僅占全果的1/3。儘管只含零星果肉，風味濃度卻很高，而且稀釋之後滋味更好。

百香果酸度特別高，主要為檸檬酸（紫皮品種所含檸檬酸重量超過果肉的2%，黃皮品種的還加倍），且散發出強烈、具滲透性的香氣，這種香氣顯然是由果香和花香等氣味混合而成（來自酯類物質、帶桃子香氣的內酯，以及帶紫羅蘭香氣的芝香酮），再加上罕見的麝香（來自幾種硫化物，黑穗醋栗和蘇維翁白酒中也有）。百香果的果肉主要用來調製飲料、冰品和醬料，其中味道比較清淡的紫果西番蓮（*P. edulis*）通常新鮮食用，而味道較濃的黃果品種（*P. edulis var. flavicarpa*）通常則會加工後食用（像是「夏威夷潘趣混合果汁」便是早期發展出的商品）。

幾種常見果實的風味元素

果實中，糖和酸性物質的含量大多會因熟成度而改變。下列數字大致代表美國市售產品現況，並非理想數值，用意在提供一種粗略方法來評比不同果實的特質。大體而言，果實越甜越好吃；不過，甜的果實如果沒有酸味來平衡，甜味會缺乏深度。下列香氣是風味化學家在各種果實中發現的揮發性化學物質，而且它們不僅僅具有果香，還以自身獨特的性質構成整體風味的一部分。空白欄位表示資料從缺，並不代表沒有值得注意的香氣！

果實	含糖量 （重量百分比）	含酸量 （重量百分比）	糖／酸比例	散發出的香氣
仁果類				
蘋果	10	0.8	13	依品種而異（153頁）
梨	10	0.2	50	
核果類				
杏	8	1.7	5	柑橘、花香、杏仁
櫻桃	12	0.5	24	杏仁、丁香、花香
桃子	10	0.4	25	乳脂、杏仁
李子	10	0.6	17	杏仁、香料、花香
柑橘類				
甜橙	10	1.2	8	花香、麝香（硫味）、香料
葡萄柚	6	2	3	麝香、青綠、肉、金屬
檸檬	2	5	0.4	花香、松味
萊姆	1	7	0.1	松味、香料、花香
漿果類				
黑莓	6	1.5	4	香料
黑穗醋栗	7	3	2	香料、麝香
藍莓	11	0.3	37	香料
蔓越莓	4	3	1	香料、杏仁、香莢蘭
鵝莓醋栗	9	1.8	5	香料、麝香
葡萄	16	0.2	80	依品種而異（164頁）
覆盆子	6	1.6	4	花香（紫羅蘭）
紅穗醋栗	4	1.8	2	
草莓	6	1	6	青綠、焦糖、鳳梨、丁香、野生種葡萄
甜瓜類				
網紋香瓜	8	0.2	40	青綠、黃瓜、麝香
蜜露瓜	10	0.2	50	青綠、麝香
西瓜	9	0.2	45	青綠、黃瓜
熱帶果實類				
香蕉	18	0.3	60	青綠、花香、丁香
冷子番荔枝	14	0.2	70	香蕉、柑橘、花香
番石榴	7	1	7	香料、麝香
荔枝	17	0.3	57	花香
芒果	14	0.5	28	椰子、桃子、焦糖、松節油
木瓜	8	0.1	80	花香
百香果	8	3	3	花香、麝香
鳳梨	12	2	6	焦糖、肉、丁香、香莢蘭、羅勒、雪利酒
其他種類				
酪梨	1	0.2	5	香料、木頭
刺梨	11	0.1	110	甜瓜
海棗果（半乾）	60			焦糖
無花果	15	0.4	38	花香、香料
奇異果	11	3	4	青綠
柿子	14	0.2	70	南瓜
石榴	12	1.2	10	
番茄	3	0.5	6	青綠、麝香、焦糖

鳳梨

鳳梨又稱菠蘿，是鳳梨科植物鳳梨（*Ananas comosus*）所結大型松毬狀果實，菠蘿類室內盆栽植物也屬這個家族。鳳梨是南美洲熱帶乾旱地帶原生種。（*Ananas* 來自瓜拉尼印第安語的「水果」；英文名 Pineapple 衍生自西班牙語 *piña*，意思是松樹或毬果，因為兩者很像。）這種植物在1493年之前就已散布至加勒比海一帶，當年哥倫布就是在那裡見到鳳梨，不久之後，法國和荷蘭便開始以現代方法致力於培育溫室鳳梨。

鳳梨由無籽小果螺旋排列而成，每個鳳梨有100~200個小果，直接與中央核相連聚集。鳳梨在小果融合過程中，也會把細菌和酵母菌包入果內，這讓鳳梨內部有可能腐敗。鳳梨不儲存澱粉，不屬於更年型果實，一旦採收甜度便不再提高，風味也不再改進，不過質地還是會變軟。完全熟成的鳳梨不利於輸運，因此外銷鳳梨都提早收成，所以糖分較少，甚至可能只有一半甜度，香氣也只有一點點。果實內部若出現褐色或黑色果肉，是輸運或儲藏時凍傷造成的；半透明部位似乎是因為生長時果實細胞壁糖分飽滿所致。亞熱帶地區的鳳梨品質差異較大，至於赤道附近的鳳梨，由於產地的季節和氣候變異不大，品質就比較穩定。

鳳梨的風味 鳳梨的特色就是風味濃烈，19世紀英國作家查理斯‧蘭姆（Charles Lamb）便曾形容這種味覺經驗「簡直是美妙得過分……她那種狂猛、錯亂的美味，讓人承受一種幾近痛楚的快感。」鳳梨在最好的狀態下非常甜又相當酸（得自檸檬酸），濃郁的香氣來自複雜的混合物質，包括果香酯類物質、香料的硫化物、香莢蘭香精和丁香香精（香草醛、丁香油酚），還有隱約蘊涵著焦糖和雪利酒香氣的好幾種含氧碳環。

任一顆鳳梨都含有多種風味層次。鳳梨基部附近的小果最早形成，因此肉質最老也最甜，酸度則從核心往外遞增，表面可達核心的2倍。由於鳳梨風味強烈，果肉又很堅實，且含些許纖維，因此鳳梨可以切塊烘焙、燒烤

食肉的果實：植物蛋白酶之謎

有些果實竟然含有能分解肉類和明膠的消化酶，乍聽之下令人驚奇，因為如此一來，廚師便無法用鮮果來製作果凍。事實上，的確是有幾種肉食植物能分泌消化液「吃掉」捕捉到的昆蟲和其他小動物。還有些植物的部位也能分泌類似的酵素來自衛，這種物質會刺激或傷害敵人的內臟，以此抵抗昆蟲和較大型動物的侵襲。然而，果實原本就是要供動物取食，藉由牠們來散播植物種子。那麼這些蛋白酶的作用是什麼？

就木瓜、鳳梨、甜瓜、無花果和奇異果而言，這類酵素或許具有限制作用，讓一隻動物只能攝食一定數量；吃了太多，動物的消化系統就會不適。另有一種耐人尋味的想法：只要適度攝食，這種酵素或許還能幫助這些動物清除腸道寄生生物，以回報牠們散布種子的恩德。有些熱帶地區的民眾會採集無花果和木瓜的乳膠來清理腸道，事實上這種酵素確實能分解活條蟲。

或油炸。鳳梨和奶油、焦糖的風味相近，和烘焙食品也很相稱，也適合用來調製多種生食製品（例如莎莎辣醬、飲料、冰沙）。

鳳梨酵素　鳳梨含有數種活性蛋白質消化酶，也就是肉類嫩化劑的成分。不過，若是預先調理的菜餚中含有這類成分，便可能會有問題。（醫界一向利用這種物質來清理燒傷等創傷傷口，也可以協助控制動物的炎症。）鳳梨蛋白酶是鳳梨的主要酵素，可以分解明膠，因此鳳梨必須先經過烹煮，讓酵素失去活性，才能用來製作果凍類的甜點。此外，在含有牛乳或奶油的混合料中放入鳳梨，鳳梨蛋白酶會破壞酪蛋白成分，產生帶苦味的蛋白質碎片。同樣的，只要先把鳳梨煮過就可以避免這種現象。

楊桃

楊桃是東南亞小喬木楊桃樹（*Averrhoa carambola*）的果實，屬於酢漿草家族（*Oxalis*）。這種中型淡黃色果實有幾項明顯特色：橫切面呈星形，可拌入沙拉、作為盤飾或妝點菜餚；帶有Concord葡萄和榅桲的香氣；含有草酸，主要見於五條稜脊部位。未熟成果實的草酸含量特別豐富，楊桃滋味酸得令人聯想起同樣富含草酸的酸模（sorrel，227頁），還可用來清潔、擦亮金屬！楊桃的顏色來自β-胡蘿蔔素等類胡蘿蔔素。楊桃的近親「三斂」（酸楊桃、豬母奶）滋味太過嗆酸，無法直接食用。熱帶地區取三斂來醃漬果乾、調製飲料。

chapter 4

以植物來調味：香草和香料、茶和咖啡

我們會以香草和香料為食物、飲料增添風味。香草是植物的葉片（包括新鮮的和乾燥的），香料則是乾燥植物細碎的種子、樹皮和根部。我們對香草、香料的消耗量不大，而且這類食材也不具營養價值。然而自遠古以來，這種細碎芳香材料是最受珍視、也最昂貴的食材。這類食材在古代不僅作為食品，還被認為具有藥效，甚至有助於與超越界聯繫。祭壇的聖火將馨香之氣飄送至天界取悅神明，也為塵世子民注入些微天界的氣息。過去歐洲人認為香料來自世界的盡頭，從阿拉伯、傳奇之地乃至於東方傳來，而這種對天堂馨香之氣的渴望，更驅動他們往東航行探索，因而發現美洲，帶來生物和文化上的交流，從而塑造出現代世界。

現在，很少人會認為香草和香料來自天堂或天界，但其風靡程度卻更勝往昔：因為香草和香料確實讓另一個世界進入我們餐桌。它們風味獨具，能夠標示出特定食物代表的特定文化，於是我們得以在這一餐吃到摩洛哥菜，下一餐嚐到泰國菜。自人類進入農耕時期，食物來源雖然變得更穩定，卻也更顯單調，但香草和香料能讓食物再度展現多樣風華，讓現代人品嚐到前人的多樣口味。人類會藉由嗅覺感官直接體驗周身事物，而香草和香料賦予食物的各種氣息，能帶來森林、草原、花園和海岸等令人歡愉的想像。它們在人們品味啜飲之際，召喚了人們所熟悉的自然界。

我們在這一章要討論的是香草、香料和其他三種重要的植物性調味料。茶和咖啡本身就是十分特出的食材原料，雖然我們不覺得它們是香草或香料，但實際上它們就是：茶是乾燥後的葉片，咖啡是烘烤過的種子，我們用它們來為水調味（還注入一種很有用的藥劑，咖啡因）。同時，木頭燃燒生成的煙霧也是種調味料，植物組織受高熱破壞時會產生某些芳香物質，這些物質也可以在正宗香料中找到。

風味和調味料的本質

風味＝一部分味覺＋大部分嗅覺

香草和香料的作用是為我們的食物增添風味。風味是種複合特質，由不同感官經驗結合而成，也就是來自口中味蕾和鼻子上端嗅覺受器的感受。這些感官經驗本質上都是化學作用：當食物中特定的化學成分觸發了我們的受器，我們便會嚐到味道、嗅到氣味。味道只有少數幾個類別：甜、酸、鹹、苦和甘味（或鮮味，見138頁），而氣味則可以分出好幾千種。蘋果「嚐起來」像蘋果，而不會像梨子或蘿蔔，是氣味分子的功勞。如果我們感冒鼻塞或用手指捏住鼻子，就很難分辨蘋果和梨子有什麼不同。因此，我們的風味經驗大半得自氣味或香氣。香草和香料能增添特有的香氣分子，從而強化食物風味。（這項常規也有例外，像是辛辣的香料和香草，就是在刺激和擾動口中的神經；參見199頁。）

氣味和揮發性分子的暗示作用

香草和香料的香氣化學物質都是揮發性的，也就是說，這類物質很小、很輕，得以從原來的地方蒸散到空氣中，然後才能隨呼吸飄進鼻子、被我們感知到。高溫能提高揮發性化學物質的揮發度，因此香草和香料加熱之後能釋出更多氣味分子，讓空氣充滿芳香。我們身邊的事物大多是可以看到、摸到和聽到的，但香氣是無形無體的存在。對於完全不明白分子和氣味受器的文化，這種虛無飄渺、四處瀰漫的特性，意味著有個不可見的世界，存在著無形的力量。因此在宗教儀式中，香草和香料成為祭火和焚香不可或缺的重要成分；這是獻給神明的祭品，也是召喚神明、想像天界的方式。長久以來，香水也是這等神祕力量的來源，香水的英文perfume便是來自拉丁文「經由火燄」。

香料簡史

香料的故事多采多姿、傳誦不斷。事實顯示，熱帶亞洲地區的香料植物產量特別豐富。過去地中海一帶和歐洲的人們都靠阿拉伯商人買賣香料、傳遞資訊，這顯示肉桂、胡椒和薑，都是來自傳奇之地的珍寶。

當時羅馬人認識的東方香料有好幾種，不過烹飪時主要還是只用胡椒。1000年之後，阿拉伯文化更進一步將其他香料帶上中世紀歐洲有錢人家的餐桌，而中產階級對香料的需求也越來越殷切。中世紀歐洲的醬料往往會加入5~6種香料，其中肉桂、薑和「天堂籽」（即摩洛哥豆蔻）通常為必備成分。由於土耳其掌控供應通路，壟斷香料價格，才迫使葡萄牙和西班牙尋覓通往亞洲的新航路；於是哥倫布在1492年抵達美洲，來到盛產辣椒和香莢蘭（vanilla，又稱香草）的大地，而達伽馬也在1498年航抵印度。葡萄牙和西班牙先後控制了香料群島，掌握肉豆蔻和丁香的貿易大權，到了1600年左右，荷蘭人再以粗暴的手段取得主控權，有效控制了兩個世紀之久。

隨著香料在其他熱帶國家栽植，價格越來越便宜、也越來越容易取得，它們在歐洲料理界逐漸褪去往日風華，最後只在甜點世界裡延續下來。然而到了20世紀末，西方的香草和香料消耗量陡然上升。美國在1965~2000年期間的消耗量增加到3倍（每人每日約食用4公克），原因是美國人對亞洲和拉丁美洲食物的喜好日增，尤其是辣椒的辛香。

味覺和嗅覺的變動世界

人類是動物,而只要是動物,由嗅覺所獲得的資訊,都遠超過滿口食物所獲得的資訊。嗅覺能偵測到空氣中所有揮發性分子。因此,動物能藉由氣味掌握周遭環境:空氣、地面、地表的植物,還有在附近活動的動物,牠們有可能是掠食者、配偶或是食物。嗅覺扮演的角色比味覺廣泛得多,如此說明了我們何以能敏銳察覺食物中的香氣,進而回想起世界的樹木、石頭、土壤、空氣、動物、花朵、乾草,還有海岸和森林。動物為求生存就必須從經驗學習,從而連結起特定感覺和伴隨而來的情境。氣味之所以能夠喚起記憶、引發與之相關的情緒,原因或許就在於此。

多樣的採集食品,單調的農耕作物

人類最早的祖先是雜食性的:在非洲草原可以找到的任何食物,他們全都吃下,從動物腐屍上的殘肉,乃至堅果、果實、葉片和塊莖。他們靠味覺和嗅覺來判斷第一次見到的東西能不能吃(甜味代表滋養的糖分,苦味代表毒性生物鹼,惡臭表示腐敗危險),也借助這類感覺來辨識、回憶先前遇到的東西所帶來的結果。他們吃的東西千變萬化,涵蓋的食物可能有好幾百種,因而腦中也有許多風味可供比對。

約1萬年前,人類發展出農耕技術。他們放棄不穩定卻多采多姿的食物來源,改採較為穩當卻也較為單調的食物。此時,他們大多依賴小麥、大麥、米飯和玉米來維生,這些糧食含有豐盛的能量和豐富的蛋白質,卻也都較清淡乏味。這時他們腦中可供比對的風味所剩不多,不過,他們仍然保有味覺和嗅覺感受。

神聖的、天界的香氣

在古代宗教中,香料是神靈顯現的象徵,而人類也能因此獲得愉悅的感官經驗。

我妹子、我新婦,乃是關鎖的園、禁閉的井、封閉的泉源。
妳內所種的結了石榴,有佳美的果子,並鳳仙花與哪噠樹。有哪噠和番紅花、菖蒲和桂樹,並各樣乳香木、沒藥、沉香與一切上等的香料。妳是園中的泉、活水的井,從黎巴嫩流下來的溪水。北風阿,興起!南風阿,吹來!吹在我的園內,使其中的香氣發出來。
——《舊約聖經》〈雅歌〉,4:12~16

所以安拉將把他們從那天的災難當中拯救出來,並使他們容光煥發身心愉快。他因著他們是堅忍的,賞給他們絲綢的衣服和園林的喜樂……將有人在他們之間傳遞銀盤,和酒樽那麼大的杯;那些銀樽由他們自己預定每杯的容量:享用滿杯用薑汁調和的,來自莎爾莎碧爾噴泉的水。

——《古蘭經》〈人〉,76:11~18

調味料的刺激和趣味

人類有一項特性，就是會想要探索、操控周遭自然物質世界，以順應自己的需求和興趣。這些需求和興趣也包括我們的感官刺激，創造出能吸引我們腦子注意的感覺模式。農耕發展之後，膳食也跟著徹底簡化，於是我們的祖先也想盡辦法為我們的味蕾和鼻子重新帶來更多體驗。其中一種作法是使用風味特別強烈的植物部位。香草和香料不僅能加強食物的風味，還能帶來更繁複的變化，並裝飾食物，讓風味更加突出。

調味料都是化學武器

為什麼有些植物的某些部位風味特別濃烈？這些賦予植物強烈風味的化學物質，在植物本身扮演什麼角色？

有一條簡單的線索是，它們都會帶來強烈的效果。我們可以試做個實驗，拿一片奧勒岡葉或一片丁香或一枚香莢蘭豆來咀嚼。結果一點都不美味！多數香草和香料若直接吃，口感都會是辛辣、刺激又麻木的。而且會帶來這種感覺的化學物質，其實都有毒性。奧勒岡和百里香的純香精可以在化學用品公司買到，而產品會貼上醒目的警告標籤：這類化學物質會侵害皮膚和肺部，切勿碰觸、吸入。這正是這類化學物質的主要作用：植物製造這些物質，讓自己變得討厭，從而抵禦動物或微生物的侵襲。香草和香料的風味物質都是防禦性化學武器，當植株被咀嚼時，植物細胞便會釋出這些化學武器。這類物質還具有揮發性，因此不只直接接觸才能生效，還能作為警告訊號，讓某些動物一聞到就不敢靠近。

把危險變趣味：加入食物

然而，人類卻偏偏喜歡這種原本要拿來驅離我們的武器。香草和香料一旦加入食物，不僅變得無毒、可以食用，而且還變得可口，原因不過是個很簡單的烹調原理：稀釋。若是我們吃下一整片奧勒岡葉或一整粒胡椒子，

香料並不是一開始就用來搭配食物

在古典希臘羅馬時代，香料大半都用於宗教儀式和薰香用料，將它拿來作為食材在當時可不是一件理所當然的事！

或許有人會問，為什麼那些香氣物質能為葡萄酒帶來美妙的滋味，卻不能對其他食物產生相同影響。事實上，在任何情況下，食物不管有沒有煮熟，香料都會糟蹋食物的滋味。
　——泰奧弗拉斯托斯（Theophrastus），《植物探源》（*De causis plantarum*），公元前3世紀

如今，我們必須為肉類添加「補充劑」。我們在油脂、酒、蜂蜜、魚漿和醋裡面混入敘利亞和阿拉伯香料，彷彿我們是在給死屍塗抹香油預備安葬。
　——普魯塔克（Plutarch），《道德集》（*Moralia*），公元2世紀

我們的感官就會因為極高劑量的化學防禦物質而受到強烈的刺激；然而，同樣的化學物質一旦擴散到其他食材中，像是每公斤只含幾毫克，刺激效果就不會那麼強。這類物質為我們增添穀物和肉類欠缺的風味，讓它們的滋味更豐富、更引人垂涎。

香草和香料的化學作用與特質

多數調味料都和油脂很像

傳統上，香草或香料所含的風味原料都稱為「精油」。這個詞反映出一項重要事實：芳香化學物質比較像油脂，和水的差別就比較大，也因此較不溶於水而較溶於油（見第三冊）。因此，廚師調製香草、香料風味萃取物時，是以油而非以水來浸泡。他們也會以水性醋和酒精來浸泡香草，因為酒精和醋液所含的乙酸是脂肪分子的組成物質，只是分子較小，不過依然有助於溶解芳香物質，效用超過單純的水。

防禦性芳香化學物質對掠食動物細胞的傷害，也同樣會作用在植物本身，因此植物都小心把這類物質和體內運作機制隔開。香草和香料所含芳香化學物質都儲放在特化的儲油細胞裡，這類細胞有的位於葉片表面腺體，有些則長在細胞的連通管道裡。有些乾燥香料中的精油重量比高達15%，一般則是介於5~10%。至於香草，不管是新鮮的還是乾燥的，其含量通常遠低於此（約為1%）。新鮮香草是由於水分含量高出許多，而乾燥香草則是因為芳香化學物質在乾燥過程中會流失。

香草或香料的風味是多種風味混合而成

風味是複合性質的表現，這點我們已在各種食物中多次談到。熟成的果實有可能含有幾百種芳香化合物，而且一頓烤肉大餐也是。儘管我們往往認為，特定香草或香料會具特定風味，但這些風味也都是由好幾種芳香化合物構成。有時其中一種化合物會特別顯著，主導其特有氣味（丁香、肉桂、

洋茴香和百里香都是如此）；不過一般而言，特有氣味往往是各種成分的整體呈現，因此香料才得以統合食物中各種材料的氣味。舉例來說，芫荽子兼具花香和檸檬香；月桂葉結合了尤加利香、丁香、松香和花香。去分析香料的味道、設法嚐出不同成分，並尋思各種風味如何構成，是個令人著迷又很有用的過程。我們也可以借用香水界的用詞來幫助我們理解：有些氣味屬於「前味」，馬上可以聞到，輕逸飄忽隨即消散；另有些是「中味」，也就是主要香氣；還有「後味」，它會慢慢發散出來，而且持續一段時間。200~201頁列出一份表格，裡面有某些香草和香料所含顯著芳香化合物。香草和香料所含芳香化合物，許多都是來自特定化學家族。

■ 風味家族：萜烯類

　　萜烯類化合物都是由五顆碳原子組成，這些碳原子成鋸齒狀排列，而且事實證明，這種排列方式帶來的用途之廣，令人咋舌：它們能結合、扭轉或裝飾，組裝出成千上萬種不同分子。植物經常生成萜烯類的防禦性混合物質，而且成為各種植物部位的特定香氣，像是針葉樹的針葉和樹皮、柑橘類果實（178頁）、花朵，還有多種香草和香料總體風味中的松香、柑橘、花香、葉片味，以及「清新氣息」。萜烯類家族化學物質的揮發性和活性往往都特別旺盛。這表示萜烯類物質經常是最早飄進鼻孔的分子，讓我們對這類輕盈飄逸的香氣產生初步印象。這也表示，萜烯類很容易受熱發散，稍微加熱就會發生變化，於是這種清新飄逸的香氣就會消失不見。若有需

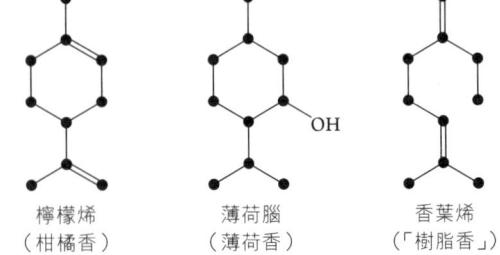

幾種萜烯類芳香化合物（右圖）
黑點代表碳原子構成的主幹。檸檬烯和薄荷腦是特有的香氣物質，至於香葉烯則是好幾種香料和香草的背景香氣。

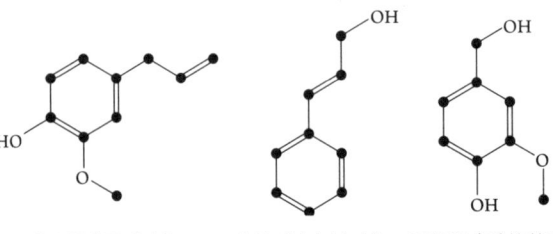

檸檬烯（柑橘香）　　薄荷腦（薄荷香）　　香葉烯（「樹脂香」）

丁香油酚（丁香味）　　肉桂醛（肉桂味）　　香草醛（香莢蘭味）

幾種酚類芳香化合物（左圖）

要,上桌前重新添加一劑香草或香料,這樣煮好的菜餚就可以重現香氣。

風味家族:酚類

酚類化合物由構造簡單、封閉的6碳原子環組成,而且至少含有一個水分子碎片(一種氫氧組合)。這種單環還可以修改,在一顆或多顆碳原子上添加其他原子,還可以把兩個以上的碳環連結起來,構成花青素色素和木質素等多酚化合物。萜烯類芳香族通常會具有共同性質,酚類芳香族就不同了,它們各具特有型式,形成各種香料(如丁香、肉桂、洋茴香和香莢蘭)和香草(如百里香和奧勒岡)的特有風味。辣椒、黑胡椒和薑所含辛辣成分,也是以酚類化合物為基礎合成的。

由於碳環含有水分子碎片,因此酚類化合物會比萜烯類化合物易溶於水。食物中的酚類物質通常比較耐久,在嘴裡滋味也可以持續較久。

風味家族:辛辣化學物質

香草和香料生成香氣的規律中,有一個重大例外。世界上最受歡迎的兩種香料是辣椒和黑胡椒。它們和其他幾種香料(薑、芥末、辣根、山葵)都具有一種格外讓人喜愛的特質:辛辣。辛辣不是味道,也不是氣味,而是一種近似痛楚的整體刺激感受。辛辣感是由兩大類化學物質共同引發。第一類是硫氰酸鹽,當芥菜類及其近親、辣根和山葵等植物細胞一旦受損,便會生成

風味家族:重要的萜烯類和酚類化合物及所含香氣

化合物	香氣
萜烯類	
蒎烯	松針和松樹皮
檸檬烯、萜品烯、檸檬醛	柑橘果實
香葉醇	薔薇
芳香醇	鈴蘭
桉葉油酚	尤加利樹(桉樹)
薄荷腦和薄荷酮	胡椒薄荷
左旋香旱芹酮	綠薄荷(又稱留蘭香、荷蘭薄荷)
右旋香旱芹酮	葛縷子
酚類	
丁香油酚	丁香
肉桂醛	肉桂和中國肉桂(玉桂)
茴香腦	洋茴香
香草醛	香莢蘭
麝香草酚	百里香
香旱芹酚	奧勒岡

常見香草的風味成分

本表和對頁表格用意在於讓讀者了解各種植物的主要風味，是由哪些成分所構成。表格中指出，各個香草和香料中的某些重要香調會帶來哪些一般感官經驗，以及這些香調是由哪些化學物質所構成。這些資訊可以幫我們更深入感受特定香草或香料所具風味，也進一步了解該風味和其他食材原料的相近度。

這兩份風味特質和化學成分的列表是經過挑選的，而且也不是正式的分類方式。「清淡的」主要含萜烯類的化合物，「溫暖的」和「具滲透力的」主要是酚類化合物。「特定的」化合物指的是幾乎只見於一種香草或香料，而且是賦予其香氣的主要成分。

	清淡的					溫暖、香甜的			其他特質	
	清新	松香	柑橘香	花香	木質香	溫暖、「香甜的」	洋茴香	具滲透力的	辛辣的	特有的
歐白芷	獨行菜烯	蒎烯	檸檬烯			歐白芷內酯				
酪梨葉							甲基胡椒酚、茴香腦			
羅勒（九層塔）	桉葉油酚			芳香醇		甲基丁香酚	甲基胡椒酚	桉葉油酚、丁香酚		
月桂	桉葉油酚	蒎烯		芳香醇		甲基丁香酚		桉葉油酚、丁香酚		
加州山月桂	桉葉油酚、香檜烯	蒎烯			香檜烯			桉葉油酚		
琉璃苣										黃瓜醛
芹菜										磷苯二甲內酯
細葉香芹							甲基胡椒酚			
芫荽			癸烯醛							
可因氏月橘葉（「咖哩葉」）	獨行菜烯	蒎烯		萜品醇	丁香烴					
蒔蘿	獨行菜烯	蒎烯	檸檬烯		肉豆蔻醚					蒔蘿醚
土荊芥		蒎烯	檸檬烯							土荊芥油精（驅蛔素）
茴香籽					肉豆蔻醚		茴香腦			
墨西哥胡椒葉（聖胡椒葉）										黃樟素
神香草	松樟酮	蒎烯						樟腦		
杜松子		蒎烯			香檜烯	香葉烯				
薰衣草	乙酸薰衣草酯、桉葉油酚			芳香醇	萜品烯醇	羅勒烯		桉葉油酚		乙酸芳樟酯
檸檬香茅			檸檬醛	香葉醇、芳香醇						
檸檬馬鞭草			檸檬醛	芳香醇						
當歸				萜品醇				香旱芹酚		磷苯二甲內酯
泰國萊姆			香茅醛							
墨角蘭	香檜烯		萜品醇	芳香醇	香檜烯					
胡椒薄荷		蒎烯								薄荷腦
綠薄荷	桉葉油酚	蒎烯	檸檬烯			香葉烯		桉葉油酚		左旋香旱芹酮、吡啶
奧勒岡								香旱芹酚		香旱芹酚
香芹	獨行菜烯				肉豆蔻醚	香葉烯				孟三烯
紫蘇			檸檬烯							紫蘇醛
迷迭香	桉葉油酚	蒎烯			萜品醇	龍腦（冰片）	香葉烯		桉葉油酚、樟腦	
鼠尾草	桉葉油酚	蒎烯							桉葉油酚、樟腦	苦艾腦（側柏酮）
黃樟（擦樹）	獨行菜烯	蒎烯	檸檬烯	芳香醇		香葉烯				
香薄荷								香旱芹酚、麝香草酚		
露兜樹										二氫吡咯
龍蒿	獨行菜烯		檸檬烯			香葉烯	甲基胡椒酚			
百里香		蒎烯	異丙基甲苯	芳香醇				麝香草酚		麝香草酚
冬綠										水楊酸甲酯（冬青油）
印度藏茴香		蒎烯	萜品烯					麝香草酚		麝香草酚

以植物來調味：香草和香料、茶和咖啡 | chapter 4

	清淡的				溫暖、香甜的			其他特質		
	清新	松香	柑橘香	花香	木質香	溫暖、「香甜的」	洋茴香	具滲透力的	辛辣的	特有的
多香果	桉葉油酚				丁香烴			桉葉油酚、丁香油酚		
洋茴香							茴香腦			茴香腦
胭脂樹籽		蒎烯	檸檬烯		蛇麻胡烯	香葉烯				
阿魏										二硫、三硫、四硫化物
葛縷子			檸檬烯							右旋香旱芹酮
小豆蔻	香檜烯、桉葉油酚	蒎烯	檸檬烯	萜品醇、芳香醇	香檜烯	乙酸松油酯		桉葉油酚		
大豆蔻	桉葉油酚							桉葉油酚、樟腦		
中國肉桂						乙酸肉桂酯		甲氧肉桂酸		肉桂醛
芹菜籽			檸檬烯							磷苯二甲內酯、瑟丹酸內酯
辣椒									辣椒素	
肉桂	桉葉油酚			芳香醇	丁香烴		乙酸肉桂酯	桉葉油酚、丁香油酚		肉桂醛
丁香					丁香烴	乙酸丁香酚酯		丁香油酚		丁香油酚
芫荽		蒎烯	檸檬醛	芳香醇				樟腦		
小茴香	獨行菜烯	蒎烯								茴香醛
蒔蘿籽	獨行菜烯	蒎烯	檸檬烯							右旋香旱芹酮
茴香籽		蒎烯	檸檬烯				茴香腦	封酮（茴香酮）		茴香腦
胡蘆巴					葫蘆巴內酯					葫蘆巴內酯
南薑	桉葉油酚	蒎烯		乙酸香葉酯		肉桂酸甲酯		桉葉油酚、樟腦、丁香油酚		乙酸高良薑酯
薑	獨行菜烯、桉葉油酚		檸檬醛	芳香醇	薑烯			桉葉油酚	薑油、薑烯酚	
摩洛哥豆蔻				芳香醇	蛇麻胡烯、丁香烴				薑油、薑烯酚	
辣根								硫氰酸鹽		
甘草					牡丹酚					黃葵內酯
肉豆蔻乾皮	香檜烯	蒎烯			肉豆蔻醚	甲基丁香酚				
乳香脂		蒎烯				香葉烯				
芥末、芥子								硫氰酸鹽		
黑種草籽		蒎烯						香旱芹酚		
肉豆蔻	香檜烯、桉葉油酚	蒎烯	檸檬烯	香葉醇	肉豆蔻醚	香葉烯、甲基丁香酚		桉葉油酚		黃樟素
黑胡椒	香檜烯	蒎烯	檸檬烯		丁香烴				胡椒鹼	
畢澄茄	香檜烯			萜品醇				桉葉油酚		
長胡椒					丁香烴				胡椒鹼	
粉紅胡椒	獨行菜烯	蒎烯	檸檬烯			薔烯			腰果酚	
花椒	獨行菜烯	蒎烯	香茅醇	香葉醇、芳香醇					花椒素	
番紅花										番紅花醛
山椒（日本花椒）			香茅醛	香葉醇、芳香醇					花椒素	
八角			檸檬烯	芳香醇			甲基胡椒酚、茴香腦			茴香腦
鹽膚木		蒎烯	檸檬烯							
薑黃（鬱金）	獨行菜烯、桉葉油酚				薑黃酮、薑黃烯			桉葉油酚		
香莢蘭				芳香醇		香草醛		丁香油酚、甲酚、癒創木酚		香草醛
山葵								硫氰酸鹽		

硫氰酸鹽。這類物質多半屬於細小輕盈的拒水分子（約10~20顆原子所組成），這種分子一旦隨食物入口，很容易就會逸入空氣中、布滿口腔，往上飄進我們的鼻通道。硫氰酸鹽會刺激我們口、鼻的神經末梢，接著神經便向腦部發送痛覺訊息。第二類辛辣化學物質是烷基醯胺，好幾種無親緣關係的植物都會有這類預成物質，包括辣椒、黑胡椒、薑和花椒。這類分子較大、較重，約含40~50顆原子，因此比較不會從食物中漏出、飄進我們的鼻腔，而是多半在口腔發生作用。結果發現，它們的作用都有高度專屬性。它們會與特定感覺神經上的特定受器結合，使得神經對一般感受變得異常敏銳，因而感到刺激或疼痛。芥末所含硫氰酸鹽似乎也對口、鼻產生類似的作用。

為什麼痛苦會讓人覺得愉快

我們為什麼會愛上刺激性香料？心理學家保羅・羅津（Paul Rozin）提出幾項原因來解釋。或許辛香食物所帶來的感受，就相當於搭乘雲霄飛車，或在1月寒冬躍入密西根湖，這是一種「有限度的風險」，能觸發體內令人不安的警戒訊號。不過，因為並不是真的有危險，我們便可以不顧這些感覺的既定含意，逕自品味那種眩暈、震撼和痛苦。痛覺也或許會讓腦部釋出天然止痛劑（身體化學物質），於是等燒灼感退卻之後，愉悅的感受便油然而生。

刺激和敏感

我們之所以愛吃辛香食物，或許也是因為刺激能為進食經驗增添不同的向度。近來研究發現，起碼就胡椒和辣椒所含刺激性物質而言，辛辣不僅止於單純的燒灼感受。這類化合物還能在口腔引發暫時性發炎症狀，讓這個器官部位變得比較「嬌弱」，因而對其他感覺更為敏感。會被加強放大的感覺包括觸覺、溫度，還有其他多種食材成分所會帶來的刺激，包括鹽、酸質、碳酸鹽（會轉變為碳酸）以及酒精。中國又辣又酸又鹹的酸辣湯，但卻是添加了胡椒，才帶來這等強勁的味覺體驗。只要喝了幾口，光是呼吸都會有感覺。我們的口腔變得十分敏感，呼出的熱氣不過跟體溫一樣高，

辣椒素（辣椒）

胡椒鹼（胡椒）

幾種辛辣風味化合物

就像泡了一缸五味雜陳的熱水浴,再吸入的空氣不過跟室溫一樣高,便又像湧入一股清新涼風。

事實上,強烈的辛辣感會減弱我們對真正味道(包括甜、酸、苦、鹹)和香氣的感受,這是因為腦部的注意力被辛辣感占據了,因此無法像平常那樣專注於其他感覺。當我們接觸了辛辣調味料,對辛辣的敏感度也會隨之降低,而且這種現象會延續2~4天。所以,經常吃辣的人,會比久久才品嘗辛辣食物的人更能忍受麻辣料理,部分原因就在於此。

香草、香料和健康

香草和香料作為一般藥材

自古以來便有人認為香草和香料具有醫療價值,而這是有事實根據的:植物是生化發明大師,也一向是眾多重要藥物的來源(像是阿斯匹靈、毛地黃、奎寧和紫杉醇等)。植物性食品的保健效果前面已經有概述(23頁)。香草和香料特有的酚類和萜烯類化合物,具備三項顯著的效益。酚類化合物通常具有抗氧化活性;奧勒岡、月桂葉、蒔蘿、迷迭香和薑黃都是效用數一數二的例子。抗氧化物對身體很有益(能保護DNA、膽固醇顆粒和其他身體重要材料免受損傷),對食物也很有好處(能延緩食物變味)。萜烯類無法預防氧化,不過它們確實能抑制身體製造出會損傷DNA的致癌分子,並協助控制腫瘤成長。有些酚類化合物和萜烯類物質本身就是抗炎物質,能調節身體對細胞損傷所產生的反應,否則一旦反應過度,便會提高心臟病和癌症發作的機率。

至於食用香草和香料是否能大幅降低罹患任何疾病的風險,這點我們還不清楚,不過是有這個可能。

黑胡椒、辣椒和薑所含辛辣化學物質的相對強度

表中把胡椒鹼(黑胡椒的活性成分)的辛辣強度設定為1。薑和摩洛哥豆蔻的辛辣強度類似,而辣椒的辣椒素則遠高於此。特定香料的實際辛辣程度,由其活性成分的類別和濃度共同決定。

辛辣化合物	香料	相對辛辣度
胡椒鹼	黑胡椒	1
薑油	生薑	0.8
薑烯酚	老薑(取自薑油)	1.5
薑油酮	加熱過的薑(取自薑油)	0.5
薑酮酚	摩洛哥豆蔻	1
辣椒素	辣椒	150~300
辣椒素的類似物	辣椒	85~90

▌香草、香料和食物中毒

跡象顯示，人類開始使用香草和香料（特別是熱帶地區的民眾），是因為裡面的化學防禦物質有助於控制食物中的微生物，以避免食物中毒、增加食物安全。儘管有些種類能有效殺死主要的致病微生物，像是蒜頭、肉桂、丁香、奧勒岡和百里香等，大部分卻不具實效。此外，還有許多種香草香料（像是黑胡椒等），在熱帶氣候中得經過數日才能乾燥，因此每一小撮都含有好幾百萬個微生物，有時還有大腸桿菌，以及會致病的沙門氏菌、桿菌和麴菌等菌種。因此香料通常都得經過各種化學藥品薰蒸（美國採用環氧乙烷或環氧丙烯）。進口到美國的香料約有1/10是經過輻射殺菌。

香草和香料的處理和保存

■ 保存芳香化合物

處理香草、香料的目的在於保存它們特有的芳香化合物。這類化合物都會揮發，也就是很容易蒸散，而且在接觸到空氣中的氧氣和水氣，或是受熱或光照之後，很容易就發生反應、出現變化。要保存香草和香料，得先殺死它們的組織並徹底乾燥，它們才不會腐壞，不過手法必須盡量溫和，免得移除水分時也把風味一併移除。乾燥的材料要放入密封容器，收藏在陰涼處。照理來說，香草和香料最好是裝進不透明玻璃容器，置入冷凍櫃（打開容器之前，應該靜置回溫到室溫，這樣空氣中的溼氣才不會凝結在低溫調味料表面）。不過實際上，廚師多半把調味料放在室溫環境。只要不常接受強光照射，成株的香料就能好好保存1年，磨碎的香料也能存放好幾個月。磨碎的香料表面積大，香氣分子會較快散逸到空氣中，而整株香料的香氣則會保存在完整的細胞裡。

■ 保存新鮮香草

多種香草都是幼嫩、脆弱的莖梗和葉片，比其他農產品更容易受損。由

於莖梗剝切過，很可能會產生癒傷激素（乙烯），這種激素在密閉容器越積越多，最後導致全面變質。大部分的香草最好先用布或紙鬆散包起來（這可以吸收溼氣，以免微生物在潮溼葉片上迅速滋長），然後裝進塑膠袋中，不需密封，再擺進冰箱存放。羅勒和紫蘇來自溫暖的氣候區，擺進冰箱易凍傷，因此最好儲放在室溫，而且要把鮮切莖梗浸泡在水中。

香草只要放在冷凍庫中，風味大多能保存得很好，不過細胞組織一經凍結便很容易受冰晶破壞，解凍後顏色會變深變難看，質地也鬆垮無力。香草浸泡在油脂中可以隔絕氧氣而保存數週，如果放得更久，大半風味都會滲入油中。香草浸油一定要擺進冰箱存放，因為缺氧環境雖然利於保存風味，卻也同樣利於肉毒桿菌滋長。在冰箱的低溫環境中，這種細菌不會生長也不會產生毒素。

新鮮香草的乾燥處理

新鮮香草含水量有可能超過90%，經乾燥處理後能去除大半水分。不過有個讓人左右為難的根本問題：許多香氣化學物質比水更容易揮發，因此水分蒸發掉之後，風味也發散得差不多了。因此乾燥香草的風味完全比不上新鮮香草，而且還會有一種乾葉和乾草的常見氣味。不過有幾個例外，主要都是產自地中海一帶的薄荷類香草，這個香草家族都原生於熱帶、乾旱地區，因此香氣物質在乾燥環境中仍然能長期保存（如奧勒岡、百里香、迷迭香還有樟科的月桂樹）。日曬乾燥法看來很好用，然而由於溫度高，再加上大量強烈的可見光和紫外光照射，因此日曬乾燥通常會讓風味消失或變味。最好是擺在陰涼暗處風乾數日。香草只要以低溫烘烤或乾燥箱脫水數小時，就可以完成乾燥，不過因為溫度較高，因此風味的保存效果往往沒有風乾法來得好。市售香草有些是以冷凍乾燥，通常更能保有原始風味。

以微波爐來乾燥少量香草的效果不錯，因為微波加熱時不但速度快而且具有選擇性。微波的能量可以激發水分子，而非極性的油分子又比較不受影響，同時微波能立即穿透全部細薄的葉片和莖梗（見第一冊321頁）。這表

示整批香草所含的水分子全都會在幾秒鐘內沸騰、逸出葉片,至於腺體和脈管等含有油脂般的風味化合物的構造(見212頁及219頁),便只能藉由水分子間接地逐漸加熱。用微波爐來乾燥香草,幾分鐘內就能完成,風味流失的情況也不會像普通烤箱那麼嚴重。

香草和香料的烹飪用途

香草和香料通常都和其他食材一起烹煮,而且分量所占比例小,不到總重量的1%。接下來要探討這類料理中風味的萃取和轉化。不過,調味料在某些料理中的功能,不只是提供風味而已(211頁)。另有幾種香草,本身就是美味的食材(香芹、鼠尾草和羅勒),油炸時間恰到好處就會變得酥脆,風味也會變得溫和。

風味萃取

香草和香料能為我們帶來種種風味,因此廚師得想辦法從植物組織釋出風味化學物質,再傳送到我們的味覺和嗅覺受器。如果是脆弱的香草,處理起來就相當簡單,只要把生葉灑在菜餚上就行了,像是越式湯類,而食客只需咀嚼葉片就能釋出香氣,享受它們最清新的滋味。然而,若想讓風味滲入菜餚,那麼就得設法讓風味化合物從香草或香料逸出。廚師可以把整株香草放入液體中加熱,逐漸逼出風味,或是支解香草香料(剁碎新鮮香草、碾碎乾燥香草、研磨香料),好讓風味分子直接接觸菜餚。碾碎或研磨得越細密,可供風味分子散逸的表面積便越大,於是風味從調味料轉移到菜餚的速率也越高。

至於該以哪種速度來萃取風味物質,要視烹調種類而定。有的菜餚烹調時間較短,就得快速萃取;而需要長時間燉煮的料理,添加大顆粒香料或

幾種典型的香草和香料混合調味料

法國	
綜合香草束(Bouquet garni)	月桂、百里香、香芹
細香菜(Fines herbes)	龍蒿、細葉香芹、蝦夷蔥
四味香料(Quatre épices)	黑胡椒、肉豆蔻、丁香、肉桂
普羅旺斯綜合香料(Herbes de Provence)	百里香、墨角蘭、茴香、羅勒、迷迭香、薰衣草
摩洛哥	
北非芫荽醬(Chermoula)	洋蔥、蒜、芫荽葉、辣椒、小茴香、黑胡椒、番紅花
摩洛哥綜合香料粉(Ras el hanout)	超過20種,包括:小豆蔻、中國肉桂、肉豆蔻乾皮、丁香、小茴香、辣椒、薔薇花瓣
中東	
墨角蘭綜合香料粉(Za'atar)	墨角蘭、奧勒岡、百里香、芝麻、鹽膚木
葉門香辣醬(Zhug)	小茴香、小豆蔻、蒜、辣椒

是全葉、全籽的香草使其慢慢釋出香氣或許較為合適。首先，食品以完整的香料來醃製或防腐，醃漬液才不會混濁。其次，萃取出的風味分子滲入食品之後，便開始與氧氣和其他食品分子起反應，因此經過一番微妙的過程之後，香料的原始風味便會開始變化；而香料顆粒較大，能釋放出原始風味的時間也越持久。最後，要讓長時間烹調的菜餚具有清新的香料風味，還有一個辦法，就是在烹調接近完成時（甚至在烹調完成後），才把部分或全部的香草或香料加入。

預製好的萃取液，如香莢蘭精，其風味分子已經溶入液體，因此能馬上滲透整盤菜餚，使用相當便利。由於烹調一定會讓風味變化或揮發，因此萃取液最好在快煮好的時候再加入。

研磨、碾碎、剁切

要碾碎香草和香料，方法有好幾種，對風味也會有不同影響。研磨、剁切和研缽全都會產生熱量。香氣分子受熱越多，其揮發作用就越強烈，分子也越容易散逸，於是活性便越高，也越容易發生變化。若想保留原有風味，最好香料和研磨機都先預冷處理，盡量降低芳香成分的溫度。食物處理機在切斬香草的過程中會帶入大量空氣，其中氧氣會改變香草的氣味。若是以研缽搗碎香草，引進的空氣便會減至最少。以利刀仔細剁切，可讓香草構造大半保持完整，讓切口的細胞損傷降至最輕，提供新鮮的風味；要是刀口很鈍，就變成不是在剁切而是壓碎細胞，製造出一條很寬的細胞傷口，香草很快就會變黑。

氧氣對研磨的細香粉會有正面影響，只要將混合的香粉靜置稍久，效果就會展現出來，換句話說，過了幾天或幾週之後，味道會變得更香醇。

其他成分的影響

香氣化學物質通常比較能夠溶於油脂和酒精，溶水性則較差，因此菜餚的食材成分也會影響風味在烹調以及咀嚼時釋出的速度和效果。烹調時，

印度	
印度綜合香料粉（Garam masala）	小茴香、芫荽、小豆蔻、黑胡椒、丁香、肉豆蔻乾皮、肉桂
印度五香料（Panch phoran）	小茴香、茴香、黑種草籽、葫蘆巴、芥末
中國	
中式五香粉（Five-spice）	八角茴香、花椒、中國肉桂、丁香、茴香
日本	
七味唐辛子（Shichimi）	山椒、芥末、罌粟子、芝麻、陳皮
墨西哥	
猶加敦胭脂樹紅綜合香料（Recado rojo）	胭脂樹籽、墨西哥奧勒岡、小茴香、丁香、肉桂、黑胡椒、多香果、蒜、鹽

油脂比水更容易溶化香氣分子，不過在進食期間，油脂也比較不會釋出香氣分子，因此風味會緩緩散出，也持續得較久。酒精萃取香氣的效率較高，不過由於揮發性太強，因此香氣發散速率相對較高。

蒸煮和煙燻都是利用香氣分子的揮發性來萃取風味。蒸煮時，可以把香草和香料浸入水中蒸煮，或平鋪在食材下方讓蒸氣從下方往上滲透；不論採哪種作法，熱氣都會讓香氣分子散入蒸氣，然後凝結在溫度較低的食物表面，為食材帶來風味。若把香草和香料擺在燜燒的煤炭上方煙燻，或擺在預熱的盤面，那麼發散出來的就不只是尋常芳香成分，還有受高熱轉化生成的香氣。

以醬汁醃漬或香料直接乾塗

料理大塊肉類或魚肉時，表面要有香草和香料的風味很容易，要讓滋味透入內部就難了。醃漬用的醬汁不管是以水或是油為底，都是在肉品表面覆上一層風味十足的液體，而若是調成糊或是直接乾拍在表面，則可讓固態芳香材料更直接與肉品表面接觸。由於風味主要都屬脂溶性分子，而肉類75%是水，因此風味分子無法滲透到深處。醬汁太鹹或直接塗覆都會破壞肉類組織（202頁），多少有助於風味滲透，也可以讓某些略溶於水的香氣穿透食材。還有一種作法效果更好，就是使用烹飪用注射器，逐一把少量的風味液體注入肉品各個部位。

用香草和香料來塗覆食材

把香草和香料調成糊或直接乾拍在肉品和魚類表面，這種作法還有個好處，那就是塗層還具有保護作用（像是禽肉的表皮），能隔絕肉品，避免直接與烤箱、烤架所帶高熱接觸。這樣一來，肉品外層就比較不會烹調過頭，也會更多汁。粗粒香料碎屑（特別是芫荽）可以形成硬脆表層，和肉類柔軟的內層形成對比。若是塗層

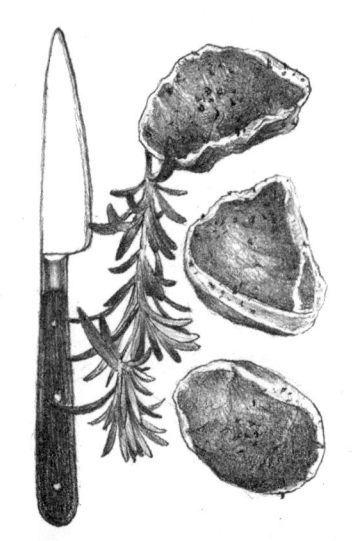

還有若干油脂，香料硬層的風味還會更好，因為油脂會讓表層又乾又酥脆。

風味萃取液：調味油、醋和酒精

要萃取風味，還有一種特別的方法，就是製成風味萃取液，可以直接拿來為其他菜餚調味。最常用來溶解萃取物的原料是油脂、醋、糖漿（尤其是萃取花香）和酒精（像是用來萃取橘皮香的原味伏特加）。香草和香料的細胞構造經常在擦碰中受傷，因此較容易讓液體滲透而釋放出香氣。油、醋和糖漿通常會先加熱再添入香草或香料，除了能殺死細菌，也讓溶液一開始比較容易滲入細胞組織；接著便靜置冷卻以免風味改變。以細嫩的花朵為糖漿調味，不用1個小時就可以完成，至於葉片和種子則通常都需浸泡在溶液中，在涼爽的室溫環境靜置數週。當萃取液的香氣達到所需強度，便可濾除殘渣，儲放在陰涼處。

酒精、醋酸和濃縮糖漿都能殺菌或抑制菌群滋長，因此調味酒精、醋和糖漿較少出現安全問題。至於油脂，的確會助長致命的肉毒桿菌（ *Clostridium botulinum*），稍微沸煮無法殺死這種桿菌的芽孢，而它們在與空氣隔絕的狀態下就會出芽。多數香草和香料所含養分都不夠讓肉毒桿菌滋長，然而蒜就可以。油脂在冷藏溫度下浸泡、儲藏是最安全的，雖然低溫會延緩萃取作用，不過也能避免細菌滋長，減緩變質速率。

市售萃取液

市售風味萃取液的濃度很高，和一般家用自製的不同，因此調味時添加微量即可，一道菜只需放個幾滴（或幾分之一匙）。香莢蘭、杏仁、薄荷和洋茴香都是常見的例子。有些萃取液和萃取油是以真正的香草和香料來製作，有的則是以一種或多種化學物質來合成，它們含有這些風味的精華，然而複雜度和香醇度都比不上真品（人工萃取液的氣味往往顯得刺鼻甚至會走味）。合成萃取液的優點是價格低廉。

風味的演變

一旦香氣分子從香草和香料釋出並進入萃取液，接著又接觸到其他食材成分、空氣和熱度，這些分子便開始經歷多種化學反應。部分原始香氣化學物質會變成其他各式各樣的化學物質，於是最初那種強烈的特有香氣就會被蓋過，而整體氣味的層次也會增加。這種熟成現象有可能單純來自烹調的副作用（調味料和其他食材成分共同受熱所致），不過也常和香料的處理步驟有關。舉例來說，小茴香或芫荽直接拿去烘烤，所含糖分和胺基酸便會經歷褐變反應，生成烘烤食品常見的甘甜香氣分子（吡嗪），於是除了既有的原始香氣之外，還會發散出另一個層次的風味。

熟成香料風味：印度體系

印度和東南亞使用香料的歷史特別悠久，也特別高明。印度廚師採用好幾種手法，讓香料風味熟成，隨後才加入菜餚。

- 把乾燥香料全數擺在熱盤上烘烤，常用材料為芥籽、小茴香或葫蘆巴，時間為1~2分鐘，烤到種子開始爆開（也就是內部溼氣蒸發）、正要轉呈焦褐時便離火。香料以這種手法處理後，會個別散放出成熟的香氣，且保有其獨特性。
- 將研磨成粉的什錦香料（通常是薑黃、小茴香和芫荽）放入熱油或印度酥油中拌炒。這個步驟會讓不同香氣化學物質彼此反應，把不同風味統合起來，通常還會逐一添加蒜、薑、洋蔥和其他新鮮食材，在料理中有醬汁的效果。
- 將香料粉和新鮮香料以慢火炒成糊，一直到大半的水分蒸發、分離出油脂，混合香料的顏色也開始變深。墨西哥廚師大致也採相同手法來處理混合的辣椒醬。這項技術能醞釀出特有風味，因為乾燥香料從一開始就可以和新鮮香料（以及其中所含活性酵素）交互作用，而且新鮮香料含有水分，因此熱度對乾燥香料的影響不會像單獨拌炒時那般明顯。
- 將香料全數倒入印度酥油稍微拌炒，然後灑在剛煮好的菜餚上作為最後裝飾。

印度廚師還能巧妙結合煙燻和香料調味，以這種「燜燻」（dhungar）手法為菜餚增添香氣。他們把菜餚擺進鍋裡，同時放進一顆挖空的洋蔥（或一只小碗），裡面再置入燒紅的煤炭，接著在煤炭上灑幾滴印度酥油（有時還添加幾種香料），然後緊緊蓋上鍋蓋，讓煙氣燻入菜餚。

　　總而言之，香草和香料本身便具有繁複多樣的風貌，而且效果更是目不暇給、變化萬千。搭配、比例、顆粒大小、烹調的溫度和時間，都會影響菜餚的風味。

以香草和香料讓菜餚變濃稠

　　除了貢獻出芳香精華，有些香草和香料還能為菜餚增添分量。新鮮香草泥具有濃稠質地（以羅勒製成的義大利青醬便是一例），因為香草本身的水分已經和各種細胞成分束縛在一起。再者，由於這類細胞材料（主要為細胞壁和胞膜）數量充足，因此香草泥能包覆著油滴，從而生成一種安定又濃郁的乳化液（見第三冊）。

　　新鮮的辣椒泥含有大量水分，而辣椒又屬於果實，因而細胞壁中含有豐富的果膠，因此可以熬煮出柔滑的美妙質地。許多墨西哥醬料都是拿乾燥辣椒泡水之後調出同樣柔滑的辣椒泥；匈牙利辣椒粉也是採用辣椒來增添濃稠度。

　　印度和東南亞料理的濃稠特性，往往是同時使用乾燥和新鮮香料調製而成。芫荽子的外皮又乾又厚，研磨之後很能吸水；薑、薑黃和南薑都是澱粉質根莖類組織，經長時間熬煮便會溶解，展開的長鏈分子團會讓菜餚變得濃稠。黃樟乾葉磨成的粉末（filé powder）可為路易斯秋葵湯增加濃稠度。還有葫蘆巴豆也含有大量聚半乳甘露糖，把種子磨成粉泡在水中即可釋出這種黏稠的碳水化合物。

常見香草

傳統歐洲料理所用香草多屬於這兩個家族：薄荷家族和胡蘿蔔家族。由於這些家族成員多少有些雷同，因此我在這裡把它們放在同一類。其他香草則以英文字母名稱排序。

新鮮香草一般都採自成熟植株，通常是在它們剛開花的階段採收，此時防禦性精油含量正達高峰。地中海一帶的香草植株向陽面含油量較高。還有一種有趣的變化，就是在它們剛抽出幾片嫩葉時便採收，此時它們的精油成分有可能很不一樣。例如，成熟茴香的風味主要得自茴香腦（氣味和洋茴香相仿），而茴香芽的茴香腦含量就比較少。

薄荷家族

薄荷家族是個大家族，約有180個屬，廚房中常用的香草大多出自本科，數量是所有家族之冠。薄荷家族為何這麼龐大？這得歸功於幾樣機緣巧合。在地中海乾燥、多岩的灌木林地，很難有其他植物能在這種棲境生長，但薄荷家族以其旺盛的化學防禦物質適應了這種惡劣環境，成為當地的優勢植物。薄荷家族的化學防禦物質主要都儲放於葉面小型腺體，腺體自葉片向外伸出，因此儲藏容量是可以擴大的，重量甚至可達葉片總重的1/10。薄荷家族不論是在化學成分或是育種繁殖上都揮灑得十分盡興；每個種類都有很多種芳香化學物質，而它們也樂於相互雜交。於是便出現這些形形色色的品種和香氣。

羅勒（Basil）

羅勒（和九層塔是相近品種）是個迷人的香草世族。它們是熱帶的羅勒屬植物（*Ocimum*），可能原生自非洲，後來在印度培育。羅勒屬約有165種，其中有些是可食用的。羅勒在希臘和羅馬時代已經出現，在利古里亞海灣（位於今義大利）和普羅旺斯（位於今法國）更是為人熟知，廣受歡迎的兩種羅勒醬（義式法式青醬）都是這一帶發明的。不過羅勒在美國始終沒沒無聞，直到1970年代才開始出名。歐洲和北美的標準種「甜羅勒」（*Ocimum basilicum*）是

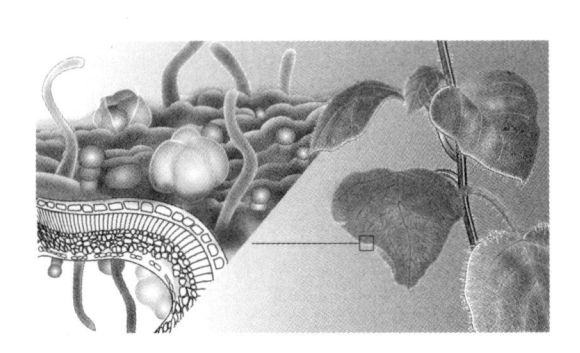

品質優良的香草,如今已培育出許多不同風味的品種,有檸檬、萊姆、肉桂、洋茴香和樟腦等香氣。甜羅勒多半以花香和龍蒿為主要香調,不過義式經典的熱那亞青醬,採用的羅勒則顯然是以略帶辛香的甲基丁香酚和帶有丁香的丁香油酚為主,完全不具龍蒿香氣。泰式的甜羅勒和聖羅勒(*O. tenuiflorum*),香氣比較偏向洋茴香和樟腦;印度的聖羅勒則以丁香油酚為主要香氣成分。

羅勒的風味不只依品種有別,生長環境和採收時期也都有影響。一般而言,甜羅勒嫩葉所含芳香化合物比重較高,可達較成熟葉片的5倍。成長中的葉片,其化合物的相對比例也會隨著位置不同有差別,較老的葉尖含有較多龍蒿味和丁香味,較幼嫩的葉基則以尤加利香和花香為主。

蜂香薄荷(Bergamot)

蜂香薄荷(又稱奧斯威戈茶)是北美洲薄荷家族的成員,香氣略帶檸檬味。柑橘家族的油橙也叫做 bergamot,其精油富含帶花香的乙酸芳樟酯,這也是伯爵茶的特有成分。另外,歐洲的水薄荷(215頁)有時也稱為 bergamot,很容易混淆。

夏至草(Horehound)

夏至草(又稱苦薄荷)是歐亞種的薄荷,horehound 一名來自其灰白絨毛葉片(hoary 是「灰白」的意思)。普通夏至草(*Marrubium vulgare*)又稱白夏至草,具有麝香般的氣味,味道苦,多用來製造糖果,較少見於烹調。

牛膝草(Hyssop)

牛膝草(又稱神香草、海索草)是個定義含糊的種類,出現在《聖經》中,是中東地區廣泛使用的植物。牛膝草的特性來自於滲透性的香氣,和「真正的奧勒岡」一樣(參見下文。)。狹義的牛膝草是產自歐洲的香草,味道溫和,散發清新辛香和樟腦香。古羅馬常使用這種香草,如今則較常見於泰式和越式料理。牛膝草可為幾種含酒精飲料調味(如保樂酒、力加酒和查特酒)。

薄荷家族植物構造

左頁圖示為奧勒岡葉片,這種薄荷家族香草的葉面滿布纖細的脂腺。這些脂腺滿含辛辣精油且暴露在外,構成對抗掠食生物的第一道防線。

薰衣草（Lavender）

薰衣草是地中海一帶的植物，散發持久的木質花香（這種混合香氣來自具花香的乙酸芳樟酯和芳香醇，加上帶尤加利香的桉葉油酚），長久以來廣受各方喜愛，不過多用來製造肥皂和蠟燭，較少用來為食物調味；Lavender 的拉丁字源是「洗滌」的意思。不過，法國的普羅旺斯香料仍以齒葉薰衣草（Lavandula dentata）乾花為傳統配方之一（其他原料還包括羅勒、迷迭香、墨角蘭、百里香和茴香）。齒葉薰衣草和英國狹葉薰衣草（L. angustifolia）的乾花都很適合單獨使用，可取些微裝飾菜餚，或把香氣調入醬汁和甜點。西班牙的頭狀薰衣草（L. stoechas）具有一種彷若印度甜酸醬的複合香氣。

檸檬香蜂草（Lemon Balm）

檸檬香蜂草（又稱香水薄荷）是歐洲大陸的品種，其獨特香氣來自於帶有柑橘和花香的萜烯類物質（含香茅醛、香茅醇、檸檬醛以及香葉醇）。檸檬香蜂草常與果實類料理以及其他甜點搭配。

墨角蘭（Marjoram）

墨角蘭（又稱馬鬱蘭）一度歸為奧勒岡屬的姊妹品種，如今則直接納入奧勒岡屬。無論確切的家族關係為何，墨角蘭的風味仍與奧勒岡香草有別。它的氣味溫和、清新，帶有青綠和花香，幾乎不具奧勒岡香氣中特有的滲透性。因此，墨角藍很適合搭配各種香料和菜餚。

薄荷（Mints）

真正的薄荷主要是原生於歐、亞兩洲潮溼棲地的小型植物。薄荷屬約含25個物種、600多個品種，不過，這個家族混種的情況很普遍，變化出的化學

薄荷家族香草

俗名	學名
羅勒（Basil）	Ocimum basilicum
蜂香薄荷（Bergamont）	Monarda didyma
夏至草（Horehound）	Marrubium vulgare
牛膝草（Hyssop）	Hyssopus officinalis
薰衣草（Lavender）	Lavandula dentata, L. angustifolia
檸檬香蜂草（Lemon balm）	Melissa officinalis
墨角蘭（Marjoram）	Origanum majorana
薄荷（Mints）	薄荷屬（Mentha）
奧勒岡（Oregano）	奧勒岡屬（Origanum）
紫蘇（Perilla）	Perilla frutescens
迷迭香（Rosemary）	Rosmarinus officinalis
鼠尾草（Sage）	Salvia officinalis
香薄荷（Savory）	香薄荷屬（Satureja）
百里香（Thyme）	Thymus vulgaris

組合讓整個家族關係混淆不明。廚師最感興趣的薄荷有綠薄荷（*Mentha spicata*）和胡椒薄荷（*M. piperata*），後者是綠薄荷和水薄荷（*M. aquatics*）在古代的混種。

這兩種重要的烹飪用薄荷都特具提神效果，不過氣味不同。綠薄荷的特有香氣來自左旋香旱芹酮這種萜烯類物質，以及吡啶所散發出濃郁的複雜氣味（吡啶這種含氮化合物較常見於烘烤食品，新鮮食材甚為罕見）。綠薄荷在地中海東岸以及印度和東南亞地區都受到廣泛使用，不論生吃或熟食、甜的或鹹的，都很合適。胡椒薄荷的味道比較單純、明確，其香旱芹酮或吡啶成分含量極微，甚至完全沒有；不過它有另外一種萜烯類物質「薄荷腦」，帶來清涼無比的特質。薄荷腦除了本身特定的香氣，還能與口中感溫神經細胞的受器結合，促使這群細胞向腦部發出比實際溫度低了4~7°C的訊號。薄荷腦是種反應靈敏的化學物質，受熱很容易變質，因此胡椒薄荷通常不會拿來烹煮。葉片越老，薄荷腦含量越高，因此老葉嚐起來更為清涼；高溫、乾燥的生長環境會促使薄荷腦轉化為蒲勒酮（唇萼薄荷特有的揮發性成分），它不具清涼作用，而且還有點刺鼻。

其他還有幾種薄荷也值得認識一下。水薄荷是胡椒薄荷的親本，俗稱「麝香薄荷」（bergamot）或「甜橙薄荷」。水薄荷具強烈香氣，以往在歐洲廣為栽植，如今在東南亞較為流行。唇萼薄荷（*M. pulegium*），是外形較小、帶胡椒味的薄荷，氣味特別辛辣。蘋果薄荷或稱為鳳梨薄荷（*M. suaveolens*），是一種如蘋果般香甜的薄荷。檸檬胡椒薄荷雜交種（*Mentha x piperata*）俗稱「檸檬薄荷」，又稱為「香水檸檬薄荷」或「古龍薄荷」。義大利納沛塔卡拉薄荷（*Calamintha nepeta*）原生於地中海南岸，有時帶薄荷味，有時辛辣，義大利托斯卡尼地區拿它來為豬肉、菇蕈和朝鮮薊調味。「韓國薄荷」來自亞洲的薄荷家族藿香（*Agastache rugosa*），具洋茴香的氣味。

奧勒岡（Oregano）

地中海一帶的奧勒岡屬植物約有40種，多半為長在多岩型地表的低矮灌木。Oregano源自希臘文，意思是「山之喜悅」或「山之裝飾」，不過，我們並沒有希臘人食用奧勒岡的紀錄。奧勒岡在美國一向沒沒無聞，直到二次

大戰後披薩開始風靡，奧勒岡才隨之普及。奧勒岡很容易彼此混種，因此要想釐清各個品種並不容易。廚師重視的是它們的多樣風味，從溫和、強烈，乃至於具滲透力的都有，其滲透力來自酚類化合物香旱芹酚。希臘奧勒岡通常都含有豐富的香旱芹酚，至於義大利、土耳其和西班牙的奧勒岡就比較清淡，而且含有較多帶百里香味的麝香草酚，以及散發清新、青綠、花香和木質味的萜烯類物質。

「墨西哥奧勒岡」完全是另一種植物，它是墨西哥香水屬。有些變種的香旱芹酚含量很高，另有些聞起來比較像百里香，有的氣味則比較偏向木質味和松木味。墨西哥奧勒岡的精油含量比真正的奧勒岡高出許多（乾葉中的精油含量分別為 3~4% 和 1%），因此氣味似乎也更強烈。

「古巴奧勒岡」雖有古巴之名，實際上卻是來自亞洲的薄荷家族「到手香」（*Plectranthus amboinicus*），這種植物的葉片絨毛多、肉質厚，含大量香旱芹酚。如今廣泛栽植於熱帶地區；印度會以鮮葉裹麵糊油炸食用。

紫蘇葉（Perilla）

紫蘇葉是紫蘇屬紫蘇（Perilla frutescens）的葉片，這種薄荷是中國和印度原生種的近親。公元 8~9 世紀引進日本並得名「紫蘇」，許多西方人都是在壽司店第一次嚐到它的滋味。紫蘇的特有香氣來自萜烯類物質紫蘇醛，發散特有的脂肪香、草本香和辛香。紫蘇含幾個不同品種，有綠的、紅的到紫的（含花青素），還有些是不含紫蘇醛，卻有蒔蘿或檸檬的味道。日本人吃紫蘇的葉片和花頭來搭配海鮮和燒烤肉品食用，還以一種紅色紫蘇來調色跟調味，醃漬出廣受歡迎的梅干。韓國人還提煉出紫蘇籽油來調味和烹飪。

迷迭香（Rosemary）

迷迭香（*Rosmarinus officinalis*）生長於地中海區的乾燥灌木林地，葉片狹長而細密捲繞，樣子就像松針。迷迭香散發強烈的複合式香氣，成分包括木質香、松香、花香、尤加利香和丁香。南法和義大利一帶，傳統上以迷迭香作為燒烤肉品調味料，不過也可以搭配甜味菜餚。迷迭香乾燥後極耐久藏。

鼠尾草（Sage）

鼠尾草屬（*Salvia*）是薄荷家族最大的屬，約有1000個種類，富含稀有化學物質，廣受各傳統的民俗醫藥界採用。這個屬名的拉丁字根有「健康」的意思。研究發現，鼠尾草萃取液具有絕佳的抗菌和抗氧化成分。不過，一般庭園中的鼠尾草卻含有豐富的苦艾腦和樟腦，這兩種萜烯類衍生物對神經系統有毒，因此就算只偶爾當作調味料也不是個好主意。

普通鼠尾草又稱為大麥町鼠尾草，具有苦艾腦的溫暖、滲透性香氣，樟腦香，以及桉葉油酚的尤加利香。希臘鼠尾草（*S. fruticosa*）的桉葉油酚含量較多，而快樂鼠尾草（*S. sclarea*）的差別就非常大，有來自於芳香醇、香葉醇和萜品醇等其他幾種萜烯類物質的茶香、花香和甜香之氣。西班牙鼠尾草（*S. lavandulaefolia*）的氣味比較清新，也不那麼特出，沒有苦艾腦氣味，卻多了松香、尤加利香和柑橘香等。鳳梨鼠尾草（*S. elegans*）來自墨西哥，具有甜甜的果香。

鼠尾草對義大利北方菜中特別突出，在美國也常用來調製佐料、為塞入禽類的餡料調味，或是調理豬肉香腸；鼠尾草的味道似乎很能與脂肪搭配。乾燥鼠尾草昔日多屬「達爾馬提亞」鼠尾草，產自巴爾幹半島海岸區；如今阿爾巴尼亞和地中海一帶的國家都是大宗生產國。「擦碎的」鼠尾草是葉片稍微磨碎之後再以粗網篩濾；這種製法的香氣流失速率低於細密研磨的鼠尾草。

香薄荷（Savory）

香薄荷有兩種，分別來自北半球香薄荷屬的兩個品種。夏香薄荷（*Satureja hortensis*）和冬香薄荷（*S. montana*）嚐起來就像奧勒岡和百里香的氣味相混；兩種香草都含有香旱芹酚和麝香草酚，其中夏香薄荷往往比較清淡。一般認為，香薄荷有可能是奧勒岡和墨角蘭的親種。原生於北美西部的「道格拉斯香薄荷」（*S. douglasii*），在加州稱為yerba buena，散發出溫和的薄荷香氣。

百里香（Thyme）

　　Thyme 源自希臘文，希臘人在火祭時便是以百里香來熏香，它和「神靈」、「煙」源出同一字根。百里香的品類繁多，光是百里香屬（*Thymus*，大半都是葉片細小的地中海區原生灌木）就有60~70個種類，而普通百里香（*T. vulgaris*）的變種之多，更是有過之而無不及。百里香還有多種風味，包括檸檬、薄荷、鳳梨、葛縷子和肉豆蔻等。這些百里香很多都含有香旱芹酚，因此嚐起來很像奧勒岡。有幾種特定的百里香及其變種含有豐富的酚類化合物麝香草酚。麝香草酚和香旱芹酚相似，不過性質比較溫和，散發出的香氣具滲透力，卻沒那麼強悍。法國人大概就是因為這種溫和性質，才愛上含麝香草酚的百里香，也因此，百里香在調味上的靈活度更甚奧勒岡和香薄荷。歐洲廚界很早就開始以百里香來料理各類蔬菜、肉品。儘管香氣較為輕柔，麝香草酚的化學強度卻與香旱芹酚相當，因此長久以來，百里香油都是漱口水和護膚乳液的抗菌成分。

胡蘿蔔家族

　　歐洲調味植物多屬薄荷家族，出自胡蘿蔔家族的種類較少，儘管如此，胡蘿蔔家族依然表現出眾，不論是香草、香料甚至蔬菜，其香氣皆引人入勝。胡蘿蔔家族的生長環境不像地中海地區薄荷類的棲境那麼極端，一般而言都不是多年生的灌木或木本植物，而是二年生柔弱植物，風味大多較為溫和，有時甚至還帶甜味。胡蘿蔔家族的種子（實際上是小型乾果）相當大，會吸引昆蟲、鳥類取食，因此有可能含有化學防禦物質（也因此成為香料）。其中萜烯類的肉豆蔻醚具有抗黴菌的作用，蒔蘿、香芹、茴香和胡蘿蔔都含有這種成分，因此都具有木質般的溫暖香調。芳香化合物存放在葉片的油管裡面，位於大小脈管下方，儲量一般低於薄荷家族位於外部的防禦儲備。

胡蘿蔔家族的香草

俗名	學名
歐白芷（Angelica）	*Angelica archangelica*
芹菜（Celery）	*Apium graveolens*
細葉香芹（Chervil）	*Anthriscus cerefolium*
芫荽葉（Coriander leaf，又稱香菜）	*Coriandrum sativum*
蒔蘿（Dill）	*Anethum graveolens*
茴香（Fennel）	*Foeniculum vulgare*
歐當歸（Lovage）	*Levisticum officinale*
野蜀葵（Mitsuba，又稱三葉）	*Cryptotaenia japonica*
香芹（Parsley，又稱歐芹）	*Petroselinum crispum*
刺芫荽（Saw-leaf herb，又稱鋸葉香菜）	*Eryngium foetidum*

歐白芷（Angelica）

歐白芷（*Angelica archangelica*）細瘦高大，來自於北歐，具有清新的松香和柑橘香，而主要香調來自氣味香甜的歐白芷內酯。蜜漬歐白芷莖是從中世紀一直風靡至19世紀的珍饈，不過今日在廚房中已很少見到。歐白芷的各個部位都可用來調味，產品包括杜松子酒、苦艾酒、甜露酒、糖果、香水和其他加工製品。

芹菜（Celery）

芹菜源自野芹，那是種細柄、芳香卻又帶有苦味的香草，後來園藝家才培育出味道溫和的粗柄品種。芹菜原生於歐洲臨海的潮溼棲地。芹菜葉、柄的特有風味來自磷苯二甲內酯，這種化合物也見於歐當歸和胡桃。芹菜還帶有柑橘味和清新氣味。芹菜常和洋蔥、胡蘿蔔一起熬煮或煎炒，製做出具有香氣廣度的基底，用來調製醬汁燜煮菜餚。

細葉香芹（Chervil）

細葉香芹（*Anthriscus cerefolium*）具有細小、蒼白的裂葉，風味細緻，來自少量的甲基胡椒酚（龍蒿的芳香成分）。它的風味受熱後會散失，因此最好生食或只略微加熱。細葉香芹是調製法式細香葉綜合香粉的一項配方。

芫荽葉（Coriander）

芫荽葉號稱全世界使用最廣泛的新鮮香草。芫荽（*Coriandrum sativum*）原生於中東，在銅器時代聚落和埃及圖坦卡門的陵墓都曾發現芫荽子。芫荽很早就傳進中國、印度和東南亞，隨後並傳抵拉丁美洲，如今，這種鋸齒狀的圓形嫩葉在這些地區依然廣受歡迎。中、南美洲當地原生的刺芫荽（221頁）是芫荽的近親，風味相似，不過葉片大而硬，後來被芫荽取代。芫荽類香草在地中海一帶和歐洲並不普及，有些人認為那種香氣帶「肥皂味」。芫荽香氣的主要成分是「癸烯醛」這種脂肪醛，甜橙果皮的「蠟味」香調也是得自這種物質。癸

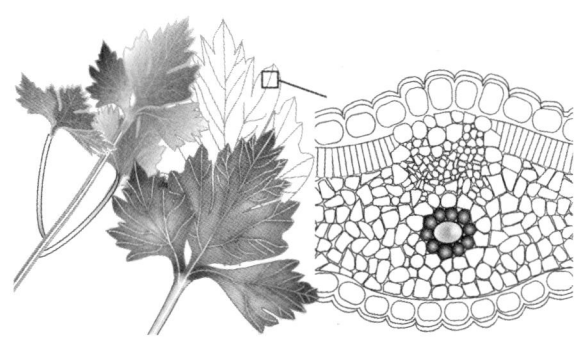

胡蘿蔔家族解剖構造
香芹葉片圖示。胡蘿蔔家族香草的防禦性脂腺長在葉片內部而非葉面。脂腺環繞著長管分布，管中注滿精油。

烯醛非常容易起反應，因此芫荽葉一經加熱，香氣便很快流失。所以芫荽最常作為盤飾，或用來搭配不需烹調的菜餚。泰國將芫荽根搗製成幾種香料糊；芫荽根不含癸烯醛，不過帶有木質味和青綠氣味，和香芹的氣味相似。

蒔蘿（Dill）

蒔蘿（*Anethum graveolens*）原生於西南亞和印度，硬柄上帶有非常纖細的羽狀葉片。古埃及已經知道蒔蘿，後來在北歐大為盛行，大概是由於滋味和當地的原生葛縷子十分相像。蒔蘿草混合了數種特別香氣，包括種子的特有風味，加上植株本身青綠、清新宜人的香調，還有一種獨特的固有香調（蒔蘿醚）。西方最常在烹魚時使用蒔蘿。希臘和亞洲蒔蘿的用量極大，幾乎把它當成蔬菜，也常搭配米飯食用。印度也將其特有的蒔蘿（*A. graveolens var. sowa*）當成蔬菜，種子也有用途。

茴香（Fennel）

茴香（*Foeniculum vulgare*）是地中海區和東南亞的原生種；葉柄布滿纖維，葉片柔嫩並呈羽狀。茴香有三個不同型式。義大利南部和西西里島鄉間的野生亞種 *F. peperitum*（當地稱 carosella），因為滋味強勁適用來調配肉品、魚類，很受民眾喜愛。（如今加州中部也長滿野生茴香。）另一個培育出的亞種「甜茴香」（*F. vulgare*），其酚類化合物茴香腦的成分遠遠凌駕野生亞種，甜度達食用糖的 13 倍，還散發出洋茴香特有的香甜氣味。甜茴香有個特殊變種（*F. azoricum*），演變出葉基膨大的「鱗莖茴香」（或稱為佛羅倫斯茴香），可當成芳香蔬菜食用。

歐當歸（Lovage）

歐當歸（*Levisticum officinale*，獨活草、明日葉）是西亞的大型芳香植物，具有和芹菜、奧勒岡同樣的芳香物質，以及香甜的花香。歐當歸在古希臘和羅馬時代稱為利古里亞芹菜（Ligurian celery）。如今，中歐民眾以歐當歸的大型裂葉來為牛肉料理調味，利古里亞地區則用它來調製番茄醬。不過出了這些地區，歐當歸便沒沒無聞。

野蜀葵（Mitsuba）

野蜀葵（*Cryptotaenia japonica*）原生於亞洲和北美洲，又稱鴨兒芹、三葉芹。野蜀葵葉形大、味清淡，日本人用來煮湯、拌沙拉。野蜀葵的風味主要來自幾樣少量的木本樹脂味萜烯類物質（牻牛兒烷、芹子烯、金合歡烯和欖香烯）。

香芹（Parsley）

香芹（*Petroselinum crispum*）原生於東南歐和西亞地區，又名巴西利、洋香菜、荷蘭芹；Parsley 源自希臘文，意思是「岩芹」。香芹是歐洲烹飪界極重要的香草，或許是由於它的特有風味（得自孟三烯），還帶有清新、青綠和木質香調，這些都是相當普遍的成分，因此能搭配多種食材。香芹一經剁切，特有香氣便會流失，青綠香調則大為凸顯，還隱約發出一種果香。香芹有捲葉型和平葉型，特性各不相同。平葉品種的幼株具強烈香芹味，隨著逐漸成長會醞釀出木質香；捲葉品種剛開始則具有清淡、木質的香氣，越成熟則香芹特色越明顯。捲葉品種的葉片較小，裂刻比較明顯，因此油炸時較快酥脆。

刺芫荽（Saw-Leaf Herb）

刺芫荽葉是芫荽葉的美洲版，又稱「鋸葉香菜」。加勒比海區至今仍以刺芫荽葉入菜，如今則最常見於亞洲料理。刺芫荽屬的品種超過100種，有些產自歐洲，不過刺芫荽（*Eryngium foetidum*）是源自南美洲亞熱帶區，比較容易在炎熱的氣候區栽植。刺芫荽葉的風味和新鮮芫荽葉幾乎一模一樣，主要芳香成分是一種脂肪醛，其分子體積比芫荽香氣成分（12醛）略長。刺芫荽的葉片大、葉形狹長，邊緣帶鋸齒，而且比芫荽葉更厚更硬。越式料理常用到刺芫荽葉，通常是在用餐前才撕碎撒上。

月桂家族

歷史悠久的月桂家族大多為大型熱帶喬木，其中最出名的就是肉桂了；此外還有一種香草也很有名，另外三種則較不常見，卻也都很有意思。亞

洲常拿各種肉桂樹的葉片作為香草，不過在西方卻相當罕見。

酪梨葉（Avocado Leaf）

墨西哥品系的酪梨樹（*Persea Americana*）葉片具明顯龍蒿香，這來自甲基胡椒酚和茴香腦，也就是龍蒿和洋茴香香氣中的揮發性物質。較為熱帶區的酪梨樹品系（130頁）不帶這種香氣。墨西哥取酪梨葉乾燥研磨成粉，用來為雞、魚和豆類料理調味。

月桂（Bay Laurel）

月桂葉是歐洲最有用的香草之一，是常綠喬木型或灌木型月桂樹（*Laurus nobilis*）的葉片，原生於地中海炎熱地帶。月桂葉尺寸中等、質地乾硬，葉內圓形脂腺儲存的油脂散發濃郁香味，混合著木質、花香、尤加利和丁香。月桂葉通常在陰涼處風乾。古人採月桂枝條編製芳香的月桂冠；如今，月桂葉是眾多料理的標準成分。

加州山月桂（Californica Bay）

加州山月桂葉來自加州山月桂樹（*Umbellularia californica*），這是種加州原生喬木，和月桂樹毫不相干。加州山月桂葉的香氣和月桂葉有些相似，不過更為強烈，最明顯的是尤加利香氣（得自桉葉油酚）。

黃樟（Sassafras）

黃樟葉又稱「菲雷」（Filé），採自北美原生喬木「北美檫樹」（*Sassafras albidum*）。當初是喬克托印第安人將這種葉片介紹給路易斯安那州的法國殖民者，如今它依然是乾燥菲雷香草粉最常用的材料。昔日路易斯安那百姓料理秋葵湯飯，便使用這種香粉來增添濃稠質地。黃樟葉帶有木質味、花香和青綠氣味。黃樟素含量極低，甚至沒有；這種化合物質大量見於北美檫樹的根部和樹皮，以往沙士的特有風味便來自於此，後來發現它有可能致癌才不再使用（見下兩頁「墨西哥胡椒葉」）。

其他常見香草

琉璃苣（Borage）

琉璃苣（*Borago officinalis*）是原生於地中海一帶的中型香草，花朵呈鮮藍色，葉片很大，表面披絨毛，其特殊的黃瓜風味來自脂肪酸受酵素分解後生成的9碳鏈（壬醛），黃瓜酵素也會製造這種物質。琉璃苣葉一度是沙拉菜的常用食材（見21頁食譜）。琉璃苣是紫草科植物，該科植物都會儲存潛在毒性生物鹼，因此食用琉璃苣應有節制。

刺山柑蕾（Capers）

刺山柑蕾是地中海區灌木植物刺山柑（*Capparis spinosa*）含苞未放的花蕾，人類自野地採摘、浸漬食用已有數千年歷史，不過一直要到幾百年前才開始栽植。刺山柑是甘藍家族的遠親，具有甘藍的辛辣含硫化合物，這也構成新鮮花蕾的主要氣味成分。花蕾的醃製方法很多（包括鹽漬、醋漬，或乾鹽醃製），還可以為醬汁、菜餚（特別是魚類料理）增添些許鹹酸韻味。若以乾鹽醃製，刺山柑蕾會經歷極劇烈轉換過程：原來的蘿蔔味和洋蔥味消失，換上紫羅蘭和覆盆子的特有香氣（得自芝香酮和覆盆子酮）！

可因氏月橘葉（Curry leaf）

這是原生於南亞小喬木可因氏月橘（*Murraya koenigii*）的葉片，使用地區以印度南部和馬來西亞為主，當地家庭經常自行栽種使用，許多料理都拿它來調味。這種月橘葉俗稱「咖哩葉」，但嚐起來卻不像印度咖哩；它的氣味清淡，帶有木質香和清香。可因氏月橘葉可以作為燉煮或其他熬煮料理的配料，也可以用油稍微炒過提味。這種葉片還有個特：含有罕見的生物鹼（咔唑），能抗氧化和消炎。

蠟菊（Curry Plant）

蠟菊（*Helichrysum italicum*）地中海區的萵苣家族成員，向來被認為具有印度

咖哩的風味。蠟菊確實含有幾種香辛宜人的萜烯類物質，適用於蛋類料理、茶和甜點。

▌土荊芥（Epazote）

土荊芥（*Chenopodium ambrosioides*）是帶香氣的藜屬家族，這個家族種類龐雜，成員有菠菜、甜菜和藜麥（一種穀子）。土荊芥是原生於中美洲溫帶地區的雜草，如今遍布全球大半地區，墨西哥的豆類、湯類和燜燉料理都有用它來調味，其氣味包括脂肪香、草香，並且具滲透力（得自萜烯類物質驅蛔腦）。驅蛔腦具毒性，能驅除腸內寄生蟲，因此民俗療法才會以土荊芥入藥。

▌墨西哥胡椒葉（Hoja Santa）

Hoja santa 是西班牙文的「聖葉」，是黑胡椒在美洲大陸兩種近親（*Piper auritum* 和 *P. sanctum*）的大型葉片。從墨西哥南部到南美洲北部一帶都有人使用，可以包裹食材，烹調時還能為食物增添風味，也可以當作調味料，直接加入菜餚。墨西哥胡椒葉的主要芳香物質是黃樟素，這不但是沙士的特殊配方，也有致癌之虞。（審定注：台灣的沙士飲料在 1984 年後改用不含黃樟素的香料）

▌蕺菜（Houttuynia）

蕺菜（*Houttuynia cordata*）俗稱「魚腥草」，多年生亞洲小型植物，屬於原始的三白草科（*Saururaceae*），也是黑胡椒的近親。越南和泰國以蕺菜葉作為沙拉、燉煮料理的配料。蕺菜有兩大品種，一種帶柑橘香，另一種具有罕見的香味，據說很像肉、魚和芫荽混合出的味道。

▌杜松子（Juniper Berries）

杜松子並不是葉形香草，而是刺柏（又稱杜松）所結毬果（俗稱「刺柏漿果」），不過它的香味來自松針的香氣成分，所以我把杜松子擺在這裡，也一併討論常當作調味料使用的松針和其他常綠喬木針葉。中國人蒸魚時底下墊松針，還有最早的鹽漬鮭魚或許就是用松針（而非蒔蘿）來調味。松香

也是多種香草和香料的香氣元素之一（見200~201頁附表）。

　　刺柏屬（*Juniperus*）是松的遠親，約有10種，全都是北半球的原生種。它們的構造就像小毬果，直徑達10公分，肉質鱗片相連包覆著種子，結成一顆「漿果」。這種「漿果」要1~3年才能成熟，期間顏色由青綠轉呈黑紫色。未成熟杜松子的香氣主要是萜烯類的蒎烯；完全長成之後便成為混合型氣味，結合了松香、新鮮青綠和柑橘香。把杜松子擺進香料瓶，過了兩年香氣便流失殆盡，因此新鮮杜松子的品質最好。在北歐和斯堪地那維亞半島，杜松子是用量很大的肉類調味料，特別常用於野味和甘藍料理。琴酒的特有風味得自杜松子，酒名gin源自杜松子的荷蘭文名稱*genever*。

▎檸檬香茅（Lemongrass）

　　檸檬香茅（*Cymbopogon citratus*）屬於禾本科香茅屬的芳香植物，俗稱「檸檬草」、「印度香茅」，植株中帶檸檬味的萜烯類檸檬醛（由橙花醛和香葉醛兩種化合物混成），以及帶花香的香葉醇和芳香醇，都儲存在葉片中央的特殊油脂細胞裡。檸檬香茅原生於南亞週期性乾旱地區，也生長在喜馬拉雅山麓丘陵等地，是東南亞料理的重要材料。檸檬香茅的葉芽很粗，濃密叢生；所有部位都具芳香氣味，不過只有莖桿下段才嫩到可以食用。外層較老葉片可以用來調味或製成香草茶。在泰國，香茅的嫩莖是辣醬的標準成分，這個部位也可以拌入沙拉生食。

▎檸檬馬鞭草（Lemon Verbena）

　　檸檬馬鞭草（*Aloysia triphylia*）是南美洲植物，和墨西哥奧勒岡是近親。這種植物的葉片風味類似檸檬，得自同類萜烯類物質，統稱檸檬醛，這也是檸檬香茅的風味成分；另外還含幾種帶花香的萜烯類物質。

▎羅洛胡椒葉（Lolot）

　　羅洛胡椒葉是羅洛胡椒（*Piper lolot*）的心形葉片，葉形很大，原生於東南亞，是黑胡椒近親，當地燒烤時會以這種葉片包裹肉類，還具調味用途。

橙花（Orange Flowers）

橙花是苦橙（*Citrus aurantium*，或稱「塞維爾柑橘」）的花朵，在中東作為甜點的調味料已有千年的歷史，通常預先製成橙花露的萃取液備用。橙花的特有香味來自多種萜烯成分的混合物（薔薇和薰衣草中也有）以及鄰胺苯甲酸甲酯（Concord葡萄中也有）。

泰國青檸（Makrut）

Makrut來自其泰語名 *Ma krut*，又稱「卡非萊姆」（Kaffir Lime，Kaffir是阿拉伯文「沒有信仰的人」，具汙衊意涵）。泰國青檸（*Citrus hystrix*）是東南亞的柑橘類植物，葉片、果皮具獨特香氣，是泰國和寮國料理的重要食材，特別常用來煮湯、燉肉和烹調魚類料理。果實外皮隱含柑橘香、松香和清香，而硬實的葉片則帶有豐富的香茅醛，散發強勁、清新、餘香繚繞的青檸特有香氣，迥異於帶甜油橙醛的檸檬香茅（這兩種香草常一起烹煮）。香茅醛名稱得自香茅草，香茅草是香茅醛最早也最主要的源頭，也是爪哇香茅（*Cymbopogon winterianus*）的姊妹種。

金蓮花（Nasturtium）

金蓮花即旱金蓮（*Tropaeolum majus*），其花朵、葉片和未成熟果實都可食用。旱金蓮是南美洲原生植物，在美國很常見，而且就如水芥，花、葉和未熟果也都帶辛辣味，拌入沙拉更增強勁滋味。

茄類（Nightshade）

茄是馬鈴薯近親，其中水茄（*Solanum torvum*，俗稱「萬桃花」）是小型喬木，壽命也較短。水茄原生於西印度群島，如今整個熱帶亞洲都可見，其小型漿果狀果實帶強烈苦味。水茄也用在泰國、馬來西亞和印尼料理的醬料和沙拉。

越南香菜（Rau Ram）

越南香菜（*Polygonum odoratum*，又稱叻沙葉、香蓼、越南芫荽）是種蔓生香

草，屬蓼科蕎麥家族。越南香菜是東南亞原生種，葉片有芫荽和檸檬的混合香氣，還略帶胡椒味。這種香草常與新鮮薄荷一起搭配多種食物食用。

▎田香草（Rice-Paddy Herb）

田香草（*Limnophila chinensis ssp. Aromatics*）是種水生殖物，屬金魚草家族，原生於亞洲和太平洋群島，葉形小，是東南亞料理中的魚、湯和咖哩佐料，尤其越南更常使用。田香草帶檸檬味，不過也會散發出複合香氣（主要來自紫蘇的主要成分紫蘇醛，少量來自柑橘萜烯類物質）。

▎薔薇花（Rose Flowers）

薔薇（玫瑰）作為香草已有千年歷史，使用地區遍及中東和亞洲，主要都屬大馬士革混成種（*Rosa x damascene*），通常乾燥使用或製成萃取液（玫瑰水）。薔薇花的香氣主要來自萜烯類香葉醇，最常用於甜食，不過也見於摩洛哥的綜合香料粉，還有北非各式香腸。

▎露兜樹（Screwpine）

露兜樹是露兜樹屬（*Pandanus*）的芳香灌木，葉片狀如皮帶，是印尼原生百合家族的近親。印度和東南亞採露兜樹葉片來料理米飯、甜點，也用來包裹肉、魚。露兜樹的主要揮發性成分為2-乙醯-1-吡咯，這是印度和泰國香米特有的堅果香氣來源，也是玉米花和蟹肉香氣的重要成分。露兜樹的花朵也帶有香氣，印度有種氣味較偏向香水味的萃取液 kewra，其香氣便得自這種花朵，印度許多乳類甜點都以此調味。

▎酸模葉（Sorrel）

酸模葉是酸模（*Rumex acetosa*）、盾葉酸模（*R. scutatus*）和小酸模（*R. acetosella*）這幾種歐洲植物的葉片，跟含豐富草酸的大黃、蕎麥是近親。酸模葉在廚房中主要是作為酸味佐料，並提供比較普遍的青綠香氣。酸模很容易分解，略經烹調便能煮成醬汁狀糊泥，可用來搭配魚料理。酸模的酸度會讓葉綠素轉呈

灰褐橄欖色，若想讓食材顏色亮麗，可在上桌前再拿新鮮酸模搗泥添入醬汁。

龍蒿葉（Tarragon）

龍蒿葉是龍蒿（*Artemisia dracunculus*）細小狹長的葉片，原生於西亞、北亞，屬於菊科蒿苣家族。野生龍蒿十分強勁，常以「俄羅斯龍蒿」商品名稱在苗圃販售，風味粗澀引不起食慾；「法國龍蒿」（estragon）是較為嬌嫩的培育品種，其特有香氣來自所含「甲基胡椒酚」（estragole，此化學名來自其法文名），這種酚類化合物儲藏於沿著葉脈分布的含油腔室。甲基胡椒酚和茴香腦（洋茴香的芳香成分）是相近的化學物質，也確實具有洋茴香般的特色。龍蒿是製作法國細香菜的材料，也是比亞列士（béarnaise）醬汁的主要風味成分，還常用來調味製醋。

墨西哥龍蒿（*Tagetes lucida*，又稱甜萬壽菊）原生於美洲大陸，外形似萬壽菊，葉片也確實具有洋茴香中的茴香腦，以及龍蒿的甲基胡椒酚。

菸草（Tobacco）

菸草偶爾也會拿來作為食物調味料，製作方式和製茶相仿（262頁）。惡名昭彰的北美原生種菸草（*Nicotiana tabacum*）是馬鈴薯和番茄的近親，這種菸草的葉片在剛轉褐色時便採收，接著會發展出樹脂味分泌物，隨後可以日曬晾製，或堆積發酵數週後再與高熱金屬接觸乾燥。菸葉經過這幾道手續，便發出一種複合香氣，帶有木質、皮革、泥土和辛香氣味，有時還會添入幾種精油（萃取自香莢蘭、肉桂、丁香和薔薇）。菸葉含收斂性鞣酸和帶苦味的尼古丁，可作為醬汁、糖漿和奶油調味料，通常只添加少許。有時候以全葉做可棄式包裝材料，烹調時兼作調味用途。

水蓼（Water Pepper）

水蓼（*Polygonum hydropiper*）是香蓼（越南香菜）的近親，原生於北半球潮溼地帶，分布廣泛。歐洲過去一向以水蓼葉替代胡椒做調味料，如今主要使用地區為日本，當作胡椒味調味料，有時滋味辛辣得可以麻痺口舌（辣味得

自水蓼二醛）。水蓼也帶有木質、松香和尤加利香氣。

冬青（Wintergreen）

冬青綠片採自白珠樹屬矮冬青（*Gaultheria procumbens* 或 *G. fragrantissima*），這種北美灌木植物和藍莓、蔓越莓同家族，獨具特有清新香氣，主要出自「甲基水楊酸甲酯」（冬青油）。

溫帶香料

許多溫帶型氣候區的香料只來自少數幾個植物家族，就跟其他的香料一樣。接下來我們依照植物學的分類來介紹香料，其他則依英文字母順序排列。熱帶香料就留待下節介紹。

胡蘿蔔家族

除了眾多帶葉的香草，胡蘿蔔家族還出了好幾種我們最喜愛的香料。這個家族的植物所結芳香「種子」，實際上是結構完整的小型果實，不過它們既乾又不帶果肉。這些果實成對生長，外被防護外莢，通常去皮之後分開販售。這些果實具備特有的稜脊表面，飽含芳香油脂的導管就位於稜脊底下。

印度藏茴香（Ajwain）

印度藏茴香（*Trachyspermum ammi*）和葛縷子是近親，在北非、亞洲（特別是印度）都有使用，可以視為種子版本的百里香，所結種子看似葛縷子，卻帶有百里香的香精成分（麝香草酚）。

洋茴香（Anise）

洋茴香是亞洲小型植物茴芹（*Pimpinella anisum*）的種子，自古便受到珍視。洋茴香的茴香腦含量極高，這種酚類化合物不但具特殊香氣，嚐起來還帶甜味，主要是為甜點和酒精飲料（保樂酒、帕斯提斯酒和奧作酒）調味，不

過希臘人也把洋茴香用在肉類料理和番茄醬。

阿魏（Asafoetida）

阿魏（譯注：梵文音譯為興渠、薰渠）是怪之又怪的香料，採自胡蘿蔔家族原生於中亞山區的多年生植物，分布範圍從土耳其至伊朗，阿富汗至喀什米爾；其中印度和伊朗為主要產區。有幾種阿魏（*Ferula Asafoetida*、*F. alliacea*、*F. foetida* 和 *F. narthex*）外觀有點像巨大的胡蘿蔔植株，高達1.5公尺，根型龐大，類似胡蘿蔔，直徑可達15公分，每年春季都由根部萌發新芽。當葉子轉為黃色時，種子就可以採收了。採收時讓根頂露出地表，拔除葉片，並來回擦刮根部表面，採集凝結在傷口中的防護樹汁。樹汁慢慢硬化，發展出強烈的硫味香氣，令人聯想到人類汗水和「洗浸乳酪」（第一冊83頁）。樹脂有時會包裹在山羊或綿羊生皮中，靜待熟成以提高香氣。由於氣味十分強勁，通常樹脂都先經研磨再與阿拉伯膠和麵粉稀釋後一起販售。阿魏的香氣得自各類硫化物，其中有十幾種和洋蔥家族的揮發性成分相同，還有幾種是較不常見的二硫、三硫和四硫化物。阿魏的氣味酷似洋蔥、蒜、蛋、肉和白松露，還是印度耆那教料理的重要配料，這個教派戒食動物性食品和洋蔥、蒜頭（因為裡面含有幼芽，若被吃掉就無法長成新的植株）。

葛縷子（Caraway）

葛縷子是香旱芹菜（*Carum carvi*）的果實，這種小型香草有一年生和二年生兩型，一年生的原生於中歐，二年生的則原生於地中海東岸和中東地區。二年生型在第一年夏季長出一支主根，第二年便開花結果；主根在北歐有時被拿來當胡蘿蔔使用。葛縷子有可能是歐洲最早以人工培育的香料植物；瑞士湖畔的古代聚落就發現有葛縷子，迄今也都是東歐料理的重要配料。葛縷子的特有風味得自右旋香旱芹酮（蒔蘿也含有這種萜烯類物質），此外唯一的主要揮發性物質則是帶柑橘味的檸檬油精。葛縷子可做甘藍、馬鈴薯和豬肉料理的配料，或添加到麵包和乳酪，還可用來調製斯堪地那維亞的酒精飲料「露酒」（*aquavit*）。

胡蘿蔔家族構造
茴香籽。胡蘿蔔家族的種子外莢有稜脊，稜下有空腔，腔內含精油。

芹菜籽（Celery Seed）

把新鮮芹菜（*Apium graveolens*）的香氣濃縮、乾燥之後，基本上就是芹菜籽的香氣了，當然了，芹菜籽並不具新鮮芹菜的清新青綠香。芹菜的特有香氣來自罕見的化合物磷苯二甲內酯，此外還有柑橘和香甜的氣味。地中海一帶在古代已有使用芹菜籽，迄今仍常見於歐洲和美國香腸、醃漬用料還有沙拉醬。「芹菜籽鹽」是食鹽混合研磨成粉的芹菜籽。

芫荽（Coriander）

芫荽（*Coriandrum sativum*）自古便大受喜愛並人工培育迄今，而且人類對乾燥果實的喜愛更甚葉片，兩者風味完全不同。芫荽果油具有驚人的花香和檸檬香，芫荽也因此成為廚師手中獨一無二的芳香調味聖品。芫荽通常結合其他香料一起使用，可加入醃漬料或香腸，也可用來調製琴酒等酒精飲料，或做芫荽－小茴香香料（印度料理常用）。芫荽也是美式熱狗的特有風味之一。

芫荽常見的有兩種。歐洲種結出的小果（1.5~3毫米）精油含量較高，帶花香的芳香醇比例也很高；印度種的果實較大（可達5毫米），含油量較低，芳香醇比例也較低，還有數種歐洲種沒有的芳香成分。

芫荽通常是兩枚乾果包覆在外莢中整顆販售。研磨時酥脆的纖維質外莢和芳香果實一起加工，可調製成吸水性高又能增稠的醬汁（像是咖哩中的液態部分）。粗磨的芫荽也可以直接塗敷肉類和魚類，不但可以調味，還可使食品具香脆口感並隔絕溫度。

小茴香（Cumin）

小茴香是一年生小型植物小茴香芹（*Cuminum cyminum*）的種籽，原生於西南亞，希臘、羅馬人都曾享用；希臘人餐桌上還會擺放小茴香專用盒，就像我們桌上會有胡椒罐一樣。基於某些因素，小茴香在中世紀的歐洲廚房大幅消失，只有西班牙繼續沿用，進而成為墨西哥菜的要角。荷蘭至今仍有小茴香

胡蘿蔔家族香料

俗名	學名
印度藏茴香（Ajwain）	*Trachyspermum ammi*
洋茴香（Anise）	*Pimpinella anisum*
阿魏（Asafoetida）	*Ferula Asafoetida*
葛縷子（Caraway）	*Carum carvi*
芹菜籽（Celery seed）	*Apium graveolens*
芫荽（Coriander）	*Coriandrum sativum*
小茴香（Cumin）	*Cuminum cyminum*
黑小茴香（Black cumin）	*Cuminum nigrum*
蒔蘿籽（Dill seed）	*Anethum graveolens*
茴香籽（Fennel seed）	*Foeniculum vulgare*

口味的乳酪，法國薩瓦省也有小茴香麵包，不過如今小茴香主要是北非、西亞、印度和墨西哥食物的特色。小茴香的特有香味來自一種罕見的化學物質（茴香醛），這種物質和苦杏仁的香精（苯甲醛）有關。它還帶有清新的松香。

黑小茴香則是另一個種類黑小茴香芹（*Cuminum nigrum*）的種籽。黑小茴香籽體型較小、顏色較深，茴香醛含量較低，複合香氣則較多。北非、中東和北印度的鹹味料理都大量使用黑小茴香。

蒔蘿籽（Dill seed）

蒔蘿籽是蒔蘿（*Anethum graveolens*）的種籽，風味強勁遠勝蒔蘿的羽葉。蒔蘿籽含有香旱芹酮（葛縷子的萜烯成分），因此略具葛縷子香氣，不過還帶了清新、辛香和柑橘香氣。蒔蘿籽主要是中歐和北歐用來醃製黃瓜（這兩者的搭配起碼可追溯至17世紀）、香腸、辛香調味料、乳酪和烘焙食品。印度蒔蘿（*A. sowa*）結籽較大，香氣成分比例略有不同；北印度把蒔蘿籽做成綜合香料。

茴香籽和茴香花粉（Fennel seed and Pollen）

茴香籽的風味和茴香植株的花柄及葉片風味相似，都具有洋茴香的香氣和甜味。茴香籽的主要揮發性物質是酚類化合物茴香腦（參見本章「洋茴香」），此外還加上柑橘香、清香和松香等次要香調。茴香籽多半採自甜茴香（220頁），具有甜味；經人類改良程度較低的茴香籽還帶有苦味，這來自葑酮這種萜烯類物質。茴香籽是義大利香腸和印度綜合香料的特有成分，印度人餐後會咀嚼茴香籽使口氣清新。

茴香花的微小黃色花粉也可以採集作為香料。茴香花粉結合了洋茴香和花香，義大利人在料理上桌前會撒點花粉調味。

甘藍家族：辛辣的芥菜、辣根和山葵

許多香料都能讓我們因刺激疼痛而感到愉悅，其中以芥菜和其近親最為出眾，它們能提供一種揮發性辛辣滋味，這種物質先從食物飄進空氣，進

洋茴香的風味

洋茴香典型香氣來自揮發性化學物質「反式茴香腦」，這同種成分是多種芳香植物的典型香氣，如茴香、八角茴香、中美洲胡椒的近親「膜緣胡椒」（*Piper marginatum*），以及甜沒藥（*Myrrhis odorata*，又稱歐洲沒藥）。這種物質不僅芳香獨具，還帶有強烈甜味，甜度達食用糖的13倍。中國人會咀嚼八角茴香，好讓「口氣甜蜜芬芳」，印度人則是用茴香籽，而且咀嚼起來確實帶有甜味。另一種相關的香甜物質是甲基胡椒酚（甲基佳味酚），這是甜羅勒和龍蒿最顯著的成分。茴香腦是酚類風味化合物中十分少見的，就算濃度很高，嚐起來依舊可口。以洋茴香調味的烈酒若添水稀釋會嚴重混濁，這是高濃度的茴香腦造成的：茴香腦溶於酒精卻不溶於水，因此一旦添水稀釋，茴香腦分子便集結在一起，尺寸大得足以散射光線。

而刺激我們的鼻道和口腔。辣椒和黑胡椒的活性成分只有在高溫下（約60°C以上）才會大幅揮發，所以把辣椒或胡椒籽放上爐火烘烤，滿廚房的人都要開始打噴嚏。至於芥菜、辣根和山葵，就連在室溫或口腔溫度之下，氣味都能侵入鼻子，嗆得人涕泗縱橫。

芥菜和其近親的辛辣氣味來自其化學防禦系統，甘藍家族成員使用的都是同一種防禦體系（109頁）。植株儲存防禦性刺激物質（異硫氰酸鹽）的方式，是將它和一種糖類分子結合起來，這種化合物不具刺激性，不過嚐起來確有苦味。一當細胞受損，特殊酵素便會釋出，分解這些儲存物質，釋放出刺激性分子（同時也除去所含苦味）。芥菜籽和辣根的根都帶辛辣味，這是由於這類生食材研磨後酵素會釋出刺激性分子。當芥菜籽下鍋烹調（許多印度料理是烘烤或油炸煎炒直到種子爆開），酵素便喪失活性，因此無法釋出刺激性分子，最後芥菜籽呈現的是堅果味和苦味，而沒有辣味。

芥菜籽（Mustards）

芥菜籽的蹤跡遍及各地史前遺址，從歐洲到中國都有，這也是早期歐洲唯一找得到的原生辛香料。至少自羅馬時代開始，芥菜籽便是歐洲常見調味料成分。芥菜在歐洲各國的名稱並非衍生自它的拉丁名 *sinapis*，而是得自一種辛香調味料的名稱，這種調味料是由 *mustum*（初發酵新酒）和 *ardens*（辛辣的）種子製成。不同國家料理芥菜籽的方式也不同，歷史可溯至中世紀。很多地方也會把芥菜籽整顆拿來用，特別是印度料理。芥菜籽可調味的食材範圍也很廣，甚至可用在糖漬蜜餞（如義大利「芥味水果蜜餞」）。

黑、棕和白芥菜籽　芥菜有三種，各有不同特性：
- 黑芥菜（*Brassica nigra*）為歐亞大陸原生種，籽粒小、籽莢色深，防禦性儲備化合物（黑芥酸鉀）含量很高，因此辣度可以飆得很高。黑芥菜過去在歐洲一直都是重要食材，至今在印度還是。然而由於採收不便，許多國家都改種棕芥菜。
- 棕芥菜（*B. juncea*）為黑芥菜和較易栽培採收的蕪菁（*B. rapa*）的混種。棕芥

菜的籽粒較大、呈褐色，黑芥酸鉀的含量略低於黑芥菜籽，因此辣度較低。歐洲的芥末醬大多由棕芥菜籽製成。
- 白芥菜或稱黃芥菜（*Sinapis alba* 或 *B. hirta*），是歐洲原生種，籽粒大、顏色淺，儲備的防禦性化合物為白芥菜籽硫苷。白芥菜籽硫苷的刺激性成分，揮發性遠不如黑芥酸鉀所含刺激性成分，因此白芥菜的辛辣氣味鮮少飆入鼻腔，影響範圍主要是在口腔，整體而言比黑芥和棕芥清淡。白芥菜使用地區以美國為主，用來製作芥末醬，也會整枚拿來醃漬。

芥末醬 要製作芥末醬，可以用整枚菜籽或是用菜籽粉（芥菜籽研磨後篩除種皮，成品稱為芥末粉）。乾燥芥菜籽和芥末粉都無辛辣味，芥菜籽必須浸溼磨碎，靜置幾分鐘或幾小時之後辛辣味才會出現；芥末粉調水後也有辛辣味。細胞受損後遇水能讓種子的酵素恢復生機，催促辛辣化合物質由儲備的化合物中釋出。芥末醬的製作過程大多會加入酸性液體（醋、酒、果汁），這會減緩酵素作用，卻也能讓辛辣化合物較晚出現，因為辣味物質會逐漸與氧氣以及混合料中的其他物質產生反應。

辛辣味出現之後，只要烹調加熱就能去除、改變刺激性分子，從而減弱辛辣味，結果便會生成比較普遍的甘藍族香氣。因此，芥菜籽往往在烹飪過程最後階段才添入。

芥菜籽的其他用途 除了化學防禦物質，芥菜籽約含1/3蛋白質、1/3碳水化合物，還有1/3油脂。芥菜籽研磨之後，細小的蛋白質和碳水化合物分子，還有種皮溶出的黏質，便會包圍油滴，發揮安定作用，於是這種醬汁乳化液便成為美乃茲和油醋醬（見第三冊）。白芥菜籽種皮的黏質含量尤其豐富（可達種子重量的5%），白芥菜籽粉可用來製作香腸，讓肉分子束縛在一起。

芥菜籽油是巴基斯坦和北印度的傳統烹飪油，也是孟加拉的魚料理和醃漬食品等菜餚的特有風味。不過在西方，大部分地區都禁止販售芥菜籽烹飪用油，理由有二：芥菜籽油含大量芥菜籽酸，這是種罕見的脂肪酸；油中還含有刺激性異硫氰酸鹽。芥菜籽酸會對實驗室動物的心臟造成傷害，

│ 羅馬芥末醬

仔細清理、篩揀芥菜籽，接著以冷水清洗。洗好之後，在水中浸泡兩小時。接下來取出用手擠捏……加入松仁，越新鮮越好，還有杏仁，接著倒入醋，仔細把它們一起搗碎……你會發現這芥末醬不僅適合當做醬料，而且還滿悅目的；因為只要謹慎調製，它會散發出優雅燦爛的光澤。　　　　　　　——哥倫美拉（Columella），《論農業》（*De Re Rustica*），公元1世紀

對人類健康的影響則還不明確。儘管芥末醬含有芥菜籽油，因此也含異硫氰酸鹽，但芥菜籽若是製成烹飪用油，影響會更深遠，因為日常食物就會接觸到這種成分。儘管如此，至今醫學研究對此仍無定論。在亞洲，人們認為只要預熱芥菜籽油達發煙點，便可以減少異硫氰酸鹽含量。

辣根（Horseradish）

辣根（*Armoracia rusticana*）是原生於西亞的甘藍類植物，白色多肉、根型大，還含有豐富的黑芥酸鉀和揮發性辛辣化合物。辣根的生根磨碎或是乾粉加水都會發出辛辣味。辣根似乎直到中世紀才開始在歐洲栽培；如今則作為肉類和海鮮料理的佐料，常搭配鮮奶油好讓辣根的強烈風味溫和些。

山葵（Wasabis）

山葵（*Wasabia japonica*）原生於日本，生長在冷冽的山溪沿岸，是東亞甘藍家族的近親。山葵一詞常特指其膨大莖幹，這個部位也儲存黑芥酸鉀作為化學防禦物質。如今好幾個國家都栽植山葵，西方也偶爾找得到新鮮產品。全根或部分使用的山葵根可以存放冰箱冷藏數週。

餐廳供應的山葵，其實常是普通辣根乾粉染上綠色後加水調製而成。這和真正山葵唯一的相似之處就只有辛辣味而已。用餐前取新鮮山葵研磨幾分鐘，便能嘗到酵素催化出的20種以上揮發性物質，氣味有辛辣、洋蔥味、青綠味，甚而還有甜味。

豆科家族：甘草根和葫蘆巴豆

甘草根（Licorice）

甘草根是原生於東南亞光果甘草（*Glycyrrhiza glabra*）的根部。英文名Licorice來自大幅更動過的屬名（*Glycyrrhiza*），字源是希臘文的「甜根」。這種灌木的木質根部富含甘草酸（類似固醇結構），甜度極高，為食糖之50~150倍。甘草根的萃取液含有多種化合物，包括糖分和胺基酸，萃取液濃縮時，這類

山葵或辣根加太多該怎麼辦？
食物中添加過多辣椒，入口會引發痛楚，然而這卻又比不上辣根或山葵過量的駭人感受。那種揮發性刺激成分能迅速飄進空氣、吸入鼻腔，讓人嗆得咳得喘不過氣來。祕訣在於要從鼻孔吸氣、口腔呼氣（別讓空氣流經鼻道），別讓口中的刺激性物質進入肺部，就能大幅減輕這種反應。

化合物便相互作用觸發褐變反應，生成特殊風味和色素。甘草萃取製品有些為深色糖漿，也有塊狀或粉末，可用在多種西點蜜餞，或做黑啤酒、英式黑啤酒和烈性黑啤酒的染色、調味用料，還可用來為菸草調味，製成雪茄、香菸和嚼菸。許多甘草糖果其實都是洋茴香的茴香腦（220頁）來調味，但其實甘草根的香氣更為複雜，帶有杏仁香和花香。

甘草酸含有類激素構造的化學成分，因此會對人體產生的作用有好有壞。甘草酸有助於止咳，卻也會干擾礦物質、血壓的正常調節功能。因此，甘草最好適量取用，不要太頻繁攝食；若每天攝取有時會導致血壓大幅提高等問題。

葫蘆巴豆（Fenugreek）

葫蘆巴豆是豆科植物葫蘆巴（*Trigonella foenum-graecum*）的小型堅硬種子，原生於東南亞和地中海一帶。Fenugreek源自拉丁文，意思是「希臘乾草」，這種種子的滋味略苦，帶有一種非常獨特的香甜氣味，帶來乾草、楓糖漿和焦糖的感受；這種氣味得自葫蘆巴內酯，也就是糖蜜、大麥芽、咖啡、醬油、熟牛肉和雪利酒的重要揮發性物質。葫蘆巴豆的外細胞層含一種水溶性儲備碳水化合物聚半乳甘露糖，因此種子浸水後會滲出一種濃稠黏質凝膠，為中東幾種醬汁和辛辣佐料（葉門的希貝什香醬）帶來一種宜人滑溜感。葫蘆巴是多種綜合香料的成分之一，包括衣索比亞柏柏爾綜合香料粉和印度的幾種咖哩粉製品。

葫蘆巴葉味苦、略帶香氣，印度和伊朗採生葉或乾燥後做香草使用。

辣椒

辣椒是幾種原生於南美洲小型灌木的果實，也是世界栽培範圍最廣的香料。辣椒的活性成分是辣椒素，這種辛辣至極的化學物質能保護辣椒果實中的種子，而且顯然是以哺乳類為驅逐對象。鳥類會直接吞下整顆果實，把種子散播各地，因此對辣椒素免疫；哺乳類動物則以牙齒碾碎果實、咬壞種子，因

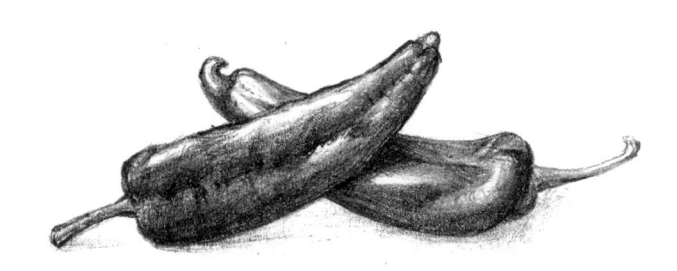

此會沾染到辣椒素而引發痛感。結果，人類這個哺乳類卻愛上這種對抗哺乳類的武器，把辣椒種子散播各方，範圍之廣遙遙超越鳥類，這可真是個偉大成就！

辣椒的繁衍成績一向出色。如今世界產量和用量都凌駕另一種主要的辛辣香料（黑胡椒）達20倍之高。辣椒普遍見於中、南美洲和東南亞、印度、中東和北非。辣椒在中國四川、湖南省是重要香料；歐洲的匈牙利有自己的紅辣椒，而西班牙則有紅色甜椒。至於美國，由於墨西哥餐廳的影響，於是莎莎辣醬在1980年代大為風靡，凌駕番茄醬。墨西哥依然保有最高明的辣椒栽培體系，能混合幾個不同品種的辣椒產生特定風味，而且很多種調味醬的主要成分都來自辣椒，無需借助無味的麵粉或澱粉。

辣椒和辣椒素

辣椒屬（*Capsicum*）約有25個品種，多原生於南美洲，其中5種已經由人類栽培。我們常見的辣椒大多演變自一年生辣椒（*Capsicum annuum*），這種辣椒至少在5000年前已經在墨西哥栽培育成。辣椒果實中空，外果皮含有豐富的類胡蘿蔔素色素，將種子和種子依附的組織（一種淡色海綿狀物質，稱為胎座）包覆在裡面（把辣椒當蔬菜的討論參見123頁）。辣椒的辛辣化學物質（辣椒素）只在胎座的表層細胞合成，然後儲存在胎座表層正下方角皮層的微滴中。角皮層受壓便會裂開，讓辣椒素逸出，塗布在種子、內果皮的表面。有些辣椒素似乎還能進入植物的循環系統，可以在果皮和鄰近的莖梗葉片中可以發現微量辣椒素。

辣椒的辣椒素含量不只取決於植物的遺傳構成，還受生長環境（高溫、乾旱條件會提高產量）與果實熟成程度的影響。果實一經受粉便開始儲存辣椒素，直到開始熟成，這時辛辣味便略有減弱，因此在果實從青色開始變色的前後階段，辛辣味最為強烈。

辣椒所含辣椒素具有幾種不同的分子型式。或許就是這樣，不同品種的辣椒才會生成不同特性的辛辣（有些來得快、去得也快，有些則作用慢，但可以持續很久），並作用於口腔不同部位。

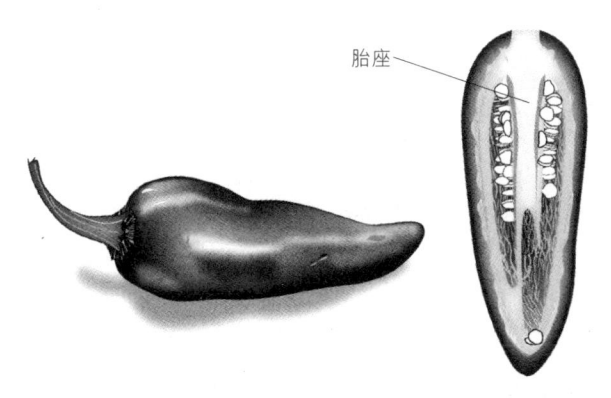

胎座

辣椒果實
辣椒素是種辛辣味化學物質，由胎座（結種子的髓質組織）表層細胞泌出。

辣椒素對身體的作用

辣椒素對人體的作用十分複雜，其總體表現還相當正向。辣椒素似乎不會提高癌症或胃潰瘍風險；它會影響身體的溫度調節作用，讓我們覺得比實際情況還熱，並觸發冷卻機制（出汗，血液在體表的流量也會增加）。辣椒素會提高身體代謝率，於是我們會燃燒更多能量（因此轉化為脂肪的能量也會變少）。辣椒素有可能觸發腦部訊號，讓我們比較不會感到飢餓，強化飽足感。總之，食物中含有辣椒素能讓我們減少食物攝取量，並且燃燒掉更多實際吃下的熱量。

當然了，辣椒素還具有刺激性，在口中產生令人愉悅的作用，不過碰觸到其他部位就不見得是樁樂事。（因此「胡椒噴霧劑」作為防身武器才那麼有效，這會讓人在1小時內都難以呼吸、視物。）辣椒素是效力強大的油性物質，沾上很難用水洗掉，因此就算手指只沾染微量辣椒素，幾小時後揉眼睛還是會受到刺激。刀子、砧板和雙手碰觸辣椒素之後，應以熱肥皂水徹底清洗，以免發生這類不快意外。另一方面，如今我們已經發現辣椒素的刺激性具有幾項醫學用途，例如塗敷皮膚可以促進局部血液循環，利於紓解肌肉疼痛。

調節辣椒素的辛辣味

所有含辣椒料理的辛辣味都受到四個因素的影響：辣椒的品種、辣椒的用量、辣椒的使用部位（是否使用含大量辣椒素的組織），以及辣椒和其他食材接觸的時間長短。廚師只要把果實對切，仔細去除海綿質胎座組織和種子，就可以大幅減少辛辣味。

若是已經滿口火熱，這時該如何澆熄那種燒灼感受？兩種補救措施最為有效（不過只能維持暫時的效果），口含冰冷或粗糙硬物，好比米、餅乾或一匙糖。低溫液體或冰塊能冷卻受器，抑止受器活性，粗糙食物則可令神經分心注意另一類訊號。不過，辣椒素比較容易溶於酒精和油脂，較不溶於水，酒精飲料和含脂肪食物的效用顯然比冷水或含糖甜水更能紓解灼痛（碳酸飲料則會增加刺激感）。若是所有作法都失靈也請寬心，辣椒素的灼痛感通常不到15分鐘就會消失。

辣椒專有名詞

美國通常會以「pepper」（又代表胡椒）或「hot pepper」來指辛辣的辣椒果實，這種混淆用法出自早期西班牙詞彙，當初他們認為辣椒和黑胡椒的辛辣味是相同的。納瓦特爾語（Nahuatl）稱辣椒為 chilli，由此衍生出西班牙字 chile，接著再轉變為美語的 chili，這個字同時指辣椒味燜燉料理，以及烹調時採用的辣椒粉。（智利國名 Chile 則是從另一個不相干的字彙而來：代表「大地盡頭」的阿勞坎印第安語。）既然有這麼多混淆，我贊同艾倫・戴維森（Alan Davidson）等人的見解，就沿用納瓦特爾的原始名稱，以 chilli 來代表辛辣的辣椒。

乾燥辣椒

比起辣粉或是勾芡粉的效果，乾燥辣椒是更為方便牢靠的原料，不過它的效用還不止於此：乾燥辣椒含有罕見的高度複雜風味，在各式香草、香料中罕見敵手。乾燥過程能凝聚果皮細胞所含物質，讓它們彼此作用、生成種種芳香氣味：乾果香、泥土味、木質香和堅果香等。傳統乾燥方法是以日曬或陰乾數週，目前全世界還有大半地區仍沿用此法。現代機器乾燥法比較能夠控制結果，還能盡量降低光敏色素和維生素C的流失數量，不過機器也會導致風味出現偏差。辣椒有時也採燻乾處理（如墨西哥的煙燻哈拉貝紐辣椒和西班牙的幾種甜椒），這會帶來特殊香氣。

其他溫帶香料

啤酒花（Hop）

啤酒花是蛇麻（*Humulus lupulus*，即普通葎草）結籽的「毬花」（花穗）乾燥製成，原生於北半球，是大麻和麻的近親。第8世紀在日耳曼哈勒道區（Hallertau）便有栽培蛇麻，14世紀散布至法蘭德斯。如今蛇麻幾乎只用來釀製啤酒，不過也能當麵包調味料和青草茶原料。啤酒花的香氣依品種而異，可能包

辣椒的品種和辣度

本表列出常見辣椒品種和它們的相對辣度。辣度以史高維爾單位來衡量，這是1912年左右由藥品化學家韋伯・史高維爾（Wilbur Scoville）發明，後來成為現代化學分析尺標。原始作法需以酒精隔夜浸泡辣椒，接著逐步稀釋、品嘗萃取液，直到辛辣味幾乎無從察覺。稀釋所需液量越多，表示辣度越高，史高維爾分數也越高。

辣椒品種	史高維爾單位辣度質
一年生辣椒（*Capsicum annuum*）	
燈籠椒（Bell）	0~600
新墨西哥椒（New Mexican）	500~2500
蠟辣椒（Wax）	0~40,000
紅椒（Paprika）	0~2500
西班牙甜椒（Pimento）	0
Jalapeno辣椒	2500~10,000
Ancho辣椒／Poblano辣椒	1000~1500
Serrano辣椒	10,000~25,000
Cayenne辣椒	30,000~50,000
中國辣椒（*C. chinense*）	
哈瓦那辣椒（Habanero）、Scotch bonnet辣椒	80,000~150,000
灌木辣椒（*C. frutescens*）	
Tabasco辣椒	30,000~50,000
毛辣椒（*C. pubescens*）	
Rocoto球椒	30,000~60,000
漿果辣椒（*C. baccatum*）	
Aji辣椒	30,000~50,000

含木質香、花香和複合的硫味。細節留待第三冊再敘述。

馬哈利櫻桃仁（Mahleb）

馬哈利櫻桃仁是馬哈利櫻桃（*Prunus mahaleb*）的乾燥核仁，這種小型櫻桃原生於伊朗，果仁帶有溫暖香氣，隱約與帶苦味的杏仁相似，可用在烘焙食物和甜點，使用地區遍及東地中海大半地帶。

乳香脂（Mastic）

乳香脂是乳香黃連木（*Pistacia lentiscus*）樹幹泌出的樹脂，這種黃連木是阿月渾子（開心果植株）的近親，原生於東地中海一帶，如今只生長於希臘希俄斯島。乳香脂早期用來咀嚼，作用就像口香糖（mastic和「咀嚼」的英文字masticate同源），如今也當調味料使用，用來為麵包、酥皮餡餅，到冰淇淋、糖果乃至於酒精飲料（奧作酒）調味。這種「口香糖」的主要芳香成分是兩種萜烯類物質：類松味蒎烯和木質味的香葉烯。香葉烯也是建構長鏈樹脂聚合物的分子原料。這種樹脂不太溶於水，因此必須細密研磨，並混入麵粉、食糖等粉狀物質，以讓乳香脂粉均勻分散於溶液中。

黑種草籽（Nigella）

黑種草籽是黑種草（*Nigella sativa*）的黑色種子，籽粒細小、呈稜角造型，是歐洲常見觀賞植物「霧裡戀人」（love-in-a-mist）的近親，嚐起來就像風味比較清淡又比較複雜的百里香或奧勒岡，還帶有一絲葛縷子的味道。從印度到東南亞各區，黑種草籽還可用在麵包等料理中。

番紅花（Saffron）

番紅花是世界上最昂貴的香料，價錢不只印證了番紅花生產過程備極辛勞，也彰顯出它的罕見特色，能為食物帶來特有風味，染上鮮黃搶眼的色彩。番紅花香料是番紅花屬「培育番紅花」（*Crocus sativus*）的花朵，人類很早就開始栽種這種番紅花，可追溯至青銅器時代希臘一帶。公元前500年之前，番紅

花便往東被帶到喀什米爾；到了中世紀，阿拉伯人帶著番紅花西行進入西班牙，接著十字軍又把它帶到法國和英國（Saffron 來自阿拉伯語的「絲線」）。如今伊朗和西班牙是番紅花的主要生產和出口國，他們以番紅花作為調味料，料理出伊朗的手抓飯和西班牙海鮮飯；法國人以此作為馬賽魚湯的佐料；義大利人用它來料理米蘭燉飯；印度人則烹調出比爾尼亞炒飯和各式奶類甜點。

　　製造番紅花香料的相關數據十分嚇人。約 7 萬朵番紅花才能取出 2.25 公斤的花朵柱頭，也就是位於花柱（把花粉向下傳遞到植物子房的通道）頂端的 3 個深紅色端點。這 2.25 公斤柱頭乾燥後只會剩下 450 公克番紅花。再者，由於柱頭十分纖細，如今仍需採人工收成。從花朵採下柱頭，與其餘部位分開，所需工時將近 200 小時，最後才能製成那 450 公克的乾燥番紅花。番紅花帶紫色花瓣，每一朵都必須在晚秋時節正要綻放當天採摘。柱頭採下之後，得立刻小心乾燥，點火加溫烘烤 30 分鐘（西班牙），或花更長的時間日曬乾燥（伊朗），有的會置放在溫暖房間或擺進現代烤箱來處理。

番紅花的顏色　番紅花的鮮艷色彩得自類胡蘿蔔素色素（40 頁），依乾燥香料重量計算，比例可占 10%。含量最高的成分稱為番紅花素（或稱藏紅花素），這是種三明治式分子，主體為一顆色素分子，兩端各連結一顆糖分子。與色素分子相接的糖可讓脂溶性的色素溶於水，因此番紅花很容易以熱水或乳汁萃取，也相當適合作為米飯等非脂質食物的染色劑。藏紅花素是種強效著色劑，水中添入微量（甚至低到 100 萬分之 1）便能染上明顯色澤。

番紅花風味　番紅花風味的特點是含明顯苦味，還帶有一種類似乾草、具滲透力的香氣。這種氣味大半出自「苦番紅花素」，由糖和碳氫化合物構成的，含量比例最高可占新鮮柱頭重量的 4%，這或許是用來對抗昆蟲等掠食生物的防禦性物質。這種混合物質帶有苦味。當柱頭受熱變乾、細胞結構受損，這些熱量會和一種酵素共同作用於苦番紅花素，釋出其中的碳氫化合物部位，這部位是一種揮發性萜烯類物質「番紅花醛」。因此，乾燥番紅

│番紅花植株
純正番紅花香料只含乾燥柱頭，也就是花柱的深紅色柱頂（負責捕集花粉並將花粉沿著花柱往下遞送至子房）。二級番紅花往往混入色澤、風味都較淡的花柱部位。

花柱頭可以調節苦味，並生成香氣。除番紅花醛之外，還有幾種類似的化學物質共同醞釀出番紅花的整體香氣。

番紅花的使用　番紅花用量通常都很少（少數幾絲或一小撮），使用之前才加水備用，泡入少量溫、熱液體，析出風味和顏色。番紅花的主要色素可溶於水，不過在萃取液中添入些許酒精或油脂，還可以多溶出一些脂溶性類胡蘿蔔素。

番紅花的顏色和風味分子都很容易受光、熱影響而變質，因此這種珍貴香料最好擺進氣密容器冷凍冰存。

鹽膚木果

鹽膚木果是鞣革鹽膚木（*Rhus coriaria*）的紫紅色小型乾燥漿果，鹽膚木是原生於東南亞的灌木，腰果樹和芒果樹的近親。鹽膚木果的特色是非常酸（來自蘋果酸等酸質）、帶澀味（來自大量的鞣酸，重可達4%），而且具有芳香氣味，發出松香、木質香和柑橘香。在中東和北非，鹽膚木果可磨碎作為幾種鹹味菜色的配料。

熱帶香料

熱帶香料即使屬於同一家族，風味未必就會相近。因此這裡香料的出場順序就完全依照英文字母排列。不過我還是要指出幾個有趣的現象，那就是薑科包括薑黃、高良薑、小豆蔻和摩洛哥豆蔻；而多香果和丁香則都屬於桃金孃科，因此關係較近，也和番石榴及鳳梨番石榴這兩種香氣強烈的果實相近。

多香果（Allspice）

多香果是美洲大陸的熱帶多香果木（*Pimenta dioica*）的中型褐色乾果，和丁香同屬桃金孃科。Allspice這個名字在17世紀開始通行，當時認為它的香氣是由幾種香料的香氣混合而成，如今則常以丁香、肉桂和肉豆蔻的香氣來形容。多香果確實富含帶丁香味的丁香油酚，還具有幾種相近的揮發性酚

類物質，散發出清新、香甜和木質般的香氣（卻不含肉桂的揮發性成分）。多香果主要產地在牙買加。果色青綠時採收風味最強，接著短暫堆放發酵，再置入袋中「出水」，加速脫水和褐變過程，接著再日曬乾燥5~6天（或採機器乾製）。多香果是醃魚、醃肉和醬菜的重要調料，也可以做派餅的調味料。

胭脂樹籽（Annatto）

胭脂樹籽又稱「婀娜多籽」，是原生於熱帶美洲的灌木胭脂樹（*Bixa orellana*）的種子，可作為香料和著色劑。這種樹用途廣泛，可作多種熟食的配料，使用地區從墨西哥南部延伸到南美洲北部。胭脂樹籽外殼的蠟質塗層含有胭脂木酯，這是種鮮紅橙色的色素，很容易變成各式化學物質，分呈橙、黃、紅等不同色澤，其中有些可溶於水，有些則為脂溶性物質。大型食品製造廠使用胭脂樹籽萃取液，為切達乳酪、奶油等製品染上鮮明色彩。胭脂樹籽的質地堅硬，很難磨成細粉，因此通常都置入液體加熱萃取其風味和顏色，之後再撈出。市面上也有磨碎後製成的胭脂樹籽糊。胭脂樹籽的主要香氣來自於帶木質、乾燥氣味的萜烯類蛇麻草酮，這也是啤酒花（蛇麻花）的成分之一。

小豆蔻（Cardamom）

小豆蔻是世界第三昂貴的香料，僅次於番紅花和香莢蘭。小豆蔻是一種薑科草本植物的種子，原生於印度西南部山區，約公元1900年才向外散播。後來德國移民把它帶到瓜地馬拉，如今那裡是小豆蔻的最大產地。小豆蔻籽長在成串的纖維質莢膜裡，熟成時間互異，因此必須趁尚未完全熟成、莢膜即將開裂前，以人工逐一採收。Cardamom源自阿拉伯語，字根意思是「變暖」；小豆蔻細緻、溫暖的氣味特質，得自兩種不同的芳香物質：帶花香、果香和香甜氣味的萜烯類化合物（芳香醇和醋酸酯），以及具滲透力、帶尤加利香的桉葉油酚。這些物質都儲存於緊貼種子表皮下方的內層構造。

小豆蔻有兩大類：馬拉巴豆蔻（Malabar）的莢膜又圓又小，富含氣味細緻的花香化合物；邁索爾豆蔻（Mysore）的莢膜較大，呈三角造型，氣味主要

為松香、木質香和尤加利香。兩種都略帶澀味和辣味。馬拉巴豆蔻在豆莢開始由綠轉灰白之後風味最佳，因此通常只見得到淡色的豆莢，事先還經過日曬乾燥或化學漂白，好讓豆莢顏色更為一致。邁索爾豆蔻商品通常呈綠色，先經過三小時中溫（55°C）定色處理，之後再予以乾燥。

小豆蔻與肉桂都曾出現在《舊約聖經》，不過似乎要到中世紀才傳抵歐洲。如今，北歐各國的小豆蔻消耗量占全球的10%，主要用在烘焙食品，而阿拉伯國家則占80%，主要用來調製阿拉伯式小豆蔻咖啡。阿拉伯 *Gahwa* 咖啡是新鮮烘焙的研磨咖啡搭配新鮮迸裂的小豆蔻綠色豆莢沸煮而成。

大豆蔻籽 　大豆蔻籽又稱為尼泊爾豆蔻籽或印度大豆蔻籽，是小豆蔻近親黑豆蔻（*Amomum subulatum*）的種子，生長在印度北部、尼泊爾和不丹的東喜馬拉雅山區（豆蔻屬和非洲豆蔻屬的其他種類也都是食材）。種子藏身2.5公分長的淺紅豆莢，外覆甜味果肉。大豆蔻散發強烈、刺鼻風味，原因有二：這種作物大半採煙燻乾燥，種子又富含具滲透力的萜烯類桉葉油酚和樟腦。常用大豆蔻的地區包括印度、西亞和中國，多用在鹹食、米食和醃漬食品。

肉桂（Cinnamon）

肉桂是樟屬（*Cinnamomum*）喬木的內層樹皮乾燥製品，是月桂樹的熱帶亞洲遠親。這種喬木的內層樹皮（韌皮層）負責把葉片的養分傳至根部，且含有防衛性油脂細胞。新生喬木的內層樹皮剝下後，便捲成常見的長條「羽管」或細棍。肉桂是最早傳抵地中海一帶的香料之一；古埃及人塗抹防腐香油時也使用肉桂，而且《舊約聖經》也一再提到肉桂。亞洲和近東民眾很早就拿肉桂來為肉品調味，中世紀歐洲則受到阿拉伯的影響，廚師也用肉桂來調味。時至今日，肉桂多用來調製甜味料理和糖果。

樟科中有好幾個種類都具有芳香樹皮，不過肉桂也有兩大類別。一類是錫蘭或斯里蘭卡肉桂，採自斯里蘭卡肉桂木（*C. verum* 或 *C. zeylanicum*），顏色淺褐、質地如紙一般酥脆，捲成帶有清淡、細緻風味的單層肉桂棒，氣味香甜。另一類是東南亞或中國肉桂（或稱玉桂），這種肉桂往往又厚又硬，捲成兩層，

顏色較深，風味也強得多，帶苦味，有時還會帶來刺鼻、燒灼的感受，猶如美國紅辣糖的滋味。這類肉桂的主要產地為中國、越南和印尼，分別採自牡桂（*C. cassia*）、西貢肉桂（*C. loureirii*）和緬甸肉桂（*C. burmanii*，俗稱印尼肉桂）。中國肉桂是世界大多數地區的最愛，斯里蘭卡肉桂風靡拉丁美洲。肉桂典型的熱辣、辛香氣得自肉桂醛，這種酚類化合物在中國肉桂的數量明顯超過斯里蘭卡肉桂；後者香氣較顯隱約、繁複，帶有花香和丁香（芳香醇、丁香油酚）。

丁香花（Clove）

丁香花是極特別、氣味又極強的香料，是以桃金孃科蒲桃屬丁香木（*Syzygium aromaticum*）未成熟的花蕾乾燥製成，原生於現今印尼所屬幾座島嶼。中國在2200年前已經懂得使用丁香花，而歐洲要到中世紀才大量用來料理食品。如今，印尼和馬達加斯加是最大的丁香花產地。

丁香木花蕾要在綻放前採摘，接著要乾燥數日。其獨特性來自高含量丁香油酚，這種酚類化合物散發獨一無二的香氣，香甜又具強大的滲透力。丁香花蕾含極多香氣分子，濃度在香料界首屈一指。揮發性化學物質比例可達重量的17%，多半儲存在花冠中緊貼表面內層的細長部位，以及花朵中雄蕊的纖細花絲。丁香油約含85%丁香油酚，正是由於丁香油酚，這種油脂才能有效抑制微生物，還會讓我們的神經末梢暫時麻木，也因此漱口藥水和牙科產品中也會加入丁香油。

世界大半地區多採丁香來為肉類料理調味，歐洲人則主要用來調製甜點，而丁香花也是幾種綜合香料的重要配方（見206頁資料欄）。不過，丁香花最重要的角色，還是在印尼的調味香菸「格裂得」（kretek），這種香菸的丁香絲成分可達40%。

高良薑（Galangal）

高良薑（南薑）指大高良薑（*Alpinia galanga*）和小高良薑（*A. officinarum*）這兩個亞洲近親的地下莖段（即根莖）。大高良薑有時也稱為「泰國薑」，較為常見也較受喜愛。高良薑比薑還要澀，帶辛辣味，隱含尤加利香、松香、丁香

和樟腦等氣味，不具薑的檸檬味特質。泰國和東南亞其他地區的料理，往往以高良薑混合檸檬香茅等芳香植物一起調味。高良薑也是查特酒、苦味酒和若干軟性飲料的成分。

薑（Ginger）

薑（*Zingiber officinale*）是草本熱帶植物既辛辣又芳香的根莖，這種植物是香蕉的遠親。薑的屬名 *Zingiber* 演變成為薑科科名，種類遍及熱帶地區，約有45個屬，其中包括高良薑、摩洛哥豆蔻、小豆蔻和薑黃。*Zingiber* 出自拉丁文，字源則是梵文 *singabera*，意思是「角」或「鹿角」，形容這種分支根莖的外貌。

薑在史前南亞某處培育，其乾燥製品在古典希臘時代傳抵地中海一帶，到了中世紀已經是歐洲最重要香料之一，「薑餅糕點」便可追溯至這個時代。薑汁啤酒和薑汁麥酒則可溯至19世紀，當時英國小酒館常灑薑粉為飲料調味。

乾薑香料是取成熟根莖，清潔、刮除大半表皮，有時還以萊姆或酸液漂白，接著日曬乾燥或以機器烘乾。乾薑澱粉的重量約占40%。今日乾薑的主要生產國為印度和中國，牙買加薑則被視為最優良種類。葉門進口大量薑品，貿易額占有率極高，多用作咖啡調味料（添加比例高達咖啡重量的15%）。

亞洲通常使用生薑，世界各地也越來越常使用生薑。如今美國生薑多半產自夏威夷，12月至6月都是主要收成期。生薑含有蛋白質分解酵素，因此食物中若含有明膠會引發幾項問題（見第三冊）。

薑的香氣　薑的烹飪用途變化萬千，可加入臘腸、魚類、蘇打水還有甜點調味。薑略帶檸檬汁特質，更兼具清新提神的鮮明香氣（得自清香、花香、柑橘香、木質香和尤加利等香氣），以及一種清淡、胡椒般的辛辣氣味，能和其他風味互補而不會相衝。各地的薑各見不同特質：中國的薑往往以辛辣為主；印度南部和澳洲的薑則明顯具檸檬醛的特質，因此檸檬香氣較為明顯；牙買加的薑氣味比較細緻、香甜；非洲的薑氣味具滲透力。

薑的辛辣度高低有別　薑（以及同家族的成員）的辛辣味來自薑油，其化學

構成接近辣椒的辣椒素以及黑胡椒的胡椒鹼（202頁）。這類化學物質中，薑辣素的作用最弱，也最容易因乾燥和烹調而變性。生薑乾燥時，薑辣素分子的小側基原子團會脫離，轉化為辛辣度約達兩倍的薑烯酚，因此乾薑的風味比生薑強。烹調會降低薑的辛辣度，因為部分薑辣素和薑烯酚會轉化為薑油酮，薑油酮只略顯辛辣，還帶有甜味。

摩洛哥豆蔻（Grain of Paradise）

摩洛哥豆蔻是薑科西非豆蔻（*Aframomum melegueta*）的小型種子，原生於西非，又有「天堂籽」、「幾內亞豆蔻」、「短吻鱷椒」和「西非胡椒」等俗稱。歐洲從中世紀便開始使用，直至19世紀貨源短缺為止。摩洛哥豆蔻稍帶辛辣味（薑油以及同族的薑酮酚和薑烯酚），隱約還含有一股木質、常綠香氣（蛇麻草酮和丁香烴）。摩洛哥豆蔻是摩洛哥綜合香料的配方，也可取代黑胡椒，調配出引人入勝的調味料。

肉豆蔻（Nutmeg）和肉豆蔻乾皮（Mace）

肉豆蔻與其乾皮的香氣相近，來自熱帶亞洲喬木肉豆蔻木（*Myristica fragrans*）的果實，這種植物似乎源自新幾內亞。正是肉豆蔻和丁香，讓「香料群島」（今印尼摩鹿加群島）成為歐洲海上強權覬覦的對象。先是葡萄牙壟斷了肉豆蔻貿易，荷蘭繼之而起，稱霸至19世紀，一直到肉豆蔻木在加勒比海一帶成功培育之後才結束。肉豆蔻及其乾皮對中世紀之前的歐洲菜餚並無顯著影響，如今，它們則是甜甜圈和蛋奶酒的特有調味料，也會加入熱狗和其他香腸中。肉豆蔻還是傳統法國白醬的重要成分。

肉豆蔻及其乾皮都來自肉豆蔻果實內部，果實有跟李子一樣小也有跟桃子一樣大，熟成時便迸開，露出一層褐黑色的閃亮硬殼；硬殼上還纏繞著鮮紅色的不規則狹長帶狀構造。這種紅帶是果實的假種皮，以色彩和糖分吸引鳥類取食，讓牠們把果實和種子帶走。假種皮製成的香料就是肉豆蔻乾皮，殼內的種子就是肉豆蔻。假種皮從硬殼取下後，兩者分開乾燥。肉豆蔻所含芳香化合物會集中在含油組織層，這層組織在種子主體交錯。種

子主體由澱粉和脂肪儲存組織構成，裡面含有帶澀味的鞣酸。

肉豆蔻及其乾皮風味相似又各有特色，肉豆蔻乾皮的風味較為溫和、完滿。兩種香料都帶有清香、松香、花香和柑橘香，而最主要的還是肉豆蔻醚（也是新鮮蒔蘿的次要成分）那木質般、溫暖又略帶胡椒味的香氣。磨碎的肉豆蔻帶有種子主體儲存組織中的單寧分子，因此顏色也比粉狀的肉豆蔻乾皮更深。肉豆蔻一般都用在以鮮奶油、牛乳和雞蛋為主的甜點和菜餚中；肉豆蔻乾皮則主要用在肉類料理、醃漬食品和番茄醬。兩種香料加熱過久都會變味，因此通常都在最後一刻才磨碎灑上。

肉豆蔻素有致幻的盛名，只要同時食用幾枚磨碎的種子便會引發幻覺。現已發現其活性成分有可能是肉豆蔻醚，不過證據仍嫌不足。

黑胡椒及其近親

黑胡椒是亞洲最早向西方出口的香料之一，如今還是歐洲和北美洲最傑出的香料。在歐美人士的心目中，黑胡椒就跟食鹽一樣，都是基本調味料，它適度的辛辣和宜人的香氣，為眾多鹹味料理注入飽滿風味，通常是在用餐前才灑上。胡椒原生於印度西南部熱帶濱海山區，當地至少在3500年前便開始從事海、陸貿易。古埃及蒲草紙上的文獻有提到胡椒，希臘人也熟知這種香料，羅馬人更是廣為使用。當時胡椒大半採自野生林地植物，不過在7世紀之前，這種藤蔓便移植到馬來群島、爪哇和蘇門答臘。1498年，達伽馬發現從歐洲通往印度西南部的海上航道，之後葡萄牙人便掌控黑胡椒出口貿易達數十年。然後是荷蘭人，接著在1635年換成英國人，還建立了栽種胡椒的農場。到了20世紀，南美洲和非洲的幾個國家也開始生產黑胡椒。如今印度、印尼和巴西都是世界主要供應國。

胡椒的生產　黑胡椒粒是藤蔓植物黑胡椒（*Piper nigrum*）所結漿果乾燥而成，同樣的黑胡椒屬還包含好幾種香料和香草植物（見250~251頁資料欄）。黑胡椒會長出好幾公分長的花穗，而且要6個月才能成熟。漿果成熟且熟成之後，辛辣的胡椒鹼還會不斷增多，芳香物質也會達到顛峰，然後才衰減。完全

黑、白胡椒

胡椒子是一種熱帶藤蔓植物的小型果實。黑胡椒由整枚果實乾燥而成，深色褶皺表層是乾燥的肉質果皮。白辣椒則是肉質果皮移除後的種子乾燥製成。

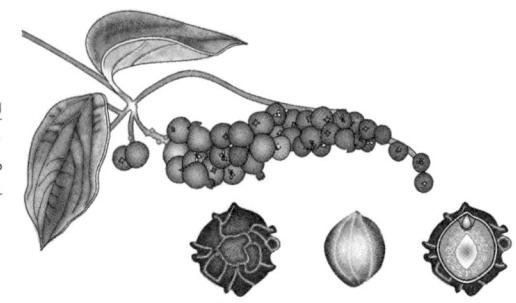

熟成的漿果，所含香氣或許還不及青綠晚期之半。熟成的漿果外皮是紅色的，收成之後由於褐變酵素的作用才轉呈深褐色至黑色。內部種子大半為澱粉，還帶點油脂，其中3~9%為辛辣的胡椒鹼，2~3%為揮發性油脂。

彩色胡椒　胡椒的漿果加工後可製成幾種不同的胡椒香料。
- 黑胡椒：這是最常見的品項，由成熟但未熟成的漿果製成，果實依舊青綠，還含有豐富的芳香物質。果穗從藤蔓採收之後，再經打穗讓果實脫落。漿果在熱水浸泡幾分鐘加以洗淨，同時也破壞果肉所含細胞，以加速褐變酵素作用。最後再以日曬或機器乾燥數日，這段期間外層果肉會變深。
- 白胡椒：這是純胡椒籽，不含外層果肉。白胡椒以完全熟成的果實製成，需泡水1週，好讓細菌分解果肉，接著搓洗除去果肉，最後才乾燥製成。白胡椒之所以受到喜愛，是因為它能隱身在淡色醬汁或菜餚中，提供辛辣味。白胡椒是印尼的重要商品，如今依然是主要生產國。
- 綠胡椒：這是胡椒漿果正要熟成前1週採收製成的香料。綠胡椒只經二氧化硫處理後脫水而成（可先浸泡鹽水，然後以罐裝或瓶裝保存，也可以用冷凍乾燥）。綠胡椒的風味依保存方式而有不同，不過都具有辛辣味和胡椒芳香物質，還含有清新青綠的香氣。
- 粉紅胡椒：較為稀有，把剛熟成的紅色漿果浸泡在鹽水和醋液裡醃製而成。（這和俗稱「粉紅胡椒籽」的巴西胡椒籽完全不同；見下文。）

胡椒的風味　胡椒的主要辛辣化合物胡椒鹼就儲存在薄層果皮和種子表層。胡椒鹼的辛辣度約為辣椒中辣椒素的1%。黑胡椒的主要香氣成分（蒎烯、香檜烯、檸檬油精、丁香烴和芳香醇等萜烯類物質）會帶來清新、柑橘、木質、溫暖和花香的整體味道。白胡椒的辛辣度約與黑胡椒相等，卻由於外層種皮已經移除而欠缺大半香氣。白胡椒常會有霉味和馬廄味，或許是果肉長時間發酵的結果（糞臭素、甲酚）。

　　胡椒可整粒放入食材中，讓時間萃出胡椒風味，像是放入醃漬品、罐裝

食品或是醬汁之中。胡椒籽研磨後可加快風味萃取速度，以便在最後一刻調整菜餚風味。研磨也會讓芳香物質釋出、揮發，因此想得到最新鮮、最完整的風味，就是把整粒胡椒籽磨碎後立即加入食材。整粒胡椒籽研磨後，只要放上一個月，香氣便流失大半。有些廚師會在熱鍋上烘烤胡椒片刻，以帶出更濃郁的香氣。

胡椒最好密封置於陰涼處，如果保存期間受光，辛辣味便會流失，因為光能會把胡椒鹼轉換為一種幾近無味的分子（異胡椒脂鹼）。

粉紅胡椒籽（Red Peppercorn）

粉紅胡椒籽是巴西胡椒木（*Schinus terebintbifolius*）所結的果實，當初帶進美國南方是做觀賞用途，如今已經成為有害的外來侵入種。早在1980年代，它亮麗的粉紅色果實是當成調味料在販售。這種喬木和腰果木、芒果木同屬漆樹科，該科植物還包括毒葛和毒櫟。巴西胡椒籽很容易碎裂，果型大小如黑胡椒籽，內含腰果酚，這種酚類化學物質具刺激性，因此烹調用途有限。粉紅胡椒籽的清香、松香、柑橘香和香甜氣味來自好幾種萜烯類物質。它的近親祕魯胡椒木（*Schinus molle*）也經人工培育做觀賞用途，又稱「加州胡椒木」。祕魯胡椒木的果實散發較濃烈的樹脂香氣（得自香葉烯），刺激性腰果酚成分則較少。

川椒和山椒（Sansho）

中國川椒（又稱花椒）和日本山椒都帶有奇特的辛辣味，來自芸香科花椒屬的兩種小喬木，有時也稱為「藤山椒」或「藤崖椒」。川椒木的學名為 *Zanthoxylum simulans* 或 *Z. bungeanum*，而山椒木的學名則為 *Z. piperitum*（屬名也可寫作 *Xanthoxylum*）。兩種花椒的果實都很小，果皮氣味芳香，含有檸檬味的香茅醛和香茅醇等芳香成分，乾製便成香料。川椒、山椒的辛辣成分稱為花椒素，和黑胡椒的胡椒鹼、辣椒的辣椒素都屬同族化合物。不過花椒素不只具有辛辣味，還會引發一種刺痛、迷醉、麻木的奇異感受，有點像是碳酸飲料或微弱電流（舌頭碰觸9伏特電池兩端）引發的感受。花椒素顯然會同時對幾種不同的神經末梢起作用，讓舌頭對觸覺和低溫刺激產生超乎尋常的靈敏度，或

胡椒的近親

胡椒屬約有1000個品種，其中黑胡椒的許多近親也都會用來當調味料，包括墨西哥胡椒葉和羅洛胡椒（224、225頁）。其他胡椒類植物擇要列舉如下：

- 長胡椒（*Piper longum*，又稱「蓽茇」）。這種印度原生辣椒或許是緊接在芥菜籽之後最早傳入歐洲的辛香料，希臘人和羅馬人對它的喜愛更勝於黑胡椒。Pepper一字便是引自長胡椒的梵文 *pippali*（至於黑胡椒的梵文為 *marichi*）。長胡椒的整段花穗都鑲嵌了細小果實，這也是它名稱的由來。長胡椒的辛辣味較強勁（因為胡椒鹼含量較高），還帶有一種木質香氣。今日長胡椒主要用在醃漬蔬菜，不過也是北非幾種綜合香料的原料。另外，爪哇原生種假蓽茇（*Piper. retrofractum*）也稱為「長胡椒」，印尼和馬來西亞至今仍在使用。據說假蓽茇比印度的長胡椒更香。

許也因此引發一種整體的神經迷亂。

中國和日本製造花椒的方法不同。中國川椒是以川椒子（果實）烘製而成，因此原來和柑橘較相近的氣味，都被褐變、木質般的氣味掩蓋過，從而散發出很能與肉類搭配的香調。日本山椒則具獨特的檸檬味，可用來遮掩或調和某些魚、肉料理的油脂味。兩種香料都用來製做綜合香料。

檀香（Sandalwood）

檀香較少入菜，較常見於燻香用料，不過白檀木（*Santalum album*）的根部和心材，有時也是印度甜點的調味料。白檀木的香氣主要得自檀香醇（白檀精油），具有木質、花香、奶香和麝香的氣味。

八角（Star Anise）

八角具有星形外觀，是喬木八角茴香（*Illicium verum*）的木質果實，原生於中國南部和中南半島。八角的洋茴香風味得自茴香腦，歐洲洋茴香（和八角完全無關的植物）也具有同一種酚類化合物（232頁下方資料欄）。八角果實本身或有6~8個腔室，風味比種子更濃，未熟成果實可供嚼食，傳統上作為口氣清新劑。八角在傳統上還有個重要用途，就是中式滷肉的香料；若再加入洋蔥，就會產生硫化酚類芳香物質，更增肉味芬芳。

羅晃子（Tamarind）

羅晃子是羅晃子木（*Tamarindus indica*，又稱羅望子）豆莢內部包覆種子的酸果肉，又稱「酸豆」，富含纖維又具黏性。羅晃子木是非洲和馬達加斯加的原生豆科喬木，果肉泡水幾分鐘之後，壓擠纖維團便可濾出帶風味的萃取液。有些加工廠也生產羅晃子萃取液，製成黏稠漿汁販售。果肉的酸質約占20%，主要為酒石酸，糖分約占35~50%，還帶有一種複合式烘烤香氣，這是果實在樹上受日曬之後，果肉濃縮引發的褐變作用所致。亞洲大半地區都採羅晃子做酸化劑，也用來調製甜酸味蜜餞、醬料、湯類和飲品。羅晃子也風靡中東地區，同時還是英格蘭「渥斯特郡辣醬油」的特有成分之一。

- 畢澄茄。畢澄茄（*P. cubeba*）果實可製成畢橙茄香料，俗稱「帶尾胡椒」或「尾胡椒」，包含一顆顆具尾狀果柄的漿果。畢橙茄是印尼原生種，在17世紀歐洲是料理配料；如今在原生地帶依然見其調味用途，用來製作醬料、烈酒、喉片和香菸。除了辛辣味之外，畢橙茄還具有清新、尤加利、木質、辛香和花朵芳香氣味。
- 西非胡椒。西非胡椒（*P. guineense*）又稱「阿散蒂胡椒」。這種香料帶有肉豆蔻和黃樟的香氣，在西非有多種料理都會以它來調味。
- 荖葉。荖葉又稱蔞葉，是亞洲胡椒科藤蔓植物蒟醬（*P. betle*）的葉片，具丁香味。亞洲自古便以它包裹其他食材成一口大小，入口嚼食。印度的荖葉包檳榔稱為 *supari*，配料有石灰、棕櫚科檳榔果，有時還添加菸草。

薑黃（Turmeric）

薑黃又稱鬱金，是薑科熱帶草本植物薑黃（*Curcuma longa*）的地下莖段（即根莖）。印度似乎在史前時代便開始栽種薑黃，或許是為取其深黃色色素（薑黃的屬名*Curcuma*來自梵語的「黃色」）。長久以來，薑黃就用來為皮膚、布匹，或是婚喪喜慶的食品染色。美國也把薑黃當成芥末醬的染色劑，而且不含辣味。薑黃也是多數咖哩粉製品的主要成分，重量最高可達25~50%。

薑黃的主要色素成分稱為薑黃素，後來還發現，這種酚類化合物是種絕佳抗氧化物。這或許便能解釋大家為何會認為薑黃具防腐效用；印度人料理魚類或其他菜餚之前，往往會先撒薑黃粉；許多印度菜餚也會加入薑黃粉。薑黃素的顏色對酸鹼值反應敏銳，在酸性環境下呈黃色，若遇鹼性環境便轉為橙紅色。

要製作薑黃香料，先以弱鹼水蒸或沸煮薑黃根莖讓它定色，接著預煮去除過多澱粉，最後日曬乾燥即成。薑黃通常磨粉出售，不過在傳統市場仍然找得到新鮮或乾燥的薑黃根莖。薑黃具一種木質般的乾土香氣（得自薑黃酮和薑萜這兩種略帶香氣的萜烯類物質），還略具苦味和辛辣味。

香莢蘭（Vanilla）

香莢蘭是世界上最流行的調味料之一，俗稱「香草」。香莢蘭的特色在於它的香氣濃郁、持久，而且具層次感。香莢蘭還是僅次於番紅花的昂貴香料，因此現今全世界的香莢蘭調味料，通常是模仿香莢蘭香氣的化學製品。

真正的香莢蘭為莢果型香料，通常稱為香莢蘭「豆」，採自中美洲和南美洲北部的原生種藤本蘭科植物。熱帶型香莢蘭屬植物（*Vanilla*）約有100種，其中「芳香香莢蘭」（*V. planifolia*或*V. fragrans*）最初是由托納克印第安人培育，可遠溯至1000年前墨西哥東岸韋拉克魯斯一帶。他們把香莢蘭向北傳給阿茲特克人，用來為巧克力飲品調味（見第三冊）。最早嚐到香莢蘭滋味的歐洲人是西班牙人，他們稱之為*vainilla*，是「鞘」或「莢」的暱稱（出自拉丁單詞*vagina*），英文名vanilla便由此而來。19世紀，比利時植物學家查理·墨蘭（Charles Morren）找出為香莢蘭人工授粉的方法，從此以後，就算沒有適合傳

粉的昆蟲，仍得以生產這種香料。之後法國人把這種藤蔓帶到非洲東南岸幾座離島，如今世界大半香莢蘭都產自這些島嶼：馬達加斯加、留尼旺和葛摩共和國，產品統稱「波旁香莢蘭」（譯注：留尼旺前稱波旁島）。

今天，印尼和馬達加斯加是全球香莢蘭最大生產國。香莢蘭必須精心照料，手工授粉、處理莢果都需耗費大量人力，栽植地區少、產量又很低，因此售價十分昂貴。

香莢蘭的濃郁風味來自三項因素：種莢含有豐富的防禦性酚類化合物，主要成分為香草醛；糖分和胺基酸含量很高，可用來製造褐變反應風味；另外就是烘製過程。植株的防禦性芳香成分大半和糖分子鍵結，成為惰性物質儲存起來。當種莢受損，儲存物質的鍵結會接觸到酵素而斷裂，釋出活性防禦成分和香氣物質。因此，製造優質香莢蘭的訣竅就在於刻意破壞種莢，接著就是要長時間乾燥加工，好讓風味發展、凝聚，也要避免種莢腐敗。

製造香莢蘭　香莢蘭製造過程從花朵受粉6~9個月之後開始，這時種莢呈綠色，莢長為15~25公分，正要開始熟成。種莢內壁鑲嵌了幾千枚細小的種子，莢皮組織含有糖、脂肪、胺基酸和酚－糖儲存化合物。鄰近外果皮的部位有大量酵素，可用來分解儲存分子，釋出芳香酚類物質。烘製的第一步是殺死種莢，以免它耗盡糖分和胺基酸；接著再破壞種莢細胞，讓酚類儲存物質可以移動，接觸到酵素，釋出所含香氣成分。要達到上述這兩項目標，只需讓種莢短暫接觸高溫，常用作法為日曬、熱水或蒸氣處理。細胞受高溫破壞之後，褐變酵素（多酚氧化酶，42頁）也可以把一些酚類化合物凝聚成有顏色的分子團，於是種莢便從綠轉褐。

接下來幾天就讓種莢間歇受日照曝曬，溫度得高到手幾乎沒辦法拿取，再以布巾包裹，利用餘熱「出水」。在這個階段，香莢蘭的主要風味成分（香草醛和相關酚類分子）便會掙脫糖分子的鍵結。熱度和陽光也可以讓種莢的水

| 香莢蘭的種莢（左頁圖）

新鮮種莢含有幾千枚細小種子，鑲嵌於黏性樹脂之中。樹脂含糖分、胺基酸，以及一種能釋出香草醛（香莢蘭主要香氣來源）的儲備分子。種莢經乾燥、烘製處理過程便能釋出香草醛，並生成更多香氣分子。

分局部蒸發，抑制微生物滋長，並藉由糖和胺基酸的褐變反應，產生種種色素和複合香氣（第一冊311頁）。3~5公斤新鮮種莢只能製成1公斤香莢蘭香料。

香莢蘭處理最後階段需以手工拉直並撫平種莢，乾燥數週，接著便靜置令其「熟成」，也就是儲放一段時間，使風味能進一步發展（讓風味化合物與氧氣以及部分耐熱酵素起反應，也彼此交互作用，產生果香酯質等新的香氣）。馬達加斯加的香莢蘭曬乾過程需花35~40天，墨西哥的作法則要持續數個月。

香莢蘭的風味　種莢經烘製處理之後，水分約占重量之20%，纖維占20%，糖分占25%，脂肪占15%，其餘為胺基酸、酚類化合物、其他風味物質，以及褐色色素。糖分提供甜味，游離胺基酸提供若干鮮味，脂肪讓風味濃郁，鞣酸則帶來些許澀味。天然香莢蘭的香氣成分很複雜。香莢蘭豆含有兩百多種揮發性化合物質，主要成分是酚類化合物香草醛，它能點出香莢蘭特色，卻還不具整枚香料的豐富香氣。香莢蘭還有幾樣重要的揮發性物質，散發出木質、花香、青綠、菸草、乾果、丁香、蜂蜜、焦糖、煙燻、泥土和奶油等香氣。

香莢蘭品種　不同地區的香莢蘭豆各具不同風味。馬達加斯加和鄰近島群生產的波旁香莢蘭備受讚譽，品質號稱最高，風味最濃郁也最平衡。印尼香莢蘭豆似乎比較清淡，香草醛含量低，有時帶有煙燻味。墨西哥香莢蘭豆的香草醛含量低，約為波旁品種含量之半，具有獨特的果香和葡萄酒香氣。大溪地香莢蘭豆較為罕見，是大溪地香莢蘭（*Vanilla tahitensis*）的種子，香草醛含量也低於波旁香莢蘭豆，但具有特殊的花香和香水香調。

香莢蘭萃取液和調味　要萃取香莢蘭，先將香莢蘭全豆剁碎後，重複浸入水酒混合液數日，接著讓萃取液熟成，醞釀出更為繁複、完滿的風味。香草醛等其他風味成分的溶水性都較低，比較能夠溶於酒精，因此萃取液所需風味成分越高，溶劑中酒精的比例也要越高。

香草醛的優點

要讓香莢蘭嚐起來像香莢蘭，就要以特定的烹飪、製造程序來生成香草醛，特別是和燃木、木桶相關的製程（274頁）。因此，香草醛也是眾多食品的風味來源，包括碳烤、煙燻肉品、葡萄酒和威士忌酒、麵包，還有沸煮花生。香草醛還有幾種具潛在效用的生物特質，它對許多微生物來說是有毒性的，還是種抗氧化物，能避免DNA受損。

人工香莢蘭香料含有合成香草醛，由多種工業副產品製成，特別是木頭中的木質素，不過仍然調不出整枚香莢蘭豆（或其萃取液）那種完滿、微妙的複合風味。香莢蘭香料的需求遠超過現有作物產量，天然香草醛的成本比合成的要高出百倍。美國消耗的香莢蘭香料約90%為人工合成製品，法國則約為50%。

用香莢蘭來調味　香莢蘭主要用在甜品上。這種香料在美國幾乎半數都用來製造冰淇淋，其餘則大半用在軟性飲料和巧克力。不過，有些肉類菜餚用香莢蘭調味，效果也很好，常見的有龍蝦、豬肉料理。所有食品只要添加少許香莢蘭，幾乎都可具有溫暖、圓融的層次感和持久香氣。

香莢蘭全豆的風味得自兩處部位，一是鑲嵌長細小種子的樹脂質材料，另外就是種莢的纖維質莢皮。第一種很容易從豆粒表面刮除然後加入食材，至於種莢就必須浸泡一段時間來萃取風味。由於揮發性物質通常都屬脂溶性成分，較不易溶於水，因此溶劑中若含有酒精或油脂，便能萃取出較多風味。預製好的香莢蘭萃取液能立即在整道菜餚擴散開來，因此最好在最後的烹調階段才添入。一旦接觸到高溫，不論時間長短都會讓香氣流失。

茶和咖啡

茶和咖啡是全世界最多人飲用的飲料，備受歡迎的原因就和香草、香料一樣：這些植物原料都塞滿化學防禦性物質，我們是經過一番學習，才懂得稀釋、改進，然後愛上它們。茶葉和咖啡豆同具一項防禦物質，那就是咖啡因，這種苦味生物鹼對我們的身體有顯著的影響。此外，這兩種食材還都含有大量酚類化學物質。然而，茶葉和咖啡豆卻又大不相同。咖啡始於一枚種子，那是儲藏蛋白質、碳水化合物和油脂的庫房；再來是高溫的產物，將食物烘烤的風味濃縮在這小小的空間裡。茶則始於鮮綠、生機十足、富含酵素的葉片，然後以慢火加熱、乾燥，精心捕獲並保存這批酵素，是酵素微妙作用的產物。因此，咖啡和茶為我們帶來兩種非常不同的經驗，表現出植物學上的創新以及人類技藝的成就。

▎咖啡因

在所有會改變人類行為的化學物質中，咖啡因是最多人攝取的。這種生物鹼（229頁）會干擾許多細胞都會使用的訊號系統，因此咖啡因能對人體產生幾項不同作用。最明顯的是，咖啡因會刺激中樞神經系統，消除疲勞振作精神，還能讓人反應變得靈敏。它還可以提高肌肉的能量生產率，從而提振工作能力。據說咖啡因能改善心情，讓心智有更佳表現，不過最新研究指出，這可能得歸功於前一晚的咖啡因戒斷症候群獲得了紓解！就負面作用來看，高劑量咖啡因會引致心神不寧、神經緊張和失眠。咖啡因還會對心臟和動脈產生複雜的作用，可能引發異常的心跳加快。證據顯示，咖啡因會加速骨骼鈣質流失，因此經常攝取有可能導致骨質疏鬆。

咖啡因攝取之後15分鐘至2小時，血液中的含量會達到高峰，到了3~7小時之後，含量便會減半。咖啡因對不常攝取的人作用最為明顯。戒斷症候群有可能令人不快，不過只要忍耐個3天，症狀通常就會消失。

茶葉中含有茶鹼，是咖啡因的同族化學物質，就某些方面來看，效能還超過咖啡因，不過茶只含微量茶鹼。雖然咖啡豆的咖啡因含量只有1~2%，而茶葉的含量則為2~3%，但沖煮之後，咖啡的咖啡因含量卻超過茶湯，因為煮出1杯咖啡會用掉較多咖啡豆（8~10公克，而沖泡一杯茶只需2~5公克茶葉）。

▎茶、咖啡和健康

幾年前，人們質疑咖啡和茶會引發多種疾病（包括癌症），因此它們被列為墮落的享樂之物。現在它們的惡名已經洗清了！如今咖啡已被認為是美式飲食中抗氧化物的重要來源（中度烘烤咖啡的抗氧化物活性最高）。紅茶和（特別是）綠茶也都含有豐富的抗氧化物和其他具保護效用的酚類化合物，這些成分似乎都能減少動脈受損，降低癌症風險。

不過有幾種沖煮咖啡的確是有負面作用，對血膽固醇含量有不利影響。

▎咖啡因統計量
1990年代咖啡因人均日消耗量（單位：毫克）

挪威、荷蘭、丹麥	400
德國、奧地利	300
法國	240
英國	200
美國	170

咖啡油醇和咖啡白脂兩種脂質（類脂肪物質）會提高幾種膽固醇含量，如果沖煮過程中未能濾除脂質，它們便會進入咖啡。沸煮式、濾壓式和濃縮咖啡都含有這兩種脂質。其影響程度不明，有可能很輕，因為那些會提高膽固醇的物質，會伴隨大量保護性物質，使膽固醇不致氧化而對人體造成傷害（24頁）。

茶和咖啡的沖泡用水

茶和咖啡都含95~98%水分，因此水的品質會對這兩種飲料的品質造成很大的影響。大部分自來水的異味來自於水中的氯化物，煮沸可以去除大半。但是硬度非常高的水（含有大量碳酸鈣和碳酸鎂）就會帶來幾種負面影響：就咖啡而言，這類礦物質會阻撓咖啡風味的萃取，讓液色變得混濁，還會堵塞濃縮咖啡機的出水管道，減少咖啡的細膩泡沫；對茶來說，硬水會讓茶水表面凝結一層浮垢，這是由碳酸鈣和酚化合物沉澱聚集而成。至於軟化水則會過量萃出咖啡和茶湯的成分，並沖出鹹味。若採用非常純淨的蒸餾水來沖調，那麼沖出來的味道就只能用平淡來形容，缺少韻味。

理想用水是礦物質含量中等、酸鹼度接近中性，這樣才能沖出酸鹼值約等於5的微酸飲料，以襯托、平衡其他風味。有些瓶裝泉水很適合用來沖調（香港便使用Volvic瓶裝水）。很多都會區的自來水被調成鹼性，以緩解管道鏽蝕作用，但這會降低茶和深焙咖啡的酸度和韻味（輕烘焙咖啡本身便能提供充分酸質）。鹼性自來水可添入微量塔塔粉（酒石酸）來調出合宜酸度，一撮撮逐步添加，直到水開始帶微酸為止。

茶

許多沖泡飲品都冠上茶名，不過真正的茶指的是某種山茶的青綠調理出的飲品。事實證明，青嫩茶葉跟其他香料一樣，都滿載有趣的防禦性化學物質。大約在2000年前，中國西南部民眾便懂得運用物理壓力、文火加熱，

咖啡因含量（單位：毫克／每份）

沖煮咖啡	65~175
濃縮咖啡	80~115
茶	50
可樂	40~50
可可	15

加上時間調控，讓茶葉慢慢醞釀出幾種不同風味和色澤。公元1000年左右，茶已經成為中式餐飲重要的一環。到了12世紀，茶更深受日本僧侶喜愛，因為茶能夠陪他們度過漫長的研修時光，之後他們更把茶本身視為沉思的對象。他們發展出茶道儀節，講求專注，即使是茶葉泡水如此簡單的動作，仍需一絲不苟，這點迄今依然令人讚歎。

茶的歷史

中國茶　茶樹（*Camellia sinensis*）原生於東南亞和中國南部，其嫩葉含有豐富的咖啡因，或許史前時代便被拿來直接嚼食。將茶樹的葉子烘焙後再用水沖泡，要較晚才出現。證據顯示，到了公元3世紀，茶葉是先沸煮後再乾燥備用，到了8世紀，則會先炒過再乾燥。這幾項技術能製造出綠色或黃綠色的茶葉和茶湯，香氣清淡又帶苦澀。風味較強的橙紅色茶葉（像是現代烏龍茶），則是在17世紀左右才發展出來，這或許是意外發現的結果。剛開始，有人發現若在乾燥之前先讓葉片萎凋或壓揉，就會醞釀出特有的香氣和色澤。大約此時，中國也開始和歐洲、俄羅斯貿易往來，同時這種比較複雜的新式茶葉也征服了英國，其消耗量從公元1700年的2萬磅成長至公元1800年的2000萬磅。當前西方最常見的是風味濃重的紅茶（英文稱「黑茶」），這是晚近才出現的發明，製作過程需重壓；中國人在1840年代開發出這種專門輸出西方的茶葉。

茶類製品的散播普及　19世紀晚期之前，行銷世界的茶葉全都產自中國，而英國則以鴉片來支付昂貴的飲茶習慣，後來中國開始抵制他們這種行徑，英國便在所屬各處殖民地加強茶葉生產作業，其中尤以印度最盛。為了因應溫暖地帶的氣候，他們培育當地原生的阿薩姆變種茶樹（*Camellia sinensis var. assamica*），阿薩姆茶種的酚類化合物和咖啡因含量都高於中國茶，可以製成滋味較強、顏色較深的紅茶。他們把較為強健的中國茶樹種在喜馬拉雅山麓大吉嶺和南邊高海拔地區。如今，印度是世界最大的茶葉產國。

現今全世界生產的茶款，約3/4是紅茶。中國和日本產製、飲用的茶仍以綠茶（半發酵和非發酵茶）居多，紅茶（發酵茶）數量較少。

茶葉和茶葉轉化作用

新鮮茶葉又苦又澀，此外就嚐不出其他味道。這反映出一項事實，茶葉的化學成分主要是又苦又澀的大批酚類物質，其含量甚至還超過葉片的構造原料，目的是讓動物不喜歡葉片滋味。茶葉的芳香分子深鎖在與糖類分子結合的非揮發性物質當中。綠茶保有新鮮葉片的眾多特質。不過以烏龍茶和紅茶而言，其製造訣竅便是促使生葉運用本身所含酵素，把這種苦澀的防禦性材料轉化為完全不同、令人喜愛的分子。

茶葉酵素如何生成風味、顏色和濃郁口感　製茶過程中，讓酵素發揮作用的階段傳統上稱為「發酵」期，但實際上這段過程並沒有明顯的微生物作用。製茶過程的「發酵」，意思是讓酵素帶來轉化。製茶廠先以壓揉來瓦解細胞，接著讓葉片靜置一段時期，使酵素發揮作用。

製茶過程的酵素性轉化作用可概分為兩類。一類是各種芳香化合物的釋放：在完整的葉片中，香氣物質都和糖類束縛在一起，因此無法逸入空氣。當細胞受壓破碎，酵素便發揮作用，分解香氣和糖類的複合物質。這種釋放過程讓烏龍茶和紅茶醞釀出比綠茶更醇厚、濃郁的香氣。

第二類轉化作用是小分子建構出大分子，從而改變風味、顏色和口感。這些無色的小分子是茶葉大量儲備的三環酚類化合物，滋味又苦又澀。葉片的褐變酵素（多酚氧化酶）會消耗空氣中的氧氣，把小型酚類分子結合起來，形成較大型的複合物（43頁）。兩種酚類物質結合便能生成茶黃素，這種分子較不苦，不過仍帶澀味，顏色從黃到淺銅色都有。若結合3~10顆酚類分子，便會形成澀味較淡的橙紅色複合物（茶紅素）。更大型複合分子則呈褐色，完全不帶澀味。壓揉越久，酵素受熱破壞之前的靜置作用時間就越長，苦味和澀味也就越淡，而產生的色澤也越深。烏龍茶所含小分子酚類物質約半數都經過轉化；紅茶則約為85%。

紅色和褐色酚類複合成分（還有茶黃素和咖啡因的雙環分子結合成的另一種複合分子）可以讓沖泡茶水更顯濃郁，因為這類分子夠大，會相互牽制，使茶湯流動變慢。

製茶

茶樹和茶葉　最好的茶葉都採自茶樹嫩枝上尚未展開的芽葉，這種葉片最柔嫩、珍貴，化學防禦物質和相關酵素的含量也都最高。上選茶菁是指在枝梢的頂芽和相鄰兩片芽葉（一心二葉）。如今茶葉多半以機械採收，裡面摻雜許多較老葉片，因此風味不是那麼濃郁。

茶葉生產過程　茶葉生產過程包含幾項不同步驟，有些是標準程序，有些則是附加作法。
- 初採的生葉會先靜置幾分鐘或幾小時，讓它萎凋。萎凋作業可以轉換茶葉的新陳代謝，從而改變其風味，也讓葉片質地變得更為酥脆。萎凋時間越長，茶葉和茶湯的風味就越濃，顏色也越深。
- 幾乎所有茶葉都經過「揉捻」，就是壓揉以破壞組織構造，釋出細胞液。若直接揉捻新鮮茶菁，葉片酵素和氧氣就會轉化細胞液，醞釀出另一種風味、顏色，茶湯稠度也會改變。
- 茶葉可採加熱殺菁，讓所含酵素失去活性，不再產生風味和顏色。乾燥高熱也會帶來新的風味。
- 茶菁加熱後會乾燥，也利於長期保存。
- 茶菁乾燥後依葉形大小，篩選出完整葉片至碎片不同等級。葉形越小，顏色和風味的萃取速度就越高。

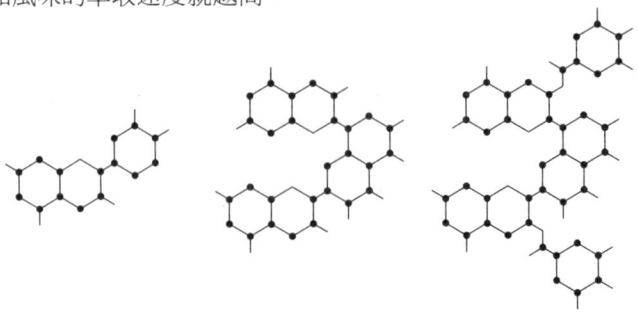

　　　　苦而不澀　　　　非常苦、非常澀　　　較不苦、較不澀

茶味的演變
新鮮茶葉含有豐富的簡單酚類化合物（兒茶素，圖左），這種分子無色，苦而不澀。當茶葉受擦碰或揉捻，葉片酵素和氧氣便與簡單的化合物結合成較大分子，顏色和味道也因此發生改變。酵素短暫作用可以生成一種淡黃色化合物（茶黃素，圖中），滋味又苦又澀。酵素再進一步作用便會生成另一種化合物（茶黃素雙沒食子酸酯，圖右），其苦味和澀味都較溫和。隨著酚類分子尺寸加大，顏色也逐漸加深，味道則越趨清淡。

主要茶類

中國開發出六大茶類。其中三類總共占了世界茶葉總消耗量之大半。

綠茶 綠茶不但保存了新鮮葉片若干固有特質，還能強化這些特質，讓它們更顯豐厚。綠茶需採用新鮮茶葉（或經短暫萎凋處理的茶菁），先加熱去除酵素活性，接著以壓揉鍋排除水分，隨後再以熱風或置於高溫鍋進行乾燥作業。中國採用高溫鍋來加熱茶菁，這種炒菁會產生烘烤料理特有的香氣分子（吡嗪類、吡咯類），泡成的茶湯映現一種黃綠色澤。日本茶則以蒸菁處理，蒸氣加熱製成的茶葉和泡出的茶湯保有較多青草風味和青綠色澤。

烏龍茶 製作烏龍茶，需讓酵素適度轉化茶菁的葉汁。茶菁得萎凋至明顯乾枯且質地脆弱的程度，隨後略做攪拌（浪菁）來擦傷葉緣組織，接著靜置數小時，讓酵素發揮作用，當受損葉緣轉呈紅色，再以炒菁做高溫處理、揉捻，最後再以略低於100°C的文火進行乾燥作業。烏龍茶可以泡出淡琥珀色茶湯，散發特殊的果香。

紅茶 製作紅茶需讓葉汁經歷大幅度的酵素性轉化。茶菁萎凋數小時，隨後反覆揉捻長達1小時，接著靜置1~4小時，讓酵素發揮作用，促使葉片轉呈紅銅棕色，也讓茶菁醞釀出蘋果香氣。最後以100°C左右的溫度烘乾茶菁，成品顏色變得相當深。

茶的風味

茶葉生氣蓬勃、滿口生津的特殊風味，有幾項來源。茶味微酸略苦，並含微量鹽分。茶還含有豐富的茶胺酸，這是獨特的胺基酸，帶甘甜滋味，而且製作過程中，部分會分解為滋味鮮美的麩胺酸。中國綠茶還含有甘味的輔佐成分（單磷酸鳥苷和肌苷酸，138~139頁）。最後，帶苦味的咖啡因和帶澀味的酚類化合物也會相互鍵結，去除對方的稜角鋒芒，帶來一種既刺激又不粗澀的味道。這種效果對紅茶的滋味尤其重要，可用「輕快」來形容。

茶葉
上選茶菁指頂芽加上左右分枝那兩片嫩葉。

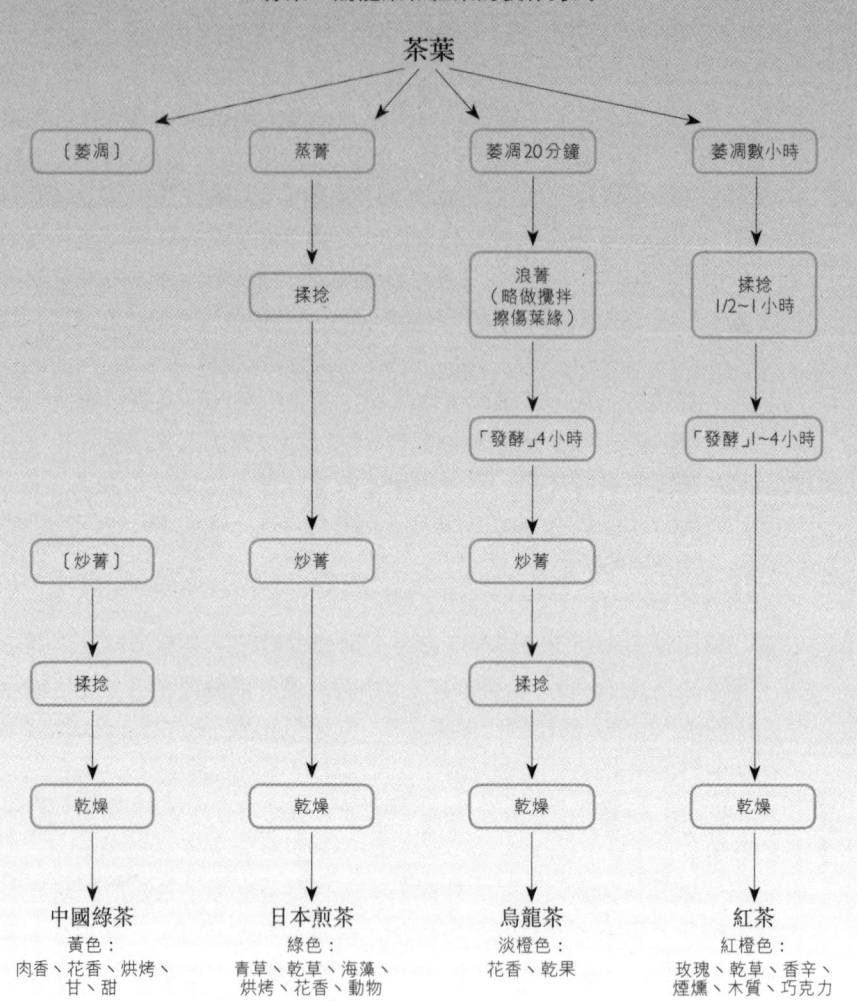

綠茶、烏龍茶和紅茶的製作方式

```
                          茶葉
         ┌──────────┬──────────┬──────────┐
         ↓          ↓          ↓          ↓
      〔萎凋〕      蒸菁     萎凋20分鐘    萎凋數小時
                    ↓          ↓          ↓
                   揉捻        浪菁       揉捻
                            （略做攪拌    1/2~1小時
                             擦傷葉緣）
                               ↓          ↓
                            「發酵」4小時 「發酵」1~4小時
                               ↓          ↓
         ↓          ↓         炒菁        ↓
      〔炒菁〕      炒菁        ↓
         ↓          ↓         揉捻
        揉捻         ↓          ↓
         ↓          ↓          ↓          ↓
        乾燥        乾燥       乾燥        乾燥
         ↓          ↓          ↓          ↓
      中國綠茶    日本煎茶     烏龍茶      紅茶
      黃色：      綠色：      淡橙色：    紅橙色：
      肉香、花香、烘烤、 青草、乾草、海藻、 花香、乾果  玫瑰、乾草、香辛、
      甘、甜      烘烤、花香、動物            煙燻、木質、巧克力
```

綠茶、烏龍茶和紅茶製程
同樣的茶菁以不同程序加工便產生不同的色澤和風味。

不同茶種的香氣截然不同。綠茶在製作初期便殺菁，熱度讓葉片所含酵素大半無法作用。日本綠茶採蒸氣加熱，散放青草味和海藻味，還有貝類的氣味香調（大海的氣味得自硫化二甲基）。中國綠茶則置放在鍋上受熱、烘乾，產生較多香甘、烘烤香氣。就烏龍茶和紅茶而言，酵素活動會分解沒有氣味的儲存物質，釋放出花香和果香氣味分子，散發出更豐富、強勁的香氣（檢測紅茶成分，現已確認的揮發物超過600種）。

廚師利用茶的風味做出幾種食品：滷汁和煮液、冰品和冰淇淋、蒸煮料理，也會用來煙燻（像是中式料理的樟茶鴨）。

茶葉的保存和沖泡

茶葉只要用心製造，品質便十分穩定，置入密封容器擺放陰涼處可儲放數月。茶葉最後還是會變質，禍首是氧氣和部分殘存酵素的作用。變質茶葉香氣流失，不具輕快感，而紅茶的橙紅色澤則會變淡，較偏暗褐色。

世界各地的泡茶法各有不同。西方泡茶所用紅茶分量較少，以2~5公克茶葉沖出180毫升茶水，而且只沖一泡，浸泡幾分鐘就把茶渣丟棄。亞洲不管沖泡哪種茶都會用大量茶葉，數量可達茶壺容量的1/3，而且要先沖一道熱水洗茶，接著可多次沖泡，每次浸泡時間都很短暫，其中第二、三泡茶湯散發的香氣最為細緻，風味對比也最微妙。浸泡時間從15秒至5分鐘不等，影響因素有二：首先是葉形大小；碎小葉片表面積大，萃取時間較短。另一項是水溫，這又得隨泡茶種而有所不同。烏龍茶和紅茶都以接近沸點的熱水沖泡，時間也較短。綠茶浸泡時間較長，但水溫遠低於此，只達70~45°C。綠茶茶葉仍含大量苦味和澀味酚類物質，因此低溫沖泡才不會萃取過度，葉綠素受損的程度也能降至最低。

紅茶通常浸泡3~5分鐘，約可萃出40%的葉片固形物並溶於水中。咖啡因的萃取速率很高，前30秒便可溶解出總含量的3/4以上，至於較大型的酚類複合分子，溶出速率便遠低於此。

西方較不常見的茶葉
這裡列出幾種較不常見的茶葉製作方法，以及它們具有的罕見特質。
- 白茶：中國茶，幾乎純採芽葉製成，外表具毫毛故呈白色。靜置萎凋2~3天，有時會再以蒸氣加熱，不經揉捻便烘乾製成。
- 普洱茶：中國茶，先採普通作法製成綠茶，接著加水堆存（審定注：此法為溼倉普洱，品質較差；另有乾倉普洱，不加水，陳化10~20年），讓各種微生物發酵一段時間。茶菁的酚類成分全都轉化為不帶澀味的茶紅素和褐色複合物，醞釀出帶丁香的複合香氣。
- 正山小種紅茶：中國紅茶，又稱拉普山小種紅茶，以松枝煙燻乾燥而成。
- 加味花茶：中國茶，種類很多，將茶菁與花朵擺置同一容器8~12小時（稱為「窨花」），採用花種包括茉莉花、牡桂花蕾、薔薇花、蘭花和梔子花。包裝的加味茶會摻入1~2%的花瓣。
- 玉露茶和冠茶：日本綠茶，採嫩芽葉製成，採收前兩週期間均以竹盒遮蓋，幾乎全不見光。這兩種綠茶會產生較多類胡蘿蔔素，為這種獨特「掩住的香氣」帶來紫羅蘭花香。
- 焙茶。日本普通等級綠茶，採高溫烘焙（180°C），讓揮發物成分增達3倍，從而強化成品風味。

上茶

　　茶一沖好就要馬上倒出，和葉片分開，否則萃取作用還會持續，讓茶水滋味變差。所有茶水都最好趁鮮飲用，茶擺著不喝，香氣便會消散，各種酚類化合物也會交互作用，還會與溶氧起反應，導致茶水變色、變味。

　　有時也會把茶水混入牛乳。此時，酚類化合物會立刻和乳蛋白結合，於是便無法與我們的口腔表面和唾液中的蛋白質結合，於是茶水澀味大減。奶茶最好以熱茶調入溫乳，別採相反順序；這樣牛乳的溫度才可以逐漸升高，達到適宜溫度，也比較不會凝結。

　　茶水還可添加檸檬汁，以支撐茶水的酸度，還為茶香帶來清新的柑橘香。檸檬汁加入紅茶，還能改動紅色酚類複合物的構造（這類複合物本身便屬弱酸，能從檸檬汁取得氫離子），沖淡茶水顏色。另一方面，用鹼性水泡茶，往往會讓紅茶茶湯變得血紅，甚至還會把綠茶泡成紅色的。

冰茶

　　冰紅茶是美國最流行的茶飲，1904年於溽熱的聖路易市首度現身，當時該市正舉辦世界博覽會。冰茶的冰塊融化後會沖淡茶水，因此茶葉分量要多出一半，以免味道太淡。若先以一般方式泡茶，隨後才加入冰塊，咖啡因和茶黃素便形成一種複合分子，讓茶水顯得混濁。因此最好是剛開始就以冷水或冰水浸泡，歷時數小時。這項技術萃取出的咖啡因和茶黃素成分較少，含量低於熱水沖出的茶水，因此咖啡因和茶黃素形成的複合成分也較少，不足以讓冰茶變得混濁。

咖啡

　　咖啡樹原生於東非，人類或許是先愛上那櫻桃般的甜味果實以及葉片（咖啡葉也可以製成茶）。葉門在今日仍將咖啡果肉乾燥後沖泡飲用，而且早在14世紀便率先取咖啡種子（咖啡豆），烘焙、研磨後用來沖泡飲料。咖啡的英文名coffee源自阿拉伯文 *qahwah*，其源頭出處不明。咖啡樹約在公元1600

年傳入印度南部，約在1700年從印度傳抵爪哇，之後便從爪哇取道阿姆斯特丹和巴黎，傳到法屬加勒比海。如今，巴西、越南和哥倫比亞都是最大咖啡出口國；非洲國家生產的咖啡，約占全世界產量的1/5。

沖煮咖啡的歷史

沖煮烘焙咖啡豆的最原始手法是來自阿拉伯，如今依舊盛行於中東、土耳其和希臘等地。咖啡豆研成細粉，置入開蓋的咖啡壺，加入水和糖調勻，然後沸煮至壺中混合液冒出泡沫，接著靜置，讓液體澄清，再煮到冒泡1~2次，最後才倒入小杯子中。這就是公元1600年左右輾轉傳入歐洲的咖啡。這種咖啡很濃，還有渣滓，必須立刻飲用，否則沉澱物會讓原本就很濃烈的苦味變得更苦。

法國的精妙改良成就　西方最早在1700年左右出現改良的咖啡沖煮法。法國廚藝界用小布袋盛裝研磨好的咖啡豆，把它的固形成分和液體區隔開來，這樣可以煮出比較澄澈、沉澱物較少的咖啡。公元1750年左右，法國帶來了重大進展，這是濃縮咖啡發明之前的最重要突破：滴漏壺。先鋪好一層研磨咖啡，倒入熱水讓水滲過，流入另一處隔間。這項發明做到了三件事情：讓萃取的水溫保持在沸點以下；使熱水和研磨咖啡的接觸時間縮短至幾分鐘；沖出的咖啡不含沉澱物，擺放一陣子也不會變得更濃。滴漏沖泡法能將水溫和時間控制在一定範圍內，不會把咖啡風味完全萃取出來，如此便可削減苦味和澀味，還可以彰顯出咖啡的其他風味元素，包括較能迎合歐洲人口味的酸味和香氣。

機器時代的濃縮咖啡　19世紀出現了幾種創新沖調手法。一種是滲濾式，就是讓沸水沿管道上升，灌注在研磨好的咖啡粉上。還有濾壓壺，沖調時把研磨咖啡粉浸泡在壺中，接著用濾壓桿把咖啡粉壓到底部，隨後再把液體倒出。不過，咖啡沖調法的最偉大發明，要一直到1855年巴黎博覽會上才首度露面。那就是義大利的濃縮咖啡（*espresso*），這個字的意思是「顧客點

一份,就立刻做好一份」。想快速沖出咖啡,就要施加高壓,迫使水分通過研磨咖啡粉。沖調時施加壓力可以萃取出相當分量的咖啡豆油脂,更藉乳化作用把豆油化為細小油滴,沖出的咖啡質地滑順,餘韻繚繞。於是,Expresso一字便表現出這種濃縮咖啡機的威力,它能逼出傳統食材的精髓,讓它改頭換面,重新登場。

咖啡豆

阿拉比卡和羅布斯塔咖啡　咖啡豆是兩種梔子類熱帶植物所結種子。小果咖啡(Coffea Arabica)是衣索比亞和蘇丹高冷地帶的原生喬木,樹高5公尺,所結種子稱為「阿拉比卡」咖啡豆;還有中果咖啡(C. canephora)是西非較溼熱地區的原生喬木,樹型高大,所結種子稱為「羅布斯塔」咖啡豆。阿拉比卡豆的交易量約占國際咖啡貿易總量之2/3,這種咖啡的風味複雜、對比均衡,凌駕羅布斯塔豆。阿拉比卡種的咖啡因含量較低(乾豆重量比低於1.5%,羅布斯塔種則達2.5%),酚類物質含量也較低(6.5%比10%),含量較高的成分則為油脂(16%比10%)和糖分(7%比3.5%)。羅布斯塔的衍生品種要到19世紀末才嶄露頭角,因為這類植株能抵抗疾病,這項特點在印尼等地相當重要。

乾、溼式處理法　要焙製咖啡豆,首先從樹上採摘熟果,然後去除果肉,這有兩種處理方法:乾式處理法是把漿果擺在陽光下曝曬乾燥,或先堆放發酵幾天,接著才鋪開接受日曬,隨後以機器加工去除果肉。溼式處理法是先用機器把附在種子上的果肉大半刮除,再浸在水中1~2天,借助微生物發酵作用去除殘餘果肉。種子大量沖水清洗乾淨,並讓含水量降至約10%,然後用機器去除質地如羊皮紙般附著的內種皮。溼式處理法會把部分糖分和礦物質一併濾除,所得成品往往不如乾式處理的咖啡豆那麼濃稠,而酸度則較高。不過,經溼式處理的咖啡豆通常較香,品質也比較整齊。

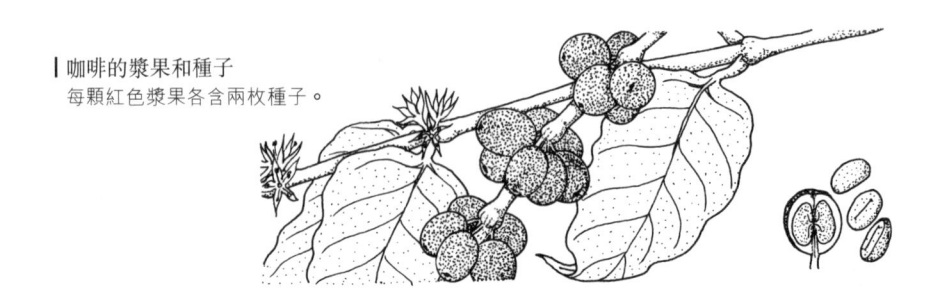

咖啡的漿果和種子
每顆紅色漿果各含兩枚種子。

烘焙法

　　新鮮咖啡豆和還沒爆開的爆玉米粒一樣堅硬，也同樣可口。烘焙之後的咖啡豆變得很脆弱，容易釋出豆香。多數民眾都讓專業人士負責烘焙，不過，在家自行烘焙咖啡豆卻是一種迷人（又煙霧瀰漫）的經驗，而且這也是許多廚師都有的體驗。採用的裝備樣式繁多，從炒鍋到爆玉米機乃至於特製烘焙機都有。

　　咖啡豆的烘焙溫度為190~220°C，處理時間通常介於90秒到15分鐘之間。當豆子加溫至逼近沸點，細胞所含少量水分便化為蒸氣，於是豆子鼓脹達原有尺寸1.5倍。接著溫度繼續提高，蛋白質、酚類原料和其他成分也都開始瓦解為分子碎片，彼此作用之後生成褐色色素，散發出梅納反應特有烘焙香氣（第一冊310頁）。當溫度約達160°C，這類反應會自行持續下去，讓分子徹底瓦解，產生更多水蒸氣和二氧化碳氣體；當溫度上升至200°C，水蒸氣和二氧化碳更會急遽增加。這時若繼續烘焙，內部油脂便由受損細胞逸出，滲到豆子表面，產生一種可見光澤。當豆子烘焙到所需溫度，烘焙師傅馬上用冷空氣或水霧降溫，平息分子破壞現象。這時豆子便呈褐色，質地酥脆狀似海綿，內部的氣穴都充滿二氧化碳。

咖啡風味的醞釀過程　　咖啡豆的烘焙溫度越高，顏色便越深；顏色還是風味對比的優良指標。在烘焙初期幾個階段，咖啡豆轉呈淡褐色，糖類會分解成各種酸（甲酸、乙酸和乳酸），再加上豆子本身的有機酸類（檸檬酸、蘋果酸），於是咖啡豆帶有明顯酸味。繼續烘焙下去，酸類和帶澀味的酚類原料（漂木酸）都受熱破壞，於是酸度和澀度遞減。不過，褐變反應會產生幾種苦味物質，因此苦味便會提高。接下來，當豆子顏色加深至超過中度褐色，珍品咖啡豆的獨特香氣便逐漸被較為常見的烘焙風味掩蓋，或者反過來說，次級品咖啡豆的風味缺陷，就會變得較不明顯。最後，當豆子進行到深度烘焙，酸、鞣酸以及可溶性碳水化合物都會逐漸遞減，此時便無

法沖出完美濃稠的咖啡，因為此時豆子已經不含能刺激我們舌頭的成分。中度烘焙能產生最完滿的稠度。

咖啡豆的保存

咖啡全豆一烘焙完成，在室溫下可儲放數週，或擺進冷凍庫中存放好幾個月，品質仍可保持良好；若存放更久就會聞到陳腐氣味。全豆為什麼能放那麼久，一個原因是豆中充滿二氧化碳，這有助於隔絕氧氣，使氧氣無法侵入豆內空穴。咖啡豆一旦磨成粉末，在室溫中能擺上貨架的壽命就只有幾天。

研磨咖啡

研磨咖啡豆的要訣，就是要因應沖調方式，磨出適當粗細且大小一致的顆粒。咖啡粉末越細，豆子和水接觸的表面積就越大，成分萃取速度也越高。粉末的顆粒尺寸差別太大，沖調時便很難控制萃取結果。顆粒太小會導致萃取過頭，顆粒過大則會萃取不足，結果就會沖出苦而無味的咖啡。常用旋葉式磨豆機不斷絞切豆粒，直到機器停止，也不管切出的碎片是大是小，這樣會導致粗、中顆粒和纖細的粉末全都混在一起。較昂貴的磨盤式磨豆機，磨面刻有溝槽，這樣較小的顆粒就可以跑出來，磨出的顆粒大小比較整齊。

沖煮咖啡

沖煮咖啡就是藉萃取作用讓咖啡豆的成分適量溶入水中，調製出比例均衡順口的咖啡。萃取的成分包括多種香氣和味道化合物，還有帶來色澤的褐變色素（含量幾乎占總萃取量的1/3），加上提供稠度的細胞壁碳水化合物（同樣幾乎占了1/3）。成品最後的風味、顏色和口感，取決於水和咖啡粉的比例，以及咖啡粉的萃取程度。若咖啡豆研磨顆粒太粗，會導致萃取不足、淡薄無味和過酸，風味都留在顆粒裡；這有可能是咖啡和水接觸時間太短，或沖調溫度過低所致。倘若研磨顆粒太細，或接觸時間過長，或沖調溫度過高，就會導致萃取過度，煮出味道苦澀的咖啡。

烘焙作業對咖啡豆的影響

咖啡豆烘焙後減輕的重量

烘焙程度	減輕的重量比（%）
輕度肉桂烘焙（190℃）	12，大半為溼氣
中度烘焙	13
中深度城市烘焙	15
深度城市烘焙	16，半為水分，半為豆子固形物
法式深度烘焙	17
義式重深度烘焙（220℃）	18~20，大半為豆子固形物

不論是哪種咖啡,理想的沖調溫度都是85~93℃;超過這個溫度,都會太快萃取出苦味的化合物。以標準的美式咖啡杯為例,細粒咖啡粉的沖調時間通常以1~3分鐘為準,粗粒則為6~8分鐘。

沖煮手法 咖啡有好幾種沖煮方式。萃取出的咖啡豆成分多半介於總重的20~25%之間,對頁下方列出幾種主要方式,以供對照比較。標準美式轉壺滴濾咖啡滋味最淡,義式濃縮咖啡最強勁。咖啡對水的初始比例,美式咖啡為1:15,濃縮咖啡則為1:5。本表清楚告訴我們,咖啡含量寧願過度,永遠不要太少:一杯風味強勁的咖啡只要對比均衡,都可以添加熱水稀釋,結果依然均衡,至於稀薄的咖啡就無法改進了。這項原則也可以幫我們解決杯子和勺子大小不等的問題,再者,勺子容納的分量本身也只是個近似值(一茶匙容積應該是30毫升,舀起的咖啡粉重量卻可能為8~12公克不等,要看顆粒大小和堆積鬆緊程度而定)。

不同沖煮方式都有缺點。滲濾式咖啡機以沸水沖調,往往萃取過頭。許多滴漏式自動咖啡機都無法煮出近沸騰的熱水,只好拉長沖煮時間來補償,結果導致香氣流失,還萃取出若干苦味。手工操作的滴漏錐很難控制萃取時間。濾壓壺沖出的咖啡帶有細小的懸浮顆粒,這會不斷釋出苦味。義式蒸氣摩卡壺的運作溫度高於沸點(110℃,1.5個大氣壓),沖出的咖啡偏苦澀。冷水隔夜萃取研磨咖啡,溶解出的芳香化合物數量比不上熱水沖煮手法。

濃縮咖啡

純正濃縮咖啡的沖煮時間很短,約30秒即成。咖啡機用活塞或彈簧或電動幫浦,以9個大氣壓推動93℃熱水通過細磨咖啡粉。(經濟型家用咖啡機採極高熱蒸氣,壓力則遠低於此,沖調時間較長,因此沖出的咖啡較淡也較苦澀。)濃縮咖啡使用的研磨咖啡。比例為非加壓式沖調法的3~4倍,而溶解沉積的咖啡原料也達3~4倍,產生一種實在、滑順、濃稠且強烈的風味。拿這些萃取成分相互比較,裡面的咖啡油含量較高,因為豆渣顆粒受高壓釋出油脂,這一顆顆細小油滴便構成一種綿滑的乳狀懸浮液。還有,由於

生豆和烘焙咖啡豆的成分比例(依重量百分比)

	生豆	烘焙豆
水	12	4
蛋白質	10	7
碳水化合物	47	34
油	14	16
酚類物質	6	3
帶來顏色和稠度的大型複合分子團	0	25

咖啡風味，從咖啡豆到咖啡杯

本表列出咖啡的不同沖煮方式，並說明咖啡豆萃取到水中的分量和咖啡風味的關係。風味均衡的咖啡萃取液，約含20%的咖啡固形物。風味強度取決於咖啡粉和水的相對比例：沖煮濃縮咖啡所使用的咖啡粉，比例遠超過其他方式。

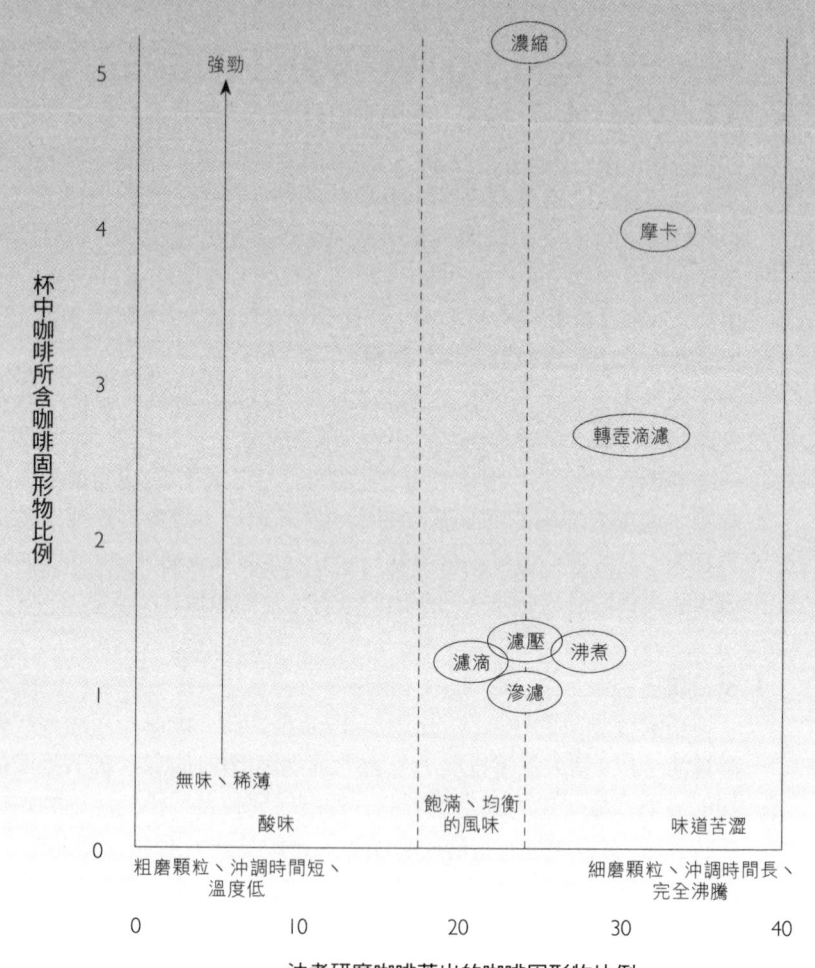

縱軸：杯中咖啡所含咖啡固形物比例（0–5，強勁↑）
橫軸：沖煮研磨咖啡萃出的咖啡固形物比例（0–40）

- 濃縮（約28, 5）
- 摩卡（約30, 4）
- 轉壺滴濾（約28, 3）
- 濾滴、濾壓、滲濾、沸煮（約20–25, 1）

左側：無味、稀薄、酸味；粗磨顆粒、沖調時間短、溫度低
中間：飽滿、均衡的風味
右側：味道苦澀；細磨顆粒、沖調時間長、完全沸騰

含油量高，能讓咖啡風味在口中緩慢、綿長地釋出，因此啜飲完畢之後許久，口中依然留有餘香。濃縮咖啡還有一項特徵「咖啡脂」（crema），這是在沖煮過程中製造出來的綿滑泡沫，覆蓋在咖啡表面，極為安定。咖啡脂是咖啡粉中的二氧化碳氣體，以及咖啡溶液中的碳水化合物、蛋白質、酚類物質和大型色素團塊混合而成，它們全都鍵結在一起，撐起泡沫並維繫壁面完整。（至於搭配咖啡的奶泡，請見第一冊47頁。）

飲用咖啡和保留咖啡風味

咖啡最好在剛沖好時馬上享用，放著不喝，風味便會逐漸流失。理想飲用溫度是60°C左右，這樣飲用時不會燙傷嘴，同時咖啡也能散發完整香氣。咖啡倒入杯中會變冷，因此通常都留在壺中，讓溫度保持在稍低於沖調溫度。高溫會加速化學反應，助長揮發性分子散逸，因此咖啡留在壺中不到一個小時，風味就會出現明顯變化，酸味變重，香氣也變淡。沒喝完的咖啡最好用密閉保溫容器盛裝，容器要預熱，而且別放在加溫盤座，這會從壺底不斷供應額外熱量，結果讓香氣從上方散逸。

咖啡的風味

咖啡是風味最複雜的飲品。它的基礎均衡結合酸、苦、澀，帶來一種滿足口感。苦味得自咖啡因，萃取含量最多1/3，其餘則為萃取較慢的酚類化合物和褐變色素。經鑑定確認的芳香化合物達800多種，帶來各式香調，可分別形容為堅果、泥土、花香、果香、奶油、巧克力、肉桂、茶、蜂蜜、焦糖、麵包、烘烤、香辛味，甚至還包含酒香和野味。羅布斯塔種咖啡的酚類物質含量遠高於阿拉比卡種，醞釀出一種特有的煙燻、焦油式香氣，構成深度烘焙豆的珍貴特質（這類咖啡豆的酸度也明顯低於阿拉比卡種）。牛乳和奶油的蛋白質能與酚類鞣酸化合物束縛在一起，從而降低咖啡的澀味，不過這類液體也會和香氣分子結合，減弱咖啡的整體風味。

咖啡沖煮法

這份表格總合了不同沖煮法的重要特徵，並說明沖煮出的咖啡類別；沖煮後品質的穩定度取決於殘留的咖啡渣數量；咖啡渣越多，在杯、壺中繼續萃取出的苦味和澀味也越濃。

	中東/地中海式沸煮	機械式濾滴	人工式濾滴	滲濾壺	濾壓壺（法式濾壓法）	摩卡壺	「濃縮咖啡」（蒸氣）	濃縮咖啡（幫浦）
咖啡研磨顆粒	非常細（0.1毫米）	粗（1毫米）	中（0.5毫米）	粗（1毫米）	粗（1毫米）	中（0.5毫米）	細（0.3毫米）	細（0.3毫米）
沖煮溫度	達100°C	82~85°C	87~93°C	100°C	87~90°C	110°C	100°C	93°C
沖煮時間	10~12分鐘	5~12分鐘	1~4分鐘	3~5分鐘	4~6分鐘	1~2分鐘	1~2分鐘	0.3~0.5分鐘
萃取壓力、大氣壓	1	1	1	1(+)	1(+)	1.5	1(+)	9
風味	完整、帶苦味（需加糖）	淡、常帶苦味	完整	完整、常帶苦味	完整	完整、帶苦味	完整、帶苦味	非常完整
口感	濃稠	稀薄	稀薄	稀薄	中度	濃稠	濃稠	非常濃稠
沖煮後穩定度	差	好	好	好	差	可	差	差

去咖啡因咖啡

去咖啡因咖啡約1908年在德國發明。將生咖啡豆泡水以溶解咖啡因，再以溶劑（二氯甲烷、乙酸乙酯）把咖啡因萃取出來。隨後以蒸氣蒸散咖啡豆中殘存的溶劑。瑞士處理法（或稱水洗法）只採用純水作為溶劑，水中咖啡因用木炭濾除，接著把其他溶水物質加回豆中。另外也有採用有機溶劑的作法，這種溶劑引人生疑，豆子中只要有100萬分之1的殘留，就會危害健康。如今一般認為最常見的二氯甲烷是安全的。近年來還開始使用不帶毒性的二氧化碳，採高加壓（超臨界）方式來處理咖啡豆。一般沖煮咖啡中，每杯約含60~180毫克咖啡因，去咖啡因咖啡則含2~5毫克。

即溶咖啡

即溶咖啡在第二次世界大戰前夕才經瑞士開發為商業化產品。即溶咖啡以接近沸騰溫度來沖調研磨咖啡取得香氣，接著咖啡渣再以170°C的水溫高壓二度沖調，盡量萃取出最多色素和能夠增添口感的碳水化合物。兩道萃取液都採高溫噴霧乾燥法或冷凍乾燥法脫水，其中冷凍乾燥法能保留較多揮發性芳香化合物，調出比較完滿的風味。接著混合這兩種粉末，並把乾燥階段捕捉到的香氣物質加回。即溶咖啡晶體的成分約含5%水分、20%褐色色素、10%各式礦物質、7%複合碳水化合物、8%糖類、6%酸類和4%咖啡因。基本上，即溶咖啡是種乾燥濃縮劑，可用在烘焙、甜點和冰淇淋。

木頭煙燻和炭燒

嚴格來講，木頭和燃木冒出的煙霧都不算是香草或香料。然而，廚師和製酒業者常把炭柴或燃木當成調味劑（例如炭燒烤肉，或用木桶來熟成葡萄酒和烈酒），而且有些風味還與香料風味一模一樣，例如香莢蘭的香草醛和丁香的丁香油酚。這是由於木頭含有連結成團的酚類物質，而高熱會破壞這些連結，分解成較小型的揮發性酚類物質（198頁）。

燃木的化學作用

炭化木和燃煙是有機材料經不完全燃燒的產物，燃燒時供氧有限，溫度也較低（低於1000°C）。完全燃燒只會產生沒有氣味的水和二氧化碳。

木柴的性質

木柴含有三項基本物質：纖維素、半纖維素（也就是所有植物細胞的骨架建材）還有木質素（這是種強化原料，能把相鄰細胞壁束縛在一起，強化木柴構造）。纖維素和半纖維素都是糖類分子聚集而成（38~39頁）。木質素由連結成團的酚類物質組成（基本上都是一圈圈的碳原子環，外加多種化學官能基），構成已知最複雜的天然物質。木柴的木質素含量越高，構造便越堅硬，燃燒溫度也越高；木質素燃燒時釋出的熱量很多，可達纖維素之1.5倍。牧豆木是赫赫有名的燃木，燃燒溫度很高，這是因為木質素含量高達64%（山核桃是種常見硬木，其木質素含量為18%）。多數木頭還含有少量蛋白質，足夠支持褐變反應，能在普通高溫產生烘焙特有風味（第一冊310頁）。松樹、杉樹和雲杉等常綠喬木還含有相當數量的樹脂，這是由幾種與脂肪相關的化合物混合而成，燃燒時會冒出刺鼻油煙。

燃燒如何把木頭轉換為風味

燃燒時的高溫能把木頭成分逐一轉換成特有化合物（見下頁表格）。纖維素和半纖維素中的糖分子會分解，生成的多種分子（焦糖中也有）會散發甜味、果香、花香和麵包香氣。木質素中連結成團的酚環則會瓦解，形成大

批較小型揮發性酚類物質和其他碎片,散發香莢蘭和丁香的特殊香氣,以及常見的辛香、甜味和辛香。廚師讓固體食材(通常為肉類和魚類)接觸燃木釋出的煙霧,讓這類揮發物質滲入料理。葡萄酒和烈酒業者先把木桶內壁炭化,然後把酒倒入桶中,此時附著在桶壁表層的揮發性物質會逐漸溶解到酒漿裡(見第三冊)。

木頭的燃煙能帶給食品哪種風味,取決於幾項因素。最重要的是樹木的種類。櫟樹、山核桃和果樹(櫻桃、蘋果、梨)的木材能產生獨特的討喜風味,歸功於這種木料中適度的木質成分。第二項重要因素是燃燒溫度,這點由木料以及含水量來決定。無燄燻燒能產生最濃重的風味,這時溫度較低,介於300~400°C之間,燃燒至較高溫度,風味分子本身便會瓦解,形成較簡單的刺鼻分子或無味分子。使用富含木質素的木料時必須限制氣流,或提高含水量來延緩燃燒,否則溫度會過高。煙燻時是把木屑灑在熾熱的木炭上,木屑應該預先浸水,好讓炭火降溫。這是因為木炭大體都是純碳,在逼近1000°C時幾乎不發煙。

儘管燃煙有助於安定肉類和魚類的風味,煙燻風味本身卻不很安定。討喜的酚類化合成分特別容易起反應,不到幾星期或幾個月就會散逸大半。

木頭燃煙所含毒素:防腐劑和致癌物質

以煙燻處理食品,不只是希望燻出迷人風味,它還能延緩食品腐敗。木頭燃煙含有多種能延緩微生物滋長的化學物質,包括甲醛和乙酸(醋)等有機酸類,這是因為燃煙的酸度不利微生物生存,酸鹼值等於2.5。木頭燃煙還含有多種抗菌型酚類化合物,而酚(石碳酸)本身更是種強效消毒劑。酚類化合物也是有效的抗氧化物,能延緩煙燻肉和煙燻魚酸敗變味。

燃煙除了具有抗菌化合物,還有「抗人類」化合物,也就是有害我們長期健康的物質。最明顯的就是多環芳香烴(PAHs),經過證實,這種化合物會引發癌症。它是由木頭的所有成分共同構成,而且隨著溫度提升,含量也

木柴成分和煙燻風味

木質成分(乾重%)	燃燒溫度(°C)	燃燒副產品和所含香氣
纖維素 (細胞壁骨幹,由葡萄糖構成) 40~45%	280~320°C	呋喃:甜味、麵包、花香 內酯:椰子、桃子 乙醛:青蘋果 乙酸:醋 雙乙醯:奶油
半纖維素 (細胞壁填充物,由糖類混合組成) 20~35%	200~250°C	
木質素 (細胞壁強化構造,由酚類化合物形成) 20~40%	400°C	癒創木酚:煙燻、辛香 香草醛:香莢蘭 石碳酸:辛香、煙燻 異丁香酚:甜味、丁香味 丁香酚:辛香、香腸

逐步增高。牧豆木的燃燒溫度很高，致癌物生成量為山核桃木的2倍。燻製肉類應節制燃燒溫度，讓肉品盡量遠離火燄，留下空間讓空氣循環，好帶走油煙等含有多環芳香烴的粒子，這樣可以讓肉類吸附的多環芳香烴數量減至最低。煙燻食品業者會以空氣過濾器和溫度控制來達到這幾項目標。

燻液

燻液基本上就是帶煙燻味的水。燃煙是種二相構造：一是肉眼可見的霧狀微滴，一種是無形的蒸氣。結果證明，風味和防腐物質大都保存在蒸氣當中，微滴則大半為焦油、樹脂和較大的酚類分子聚集而成，其中也包括多環芳香烴。多環芳香烴大半不溶於水，至於風味和防腐物質則多半可以溶解。基於這項差別，我們才得以從蒸氣分離出大部分多環芳香烴，隨後再把蒸氣溶入水中。接著，廚師便使用這種煙燻萃取液來為食品調味。毒理學研究顯示，儘管這種燻液滿含生物活性化合物，但是一般調味的用量並不會造成危害。燻液中還是會有一些多環芳香烴，不過往往會逐漸凝聚沉澱，因此瓶裝燻液使用前最好不要晃動，就讓沉積物留在底部。

種子：穀子、豆子和堅果

chapter 5

以種子為食

種子是我們最耐放，營養也最豐富的食品。種子是堅毅的生命之舟，目的是攜帶植物的後裔航向吉凶未卜的未來海岸。打開完整的穀子、豆子或堅果，裡面可見一枚小胚胎。到了收成時節，那枚胚胎便陷入休眠狀態，存活數月，熬過乾旱、寒冷時期，靜待重生契機。胚胎外包著一團組織，負責儲備食物，供應重生所需。這是親系植株畢生辛勤所得的精髓，裡面凝聚了從土壤取得的水、氮和礦物質，由空氣吸收的碳，還有來自陽光的能量。就這樣，種子成為我們的珍貴資源，也為動物界其他無法單靠泥土、陽光和空氣來維生的物種提供寶貴滋養。事實上，種子不只為人類祖先提供營養，還啟發了他們開始按照自己的需求，動手塑造大自然。上萬年的文明動盪史，便是由休眠的種子展開。

故事從中東、亞洲和中、南美洲地區開始，這些地區的住民從野生植物採集種子，學會把較容易取得的大顆種子儲存起來，隨後撒在空地上，讓它長出更多同類種子。農業最早似乎是在土耳其東南部高地揭幕，地點在底格里斯河、幼發拉底河上游以及約旦河流域。人類最早選植的植物是單粒小麥、二粒小麥、大麥、小扁豆、豌豆、野豌豆和鷹嘴豆，混雜了好幾種結實穀類和豆類植物。初民逐漸從狩獵、採集的游牧生活，改成農耕的定居生活，沿著生長穀物糧食的遼闊野地安定下來。這時便出現了農耕規畫需求，包括播種作業和收成分配、因應季節更替預作綢繆、安排工作並留存記錄。目前已知最早的文書、算術體系，有些純粹是為了清點穀子和牲口而設，而且至少可追溯至5000年前。因此，田野孕育的作物，也孕育出心

智文化。同時,這也帶來幾項問題,其中一項是飲食種類大幅縮減,遠遠比不過狩獵、採集生活的先民,結果便殃及人類的健康,還促成了一種社會階級,讓少數人得以靠許多人的勞力來獲益。

荷馬在《奧德賽》中稱小麥和大麥是「人骨精髓」。以往麥子在人類的大半歷史中貢獻良多,但如今在工業化社會已不那麼重要,不過,種子依然是我們人類的基本糧食。穀子直接供應世界多數人口所攝取的大半熱量,特別是亞洲和非洲地區民眾。世界人口的蛋白質攝取總量,超過2/3是得自穀類和豆類,就連工業國家都輸入一櫃櫃玉米、小麥和大豆,用來飼養牛、豬和雞,間接仰賴這類作物來維持生計。凡穀子都得自禾草植物,這點由另一個層面印證了《聖經》舊約先知以賽亞所發訓誡:「凡有血氣的,盡都如草。」

從成分上看,種子和乳汁、蛋有許多共通之處。它們的成分,都是為了滋養下一代生命才形成的必要養分;這些成分全都相當簡單、溫和,卻也激發廚師靈感,把它們轉化為極其複雜又帶來無窮樂趣的食物。

種子的定義

種子

種子是植物用來孕育自身後代的構造。種子含一胚胎植株,也供應食物,以提供萌芽和早期發育所需燃料。它們還含一外層構造,把胚胎和土壤隔絕開來,也保護胚胎免受物理損傷,抵禦微生物或動物侵害。

廚房中的重要種子可分為三大類。

穀子

穀子的英文可寫作 grain 或 cereal,兩單字幾乎完全同義。穀類(名稱得自羅馬司掌糧食作物的女神刻瑞斯 Ceres)屬禾草科,長出的種子營養可食,稱為穀子。不過,cereals 也指穀類的種子和雜穀產品,比如早餐吃的穀片等加

思想的種子

農業發展對人類的情感、思想,對神學、宗教與科學,都有深遠的影響,區區數言難以道出箇中要義。宗教史家伊利亞德(Mircea Eliade)總結如下:

> 我們以往都認為,農業發明保障人類取得充分營養,讓人口出現驚人增長,從而大幅改變人類歷史發展。然而,農業的發明卻因為一項突出原因而帶來決定性的結果……農業教導人類有機生命在根本上是一體的,這項啟示更揭露了一些簡單的類比:女人和田野、性活動與播種;還有更進一步的統合智慧:生命是種律動、死亡是種回歸等觀點。這些統合智慧是人類發展的基本要件,也唯有在農業發明之後才能出現。

——《比較宗教的模式》(Patterns in Comparative Religion),1958 年

工食品，而grains有時也指穀類植株。穀類和其他禾草都產自開闊平原或高海拔乾草原，這些地區太乾，不適於喬木生長，而穀類在一、兩季期間成長、死亡，而且很容易收成處理。這類植物都長得很茂密，一叢叢高出競爭者，結出許多小種子，沒有化學防禦物質，憑數量來確保部分後代得以存活。禾草便由於這類特質，成為最理想的農耕作物。藉由人類之協助，禾草已經遍布全球遼闊區域。

小麥、大麥、燕麥和黑麥一向是中東和歐洲的重要穀物；亞洲則以米為主；美洲是玉蜀黍（或稱玉米）；非洲是高粱和栗。穀類作物特別具有食用價值，因為有了它們，才有啤酒和麵包，這兩項成為人類主要食物，最少已歷5000年之久。

莢果

莢果是豆科植物，成員都長有豆莢，內含數枚種子。其英文名legume出自拉丁文 *legere*，意思是「聚在一起」。Legume也指豆子。多種莢果都屬藤蔓植物，攀在高大禾草和其他植物上，在高處接受陽光全面照射。而且莢果也像禾草，在幾個月內生長、結籽，接著便死亡。莢果所結種子的蛋白質含量特別豐富，這得歸功於它們和細菌共生的習性。細菌棲居莢果根部，從空氣中取得氮，供植物吸收。這種共生現象也使莢果成為肥沃土壤的功臣，莢果能把含氮化合物帶進土壤，因此，多種莢果都當輪作作物，而且最遲自羅馬時代以來，便經人工培育。豆科的種子較大，能吸引動物取食，而且豆子和豌豆的驚人多樣風貌應該便是出自昆蟲侵害帶來的生存壓力。豆科種子的外皮帶有各種顏色，具偽裝作用，還配備了多種防禦性生化物質來防身。

小扁豆、蠶豆、豌豆和鷹嘴豆都是近東肥沃月灣的原生種。這些莢果都適應潮溼寒冷氣候，能迅速抽芽結籽，趕在夏季乾旱之前產生後代，也是最早在春季成熟的大宗糧食作物。大豆和綠豆是亞洲原生種，花生、萊豆和四季豆則是美洲種。

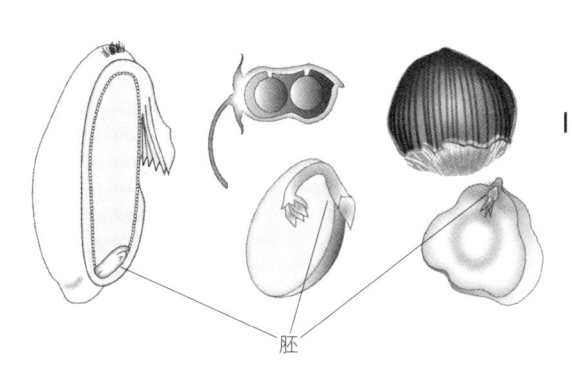

燕麥子、豆莢內的小扁豆和榛果
這些全都是種子，內含一植株活胚，加上供應胚胎早期成長所需養分的庫存食物。穀類種子的庫存食物是種獨立組織，稱為胚乳。就豆子和其近親，以及多數堅果來看，其庫存食物都儲在胚胎的頭兩片葉子，也就是「子葉」。子葉的體積碩大，十分肥厚。

堅果

堅果的英文名nut源自印歐語，字根意思是「壓縮的」。這種植物由好幾科植物構成。堅果的個頭多半很大，外面有一層硬殼，其植株多半是壽命很長的喬木。堅果的大個頭不只吸引動物取食以幫忙播種（這類動物會把堅果埋藏起來，留待日後食用，如果有堅果被遺忘在地，這些動物便成了很好的播種者），裡面還含有幼苗所需食物，讓它們在部分遮蔭的環境中慢慢成長。堅果並不把能量儲存在澱粉中，而是比較緊密、濃縮的化學型式──油脂中（第一冊160頁）。

在人類飲食中，堅果的重要性遠遜於穀子和豆類，因為結堅果的喬木必須成長多年才會結果，而且每單位面積結出的作物，也不如生長快速的穀子、豆類。不過其中最大例外是椰子，這是許多熱帶國家的大宗糧食。另一個例外是花生，這種豆科植物所結種子質地細嫩，油脂含量又超乎尋常地高，而且可以迅速長出大量作物。

種子和健康

種子糧食提供我們多種有益的營養素。首先，種子是供應能量和蛋白質的首要農作物；種子還含有維生素B群，這是製造能量、建構組織的化學作用上必備之物。事實上，由於種子是這類必要養分的絕佳來源，有些文化偶爾還過度仰賴種子，結果引發了營養不良的問題。這種令人虛弱體衰的疾病稱為腳氣病，19世紀在以米為主食的亞洲地帶肆虐，禍首是碾米機。用機器碾米可以輕鬆把麻煩又不好吃的米糠碾除，同時卻也把醯胺（維生素B1）給除掉了，人們在米食之外若只吃蔬菜，便無法補足所需醯胺（肉類和魚類都含有豐富的醯胺）。另一種營養缺乏症稱為糙皮病，曾於18、19世紀襲擊美國南方和歐洲的鄉村貧民，當時他們改以中、南美洲的玉米為主食，卻不懂得妥善處理（應以鹼性水烹煮），結果玉米所含菸鹼酸（維生素B3）便無法供人體吸收。

到了20世紀早期，腳氣病和糙皮病促使人類發現這群維生素，也明白病因是缺乏這類維生素。如今，儘管亞洲多數民眾都吃精製米，而玉米粥和

碎玉米也依然不以鹼性水烹煮，不過由於飲食較為均衡，這類營養不良的症狀已不常見。

種子的珍貴植物性化學物質

我們在20世紀末逐漸明白，種子不只為我們帶來一種基本的生命機制。流行病學研究發現，攝食全穀、莢果和堅果的習性，和降低罹患癌症、心臟疾病與糖尿病的風險，兩者間大致是相關的。這類食品含有哪些精製穀類欠缺的成分？好幾百種甚至幾千種化學物質，都聚集在種子的保護外層和活躍的糊粉層，卻不會出現在內部的儲存組織，因為內部組織主要都儲存澱粉和蛋白質。如今我們已辨識出一些化學物質，其中部分似乎對人體有益，包括：

- 許多種維生素：包括具抗氧化功能的維生素E，還有相關化學物質「生育三烯酚」。
- 可溶纖維：這是群無法消化的可溶碳水化合物，能延緩消化作用，調節血胰島素和血糖水平，還能降低膽固醇，並為腸內益菌提供能量，從而改善益菌的化學環境，抑制害菌滋長，進而影響腸細胞的健康。
- 不可溶纖維：能加速食物通過消化系統，減少致癌物質和其他有害分子的吸收量。
- 多種酚類和其他防禦性化合物：其中部分是有效的抗氧化物，有些則類似人體酵素，還可能限制細胞生長，從而抑制癌症病情。

醫藥科學家才剛開始著手辨識、評估這類物質，不過大致而言，常態攝取全穀、豆子和堅果，確實能夠有效促進我們的長期健康。

種子帶來的問題

種子並非完美食物，尤其莢果含有化學防禦物質（凝集素和蛋白酶抑制劑），會引發營養不良和其他問題。所幸，一些簡單的作法便能解除這類防衛武裝（30頁）。蠶豆含有一種胺基酸近親，過敏人士攝食會罹患嚴重貧血（326頁）。

不過，蠶豆和敏感體質都比較罕見，另外兩種問題就普遍多了。

種子是常見的食物過敏原

真正的食物過敏是身體免疫系統的過度反應。免疫系統誤以為食物所含成分是細菌或病毒入侵的跡象，因而啟動防禦作用，結果卻危害身體。這種損害有可能很輕微，只會引發身體不適、發癢或出疹，但有時卻也可能引起氣喘或血壓、心律變化，造成生命危險。估計美國成年人約有2%至少對一樣食物過敏，而幼童的比例則最高可達8%。對食物的過敏反應，每年在美國約奪走200條人命。花生、大豆和木本堅果都名列最常見的過敏原。種子最常引發問題的成分是蛋白質，就算經過烹飪也無法改善。微量堅果蛋白便足以引發反應，而且以機器從堅果中萃取出來的油，其蛋白含量也足以引發過敏。

麵筋敏感

麵筋能引發一種很特別的食物過敏，稱為麵筋過敏性腸病變或麩質敏感性腸病變，這是種吸收不良綜合症，也有人稱為乳糜瀉、口炎性腹瀉等，患者身體會形成防禦抗體，以對付小麥、大麥和黑麥（還可能加上燕麥）的無害麥膠蛋白。這種防禦手段最後會轉而攻擊腸內負責吸收養分的細胞，引發嚴重營養不良。乳糜瀉病症有可能在人類的童年階段或較晚才出現，終生都無法治癒。正規療法是嚴格避開所有含麵筋的食物。有些穀子不含麥膠蛋白，因此不會加劇乳糜瀉症狀；這類穀物包括玉米、稻穀、莧菜籽、蕎麥、栗、藜麥、高粱和畫眉草。

種子中毒和食物中毒

種子通常都很乾，含水量約只占總重的10%。所以種子不需特別處理便很耐儲存。另外，由於我們料理種子時都會徹底煮過或以火烘烤，因此剛出

爐的穀子、豆子和堅果，大致上都不帶細菌，無食物中毒之虞。然而，含水的穀類、豆類料理，冷卻之後會變得非常有利於細菌滋長。剩菜應該立刻放進冰箱，而且必須重新加熱至沸點才可以再上桌。米飯料理特別容易遭臘狀芽孢桿菌（*Bacillus cereus*）侵害，必須審慎處理（307頁）。

就連乾燥的種子也無法完全免於污染，仍有可能腐敗。黴菌（或就是真菌）可以在溼氣較低的環境中滋長，因此田野、糧倉中的種子作物都可能受到侵害。有些真菌能合成致命毒素，引起癌症等疾病；舉例來說，麴菌屬（*Aspergillus*）會製造「黃麴毒素」，而稻苗徒長病菌（*Fusarium moniliforme*）會製造「伏馬鐮孢毒素」，兩者皆為致癌物質。消費者肉眼看不到食物中的真菌毒素，只能由廠商和政府單位負責監管。目前這些都還未列入嚴重危害健康項目。不過，只要穀子、堅果出現一點發霉或腐敗跡象，便代表食物受到污染，最好丟掉。

種子的組成和特質

種子的組成部位

我們的食用種子都由三大部位構成：一層保護外皮，一個能發育為成熟植株的小胚胎，還有一大團儲存組織，裡面儲存著供胚胎取用的蛋白質、碳水化合物和油脂。各部位都能影響種子烹調後的質地和風味。

外層的保護皮膜是一層緻密、堅韌的纖維組織，穀子的這個部位統稱穀皮，稻子的穀皮是米糠，麥子則是麥麩，而莢果和堅果則統稱種皮。種皮含豐富酚類化學物質，其花青素色素和帶澀味的鞣酸則具偽裝、防禦等用途。烹調時，種皮還能延緩水分滲入穀、豆內部。種子通常都先去皮再下鍋烹調，包括雜穀（特別是稻穀和大麥）、莢果（尤其是印度扁豆料理）和堅果（杏仁、栗子），這樣可以較快煮熟，還能改善外觀、質地和風味。

莢果和堅果的胚胎部位沒有什麼實際影響，而穀子的胚芽就有明顯作用：穀子的油脂和酵素大多儲存於胚芽，因此也是潛在風味的來源，包括宜人的烹調香味和令人不快的腐敗臭味。

種子最大的部位是儲存組織，其成分決定種子的根本質地。儲存細胞裝滿一粒粒濃縮蛋白粒子、一顆顆澱粉粒，有時還含有許多小油滴。有些穀子（特別是大麥、燕麥和黑麥）的細胞壁還充滿儲備的碳水化合物；這不是澱粉，而是類似澱粉的醣類長鏈，這類醣鍵在烹調時會吸收水分。種子的質地取決於幾項因素，包括把儲存細胞聚合起來的膠結物強不強，還有儲存細胞所含成分的本質和比例。豆類細胞和雜穀細胞有堅硬的固態澱粉粒和蛋白體；堅果細胞則大多布滿液態油脂，構造比較脆弱。穀子能保持外形和堅實質地，就算我們把護穀皮層碾除，還加入大量水分一起煮，依然能保持原狀。豆子在烹煮時若保留種皮，便能保持完整；否則就會迅速分解成一團泥糊。

　　儲存細胞的特定成分以許多方式決定種子的質地和烹飪用途。所以我們有必要認識一下蛋白質、澱粉和油脂。

種子的蛋白質：可溶和不可溶

　　種子的蛋白質可以用它們的化學反應來分類：它們是溶入哪種液體，而這一點也決定了它們在烹調過程的變化。溶解蛋白質的液體可以是純水、鹽水、微酸水和酒精。（分別稱為「白蛋白」、「球蛋白」、「穀蛋白」和「醇溶蛋白」。）莢果和堅果所含蛋白質大半可溶於含鹽溶液或純水，因此若以普通手法加鹽烹調，豆子和豌豆的蛋白質便會擴散，溶入種子裡面的水分和周圍的煮液。相對而言，小麥、稻穀等穀物的蛋白質，主要都是可溶於酸或酒精；這類蛋白質並不溶於一般的水，遇水反而會相互凝聚，構成緊實團塊。小麥、稻子、玉米和大麥的籽粒都會產生耐嚼的黏稠質地，部分是由於這類穀子在烹調時，所含部分蛋白質並不溶於水，而且還形成一種含澱粉粒的黏性複合物。

種子的澱粉：有序和無序樣式

　　穀子和莢果全都含有相當可觀的澱粉，其分量足以大幅影響豆子和豆類

種子所含各式蛋白質的比例

	溶於水的白蛋白	溶於鹽水的球蛋白	溶於酸的穀蛋白	溶於酒精的醇溶蛋白
小麥	10	5	40~45	33~45
大麥	10	10	50~55	25~30
黑麥	10~45	10~20	25~40	20~40
燕麥	10~20	10~55	25~55	10~15
稻穀	10	10	75	5
玉米	5	5	35~45	45~55
豆、豌豆	10	55~70	15~30	5
杏仁	30	65		

製品煮熟後的質地。即使是同一類穀子，品種不同，結果也會大相逕庭。

▎兩類澱粉分子

植物的親株把澱粉分子放入固態微粒中，用這種微粒填滿種子的儲存組織。所有澱粉都由醣鏈構成，而醣鏈則由葡萄糖分子組成（第一冊342頁）。不過，澱粉粒所含澱粉分子還可細分為兩類，作用各有不同。「直鏈澱粉」分子約由1000顆葡萄糖組成，主要是一條只含少數長形支鏈的延展鏈。「支鏈澱粉」分子由5000~2萬顆糖分子構成，含數百條短支鏈。因此直鏈澱粉是比較簡單的較小分子，很容易凝聚成緊實、規則又緊密相連的分子團；支鏈澱粉是蓬鬆龐大的大型分子，不容易凝聚，也不緊密。生澱粉粒同時包含直鏈分子和支鏈分子，含量比例就要看種子類型和品種而定。莢果的澱粉粒含30%以上的直鏈澱粉，至於小麥、大麥、玉米和長型米的澱粉粒則約含20%。短型米的澱粉粒約含15%直鏈澱粉，至於「黏米」（即糯米）的澱粉粒就幾乎全為純正支鏈澱粉。

▎燒煮可以拆解澱粉分子團，並軟化澱粉粒

種子入水烹煮，澱粉粒便吸收水分子，一旦水分子滲入，將澱粉分子彼此隔開，種子便會膨脹並軟化。這種軟化的過程也稱為「糊化」（gelatinization），發生的溫度範圍要視種子和澱粉而定，不過都在60~70°C之間。（這種固態澱粉軟化的作用，英文若直譯會成為「明膠化」，但這容易造成混淆，因為澱粉和明膠毫無關係。）支鏈澱粉分子團的構造比較鬆散，而直鏈澱粉分子團的結構嚴謹有序，必須以較高溫度並加入較多水才能解開並讓分子保持分離狀態。長型中國米在炊煮時用的水多過短型日本米，原因便在此。

▎冷卻可以重組澱粉分子，讓顆粒回復堅實

種子一旦煮熟，也冷卻到低於糊化的溫度，澱粉分子便開始重組若干分子團（分子團之間的空隙已含有水分），於是柔軟的糊化澱粉粒又開始變得結實。這種變化稱為「回凝」。幾乎就在這瞬間，較簡單的直鏈澱粉分子也

開始再度結合,而且在室溫或冰箱溫度下,幾小時內便能完成。四散蔓伸的濃密支鏈澱粉分子要一天以上才能重行連結,最後便形成比較鬆散、構造比較脆弱的分子團。這種差別說明了,為何飽含直鏈澱粉的長型米炊煮之後立刻上桌,吃起來質地結實又富彈性,然而放在冰箱隔夜之後,就變得堅硬難以入口;還有為何直鏈澱粉含量很低的短型米,質地顯得較軟、較黏,而且在冰箱放了一夜之後取出,硬化程度也遠低於長型米。吃剩的穀物放著都會變硬,這時只需重新加熱,讓澱粉再度糊化,問題大半都能迎刃而解。

可供運用的澱粉硬化現象

再度加熱的穀子永遠無法變得像初次燒煮那麼柔軟,這是由於在回凝過程中,直鏈澱粉分子會結成一些非常具有組織的團塊,程度還高於原本的澱粉粒,這種結晶部位就連沸騰溫度也難以令其分解。這些部位在直鏈澱粉、支鏈澱粉整體網絡中扮演強化接合的角色,讓顆粒變得更硬,更完整。廚子可以利用這種強化作用去來料理麵包布丁和粉絲;預煮米(蒸穀米)和美式早餐穀片在生產時,大多數澱粉都經過回凝,因此產品得以保持外形。而且,回凝澱粉還對我們的身體有益!回凝澱粉能抵抗消化酵素,因此能減緩餐後血糖升高的速度,還可餵食大腸益菌(27頁)。

種子的油脂

堅果和大豆都含有豐富油脂,凝成小袋子般的油體,並存放在儲存組織團塊中。每包油體都是個細小油滴,表面覆蓋兩層防護材料:一層是磷脂的近親卵磷脂,還有一層是蛋白質,名為油體蛋白。這些材料能防止油滴結合。在大小及構造上,種子的油體和動物乳汁的脂肪球都十分相像。因

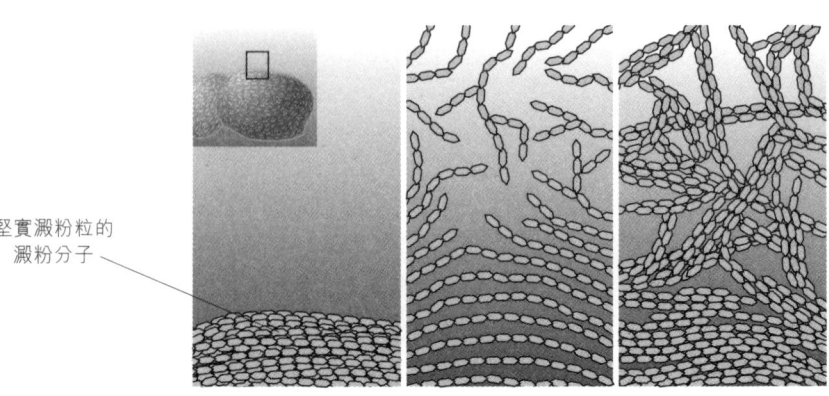

堅實澱粉粒的澱粉分子

此我們吃堅果時，咬起來並不單純感到油膩，還帶有細緻的乳脂口感。也因此千年來，廚子都以杏仁、大豆和其他油脂含量豐富的種子來製作各式「乳漿」（332頁、343頁）。

種子的風味

穀子、莢果和堅果的最重要風味成分是不飽和脂肪酸的構造碎片，有些得自油脂，有些出自細胞膜，其個別香氣可描述為綠草香、脂香、油香、花香和菇蕈香。種皮外層含有大量籽油和酵素，讓整枚穀子帶有強烈風味，此外還有酚類化合物帶來若干香草和烘烤香調。豆類的綠草香和菇蕈香調特別濃郁。堅果常以乾式加熱法來烹調，因此含有褐變反應產物，還帶有典型的烘烤香。不同種子的風味描述如下。

處理、備製種子

以下篇幅針對各式種子製品作比較詳細的介紹。這裡先就若干常見層面，來敘述種子的烹調用途。

儲藏種子

我們吃的種子，大多是設計成要熬過乾旱休眠期，因此都是最容易儲藏的食材。完整的種子很耐放，在低溫、乾燥的黑暗環境中儲存幾個月都不會變質。溼氣會助長腐敗微生物滋生，還會造成物理性傷害；熱度和光線會加速籽油氧化，導致腐壞酸敗，並產生苦味。

有種害蟲偶爾會寄生在穀子、豆子、堅果和麵粉中，那就是印度谷螟（*Plodia interpunctella*）。這種害蟲原本見於田間穀穗，如今卻經常出現在我們的食品儲藏室。蟲卵孵化長成幼蟲，以吃種子維生，並發散難聞氣味。這種污染無法去除，種子受了寄生便只能整批拋棄。唯一方法是把種子分批儲放在玻璃罐或塑膠瓶中，這樣就可以避免各批種子相互污染。

| 澱粉的凝膠化和回凝
澱粉粒是構造緊實、井然有序的澱粉長鏈分子團（左頁圖左）。澱粉質穀物受熱時，水分便滲入澱粉粒，讓各分子長鏈分散，結果顆粒便膨脹、軟化，這種過程稱為糊化（圖中）。煮熟的穀子冷卻之後，澱粉便慢慢回復連結，變得更緻密、更有組織，於是顆粒便顯得更結實、堅硬，這種過程稱為回凝（圖右）。

▍芽苗

　　芽苗是亞洲淵遠流長的料理食材，在西方卻到非常近代才開始採用。有了芽苗，不管任何人，不論在哪個時節，都能輕易種出十分近似新鮮蔬菜的食材──就連住在阿拉斯加的公寓，也能在二月寒冬種出芽苗。種子發了芽，維生素含量往往隨之提高，還更容易消化。還有，芽苗質地鮮脆，又具有堅果風味，就成為了變換口味的絕佳食品。

　　最常見的是豆芽，不過，我們吃的許多種子也能發芽，可以善加利用。舉例來說，當小麥、大麥發芽，種子內的酵素便開始分解庫存澱粉，化為糖分供應胚胎植株，也因此產生了甜味。芽苗的營養價值介於乾燥種子（芽苗的前身）和青青綠菜（芽苗將要長成的樣子）之間。和大多數種子相比，芽苗的維生素C含量較高，熱量則較低，蛋白質含量則高於多數蔬菜（大約5%比2%），維生素B群和鐵質含量也高於蔬菜。

▍料理種子

　　種子是廚師手中最乾燥、最堅硬的食材。多數種子都要先浸溼、加熱才能食用。以堅果而言，多數（不過並非全部）種類只需去殼或以乾式烹調加熱一下，一般都可趁鮮食用，攝取豐富營養。這種性質得歸功於堅果的細胞壁相當柔嫩，而細胞又含有液態油脂，卻不具固態澱粉。至於乾燥的穀子和莢果便相當堅硬，含有豐富澱粉。熱水能溶化細胞壁的碳水化合物，分解這種強化構造，還能滲入細胞，讓澱粉粒糊化，接著便溶解庫存蛋白質，或讓蛋白質變得溼潤。如此一來，我們的消化酶就更能接觸到種子的養分，也就是種子的營養價值會變高。

　　加水烹煮穀子和莢果有幾項簡單訣竅。

・種子的外表皮層（種皮）能控制土壤水分的滲透作用，到了發芽期間，還能調節滲入胚胎和儲存組織的水量。種皮也能延緩煮液滲入內部。種子一經碾製去皮或經研磨粉碎，煮熟的速度便遠比整枚種子還快。

- 熱度透入種子的速度比水分的滲透速度快，因此，烹調時間多半花在等待水分滲入。種子可以預先浸泡幾個小時或整夜，這樣烹煮時間便能減半，甚至更短。
- 多數種子充分吸收液體之後都相當柔軟，這時水量約占總重的60~70%。這個水量約相當於種子乾重的1.7倍，或約為其體積的1.4。一般食譜指定的水量都遠高於此，因為要讓烹調時的水分有蒸散的餘地。
- 完全煮熟的種子在烹煮溫度中，質地都很柔軟，構造也很脆弱，但冷卻時就會變得堅實。因此倘若穀類、豆類料理必須保持完整外觀，最好等冷卻後再處理。

當然了，各種穀類和豆類食品中，最重要的是以細磨粉末或萃取物製成的料理。取穀子磨成細粉或從豆類中萃取出澱粉，添水調和便能揉出麵糰或麵糊，接著還可以加熱製成麵條、無酵餅或無酵糕點。然後還可以借助酵母菌或細菌，或添入化學膨發劑製成發酵麵包和發酵糕點。麵糰和麵糊本身就是貨真價實的特殊食材，第三冊會就此詳加說明。

種子能濃縮煮液

穀子和豆子都很乾，會吸收水分，料理時會吸走煮液所含水分，因此能有效濃縮液體中的其他食材。如此一來，種子本身就能調成醬汁。舉例來說，若在煮米飯或玉米粥時加入牛乳，穀粒之間的液體所含乳蛋白和脂肪球就會更濃，也因此變得更像奶油。若以肉類高湯來烹煮穀物，高湯的膠質濃度也會提高，於是就能煮出類似濃縮高湯或多蜜醬（demiglace）的質地。

把種子轉變為肉類替代品

長久以來，素食料理廚師（特別是中國、日本的佛教徒）一直用穀子、豆子和堅果調理出味道甘鮮、質地耐嚼的料理，可媲美肉品。種子的蛋白質經萃取可製成肉類蛋白質般的纖維，還可發酵醞釀出甘鮮的肉品風味，這類萃取物有的取自小麥（製品稱為麵筋或麩質，297頁）有些則取自大豆（製品稱為豆皮或腐竹，332~333頁）。若把種子混合料理，其中的全穀帶有嚼勁，豆類提供較柔軟的背景質地，還能帶來若干甜味和複合風味，堅果則顯得濃郁，散發烘烤氣味。

穀類植物

禾本科約含8000種植物，卻只有幾種在人類飲食中擔任要角，其中除了竹子和甘蔗之外，便全屬穀物。儘管穀物的構造和成分都十分相似，其細微差異卻也讓烹飪史展現十分多變的風貌。

歐亞大陸的主要穀物（小麥、大麥、黑麥和燕麥）原本都是野生植物，廣泛叢生於地中海東部沿岸溫帶高原。早期人類只在野地採收小麥和大麥，不到幾個星期，採收的量便足夠應付他們一年所需。約1萬2000~1萬4000年前，最早的農耕部落開始栽培、照料小麥和大麥，並挑揀出個頭較大，也較容易收成、使用的麥種；接著這些作物便逐漸傳遍西亞和中亞、歐洲和北非。每種穀物各具不同優點。大麥特別頑強，黑麥和燕麥能夠適應溼冷氣候，而小麥則能製成一種彈性特佳的麵糰，裡面還能充滿細小的氣泡，可以烘焙出柔軟的發酵麵包。約略就在此時，亞洲的熱帶、亞熱帶地區開始栽植稻子，取得特別適應溼熱環境的作物。稍晚之後，中南美洲溫暖地帶出現玉米，其植株和籽粒尺寸都讓其他穀物相形見絀。

穀子的構造和組成

穀物的可食部位通常都稱為穀粒或穀仁，嚴格而言這就是完整的果實，不過子房只衍生出一層非常細薄、乾燥的構造。大麥、燕麥和稻米等三種穀物的果實外都圍著細小葉狀構造，這些堅韌部位彼此接合形成外殼。麵包小麥、硬粒小麥（杜蘭小麥）、黑麥和玉蜀黍都結出裸露的果實，因此碾磨之前毋須脫殼。

所有穀子都具相同的基本構造。穀類的果實組織包含一層表皮，以及幾層細薄的內部構造，包括子房壁；這些全部疊在一起也只有幾顆細胞的厚度。種皮下方緊貼著糊粉層，厚度只相當於1~4顆細胞，然而這裡所包含的油脂、礦物質、蛋白質、維生素、酵素和風味成分之豐富，卻與所占體積不成比例。糊粉層是胚乳的外層構造，也是胚乳中唯一有生命的部位；其

小麥籽粒的構造
這是枚具體而微的完整果實，子房壁乾燥，不具果肉。大團胚乳細胞儲有食物，負責供應胚胎（即胚芽）初期成長所需養分。

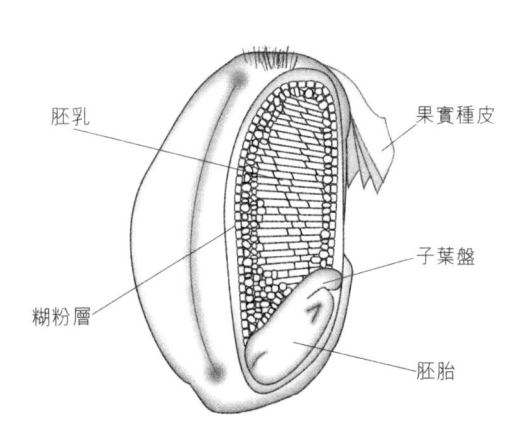

餘部分是一團死細胞，儲存了大部分的碳水化合物和蛋白質，體積也占了穀子的一大半。胚乳旁有個子葉盤，這是一片改造過的葉子，負責吸收、消化胚乳所含食物並傳給「胚胎」（即胚芽）。胚胎位於果實基部，本身也含有豐富的油脂和酵素，且帶有濃郁風味。

胚乳的英文名endosperm出自希臘文，意思是「在種子裡面」，一般而言，穀子只消耗這個部位。胚乳由儲存細胞組成，細胞含蛋白基質，裡面嵌有一顆顆澱粉粒。蛋白基質由普通細胞蛋白和胞膜原料構成，有時還含有由特殊儲備蛋白質構成的球體。澱粉粒一膨大，這些蛋白質球體也隨之相互壓擠，不再各自獨立，並凝結成一大團。近中央處的細胞和穀子表皮附近的細胞相比，所含的澱粉往往較多，蛋白質含量則較少。這種漸次遞減的現象也意謂著穀類作物越經碾壓研磨，營養價值便越差。

碾磨和精製

史前人類已經開始處理穀子，移除堅硬的保護外層。碾磨作業把穀子碾碎，精製作業把穀皮和胚芽篩除。胚乳、胚芽和穀皮各具不同物理特性，故能予以加工分離：胚乳很容易碎裂，另兩個部位則一個含油，一個狀似皮革。胚芽和穀皮（實際上還包括緊貼著穀皮下方的糊粉層）含大量纖維、油脂和維生素B群，全穀所含這類成分大多都在這裡，此外還要加上25%左右的蛋白質。然而，稻穀、大麥麥粒，以及玉米粉和小麥粉等在加工時，

穀子所含成分

穀子的組成變化多端，以下所列為粗估數值，並假定水分含量約為10%。除非另有說明，否則所列種類都指全穀。

穀子	蛋白質	碳水化合物	油
小麥	14	67	2
大麥	12	73	2
大麥（珍珠麥）	10	78	1
黑麥	15	70	3
燕麥	17	66	7
白米	7	80	0.5
糙米	8	77	3
野生稻米	15	75	1
玉米	10	68	5
非洲小米Fonio	8	75	3
栗	13	73	6
高粱米	12	74	4
畫眉草	9	77	2
黑小麥	13	72	2
莧菜籽	18	57	8
蕎麥	13	72	4
藜麥	13	69	6

卻往往把這些養分連同這些部位（全部或部分）碾磨去除。為什麼這樣浪費？精製穀子好煮又好嚼，顏色也比較淺，比較好看。以麵粉而言，倘若以全穀磨粉，由於胚芽和糊粉層都含有大量脂質，麵粉的貨架壽命就會大幅縮短。油脂很容易氧化變質，幾週之後就會產生酸敗風味（聞起來不新鮮，嚼起來粗澀）。如今，工業國家的精製穀物，多半添加維他命B群和鐵質，以補充脫殼時連帶流失的養分。

早餐穀片

除了麵包和糕餅之外，美國人最常食用的雜糧製品，或許就是早餐穀片了。早餐穀片有兩大類：熱食穀片必須烹煮，即食穀片通常都倒入冷牛乳中直接食用。

熱食穀片

熱食穀片從人類文明一開始就出現了，包括各式濃糜淡粥。現代熱食穀片還包括碎玉米、燕麥粉和麥片粥等型式。以大量熱開水來煮全穀，或者施壓碾磨，可以軟化穀子的細胞壁，讓澱粉粒糊化，還能溶出澱粉分子，煮成容易消化的淡粥。機器時代只帶來一項明顯的改進，那就是縮短烹煮時間，或把穀粒磨得很細讓穀物迅速煮熟，或先預煮至半熟備用。

即食穀片

即食穀片是美國十分常見的早餐穀片，遠勝其他型式。如今這個產業已成過街老鼠，民眾指責這種產品只帶給兒童空洞的熱量，此外幾乎什麼都沒有，稱得上是清早的垃圾食物。然而諷刺的是，這種產品在一開始卻是「純正」且「科學」的健康食品，是美國在世紀交替時擺脫當代惡劣飲食習性的替代選擇。這段故事牽涉到美國的獨有現象，它結合了古怪的保健改革人士、極端宗教和狡詐的商業手腕。

19世紀過了1/3，一股素食狂潮湧起，對抗當時風行的鹹牛肉、鹹豬肉、

玉米粗粉、辛辣調味料和用鹼膨發的白麵包等食品，其目的是要為美國帶來純正、清淡的飲食，而且這不只是醫學議題，還帶有道德考量。不久之後，約翰·凱洛格（John Harvey Kellogg, Kellogg後來成為商品名：家樂氏）博士便在他的著作《老少都該明白的簡單真相》（Plain Facts for Old and Young）中指出，「一個人若吃豬肉、精粉麵包、油膩的派皮和蛋糕，使用辛辣調味料、喝茶喝咖啡，還抽菸草，那麼，他要有純正的思想，簡直就是難如登天。」凱洛格和弟弟威爾·凱洛格（Will Keith Kellogg）以及查爾斯·波斯特（C. W. Post）等人發明了麥絲捲、麥片、玉米片和葡萄堅果等純良製品。這類預煮穀物確實迥異於當代的豐盛早餐，為民眾帶來比較清淡、簡單的另類選擇，結果廣受歡迎，很快就孕育出一個規模龐大、富有創意，獲利也很豐厚的產業。如今，即食穀片已經出現好幾個重要類別：

・Muesli什錦果麥：是由壓薄的穀物、糖、乾果和堅果混合製成的簡單麥片。
・穀物薄片（Flake）：是以全穀（小麥麥粒）或碎穀（玉米粒）製成的食品，加工時需經調味、蒸煮、冷卻，再碾軋成薄片，接著置入滾筒烤箱烘烤而成。
・Granola什錦果麥：這個名字是美國家樂氏在100年前發明的（但許多廠牌均有販售），如今指的是一種燕麥早餐，取燕麥碾軋，以甜味劑（蜂蜜、麥芽和糖）和香料調味，添入蔬菜油，混入堅果和／或乾果烘焙製成。
・爆米香和爆玉米花：這是分別以稻米及碎玉米為原料，加入水和調味品，部分乾燥後稍微碾軋，隨後置入烤箱烘烤，溫度可達340°C，這時殘存水分會迅速蒸發，速度快到讓穀子的構造膨脹。
・爆米香和爆麥花：都採全穀製成，需先沾溼，然後放進「噴發式」壓力爐，密封加熱至260~430°C度。蒸氣壓力可達14個大氣壓，隨後猛然釋壓，噴出穀粒。當壓力降低，穀中所含蒸氣也隨之脹大，讓穀子的結構膨脹，隨後經冷卻、定型，變成輕巧、多孔的團塊。
・烘焙穀物（Baked cereals）：仿效19世紀C.W.Post葡萄堅果麥片製成的食品。需先揉成一種麵糰，採烘烤製成，有時還揉成顆粒回爐再烤。
・擠壓穀片（Extruded cereals）：以高壓將麵糰由細小開口擠出製成，和乾麵條製法非常類似，通常製成細小脆片。壓力和摩擦會產生高溫，在麵糰

成形的過程中同時加熱，麵糰通過擠壓機之後，由於壓力下降，穀片在成形之際還會膨脹。

這些穀類製品仍以穀子為主，然而所含糖分等甜味劑的分量，確實有可能超過穀子。穀類製品特別採蔗糖調味，因為蔗糖能為酥脆的薄穀片表面覆上一層糖霜狀或透亮質地，還能延緩牛乳滲透，不讓薄穀片太快浸透。

小麥

小麥是人類最早栽培的食用植物之一，也是昔日古地中海諸文明最重要的穀類作物。到了中世紀，比較頑強但用途卻沒有那麼廣的穀物和馬鈴薯成為主要的糧食，小麥在歷史上長期缺席，直到19世紀才捲土重來，成為歐洲全境的主要作物。小麥在17世紀早期傳入美洲，至1855年已經傳抵北美大平原。和其他溫帶穀物相比，小麥算是很難照料的作物。小麥在溫暖、潮溼地區很容易受到疾病感染，比較適合種在低溫氣候區，不過分布範圍最北依然比不上黑麥和燕麥。

古今小麥源流

自史前時代迄今，人類已經栽植了好幾種小麥。小麥的演變引人入勝，如今仍有若干謎團，這點在296頁下方大略說明。單粒小麥是最單純也最早栽培的小麥之一，這種小麥擁有兩套染色體，動、植物大多具備此種正規的遺傳特質，這樣的動、植物稱為「雙倍體」生物。將近100萬年前，一種野生小麥湊巧和一種野生山羊草配種，長出一種具四套染色體的小麥。接著這個「四倍體」麥種，又為我們帶來古地中海世界最重要的兩種小麥：二粒小麥和硬粒小麥。隨後，在8000年前，又發生一件罕例：一種四倍體小麥和一種山羊草配種，產生出具六套染色體的後代，這便是現代的麵包小麥。一般認為，這多出來的染色體讓現代小麥表現出農耕上和烹飪上的多樣特性，其中最重要的是麵筋蛋白的彈性。如今，全世界栽植的小麥，計有90%是六倍體麵包小麥。其餘10%大半為硬粒小麥，主要都用來製作西式

食物名考源：穀物、小麥、大麥、黑麥、燕麥

穀物的英文名cereal來自羅馬司掌農耕的女神刻瑞斯Ceres，而Ceres又得自印歐字根ker，意思是「成長」；這個字根也衍生出create（創造）、increase（增加）和crescent（新月、弦月）。大麥的英文名barley源自印歐語的bhares，穀倉的英文名barn也出自這個字。印歐語的wrughyo指黑麥。小麥的英文名wheat和white（白色）語出同源，顯然是由於小麥麵粉的顏色很淺。燕麥的英文名oat則出自oid，意思是「膨大」。

麵食（見第三冊）。其他幾種小麥，則仍有小規模栽植。

硬粒小麥 硬粒小麥，或音譯為「杜蘭小麥」，是最重要的四倍體小麥。這種小麥出自地中海東岸，羅馬時代之前便擴散至地中海區，成為當時的兩大小麥之一。二粒小麥比較適合在潮溼氣候區栽植，穀粒含豐富澱粉；硬粒小麥較能適應半乾旱環境，穀粒外觀平滑。兩種小麥都可以用來製作膨發麵包、未膨發麵包、小麥片、北非庫斯庫斯（couscous，粗麥粉）和東北非的因傑拉餅（injera）等。今日歐洲的主要小麥產地是義大利南部和中部；其餘重要產地則包括印度、土耳其、摩洛哥、阿爾及利亞、美國和加拿大。

單粒小麥 單粒小麥在1970年代早期重現世人眼前，地點是法國沃克呂茲省（Vaucluse）和阿爾卑斯山區南部，那裡的民眾栽培這種小麥，用來煮當地特有的麥片粥。單粒小麥或許是人類最早栽培的小麥，約可回溯至一萬年前。這種小麥最喜歡寒冷環境，通常都含有豐富的黃色類胡蘿蔔素色素，蛋白質含量也很高。不過，以富有彈性的小麥穀蛋白和流質狀麥膠蛋白的比例來看，麵包小麥的含量為1:1（見第三冊），而單粒小麥則是1:2，所以單粒小麥的麵筋會呈濃稠液態，不適於製作麵包。

二粒小麥 二粒小麥或許是人類栽培的第二種小麥。二粒小麥的生長溫度高於單粒小麥，是地中海東岸至北非和歐洲等廣大地區最主要的培育品種，直到羅馬時代早期，地位才被硬粒小麥和麵包小麥取代。不過，二粒小麥仍在歐洲部分地區零星栽植，如今則冠上義大利名「farro」，廣泛流傳各地。義大利托斯卡納區以farro全穀配豆子煮成冬季湯品；還預浸麥穀作出一種類似義大利燉飯的料理farrotto。

世界穀物產量

玉米產量高居穀物之首，不過玉米收成有很大部分是用於飼養動物和生產工業化學物質。部分小麥也用來飼養動物，而稻米則幾乎全都由人類食用。

穀物	全穀產量，2002年 百萬公噸
玉米	602
稻米	579
小麥	568
大麥	132
高粱	55
燕麥	28
栗	26
黑麥	21
蕎麥	2

資料來源：聯合國糧食及農業組織

卡姆小麥　「卡姆」(Kamut)是個註冊商標，指硬粒小麥的一個古代近親。硬粒小麥是圓錐小麥的亞種，卡姆商標名則是衍生自小麥的埃及名發音，第二次世界大戰之後，這種古代小麥投入現代商業生產，美國蒙大拿州也開始栽植這種號稱自古便在埃及採收的麥子。卡姆小麥的特色是麥粒很大，蛋白質含量很高，不過麵筋比較適合製作麵食，若想製作發酵麵包就不那麼好用。

斯卑爾脫小麥　斯卑爾脫(Spelt)小麥自公元前4000年起便在德國南部栽培，德語稱「Dinkel」。這種小麥經常和二粒小麥混為一談。斯卑爾脫小麥的特色是蛋白質含量高達17%，迄今仍用來製造麵包、煮湯。中歐人採這種小麥的青綠麥粒，以低溫乾燥或文火烘焙，製成「青穀」，碾磨後用來煮湯或烹製其他食品。

各種麵包小麥和麵食小麥

這類小麥已知品種約達三萬之譜，可依其種植時節和胚乳組成而分為幾個不同類別。小麥最常用來製造麵包、糕餅和麵食，這部分就留待下章討論。

小麥作物

小麥作物的關係十分複雜，目前仍屬學界爭議課題。這裡提出小麥家譜的一種可能版本。具紙質黏性外皮的小麥以「有殼」表示，代表具有稃殼；其餘全屬不帶稃殼的品種，因此在烹調、碾磨上更容易處理。現今常用的小麥品種都以加粗的字體表示。

野生種單粒小麥　　　　　　　　→　　　　　培育種單粒小麥
（雙倍體；有殼；　　　　　　　　　　　　（雙倍體；有殼；
Triticum monococcum boeticum）　　　　　*Triticum monococcum monococcum*）

野生小麥（*Triticum urartu*）＋ 山羊草（*Aegilops speltoides*）
↓
圓錐小麥（*Triticum turgidum*）（四倍體）：
　二粒小麥（有殼；*T. turgidum dicoccum*）
　硬粒小麥（*T. turgidum durum*）
　呼羅珊Khorasan小麥（*T. turgidum turanicum*）
　波蘭小麥（*T. turgidum polonicum*）
　波斯小麥（*T. turgidum carthlicum*）

圓錐小麥 ＋ 山羊草、「節節麥」（*Aegilops tauschii*）
↓
小麥（*Triticum aestivum*）（六倍體）：
　普通小麥、麵包小麥（*T. aestivum aestivum*）
　斯卑爾脫小麥（有殼；*T. aestivum spelta*）
　密穗小麥（*T. aestivum compactum*）

小麥色素

小麥的麩皮層多半呈紅棕色，得自許多種酚類化合物，也歸功於褐變酵素（42頁），因為這類酵素能把酚類物質凝聚成有色集合體。白麥是較少見的品種，由於酚類化合物和褐變酵素含量都特別低，因此麩皮層呈乳白色。我們在磨白麥麵粉時若保留部分麥麩，麵粉嚐起就不會那麼澀，也較不褪色。若想做出滋味特別清淡，或顏色特別淺的料理，就可以使用白麥來取代普通小麥。

硬粒小麥的顏色、粗糙的粗麥粉，以及乾硬的麵團，主要都是出於一種類胡蘿蔔素，也就是含葉黃質的葉黃素。穀粒中酵素加上氧氣可以將葉黃素氧化成一種無色物質。普通小麥的這種熟成作用，自古就很受歡迎（別忘了，小麥這個名字的古文字根，意思正是「白色」），不過硬粒小麥變白就不討喜。有一些較少見的小麥也富含類胡蘿蔔素色素。

小麥麵筋

小麥麵糰的麵筋　長久以來，小麥始終是西方的首要穀物，主因是小麥儲藏的蛋白質獨具特有化學性質。麵粉添水調勻，所含麵筋便彼此結合，構成彈性團塊，還能膨發，把酵母產生的氣泡納入麵糰。所以，若是沒有小麥，我們就不會有如今所見的膨發麵包、膨發糕點和麵食。不同小麥的麵筋含量和品質迥異，由此可以決定特定小麥可以做哪些用途。

單獨以麵筋為原料　麵筋具凝聚力，不溶於水，因此麵筋蛋白（麩蛋白）很容易從麵粉分離出來：只需做出麵糰，接著在水中揉捏即可。澱粉和水溶性物質都被水洗掉，只留下堅韌黏軟的麵筋。約公元6世紀時，中國麵條師傅發現了這種獨特的食材原料，到11世紀，這種原料便以「麵筋」之名廣為人知，意思是「麵粉的筋肉」。濃縮麵筋下水去煮，確實會產生一種很有嚼

不同小麥品種的蛋白質含量和品質
麵筋品質決定特定小麥是否適合用來烹煮特定料理。高黏性麵筋可以讓麵包和麵食更加可口。麵糰的彈性越強，越能捕捉空氣，烤出的麵包也越蓬鬆。然而，若想製造麵食，高彈性麵糰就不容易擀出薄麵皮。

小麥品種	蛋白質含量，占麥粒重量%	麵筋品質
麵包小麥	10~15	強筋、高彈性
硬粒小麥	15	強筋、彈性不是非常強
單粒小麥	16	弱筋、具黏性
二粒小麥	17	中筋、彈性非常強
斯卑爾脫小麥，硬	16	中筋、彈性不是非常強
斯卑爾脫小麥，軟	15	強筋、彈性屬中等

勁，類似動物筋肉的滑溜質地。麵筋成為佛寺僧侶素食料理的主要食材；他們的素野味、素肉乾和發酵麵筋食譜，可以遠溯至11世紀。由於麵筋含有高麩胺酸成分，經發酵便分解為一種調味佐料，這就是甘鮮味精的早期版本（138~139頁）。麵筋可以不同方式處理，其中一種簡便作法是掐成小塊下鍋油炸，炸至膨發，這種帶點嚼勁的小球很能吸收醬汁風味。如今，麵筋到處都能買到，可用來製成成各式素肉。

重要小麥製品

市面上的完整麥粒通常都含完整麥麩，除非預先浸泡，否則至少需一個小時才能煮熟。如今市面上已經有碾除部分麥麩的法羅麥（Farro，就像碾除部分米糠的有色米和菰米），烹煮時間也大幅縮短，同時還保有麥麩的濃郁風味和完整的麥粒。

小麥胚芽偶爾被當成添加物加入烘焙製品和其他食品，能提供豐富的蛋白質（依重量計算占20%）、油（10%）和纖維（13%）。小麥麩皮主要都是纖維，油脂含量約為4%。小麥麩皮和胚芽都含油，很容易發臭，最好儲放在冰箱。

布格麥食　布格麥食（bulgur）是以小麥製成的古代食品（通常以硬粒小麥為原料），迄今在北非和中東地區仍很受喜愛。布格麥食以全麥加水烹煮，隨後乾燥至內部透亮、堅硬，接著加水讓外層麩皮變硬，最後以搗碎或碾磨來移除麩皮和胚芽，只留胚乳粗粒。這就是小麥版本的「蒸穀米」（305頁）。完成的小麥製品營養豐富，可以永久儲藏，而且很快就能煮熟。粗粒布格麥食（直徑可達3.5毫米）的用途和稻米或庫斯庫斯大體雷同，煮熟或蒸熟後搭配帶有湯汁的料理，還能用來做成燉飯（pilaf）或沙拉。至於細粒布格麥食（0.5~2毫米）則可製成香辣炸豆丸子（falafel，以布格麥食和蠶豆粉油炸製成的丸子）和多款布丁甜點。

青綠小麥　青綠的（或未熟的）小麥籽粒味甜，風味獨特，一向備受民眾青

睞。趁麥粒仍含有水分時從莖稈割下，點燃麥稈，以小火烤黑麥粒，讓稃殼變得酥脆，還能增添風味，接著趁鮮食用或乾燥保存（土耳其語稱 *firig*，阿拉伯語稱 *frikke*）。

大麥

大麥（*Hordeum vulgare*）很可能是西南亞草原最早栽植的穀類作物，在那裡，大麥和小麥一起生長。大麥的優勢是生長季節較短，又很頑強；生長範圍從北極圈綿延至印度北部熱帶平原。大麥是古代的主要穀物糧食，範圍包括巴比倫、蘇美、埃及和地中海等區；印度西部的印度河流域文明也很早就開始栽培大麥，年代遠比稻米更久遠。按照普林尼的說法，大麥是古羅馬格鬥士的特種糧食，當年格鬥士還有個名號：「吃大麥的人」。大麥粥是最早的麥片粥，炊煮時還添加烘焙亞麻仁和芫荽。中世紀時，特別在歐洲北部，大麥和黑麥成為農民的主食，而小麥則專屬上層階級。中世紀阿拉伯世界以大麥揉製麵糰，放置發酵數月製成「麥醬露」（*murri*，一種帶鹹味的調味料），食物歷史學家查爾斯・佩里（Charles Perry）發現，麥醬露的滋味很像醬油。

如今，大麥在西方成為次要食品，生產總量有一半拿去當動物飼料，1/3 用來製成麥芽。其他地區也有人把大麥製成各種主食，包括西藏的糌粑（青稞炒熟後磨成粉，通常只加入酥油茶便直接食用）；大麥還是日本味噌的重要成分；摩洛哥（大麥人均用量最高的國家）和北非各國以及西亞地區則拿大麥來煮湯、煲粥和焙製無酵餅。衣索比亞有白粒、黑粒和紫粒大麥，其中有些用來製成飲料。從西歐到日本等地，都有人拿生大麥或烘焙大麥加水煨燉食用，歷史起碼已有 2000 年。

大麥有個鮮明特色，除澱粉之外，還有兩類碳水化合物的含量也很豐富（各占總重之 5%）：一類是聚戊醣（聚五碳醣），黑麥麵粉的黏性就得自這種物質；另一類是聚葡萄糖，燕麥也含這類物質，因此呈凝膠狀質地，也因此能降低膽固醇（302 頁）。這兩類物質都出現在胚乳細胞壁和麩皮部位，再

說文解字：從大麥煎汁到杏仁調味糖漿、歐洽塔和大麥茶

大麥煎汁是昔日歐洲人慣喝的飲品，如今幾已銷聲匿跡，不過卻也藉著其他幾種飲料或飲料調味劑的名稱流傳下來。大麥的拉丁名為 *hordeum*，演變為法文 *orge*；而 *orge monde*（去殼大麥）後來還演變為 *orgemonde*（以杏仁調味的大麥汁），隨後在 16 世紀又轉成 *orgeat*。這個單字延用至今，不過是指一種杏仁調味糖漿。*Orgeat* 還衍生出西班牙文的 *horchata*，原本指大麥汁飲品，後來詞義轉變，成為墨西哥米漿或油莎豆甜飲（92 頁）。還有法文的 *tisane*（大麥湯），指以花草泡成的茶，這個名稱出自拉丁文 *ptisana*，指碾壓洗淨的碎麥粒，也指以此煮成的大麥湯，這種飲料有時還加入各式香草來調味。

加上大麥還含有不溶於水的蛋白質，因此大麥麥粒烹煮後便特別具有彈性。它們還讓大麥麵粉更能吸水，達小麥麵粉的2倍。

珍珠麥

大麥有不帶稃殼的品種，而食用品種多半帶有稃殼，只是在碾磨加工時會一併去除。大麥麥粒加工時，去除的比例超過稻穀，至於其他穀物則通常都以全穀來處理。部分原因是大麥麩皮很脆，並不是一大片整個脫落，因此尋常碾磨工法無法去除。此外，還有部分則是由於處理機具會磨掉大麥麥粒的深刻摺痕，這樣成品看來便比較平整。珍珠麥精製法採用石磨來去除稃殼，接著除掉麩皮。「去殼大麥」已經喪失麥粒的7~15%成分，不過仍保有胚芽和部分麩皮，因此比較營養，也較具風味；「精製珍珠麥」則已失去麩皮、胚芽、糊粉層和亞糊粉層，損失比例達原始麥粒重量的33%。

大麥麥芽

麥芽占我們大麥消耗量的最大宗，這是啤酒和幾種蒸餾烈酒的重要成分，也是許多烘焙食品的次要配料。麥芽是以大麥麥粒製成的粉末或糖漿，製造時需加水讓麥子發芽，隨後加糖以增加甜度。麥芽的產量和特質在下一冊討論。

黑麥

黑麥顯然是源自西南亞，原本是野草，夾雜在小麥、大麥作物之中，早年便隨農民四處遷徙，約公元前2000年傳抵波羅的海沿岸。那片地區主要是酸性貧瘠土壤，氣候又溼冷，而黑麥在那裡卻長得比其他穀物都好，約在公元前1000年便已為人類所栽植。黑麥極其強健，生長範圍最北可達北極圈，最高可及海拔4000公尺。到上個世紀為止，黑麥都是北歐窮人最主要的麵包穀物，就連今天，依然有人偏愛黑麥滋味，尤其以斯堪地那維亞和東歐地區受到最廣大的喜愛。主要產地包括波蘭、德國和俄羅斯。在德

黑麥和迷幻藥

除了作為食物，黑麥對現代醫學和養生藥理學也有間接影響。適合黑麥生長的溼冷氣候，同樣利於滋生黑麥角菌（Claviceps purpurea）。11~16世紀期間，黑麥麵粉經常受這種真菌污染而引爆流行病，俗稱「聖火」或「聖安東尼之火」，症狀有二：一為漸進性壞疽，患者肢端變黑、萎縮脫落；另一種症狀是神經錯亂。進入20世紀之後許久，仍不時可見麥角中毒症偶發疫情。20世紀早期，化學家由麥角菌分離出幾種作用迥異的生物鹼：有一種能刺激子宮肌肉；有一些會致幻；還有些能緊縮血管，這種作用會引起壞疽，不過在醫藥治療上也很有用處。生物鹼全都含有一種基本成分，俗稱麥角酸。1943年，瑞士科學家艾伯特·霍夫曼（Albert Hofman）發現了一種變型，這就是1960年代赫赫有名的致幻劑：麥角二乙胺，縮寫LSD。

國，小麥產量遲至1957年才首次超過黑麥。

黑麥含罕見的碳水化合成分和蛋白質，可用來製出一種很特別的麵包。這部分留待第三冊再來說明。

黑麥的碳水化合物

黑麥含有大量聚戊醣（舊名，今稱阿拉伯木聚糖）。這群碳水化合物都是中等大小的聚合糖，具有非常好用的特性，能吸收大量水分，形成一種濃稠黏糊質地。由於黑麥含有豐富聚戊醣，磨出的麵粉能吸收8倍重的水分，至於小麥麵粉則為2倍。煮過的澱粉再次冷卻時便會回凝、變硬，而聚戊醣卻無此特性。因此，用黑麥麵粉烤出的麵包，質地柔軟、溼潤，而且貨架壽命可達好幾週。黑麥聚戊醣還有助於控制食慾：黑麥脆片的碳水化合物含水很少，進入胃中便會膨大，帶來飽足感，而且只能局部吸收，消化速度也很慢。

燕麥

在今日，全球的燕麥產量高於黑麥，不過燕麥作物有95%是作為動物飼料。燕麥麥粒採自禾本科燕麥屬（*Avena sativa*），這種植物或許源自西南亞，後來逐漸成為作物，隨小麥和大麥一道栽植。希臘和羅馬時代把燕麥當成野草，或以為那是染病的小麥植株。到了1600年，燕麥已經成為北歐重要作物，那裡的氣候潮溼，最適宜燕麥生長。燕麥生長時需要的水分僅次於稻米，超過其他所有穀類。然而在那個時代，其他國家依然鄙視燕麥。山繆·強生（Samuel Johnson）1755年版《詞典》（*Dictionary, London, 1755*）對燕麥一詞有如下定義：「一種穀子，在英格蘭通常用來餵馬，在蘇格蘭卻用來維持人類生計。」

如今，英國和美國是燕麥食品的最大消費國。美國的消耗量在19世紀晚期竄升，原因有二：一是德國移民斐迪南·舒馬赫（Ferdinand Schumacher）開發出快煮式早餐燕麥片，其次是亨利·克勞威爾（Henry Crowell）率先把穀物商品轉變為零售品牌，他把燕麥包裝起來，附上烹調說明，還冠上「純正」標示，命名為「桂格燕麥片」。如今燕麥是granolas和mueslis等即食早餐穀片

的最主要成分。

燕麥屈居較次要地位，原因有好幾個。燕麥就像大麥，不含能製成麵筋的蛋白質，這就表示燕麥不能用來烘焙蓬鬆的麵包，而且燕麥麥粒具有黏性外殼，很難加工處理。燕麥的脂肪含量很高，達小麥的2~5倍，主要是位於麩皮和胚乳，而非胚芽，而且還富含一種脂肪消化酵素。因為這幾項特點，燕麥很容易酸敗，必須加熱讓酵素失去活性，以防燕麥在儲藏時一下子就變質了。

在另一方面，燕麥確有幾項優點。燕麥富含一種很難消化的β-聚葡萄糖，這種碳水化合物能吸收水分，因此溫熱的燕麥粥顯得均勻濃稠，若製成烘焙食品，則具有軟化和保持水分的效果，還能幫我們降低血膽固醇水平。這種聚葡萄糖主要位於糊粉層下方、胚乳外層，也就是在燕麥麩皮的含量特別高。燕麥還含有幾種具抗氧化作用的酚類化合物。

燕麥加工

燕麥比小麥、玉米都柔軟得多，而且胚乳、胚芽和麩皮部分無法俐落分開，因此，加工時通常採用全穀（又稱為脫殼燕麥）。燕麥加工第一個步驟是低溫「烘焙」，這能大量釋出燕麥的特有風味，還可以讓脂肪分解酵素喪失活性。（這個步驟還能改變儲備蛋白質的性質，降低其親水性，於是烹調時，麥粒就比較能夠保持完整。）接下來便把脫殼全麥製成不同形狀，但營養價值則完全相同。鋼刀切燕麥粒片是把脫殼全麥切成二到四段，可以較快煮熟。燕麥粒片是先把全麥蒸軟、蒸出韌性，接著以滾筒夾軋成細薄麥片，成品在烹調或簡單浸泡（例如mueslis什錦麥片）時都可以很快吸水。燕麥片壓得越薄，復水越快。一般燕麥片厚約0.8毫米，「快煮」燕麥片則約為0.4毫米，「即食」燕麥片還更薄。

稻穀

世上約有半數人口以稻米為主食，而孟加拉和柬埔寨等國家，日常能量

攝取更有近3/4是得自稻米。栽培稻（*Oryza saliva*）是熱帶和亞熱帶原生種，原生於印度次大陸、中南半島和中國南方，而且有可能在不同地區分別接受栽植：短型稻米約公元前7000年在中國南方長江流域，長型稻米則略遲出現在東南亞。栽培稻有個姊妹種叫做光稃稻（*Oryza glaberrima*），又稱西非洲栽培稻，具特殊風味，糠色紅，在西非栽植了至少1500年。

稻米由亞洲取道波斯傳入歐洲，阿拉伯人便在波斯學會種稻炊飯。摩爾人最早在8世紀時開始大量種稻，先在西班牙，略晚之後在西西里島。義大利北部波河流域和倫巴第平原（義大利燉飯的發源地）最早在15世紀便開始生產稻米。到了16和17世紀，西班牙人和葡萄牙人把稻米引進美洲全境。1685年，南卡羅萊納州投入稻米種植產業，開創美國先河，非洲奴隸的種稻專業在那裡發揮了重大影響。今日，美國稻米有一大半來自阿肯色州、密西西比河下游一帶、德州和加州。

稻米種類

據信全世界稻米品種有10萬以上。依傳統認可，栽培稻分為兩大類，這兩大亞種便涵蓋了所有品種。秈稻（譯注：俗稱在來米的基本稻種）通常長在熱帶和亞熱帶低地，儲存了大量直鏈澱粉，長出堅實的長粒稻米。粳稻（譯注：俗稱蓬萊米的稻種）包括幾個陸稻（旱稻）品種，在熱帶地區（印尼和菲律賓的品種有時也稱爪哇稻）和溫帶氣候區（日本、韓國、義大利和美國加州）都能蓬勃生長，其直鏈澱粉的比例遠低於秈稻品種，米粒較短，質地較黏。此外還有介於秈稻和粳稻之間的品種。大體而言，稻米品種的直鏈澱粉比例越高，所含澱粉粒的構造也就越規則、越安定，因此煮熟稻米所需水分、熱量和時間都較多。

多數稻米都經加工，碾除米糠和大半胚芽，接著再以細刷「拋光」，磨掉糊粉層和所含油脂、酵素。這樣製成的精米非常安定，能保存數月。常見稻米包括以下類別：

・長型米的米粒瘦長，長為寬之4~5倍。由於直鏈澱粉比例較高（22%），炊飯所需水量和米量的比例也最高（依重量為1.7:1，依體積則為1.4:1）。米

飯具彈性，粒粒分明，冷卻後變得結實，冷凍後則更加堅硬。中國米和印度米多為長型秈稻，美國市售稻米也多屬之。
- 中型米的長度為寬度之2~3倍。和長型米相比，直鏈澱粉比例較低（15~17%），添加較少水分便能炊出柔軟米飯，米粒彼此黏附成團。義大利燉飯和西班牙海鮮飯所用稻米都是粳稻的中型米。
- 短型米的長度只略超過寬度，此外便與中型米相似。短型和中型粳稻是中國北方、日本和韓國（和台灣）最喜愛的稻米。這類稻米是理想的壽司米，因為可彼此結成一小團，就算降至室溫上桌，仍能維持柔軟。
- 糯米。這是種短型米，幾乎全是支鏈澱粉。糯米炊煮所需水量最少（依重量為1:1，依體積則為0.8:1）。炊煮時會變得非常黏，很容易裂開（糯米通常先浸泡，然後用蒸煮而非水煮）。儘管有黏米、甜米之稱，糯米卻不含黏性麩質，也不甜，但亞洲常用糯米來製作甜點。糯米是寮國和泰國北方的標準稻米。
- 香米是獨樹一幟的類別，主要都是長型和中型品種，儲存的揮發性化合物含量超乎尋常。知名香米包括印度和巴基斯坦的「印度香米」（basmati，烏爾都語，意思是「芳香的」）、泰國的「茉莉」香米（米粒極長，直鏈澱粉比例卻很低）和美國的「三角洲」香米。
- 有色米的糠含豐富花青素色素，其中以紅色和紫黑色最為常見。碾米時或完整保留米糠，或部分碾除，只留下一點顏色。

糙米　糙米是未經碾白的米粒，其糠、胚芽和糊粉層都完整無損。市售稻米種類（含長型米、短型米和香米）全都含糙米型式。糙米炊煮所需時間較

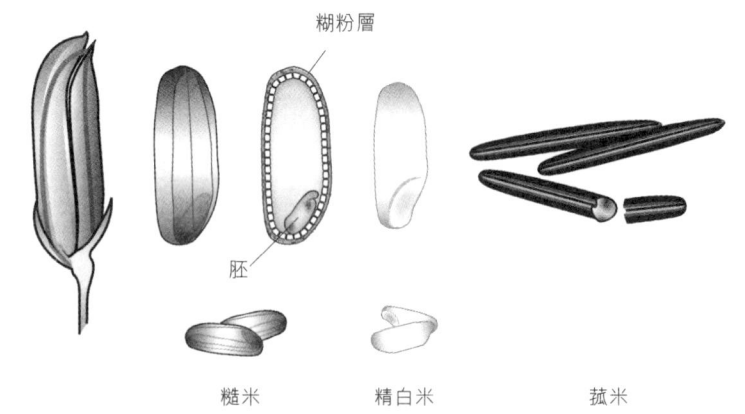

各種稻米圖示

糙米含糠（由外果皮和種皮構成）、胚胎和油脂，還有富含酵素的糊粉層。精白米是米粒中央的胚乳細胞團，主要為澱粉和蛋白質，完全不含稻穀的其餘部位。菰米是一種北美禾草的全穀，又稱為野稻；人們會加熱菰米，讓菰米乾燥並產生風味，經過加工，菰米胚乳便出現禾草的特有外觀。

長，可為同品種碾磨米的2~3倍。其質地軟韌又富香氣，通常可形容為堅果味。糙米的糠含油，比精白米更容易變質，最好放進冰箱儲存。

蒸穀米（改造米）　2000多年以來，印度和巴基斯坦的製米業者都先蒸煮稻米（非香米品種），隨後才移除稃殼，並碾成白米。新採收的稻穀，他們先浸水、沸煮或蒸煮，再次乾燥，接著才去稃碾磨。這種預煮有幾項好處，能讓糠和胚芽所含維生素溶入胚乳，也讓糊粉層黏上米粒，因此蒸穀米的營養價值較高。在預煮時，澱粉會讓米粒變硬，降低表面黏度，因此蒸穀米再次炊煮時，米粒會比較結實、完整且粒粒分明。蒸穀米還獨具特有堅果風味。浸泡能活化酵素，催生糖分和胺基酸，而在乾燥期間，這些成分會參與褐變反應。黏在米粒表面的稃殼含木質素，部分分解之後，便釋出香草醛和相關化合物。蒸穀米需要較長時間炊煮，約超過普通白米炊飯時間的1/3或1/2，同時質地還相當結實，顯得有些粗糙。

快煮米　快煮米可以白米、糙米或蒸穀米炊煮製成。加熱破壞細胞壁，還可以使澱粉凝成膠狀，並讓米粒碎裂（於是消費者炊煮時，熱水的滲透速率就會變快），最後是乾燥處理。乾式加熱、碾壓、微波處理或冷凍乾燥都可讓米粒碎裂。

稻米的風味

稻米風味視品種和碾磨程度而定。稻穀的外層含有較多游離胺基酸、糖分和礦物質，澱粉含量相對較低。米粒越碾磨，表層會失去越多成分，風味便越清淡，澱粉比例也越高。

標準白米的香氣含青綠味、菇蕈味、類黃瓜味和「脂肪」氣味成分（得自6、8、9和10碳醛），還含一點爆玉米花的香氣、花香、玉米和乾草般的氣味，和一些動物的氣味。糙米除了前述成分之外，還含有少量香草醛和類似楓糖味的葫蘆巴內酯。香米含有特別豐富的類似爆玉米花的成分（乙醯基吡咯

啉），這也是露兜樹葉片、爆玉米花和麵包皮的香味要素（311頁）。爆玉米受熱時，揮發物質不能再生，因此芳香成分會流失，香氣濃度也跟著降低。香米也基於這項原因而採預煮加工：預煮可以縮短炊煮時間，讓香氣損失減至最少。

炊煮稻米

多種傳統作法　炊煮稻米需要讓水分遍布整顆米粒，接著加熱至足夠溫度，讓澱粉粒軟化，並凝成膠狀。印度廚師以大量的水來煮稻米，煮熟後再把水倒掉，因此米粒完整且粒粒分明。中國和日本廚師則只用剛好足夠的水，接著緊蓋鍋蓋炊煮，煮熟後米粒相黏成團，方便以筷子取食。東亞大多數地區都一向以米飯為日常主食，而且通常只加水炊煮，優劣就看米粒有多完整、多光滑，顏色白不白、質地軟不軟，還有風味好不好來評斷。至於不常吃米飯，甚至以米飯為奢華享受的地帶，如中亞、中東和地中海區，米飯往往加入湯、油、奶油等成分，料理出土耳其 *pilafs* 什錦飯、義大利燉飯和西班牙海鮮飯等米食料理。伊朗人或許是最懂得炊煮米食的行家，伊朗 *polo* 什錦飯是以大量的水來煮長型米，還鋪上各式熟肉、蔬菜、乾果和堅果，接著以文火慢蒸完成料理，他們還設法調節熱度，讓底層米飯燒成焦褐鍋巴，這就是備受青睞的「*tahdig*」。

淘米、浸米　乾燥米粒經初步淘洗，可沖掉表面澱粉，炊煮後才不會過黏。有些米炊煮前先浸泡，或先淘洗，靜置20~30分鐘（特別是印度香米和日本米），這樣可以讓米粒吸收若干水分，加速炊煮過程。糙米和菰米也可以用類似手法來處理。

炊煮之後：靜置、再度加熱　米飯一旦煮好，便可以靜置一段時間，稍微降溫，好讓米粒變得結實，這樣盛飯上桌時，米粒就比較不容易破裂。剩飯常因澱粉回凝，導致米粒變硬，這時只需再度加熱至糊化溫度，米粒便

義大利燉飯：把稻米轉變為稻米的醬汁

義大利燉飯以中型米燉成，這些品種的米粒相當大，很能耐受義式燉飯的獨特料理手法，烹煮時米粒彼此摩擦，表面澱粉脫落，讓煮液變得像奶油那般濃稠。

烹煮義大利燉飯時，一次只添加少許高溫煮液，攪拌，讓米粒把液體全部吸收進去，接著反覆加水，直至米粒變軟，不過米粒核心仍具嚼勁為止。這種手法十分費時，米粒不斷摩擦，外表胚乳也隨之軟化，於是在液相階段便會溶解（若煮到最後才攪拌，只會讓軟化的米粒碎

可軟化。剩飯很容易軟化，只需加熱至70°C或更高溫便可。煮第二次時還可添加少許水分，或擺進微波爐加熱，也可做成炒飯、米糕，或是油炸菜肉丸的餡料。

米飯安全儲放法

事實證明，熟米是食物中毒的潛在病源。生米幾乎都摻雜臘狀芽孢桿菌（*Bacillus cereus*）的休眠芽孢，這種細菌會產生很強的腸胃道毒素。芽孢能耐受高溫，有些還能熬過炊煮。倘若熟米擺放室溫好幾小時，芽孢便會發芽，細菌開始滋生，並累積毒素。因此以一般方法炊煮的熟米，應該立刻食用，剩飯則應冷藏，以免細菌滋長。日本壽司中的米要降至室溫才食用，不過，壽司米粒裏上了米醋和糖，既可調味又能抵抑制微生物。米飯沙拉也應該添加醋、檸檬汁或萊姆汁作酸化處理。

其他幾種米食和米食製品

世界各地文化都發揮創意，開創稻米多種用途。這裡只列舉少數幾項。

米穀粉　米穀粉的特點是澱粉成分約達90%，還有澱粉粒極小，僅為小麥澱粉粒之半至1/4，打敗所有重要穀物。米穀粉可用來調製增稠醬，或用來增添食品分量，製成的食品質地特別細緻。還有，乾燥米穀粉由於蛋白質含量很低，吸收的水量較少。這就表示，若我們使用米穀粉來調糊，裹炸日式天婦羅，麵糊含水便比較少，質地也稀薄，因此很容易油炸出乾燥、酥脆口感。

由於米穀粉不含彈性麵筋蛋白，不能用來烘烤膨發麵包。不過，也由於米穀粉不含麵筋，「麵筋不耐症」的患者也可食用。烘焙師能以米穀粉料理出近似膨發麵包的米糕，他們在粉中添加三仙膠或關華膠等長鏈碳水化合物，這能幫助糊糰成形，把酵母或化學膨發劑形成的氣泡保留在糊糰裡面。

米香粉　米香粉是越南和泰國的調味料，把米烘烤後磨粉製成。米香粉可用於各式菜餚，在開動前灑入調味。

裂，卻不會移除表層）。此外，只用少量液體開蓋燉煮，有一大半的水分會蒸發掉，於是需要較多煮液，也因此可以把更多煮液的風味濃縮到燉飯中。

餐廳廚師以傳統手法預先料理燉飯，快煮好時，便起鍋擺進冰箱，等候顧客點菜，要上桌前再取出冷藏米飯，再次加熱、添入熱湯和豐盛配料。這樣做可以讓米粒中的一部分熟澱粉變得結實（285頁），讓米飯更具彈性。若是完全煮軟熟透，事後只需重新加熱米粒就會較為鬆軟。

米粉和米紙　稻米麵筋含量很低，不過米穀糊糰仍可用來製作米粉和米紙（見第三冊）。米紙可用來包裹葷、素食材下鍋烹調，也可加水或煎炒食用。

麻糬　麻糬一詞源自日語，指一種耐嚼到幾乎像鬆緊帶的糯米食品。麻糬可製成球形，或捏成薄片來包裹餡料。麻糬的原料是糯米，經蒸熟搗糊備用，或調和糯米穀粉，揉壓30分鐘。搗揉可重組蓬鬆的支鏈澱粉分子，形成相互纏繞的團塊，構造安定，很難改動。

醪糟　醪糟即酒釀，是中國的糯米發酵食品。糯米經蒸煮、冷卻，揉捏成小塊，隨後便接種麴黴，裡頭含有米麴菌（*Aspergillus oryzae*）（見第三冊），置於室溫2~3天至糯米變軟即成。醪糟的味道酸甜，散發果實氣味和酒精香氣。

菰

　　菰又稱野稻，卻不是純正的熱帶稻屬（*Oryza*）。菰是稻的禾本科遠親，在寒冷氣候淺水環境生長，所結穀子（菰米）極長，可達2公分。種皮色深，含特殊的複合風味。沼生菰（*Zizania palustris*）是北美大湖區中西部北區的原生種，長在淺水湖和沼澤區中，昔日奧吉布瓦族等北美原住民便划皮艇採菰。北美的原生穀物中，只有菰成為人類的重要糧食。成熟菰米含水量特豐，約是穀粒重量的40%，為一般穀物的2倍。因此菰米比純正稻米更需審慎處理才能儲存。菰米採收之後，先堆放1~2週，讓未成熟穀粒繼續熟成，也讓穀粒表面滋長微生物，好產生風味，並弱化外殼構造。接下來便把穀粒烘乾，同時帶出風味，也把外殼烤脆。最後才以打穀移除外殼。

質地和風味　菰米的質地結實並具嚼勁，這是由於糠完整無損，還有所含澱粉也在烘乾過程中糊化，隨後又在慢慢冷卻中變得更韌，就像純正稻米經蒸穀所得結果。菰米炊煮的時間遠超過多數穀子，有時需1小時以上，這是由於澱粉先經預煮，構成堅硬、平滑的團塊，而糠層又飽含角質和蠟質（34頁）不易吸收水分（野生菰米落入水中休眠數月甚至數年之後才會發芽）。

深濃色素可能也有所影響；這種色素有一部分是黑綠色的葉綠素衍生物質，部分則是黑色酚類化合物，由褐變酵素作用生成。製米業者常稍微磨損菰米，好讓米粒更能吸水，並縮短烹煮時間。廚師還可以預先把菰米浸泡在溫水中幾個小時。

生菰米散發泥土味，還帶有青綠香、花香和茶般的香氣。後熟過程能強化茶香（得自吡啶類成分），不過也可能帶來不討喜的霉味。烘乾過程會引發褐變反應，產生烘烤、堅果的特色（得自吡嗪類成分）。不同業者會採用不同的後熟手法（或略過，或處理時間長、短不等），烘乾作法也互異（溫度高低不等、明火烘烤或置入金屬滾筒間接加熱），因此各家的菰米風味迥異。

培育菰　採收自野地非培育種天然植株的菰米已經很少見。如今菰多半栽植於人工水田，排水後以機械採收。因此，培育菰的種皮成熟度和顏色深度都比野菰一致。購買菰米必須細讀標籤，才能找到產自原生地區的產品，品嚐到真正菰米的滋味，還可以評比不同小廠的產品差異。

玉蜀黍

玉蜀黍（*Zea mays*）就是玉米，美國逕稱為「穀」（corn）。玉蜀黍是在7000~10000年前，由生長在開闊林地的大型禾本植物墨西哥玉蜀黍（*Zea mexicana*）培育而成。歐洲大陸的穀物和莢果經人類選種改動的程度比較小，玉米就不同了，是在構造上歷經了幾種大幅改變才培育出來的，讓花粉集中在植株頂端，雌花（以及穗軸和玉米粒）則沿著主莖生長。由於植株高、果實大，比較容易栽種，因此玉米很快便成為美洲其他早期文明的基本糧食。祕魯印加人、墨西哥馬雅、阿茲特克人，美國西南方崖居人、密西西比築丘人和南、北美洲眾多半游牧文明，都是以玉米為主要糧食。哥倫布把玉米帶回歐洲，不到一代的時間，玉米便傳抵南歐全境。

如今玉米是全世界第三大糧食作物，僅次於小麥和稻子，成為拉丁美洲、亞洲和非洲數百萬民眾的主要養分來源。歐洲和美國的玉米拿來餵食牲口

說文解字：玉米和玉蜀黍

美國人稱為 corn 的穀子，英語原本稱為 maize（玉蜀黍）或 Indian corn（印第安穀）。Maize 出自西印度群島泰諾語，玉米的西班牙語、義大利語和法語名稱也都源出此字。英語的 Corn 是個泛稱，和 kernel（穀粒、核仁）、grain（穀）都源出相同字根，含意很廣，像 corned beef（醃牛肉）就是以鹽粒保存的牛肉。英國不同地區還以 corn 來指稱當地最重要的穀子。只有在美國 corn 才專指玉蜀黍。

的數量比人類食用的還多。玉米以其特殊風味備受青睞，還能為煎煮烤炸等多種料理和點心帶來特殊的質地和口感。玉米還可以製成玉米漿，用來生產威士忌，玉米澱粉可以調製出濃稠的醬汁和填料，玉米糖漿可以調味，也為多種甜品提高黏稠度，此外玉米還可以煉油。玉蜀黍植株的不同部位也都可以轉變為多種工業製品。

玉米的種類和顏色

玉米可以概分為五大類，每類各有不同的胚乳。具高蛋白質的爆玉米似乎是最早培育的玉米，不過在歐洲人移入美洲之前，美洲原住民早就知道這五種玉米了。

- 爆玉米（popcorn）和硬玉米（flint corn）含有豐富的直鏈澱粉粒，澱粉粒周圍的儲存蛋白質數量也較多。
- 馬齒玉米（dent corn），這個品種最常作為動物飼料，也最常作為碾製食品的配料（碎玉米、玉米粉和玉米穀粉）。馬齒玉米粒在頂冠部位含有「蠟質」澱粉（低直鏈澱粉），這個部位在穀粒乾燥時會凹陷，因此又稱「凹玉米」。
- 粉玉米（flour corn），包括藍色玉米的標準品種，質地柔軟，易於磨粉，這是由於胚乳構造脆弱又不連續，成分多為蠟質澱粉，蛋白質含量較少，胚內還有中空穴室。今天我們所稱「印第安玉米」，指的就是穀粒帶斑駁色彩的粉玉米和硬玉米。
- 甜玉米（sweet corn），是在美國備受歡迎的蔬菜類食品，未成熟時糖分含量比澱粉還高，因此玉米粒呈半透明，表皮鬆弛摺皺（其他品種的玉米中，澱粉粒會反射光線，還讓玉米粒膨大鼓起）。玉米生產國多半也吃未成熟的玉米，不過吃的是其他用作一般用途的玉米品種。甜玉米是由美洲原住民栽培育成，他們顯然很欣賞甜玉米烘乾時釋出的濃郁風味。

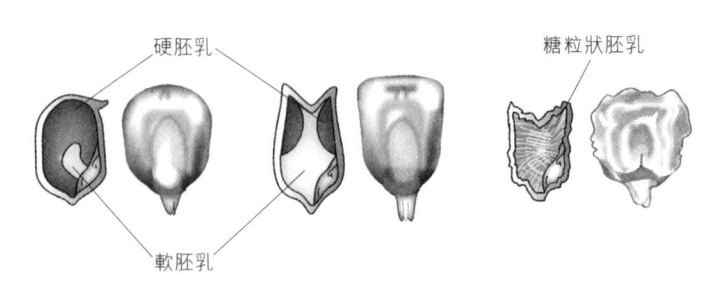

硬胚乳　　　　　　　　　　　糖粒狀胚乳

軟胚乳

爆玉米　　　　馬齒玉米　　　　甜玉米

不同玉米品種

由左至右：爆玉米、馬齒玉米和甜玉米的穀粒。爆玉米胚乳很硬，利於抵抗蒸氣壓力，直到最後才整個爆開。

不同玉米的顏色也不同，其中有些原本是美洲原住民選殖供慶典儀式使用。玉米粒內部通常是白色的，不含色素，也有些是黃色，含有具營養價值的脂溶性胡蘿蔔素和葉黃質（β-胡蘿蔔素、葉黃素和玉米黃素）。藍色、紫色和紅色玉米粒的糊粉層，含有水溶性花青素，糊粉層是營養豐富的細胞層，緊貼穀皮底側。

鹼處理

玉米粒非常大，外圍的穀皮又厚又堅韌，在一般穀物中，這些都是絕無僅有的特點。早期民眾為了吃玉米而發展出「鹼灰處理」（nixtamalization，衍生自阿茲特克語）這種去除穀皮的特殊手法：他們在水中加入多種物質，讓水呈鹼性，然後拿來燒煮穀粒。馬雅人和阿茲特克人採用燃灰或石灰；北美部落則採用燃灰和天然生成的碳酸鈉沉積物；當代馬雅族群使用燃燒後的貝殼粉末，也可以達到相同目的。植物細胞壁含半纖維素，這是種重要的膠狀物質，在鹼性環境特別容易溶解。穀粒經過鹼灰處理，可以軟化穀皮，有的穀皮甚至脫落，接著就可以搓揉洗去。這種作法還能促使穀粒轉換成黏性麵糰，用來製作玉米薄餅和其他食品（參見下文）。此外，經此處理，玉米粒中的菸鹼酸便大半釋出，讓我們吸收到有益的菸鹼酸。

玉米風味

玉米的獨特風味，是一般穀類沒有的。爆玉米和其他乾式玉米製品，經高溫燒烤會生成幾種特有碳環化合物，包括一種印度香米會有的成分（乙醯基吡咯啉）。鹼處理過程還能生成另一群特有香氣分子，包括色胺酸（一種胺基酸）分解後的產物，以及和Concord葡萄和蛇菓典型香氣（胺苯乙酮，和水果的鄰胺苯甲酸甲酯相關）相近的芳香物質。馬薩麵糰（拉丁美洲玉米麵糰）也可能含有紫羅蘭般的香氣和辛香（得自芝香酮和乙烯癒創木酚）。

全穀玉米：脫殼玉米粗粉、玉米豆

常見玉米原料可以概分為兩種：全穀製成的，以及磨碎的玉米製成的。

泥酵玉米

1616年左右，山繆·德·尚普蘭（Samuel de Champlain）在休倫湖東濱探勘，他見到休倫印第安人有一種可能稱為「發酵」的食物處理技術。這給人類學家提出一道難題：這種食物調理法，究竟有沒有營養學根據？是否只牽涉到澱粉轉化為糖分的微生物作用？還有，這算不算休倫版的「貴腐葡萄」（審定注：被葡萄白腐菌感染的葡萄，可釀出的價昂葡萄酒）？

> 他們以另一種手法來吃印第安玉米。調理時，他們把玉米穗浸到水裡、蓋上泥巴，就這樣擺放2~3個月，直到他們判定玉米已經腐敗；接著取出玉米，和肉、魚一起沸煮，然後就拿來吃。他們也會烤這種玉米，這樣做比沸煮好，不過我向你保證，這種沾滿泥巴的玉米從水中取出時，氣味之臭簡直是空前未有；然而婦女、孩童卻像吃甘蔗那樣吸吮。而且從他們的表情來看，他們最愛的莫過於此了。

另外還可以分為未經處理的乾燥原料，以及經過溼式鹼處理的原料。

全穀玉米比較少見，主要是爆玉米，數量遠勝其他種類。脫殼玉米粗粉以完整玉米粒製成，以白色品種為上，浸入石灰溶液或鹼液烹煮20~40分種，接著便沖水洗掉殼皮和殘存鹼性溶劑。脫殼玉米粗粉可用來煮湯（如墨西哥玉米燉肉湯）或做燉鍋、配菜食材，質地緻密濃稠。玉米豆是種常見點心，採用穀粒最大的祕魯品種「庫斯科大玉米」製成。穀粒經過鹼處理，移除殼皮，浸泡溫水幾小時，再入鍋炸至硬脆，等到呈現特殊顏色和風味再加料調味。

爆米花

從墨西哥考古遺跡看來，料理玉米的最早手法，或許便是以爐火餘燼來爆玉米花。早期探險家曾描述阿茲特克人、印加人和北美部族都有爆開的玉米。19世紀，美國人拿爆米花做早餐穀類食用，製成粥糜、布丁和糕點，或做湯、沙拉和主餐食材，還以糖蜜調和，製成古代版的「甜爆米花」和「花生焦糖爆米花」。玉米花是1880年代美國流行的零嘴，隨後和電影院扯上關係，接著又和居家看電視連結在一起。到了21世紀，爆米花多半成為微波爐包裝食品，在超級市場販售。

玉米花是如何爆開的　部分硬玉米和馬齒玉米也會爆開成酥脆的玉米花，不過膨脹程度遠遜於用來爆玉米花的正牌品種，也就是顆粒較小、堅硬半透明胚乳比例較高的爆玉米。由於爆玉米的殼皮纖維素排列較緻密，因此導熱速率也是一般玉米殼皮的好幾倍；再加上殼皮較厚、密度較高，因此強度是一般玉米的好幾倍。這兩個因素導致爆玉米的殼皮導熱率高，能讓熱量較快傳抵胚乳，而且更能耐受內壓，一直撐到蒸氣壓力較高才爆開。

當玉米穀粒內溫提高到沸點以上，蛋白質基質和澱粉粒也隨之軟化，玉米粒所含水分也轉變為蒸氣。蒸氣進一步軟化澱粉，成千上萬細小的蒸氣穴室也對殼皮施壓，力道不斷增強。澱粉和蛋白質繼續軟化，直到內壓提升到大氣壓力的7倍，此時殼皮便爆裂開來。玉米粒內壓陡降，蒸氣穴室猛然暴脹，蛋白質和澱粉的柔軟混合物也隨之膨脹，膨發之後再經冷卻硬化，

爆米花朵朵開

且看亨利・梭羅（Henry David Thoreau）初識爆玉米花時，是如何眼界大開。他在1842年隆冬寫下這段日記：

> 今晚我都在爆製玉米花，那真是在酷熱逾七月炎夏的溫度下迅速開花的種子。爆開的玉米是朵完美冬花，令人想起秋牡丹和茜草……這朵朵穀花，在我的溫暖爐畔綻現；這裡是它們生長的河岸。

變得輕盈、酥脆。(若是鍋蓋緊閉,玉米花爆開時,水蒸氣便無處逃逸,於是胚乳就會含水,變得堅韌難嚼;爆製玉米花時,應略開鍋蓋。)

爆玉米在190°C左右爆得最好,可以在油鍋中熱爆,也可以置入熱空氣爆米花機,或採微波爐加熱。不同混種的玉米各有最佳爆法。微波爐爆米花的包裝袋,外覆薄層聚酯樹脂,可以反射微波,從而產生所需高溫。

乾磨玉米食品:碎玉米、玉米粉、玉米穀粉

玉米多半經碾磨後調理食用,乾磨玉米產品都是直接以儲藏的玉米碾磨製成,不需要事先處理;最常用種類是黃色馬齒玉米。近年來,玉米往往先精製,去除穀皮和胚芽,這項革新手法約可回溯至1900年,自此之後大規模碾磨作業變得可行。數量較少的全穀產品(玉米粉和玉米穀粉等),有時以石輪碾磨,產品纖維較多,風味比較濃郁,營養也較為豐富,不過由於胚芽含油以及還有其他相關物質,接觸空氣會氧化,因此存放不久就會腐敗。

碎玉米的質地較粗,胚乳顆粒大小介於0.6~1.2毫米。這種玉米碎粒可以用來製作早餐穀片、點心、釀啤酒,還可以煮成美國南方人特別愛吃的玉米粥。碎玉米一度以經過鹼處理的脫殼玉米粗粉製成,不過如今已不多見。

玉米粉比碎玉米細緻,顆粒直徑可小至0.2毫米,也比碎玉米更能吸水、更快煮軟,顆粒也比較小。玉米粉可用來製作不膨發糊糰、義式玉米粥和玉米烤餅,還有玉米麵包、英式鬆餅,還可以添入若干小麥麵粉和膨發劑,製成其他比較蓬鬆的烘焙、油炸食品。

玉米穀粉是粉質最細緻的玉米製品,顆粒大小不到0.2毫米,通常與其他風味配料混合,調製出多種烘焙、油炸食品。

溼磨玉米:馬薩麵糰、玉米餅、玉米粽和玉米片

玉米餅、玉米粽和玉米片都採用溼碾玉米製成,原料事先經過鹼灰處理預煮(311頁)。玉米先浸入濃度0.8~5%的氫氧化鈣(石灰)溶液,烹煮數分鐘至1小時,熄火後靜置浸漬8~16小時並慢慢放涼。浸漬期間,穀皮和細胞

玉米粥大學問

Polenta是義式玉米粥(最早的穀粉粥是採大麥煮成),傳至美國廣受歡迎,現在煮粥則成為一門大學問。有些廚師以微波爐快速烹煮,謹遵傳統的人士則堅持慢煮,不斷攪拌至少1小時。長時間受爐火烹煮確實帶來一項好處:由於鍋底不斷受熱,溫度持續高於沸點(因此必須攪拌以免燒焦),加上液面與空氣接觸而蒸發乾燥,這些都讓玉米醞釀出濃郁風味。廚師若忙不過來還可以用一個方法,既省力又可以達到同樣濃郁的風味。先略為提高玉米粥的濃度,倒入鍋中並稍微覆蓋,然後把鍋子置入低溫烤爐(130°C),鍋底和鍋邊受熱的溫度恆定而且均勻,廚師只需偶爾攪拌即可。

壁受鹼的影響徹底軟化，於是內部的蛋白質彼此鍵結，部分玉米油也因此分解，成為絕佳乳化劑（包括單、雙酸甘油脂）。浸漬過後，把浸泡液和軟化的穀皮沖除乾淨，接著用石磨把玉米粒（含胚芽）碾成麵糰，這就是馬薩麵糰。石磨把玉米粒斬切、碾碎，並將粉粒和其他混合料全都揉成糰，其中成分有澱粉、蛋白質、油脂、乳化劑和細胞壁原料，還有具分子橋接功能的石灰鈣質成分。接著再進一步把這團混合料揉成黏稠、柔順的麵糰。

馬薩麵糰的最便利型式是粉狀馬薩，稱為馬薩麵粉。將這種玉米穀粉製成新鮮馬薩麵糰，再以急速乾燥法讓麵糰化為細小粉粒。調製這種麵糰之時，添加的水分原本就比普通馬薩麵糰還少，接著又經過乾燥處理，因此馬薩麵粉不如馬薩麵糰那麼香，不過帶有褐變、燒烤香氣，成品質地則比新鮮馬薩麵糰更軟。

玉米餅、玉米粽和玉米片　玉米餅的原料是細磨馬薩麵糰。先把麵糰擀成薄餅，接著快速烹調，傳統作法是放在淺鍋中加熱1~2分鐘，現在則以連續式商用烤爐烘烤20~40秒。玉米粽是種小糕點，以馬薩麵糰包餡蒸煮而成，傳統作法採玉米穗的薄葉裹粽蒸熟。麵糰部分先以肉汁潤溼，接著再加入豬油徹底拍打，為麵糰調味並打入空氣。豬油在室溫呈半固態，利於潤滑馬薩麵糰，這在蒸煮膨脹時，還可以幫助蓬鬆的麵糰捕捉氣泡。至於玉米片是油炸而成，原料可以用玉米餅或馬薩麵糰直接製成。玉米薄片就是以玉米薄餅油炸而成，至於玉米脆片則是把粗磨馬薩麵糰捏成較乾的長條，接著下鍋油炸即成。

次要穀物

以下穀物在歐洲和美國都不常見，不過有些種類在熱帶和亞熱帶乾旱地區卻是非常重要的糧食。

福尼奧米（Fonio）

福尼奧米（*Digitaria exiles*）和福尼奧黑米（*D. iburua*）為非洲禾本科植物，是玉蜀黍和高粱的遠親。人類於公元前5000年左右在西非莽原開始栽種，整體而言屬於典型穀類。福尼奧米的米粒細小，可以用來煮粥、混著庫斯庫斯炊煮、做爆米花、釀啤酒，也可以和小麥混合烘焙麵包。

小米（Millet）

小米又稱稷，是幾種穀子的泛稱，所含種類分屬黍屬、狗尾草屬、狼尾草屬和穇屬的成員，全都結出圓形細小穀粒，直徑1~2毫米。小米原生於非洲和亞洲，栽培歷史已達6000年。小米對乾旱地區的貢獻特別重要，因為它們是穀物當中需水最少的一群，在貧瘠的土壤也能生長。小米的蛋白質含量超乎尋常，比例由16~22%不等，小米可以用來爆製小米花、煮小米粥、烘焙小米麵包，還可以釀製啤酒。

高粱（Sorghum）

高粱（*Sorghum bicolor*）在非洲中、南部乾草原和莽原地帶演化出來，人類約於公元前2000年開始栽植，不久之後被攜往印度，接著又傳入中國。由於高粱能抗旱、耐熱，如今在多數耕地有限的溫帶國家已有重要地位。高粱的子實粒形很小，長約4毫米，寬約2毫米。煮法就像米飯，還可用來爆製高粱米花，煮成各種粥、烘製扁烤餅、混著庫斯庫斯炊煮、釀製啤酒。高粱米發芽後就不能吃；種子一發芽，便會啟動防禦系統，開始製造氰化物（29頁）。

畫眉草（Teff）

畫眉草（*Eragrostis tef*）是衣索比亞的主要作物，在其他地方卻很罕見。畫眉草籽粒形細小（1毫米），具有多種色澤，從黑到紅、乃至從褐到白都有，據說帶色素的品種風味比較濃郁。畫眉草最常用來焙製因傑拉餅，這是種鬆軟似海綿的烤餅，擺放數日仍能保持軟韌，這點和多數麵包都不一樣。

黑小麥（Triticale）

黑小麥是人工混成的現代麥種，由小麥和黑麥（*Triticum x Secate*）雜交而成，最早紀錄文獻見於19世紀晚期，約1970年開始投入商業栽植。黑小麥有多種品種，最常見的是硬粒小麥和黑麥的雜交種。黑小麥的麥粒通常比較像小麥，不過一般而言若是用來烘焙麵包，品質都不如小麥。如今黑小麥大半用來飼養動物，偶爾也在健康食品店販售。

準穀物

莧菜、蕎麥和藜麥都不屬禾本科，因此並非真正的穀物，不過這類植物種子也具相近用途。

莧菜籽

莧菜籽是莧屬三種植物所結細小種子，籽粒直徑1~2毫米，全都源自墨西哥和中、南美洲，5000多年前便開始栽培。（歐洲大陸也有幾種原生莧菜，不過全都當成青菜食用。）如今，莧菜籽已經用來搭配其他穀粒，混合製成多種烘焙食品、早餐穀類和零嘴。阿茲克特人曾把爆莧菜籽調和成黏稠的甜味劑並製成零嘴，這種作法沿用至今，如墨西哥以爆莧菜籽花調蜂蜜製成的點心 *alegria*（歡喜之意）和印度的蜜球 *laddoo*。莧菜籽的蛋白質和油脂含量明顯高於穀物。

蕎麥

蕎麥（*Fagopyrum esculentum*）是蓼科蕎麥屬，大黃、酸模的近親。蕎麥原生於中亞，要到1000年前左右中國或印度才開始栽種，中世紀時被攜往北歐。蕎麥能耐受惡劣生長環境，生長略超過2個月便成熟。由於生長季節很短，因此長久以來在寒冷地區備受重視。

蕎麥籽粒呈三角形，直徑約4~9毫米，深色穀皮。種子內部含細小胚胎，胚胎外被淺黃綠色種皮，周圍由澱粉質胚乳團團包覆。褪除穀皮的完整種

子稱為脫殼蕎麥。蕎麥約80%為澱粉，加上14%蛋白質（其中大半為鹽溶性球蛋白）。蕎麥的油質含量是多數穀粒的2倍左右，因此脫殼蕎麥和蕎麥穀粉的貨架壽命都很有限。脫殼蕎麥不具麩皮，約含0.7%酚類化合物，其中部分是蕎麥特有澀味的源頭。煮熟蕎麥的特有香氣包括堅果、煙燻、青綠和淡淡魚香（分別源自吡嗪、柳醛、醛和吡啶類）。

蕎麥穀粉含少量黏質，這是種有點像支鏈澱粉的複合式碳水化合物，約由1500個單糖分子組成，分子相互鍵結成帶有分支的構造。這種黏質在蕎麥穀粉裡所占不多，不過它能吸水，或許還帶來些許黏性，因此全蕎麥麵條才能勉強黏合成形（見第三冊）。

蕎麥是中國、韓國和尼泊爾等國部分地區的主要糧食。喜馬拉雅山區採蕎麥焙製扁烤餅 chillare，還有類似帶餡的油炸麵糰和幾種甜點。義大利北方以蕎麥混合小麥，製成蕎麥寬麵條 pizzoccheri，也可以和玉米粉混合，煮成蕎麥玉米粥。俄羅斯採用蕎麥來製作小型煎薄餅 blini，還有將整粒脫殼蕎麥加熱烘烤，再煮成含有堅果味的蕎麥粥。法國布列塔尼用蕎麥製成風味獨具的可麗餅。日本人用蕎麥製作蕎麥細麵。美國蕎麥最常見於鬆餅，添加蕎麥質地更顯柔軟，還會散發堅果香味。

藜麥

藜麥（Chenopodium quinoa）是南美洲北部的原生植物，人類約公元前5000年在的的喀喀湖附近栽植。昔日為印加主食，重要性僅次於馬鈴薯。藜麥和甜菜、菠菜同屬莧科植物。藜麥結黃色圓形種子，粒形細小，直徑約1~3毫米。眾多藜麥品種的外側穀皮都含皂素，這是種帶苦味的化學防禦物質，用冷水簡單沖刷擦洗就可以去除（長時期浸泡反而會讓皂素沉積在種子內部）。藜麥煮法就像炊煮米飯，也可以加入湯中，或用來燉煮其他湯汁料理；藜麥還可以爆成藜麥花，或是磨粉製成各種扁烤餅。

莢果：豆子和豌豆

豆子和豌豆隸屬豆科（顯花植物第三大家族，次於蘭科和菊科），對人類的重要性僅次於禾本科。莢果含有豐富的蛋白質，含量達小麥和稻米的2~3倍，對人類貢獻匪淺。豆類能製造這麼多蛋白質，得歸功於它們與特定土壤細菌的共生關係。根瘤菌屬（Rhizobium）的細菌會侵入莢果根部，把空氣中的氮大量轉化為植物能直接使用的物質，以用來製造胺基酸，再以此生成蛋白質。長久以來，莢果類都是人類的重要食材，還可以作為動物性食品（蛋白質含量豐富、價格卻很昂貴）的基本替代品。在亞洲、地中海區和中南美洲的食品當中，更是特別重要。從以下這件具代表性的事例，便可見識到莢果類在古代世界的重要地位。羅馬人知道4種主要莢果，而每種豆類名稱，都各自衍變成羅馬顯赫家族的姓氏：費比烏斯氏（Fabius）來自蠶豆（Vicia faba），蘭圖魯斯氏（Lentulus）得自小扁豆（Lens culinaris），畢索氏（Piso）出自豌豆（Pisum sativum），而全部望族中最顯赫的西塞羅氏（Cicero）則是源自鷹嘴豆（Cicer arietinum）。從無其他食物受過這般尊榮！

約計有20種豆科植物經人工大規模栽培（見318~319下方資料欄）。用來榨油的作物（大豆和花生）數量遠遠凌駕大致保持完整食用的莢果；豆類油脂除廚房使用外，還兼具工業用途；大豆在美國還是重要的牲口飼料。

莢果的構造和組成

豆類的種子含一胚胎植株，外被保護種皮。胚胎則含兩枚大型儲存營養的葉片（稱為子葉），加上一株細小胚莖。子葉提供大半養分，作用就如穀子的胚乳。事實上，子葉正是種變型的胚乳。當植物受精，花粉和胚珠結合，身兼胚胎和原始營養組織的胚乳也在此時形成。就穀子來說，胚乳會隨胚胎共同發育，持續扮演成熟果實的儲藏器官。然而在莢果中，胚乳會被胚

常見的豆子和豌豆

俗名	學名
歐洲和東南亞原生種	
鷹嘴豆（又稱雞兒豆、小黎豆）	Cicer arietinum
小扁豆、印度「馬粟豆」	Lens culinaris
豌豆	Pisum sativum
蠶豆（古稱南豆、胡豆、馬齒豆）	Vicia faba
羽扇豆（又稱山黎豆）	羽扇豆屬種類（Lupinus）
紫花苜蓿籽	Medicago sativa
中、南美洲原生種	
普通菜豆（又稱四季豆、雲豆、白豆等）	Phaseolus vulgaris
萊豆（又稱皇帝豆、白扁豆、奶油豆）	Phaseolus lunatus
寬葉菜豆	Phaseolus acutifolius
紅花菜豆	Phaseolus coccineus
花生	Arachis hypogaea

胎吸收，接著再把養分重新封入子葉。

莢果種皮只在種臍處有裂口，這個細小的凹陷，就是種子附著於種莢之處，一旦種子落地或下鍋，它就是從這裡吸水。種皮有可能很薄（例如花生），也有像鷹嘴豆占了全豆的15%，甚至羽扇豆的30%。莢果的種皮幾乎全都是細胞壁的碳水化合物，人類無法消化的纖維也大半位於種皮。有些豆類色彩繽紛，呈粉紅、紅色和黑色等，其種皮含有豐富的花青素，還有相關的酚類化合物，因此都具抗氧化功能。

多數豆子和豌豆都是由蛋白質和澱粉構成（見322頁下方資料欄）。主要例外為含油豐富的大豆和花生，含油量分別約為25%和50%。許多莢果還含有蔗糖，重量達好幾個百分點，因此滋味很甜。

有些豆類的種子含有豐富的次級化學防禦物質（29頁），特別是蛋白酶抑制劑、凝集素和會生成氰化物的化合物質（例如熱帶種萊豆；至於美國和歐洲的萊豆，只有微量甚至全無氰化物）。倘若以全生豆飼料餵養動物，牠們的體重有可能不增反減。這類潛在毒性化合物可以藉著燒煮來去除或破壞。

種子的顏色

豆子和豌豆的顏色，主要取決於種皮所含花青素。純紅或純黑的一般都可以熬過烹調；若是雜色花紋，則一入水就會溶解流失，因為水溶性色素會滲入相鄰無色素部位，接著便溶入煮液中。要保持色彩強度，煮液量越少越好；剛開始淹過豆子就好，之後再視需要添水，讓豆子都有浸到水就好。豌豆和乾豆得以常保青綠，得歸功於葉綠素。

若是豆子色澤淡、種皮呈半透明，下鍋之後，其細小胚莖有時還會轉呈細緻的粉紅色。豆子會變色，或許和楤梓、梨子下水沸煮就會變紅是相同道理（55頁）。

俗名	學名
印度和東亞原生種	
大豆	*Glycine max*
綠豆（又稱綠眼、菉豆）	*Vigna radiate*
黑豆	*Vigna mungo*
和氏豇豆	*Vigna hosei*（舊學名為 *Vigna acutifolia*）
米豆（又稱眉豆，飯豆）	*Vigna umbellate*
三裂葉豇豆（俗稱蛾豆）	*Vigna aconitifolia*
木豆（又稱樹豆、柳豆、鴿豆、印度紅豆）	*Cajanus cajan*
山黧豆（又稱大巢菜、野豌豆）	*Lathyrus sativus*
紫花鵲豆（又稱肉豆、扁豆）	*Lablab purpureus*
翼豆	*Psophocarpus tetragonolobus*
非洲原生種	
黑眼豆（又稱牛豆、豇豆）	*Vigna unguiculata*
班巴拉落花生	*Vigna subterranea*

莢果和健康：耐人尋味的大豆

豆子和豌豆營養豐富，通常都是好幾種養分的絕佳來源，包括蛋白質、鐵、多種B群維生素、葉酸和澱粉或油脂。種皮帶色的品種能提供寶貴的抗氧化物。然而，大豆在所有莢果當中，對人類健康影響更具特出的潛力。流行病學研究顯示，以大豆為主要糧食的國家，特別是中國和日本，心臟病和癌症發病率都明顯較低。這種現象或許部分可以歸功於大豆。

後來發現，原來大豆含有幾種儲藏型式的酚類化合物「異黃酮素」，在經過我們腸內細菌的作用之後，異黃酮素會轉變成金雀素黃酮、木質素黃酮和大豆素黃酮，而這些活性化合物的作用類似人類動情激素（estrogen），因此這些活性物質素有「植物雌激素」（phytoestrogens，出自希臘文 *phyton*，意思是「葉」）之稱。綠豆和其他莢果也含異黃酮素群，不過含量遠不如大豆。（我們常吃的大豆食品當中，沸煮過的全豆所含異黃酮素最多，約是豆腐的2倍。）植物雌激素對人體有幾項影響，其中確實也包含類激素等物質的作用。證據顯示，異黃酮素群或許能延緩骨質流失，抑制前列腺癌和心臟病。然而也有些研究指出，乳癌患者若攝取植物雌激素，病情有可能惡化，而且，即便這種激素能夠防範某些癌症，但要在青春期攝取才有實效。我們對植物雌激素的認識仍然非常有限。大豆是否比其他種子更有益於人類健康，還有常吃大豆究竟好不好，目前要斷定還太早。

皂素是類似肥皂的防禦物質，這類化合物的一端能溶於水，另一端則溶於油脂，因此兼具乳化劑和泡沫安定劑的功能，這也是大豆能很快煮沸的原因。大豆含有豐富的皂素，達豆粒總重的5%，其中半數位於種皮。有些皂素的作用極強，會損傷我們的細胞膜。大豆皂素的作用比較溫和，還能與膽固醇結合，讓它無法被身體有效吸收。大豆還是植物固醇的優異來源，這種植物性脂肪和膽固醇的化學組成相近，也能干擾我們吸收膽固醇，從而降低血液中膽固醇的含量。

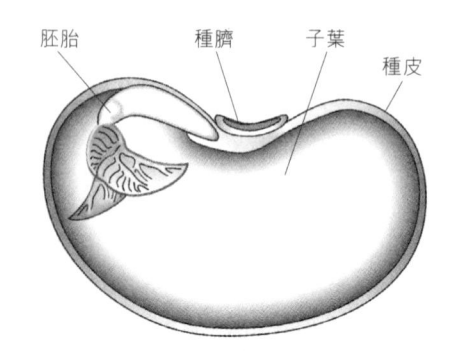

豆類種子的解剖構造
這幅剖面圖是移除其中一枚子葉後露出胚胎的模樣。種臍是個細孔，水分能由此直接滲入胚胎；烹煮乾豆和豌豆時，就是種臍和種皮在控制吸水和軟化速率。

莢果和胃腸積氣問題

豆類的幾種化學要素，有時吃了會引發令人尷尬的不適症狀：消化系統會製造氣體。

起因：難以消化的碳水化合物

所有人的腸道都會產生混合氣體，每天約達1公升，這是寄居在我們腸道中的菌群生長、代謝的產物。許多莢果（特別是大豆、白豆和萊豆）吃下之後的幾小時，細菌的活動和產氣數量都會急遽增加。這是由於豆子富含很難消化的碳水化合物，人類消化酶無法把它轉化為可以吸收的醣類，於是這類碳水化合物就會完整的從前段腸道直接進入後段腸道，由常居我們腸道的菌群接手處理。

寡糖是會惹麻煩的碳水化合物，它含有3、4或5個糖分子，彼此以罕見的方式相連。不過最近的研究還發現，寡糖或許不是產氣主因。細胞壁膠結材料也會產生二氧化碳和氫氣，而且產氣數量和寡糖相等；再者，豆類所含的碳水化合物，數量通常是寡糖的2倍。

解決之道：浸泡、長時間烹煮

要減少豆類產氣作用，常用的辦法是在一大鍋水中稍微沸煮，接著靜置1小時，倒掉浸泡用水，再以新的水烹調。這種作法確實能溶除水溶性寡糖，不過卻也會把大量水溶性維生素、礦物質、單醣和種皮色素一併溶除，結果養分、風味、顏色和抗氧化物也都隨之流失，代價太大。另一種作法是延長烹調時間，寡糖和細胞壁膠結材料經長時間加熱後會大半分解，化為可消化的單醣。豆子在發芽期間也會消耗寡糖，還有發酵期間微生物也會攝食寡糖，因此，豆芽、味噌、醬油還有豆腐等大豆製品，都不會像全豆那般引人不適。

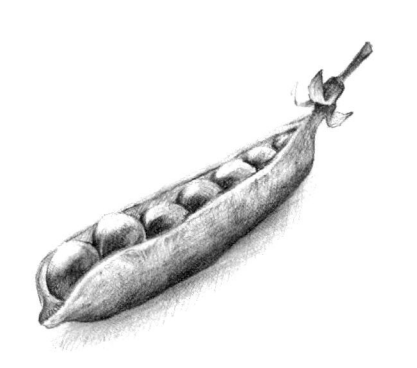

豆子的風味

豆子的典型豆味大半得自脂肪氧合酶，這種酵素能分解不飽和脂肪酸，生成具香味的小分子。豆類的主要風味成分是帶禾草味的己醛和己醇，還有帶菇蕈味的辛烯醇。當豆子細胞受損，水分和氧氣也都充足時，脂肪氧合酶就會趁勢發揮作用，像是在當新鮮豆子受到剉傷、受損乾豆入水浸泡，或是緩慢加溫至沸騰之時。亞洲人能接受大豆產品散發的強烈豆味，西方民眾就無法接受，食品科學家也開發出幾項技術，可以把豆味減至最低（見331頁下方資料欄）。烹煮豆類的香氣還明顯含有甜味，這得自內酯系、呋喃系物質和麥芽酚。

豆子有時會儲藏好幾年之後才流入超級市場，或用來製成調理食品。莢果經長期儲放，原有香氣會部分流失，還會累積腐敗氣味。

豆芽

豆芽最有名的用途是中國料理的食材。約1000年前，綠豆芽菜便已在中國南方備受歡迎，而北方則流行吃大豆芽菜。此外，亞洲和其他地區也會栽種其他豆類的豆芽來吃，從細小的紫花苜蓿籽乃至於碩大的蠶豆都有。廚師處理較大的豆芽時，有時還會把小根、初生葉片和厚實子葉全都去除，取食時就不會受到其他氣味的干擾，能純粹享用芽莖的細緻質地和風味。豆芽通常只稍為烹調或完全不加熱，這樣才能保持細緻的風味和柔嫩鮮脆的口感。

料理莢果

多數成熟莢果種子都含澱粉，必須加水烹煮以軟化子葉的細胞壁和澱粉粒。新鮮帶殼莢果已經成熟，不過仍含水分，加熱10~30分鐘很快就能煮軟。這種豆子比乾豆更甜。最常新鮮食用的莢果種子有豌豆、萊豆、蔓越莓豆

乾豆和芽豆的成分

莢豆種子	水	蛋白質	碳水化合物	油
菜豆	14	22	61	2
蠶豆	14	25	58	1
萊豆（皇帝豆）	14	20	64	2
綠豆	14	24	60	1
綠豆芽	90	4	7	0.2
大豆	10	37	34	18
大豆芽	86	6	6	1
小扁豆	14	25	60	1
鷹嘴豆	14	21	61	5
豌豆	14	24	60	1

和大豆（指毛豆，即新鮮的帶莢大豆）。

完整的乾燥豆子（含乾燥豌豆）有可能要1~2個小時才能煮軟，比乾燥雜穀更費時。部分原因是豆子尺寸較大，不過也由於豆子種皮會有效控制吸水，而細胞壁和澱粉都必須吸水才能軟化。剛開始，水分只能透過豆子凹陷處的細孔（種臍）滲入。冷水浸泡約30~60分鐘（熱水浸泡會更快），種皮便完全含水，體積也會膨大，此時水分便能透過種皮滲入豆內，不過速率依然有限。去殼莢果（去莢乾豌豆瓣和印度多種辣味豆類料理）能較快煮軟，還會碎裂成柔軟的豆糊。

煮液

豆子的燒煮時間和烹調後的品質都由煮液來決定。烹煮蔬菜時，若以大量滾水沸煮，蔬菜放入之後依然能保持高溫，如此便可以盡量減少維生素和色素受酵素破壞的程度。但是需長時間烹煮的莢果卻是另外一回事。烹調時加入的水越多，豆子流失的顏色、風味和養分便越多，稀釋程度也越高。因此，烹煮時水量只要能淹過豆子就可以了。還有，儘管豆子在沸騰溫度下可以更快煮軟，滾燙的沸水卻會損害種皮，使豆子碎裂；溫度較低（80~93°C）較慢煮軟，破壞程度卻也比較輕微。

煮液所含溶解物質，也會影響烹調時間和食品質地。若以鈣或鎂含量偏高的硬水烹煮，豆子的細胞壁還會進一步強化（56頁）。因此硬水可以延緩豆子軟化，甚至讓它無法完全變軟。酸性煮液可以減緩細胞壁半纖維素的分解速率，讓豆子較慢軟化，而鹼性煮液則作用相反。最後，許多廚師和食譜都說，在煮液中加鹽，可以防止豆子變軟。這的確可以降低豆子的吸水速率，然而豆子終究還是會吸飽水分然後軟化。還有，若用鹽水預先浸泡，豆子還會更快煮軟（見下文）。

讓豆子煮熟後維持原有質地

倘若能減緩豆子的軟化速率，豆子就算熬煮好幾小時也不怕碎裂，或即

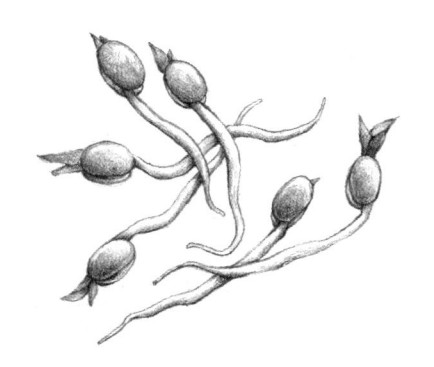

使重新加熱也能保持豆形完整。有三種物質能達到這個效果：酸性物質能安定細胞壁的半纖維素，延緩溶解速率；糖分利於強化細胞壁構造，讓澱粉粒較慢膨大；另外鈣質則能交叉連結、強化細胞壁果膠。因此，若需長時間熬煮或重新加熱，便可加入略呈酸性並富含糖分和鈣質的糖蜜，或是帶酸性的番茄等，如此便能保持豆粒構造，已烘烤好的豆子要再調理時，也可如此處理。

豆子先泡水能縮短烹煮時間

豆類適合以低溫爐緩慢、從容地烹煮，不過有時仍希望能快些煮軟。高海拔山地區域沸點較低，烹煮乾豆有時要花上一整天功夫。

要縮短豆子和豌豆的烹煮時間有幾種作法。最簡單的是在烹煮之前先浸在水中，這樣至少可以縮短1/4的烹煮時間，道理非常簡單。熱量傳入乾豆的速率高於滲水速率，倘若豆子從乾燥時便開始烹煮，那麼大半時間都會耗費在等待水分滲入豆心。同時，豆子燒煮時，外側受熱時間若是過長，有可能會變得太過脆弱。

浸泡時間視溫度而定　中型豆類入水浸泡，前兩小時的吸水量便超過總含水量之半，經過10~12小時便達高峰，約達豆子原始重量的2倍。若提高浸泡溫度，吸水作用也會加速進行；要是豆子先浸入沸水一分半鐘殺菁，接著只需浸泡冷水2~3小時，便可以完成吸水程序，這是由於殺菁讓負責調節水分進出的種皮快速完成水合作用。

鹽和小蘇打能加快烹調速率　浸泡時在水中添入各種鹽分，還可以進一步縮短烹調時間。鹽的濃度達到1%左右（每公升加10公克）即可大幅縮短烹煮時間，這是由於細胞壁果膠所含的鎂被鈉替換，使得果膠更容易溶解。小蘇打的濃度達0.5%左右（每公升水約1茶匙）便可縮減將近75%的烹調時間；小蘇打含鈉，還帶鹼性，這能加速細胞壁半纖維素分解。當然了，添加鹽分會影響豆子的滋味和質地，而帶鹼性的小蘇打則會使豆子產生不快的滑

印度的短期發酵豆類

儘管印度不像其他許多國家那麼喜愛發酵食物，他們卻發現了幾種作法，可以把莢豆和稻米粥轉變為略微膨發的煎餅和蒸糕。南印度有一種蒸糕idli，製作時把黑豆和稻米磨碎，混合調成濃稠米糊，接著擺放過夜靜置發酵。這時乳酸菌和若干酵母菌會攝食糖分，製造出酸性芳香化合物、二氧化碳氣體和黏稠的碳水化合物，增加米糊稠度，也利於捕捉氣泡。參與作用的乳酸菌也會出現在發酵乳和奶油，包括腸膜明串珠菌（*Leuconostoc mesenteroides*）、德氏乳桿菌（*Lactobacillus delbrueckii*）、乳酸乳桿菌（*Lactobacillus lactis*）以及糞鏈球菌（*Streptococcus*

溜感,而且有肥皂味。鹽分還會抑制豆中澱粉粒的膨大和凝膠作用,這樣一來,豆子內部就會變得粉粉的而少了濃滑感。

加壓烹煮　由於加壓烹煮溫度可達120°C,料理時間至少能縮減一半。經鹽水預浸的豆子,只需10分鐘便可煮軟。

久煮不爛的豆子

廚師煮豆時經常要面對的問題是,某一批乾豆軟化所需時間超乎尋常,甚至始終都煮不爛。這有可能是栽植生長條件所致,也有可能是收成後的儲藏環境使然。

生長在溼熱的環境中,供水又少,就會結出「硬籽」的豆子。外種皮的防水性能變得很高,於是水分滲入豆子內部所需時間便遠超出一般情況。硬籽豆子的粒形通常比普通豆子小,因此有時只需先挑出較小的豆子,就可以解決這個問題。

就另一方面,「硬是煮不爛」的豆子在收成的時候仍是正常的,然而經過長期儲放,在高溼度溫暖環境待了幾個月之後,就變得無法煮軟。這種抗軟特性,是因為豆子的細胞壁和內部構造出現幾種改變:形成帶有木質感的木質素、酚類化合物轉變為能和蛋白質交叉連結的鞣酸,還有儲存蛋白質變性,在澱粉粒周圍形成抗水層。這類改變無法逆轉,結果豆子便久煮不爛,沒辦法變得像普通豆子那麼軟。烹這種豆子無法在烹煮之前便挑出,不過下鍋之後,它們大致上會比普通豆子小,因此還是可以在上桌之前挑揀出來。

烘烤

儘管莢果多半泡在液體中烹煮,才能軟化澱粉和細胞壁,但仍有少數幾種可採乾式加熱烘乾,產生酥脆質地。花生是最常以烘烤加工的莢果,因為花生含油量類似堅果,子葉也比較柔嫩。其他還有幾種含油量低的豆類種子,也可以烘烤成類似堅果的食品,特別是大豆和鷹嘴豆,但這類豆子的子葉比較堅硬,因此必須先浸水再加熱烘烤。一開始在水分高的情況下

---

faecalis),而酵母菌則包括白地黴(*Geotrichum candidum*)和擬酵母屬(*Torulopsis*)的幾個種類。米糊揉好便加熱炊煮,蒸出風味細緻的海綿狀蒸糕。古吉拉特邦的蒸米糕dhokla作法相似,不過原料採用稻米和鷹嘴豆。南印度dosa是一大片像可麗餅的煎餅,不過質地酥脆,以米粉和黑豆粉揉成糊,發酵後擀成薄片煎成。印度、巴基斯坦的薄脆餅Papadums在西方盛行,這是當地印度餐廳的常見配菜,以黑豆調製成糊,靜置發酵幾個小時,切成圓形薄片乾燥備便;食用前油炸至起泡,產生一種細緻、酥脆質地。

高溫加熱，可以軟化子葉的細胞壁；接著繼續烘焙，讓水分蒸發大半，這樣就能烘出酥脆的質地，而且不會變硬。烘焙時可置於平底熱鍋或擺進烤箱，或者埋進熱砂拌炒（這是亞洲的作法，砂子先預熱至250~300°C）。舉例來說，印度把鷹嘴豆加熱至80°C左右，加水潤溼，靜置幾個小時，接著再埋進熱砂，讓豆子膨脹，隨後就可以把種皮搓掉。

幾種常見莢果的特性

蠶豆（Fava bean）

蠶豆（*Vicia faba*）是常見食用莢果中籽粒最大的一種，也是歐洲早年唯一認識的豆子，他們一直要到發現美洲大陸之後，才知道世界上還有其他豆類。蠶豆似乎是源自西亞或中亞，也是人類極早就栽種的植物。地中海一帶幾處遺址都有發現一些較大型的植栽，定年結果可以溯至公元前3000年。蠶豆有幾種尺寸，其中最大的似乎是公元500年左右在地中海區育成。目前中國是全球蠶豆最大生產國。

蠶豆具有一項罕見特色，就是種皮厚實堅硬，不論是帶肉質子葉的青綠種子或是質地堅硬的乾燥種子，種皮通常都得加工去除。浸入鹼水殺菁，可以讓種皮軟化鬆脫。埃及有一道很流行的燉蠶豆 *ful medames*，作法是把成熟蠶豆煮軟，添加鹽、檸檬汁、油和蒜來調味。成熟蠶豆也可以出芽採來煮湯。

蠶豆症　有些人先天遺傳缺少某種特定酵素，吃了蠶豆便會導引發嚴重的蠶豆症。患者多為地中海南岸和中東地區的孩童，或該地區移民的後代。他們一旦接觸到蠶豆籽粒或花粉中兩種和核酸相近的罕見成分（「蠶豆嘧啶葡萄糖苷」和「蠶豆脲咪葡萄糖苷」），身體就會將這類化學成分轉化為致病物質，導致紅血球受損，從而引發嚴重貧血，有時甚至會喪命。我們也發現，體內若缺乏這種酵素，可以抑制寄生於紅血球的瘧疾原蟲，因此在瘧疾還沒有藥醫之前，這或許還是個遺傳優點。

說文解字：豆子的英文和西班牙語文
Bean在英文泛指各種來自歐亞大陸、東亞和美洲的莢豆，但它最早卻專指蠶豆（fava bean）。Fava bean這兩個字源自印歐語字根 *bha-bha*。到了希臘和羅馬時代，地中海區已經認識非洲的黑眼豆，還為它起了個拉丁名 *Phaseolus*，後來這個名字演變成豆子的西班牙名 *frijol*，並成為新世界菜豆的學名。

鷹嘴豆（Chickpea）

鷹嘴豆原生於西南亞乾旱地區，也稱為小黎豆。鷹嘴豆和蠶豆、豌豆以及小扁豆，同樣都經人工培育達9000年左右。鷹嘴豆概分兩大類，一類稱為「德賽型」，另一類稱為「喀布里型」。德賽型比較接近野生鷹嘴豆，種子小、種皮厚實堅韌，還含有大量酚類化合物，因此顏色很深。德賽型是亞洲、伊朗、衣索比亞和墨西哥等國的主要栽植品種。喀布里型較常見於中東和地中海地區，籽粒較大、呈奶油色，種皮細薄輕盈。另外還有子葉色深綠的幾個品種。鷹嘴豆含有豐富油脂，在莢果類中數一數二，高達重量的5%；其他豆種含油量多半為1~2%。Chickpea出自其拉丁名 *cicer*，學名 *Cicer arietinum* 中，第二個單詞的意思是「類似公羊的」，意思是指種子外觀狀似公羊的頭，連彎曲的雙角都一應俱全。鷹嘴豆的西班牙文 *garbanzo* 衍生自其希臘文。如今，這種莢果已經是中東和印度料理的常用配料，鷹嘴豆醬流行於地中海東部地區，將鷹嘴豆搗泥後加入蒜、紅椒和檸檬調味而成；義大利部分地區也會將鷹嘴豆磨粉來烘焙無酵餅。鷹嘴豆是印度最重要的莢果類食材，他們把鷹嘴豆去殼、對半分開，製成「半邊鷹嘴豆」*chana dal*，還磨粉製成薄脆餅 *papadums*、油炸麵糰 *pakoras* 和其他油炸食品，也拿來沸煮、烘烤，或是吃鷹嘴豆芽。

菜豆、萊豆和寬葉菜豆

菜豆、萊豆和寬葉菜豆都是中美洲菜豆屬（*Phaseolus*，約含30種）的重要栽植品種。

菜豆（Common bean）　這是菜豆屬最重要的品種。菜豆的祖先原生於墨西哥西南方，迄今菜豆消耗量最大的地區依然是拉丁美洲。菜豆最早約在7000年前便由人工培育，隨後便向南、北方同時逐步擴散，約2000年前傳抵南、北美大陸地區，到了大航海時代更傳進歐洲。菜豆已經演變出好幾百個品種，籽粒大小不一，光亮程度不等，還具有不同外觀、種皮顏色、圖案和風味。大籽粒品種多半源自安地斯山區，含腎豆、蔓越莓豆、大紅豆（也就是花豆）和大白豆，後來才在美國東南方、歐洲和非洲安頓下來；籽粒較小

的中美洲品種,則多於美國西南方栽植,有黑白斑豆、黑豆、紅小豆(也就是紅豆)和小白豆。美國有超過12種商用類別,分別以顏色和大小來區分。豆子的烹調方式很多:直接沸煮、燉豆子、煮豆湯、搗成豆糊,或是製成糕餅、調製甜點。

爆豆食品　菜豆有個很特別的品種nuña,或稱為爆豆,在安地斯山高地歷經好幾千年栽培。以高溫乾式加熱,只需3~4分鐘豆子就會爆開,這在燃料貧瘠的山區是一項很大的優點。這種豆子也很適合用微波爐來處理。爆豆爆開之後依然相當緻密,膨脹程度完全比不上爆玉米花,而且呈粉狀質地,帶有堅果風味。

萊豆(Lima Bean)　祕魯食用菜豆的歷史不如籽粒較大的萊豆那麼久遠。萊豆是中美洲原生種類,俗名得自祕魯首都利馬(Lima),人工培植的年代略晚於菜豆。這兩種豆子都由西班牙探險家從南美洲帶到歐洲。萊豆經由奴隸貿易引進非洲,如今已是非洲大陸熱帶地區的主要莢果作物。野生萊豆和幾個熱帶品種的防禦系統會生成氰化物,劑量之大足以中毒,必須徹底烹煮才安全(常見市售品種都不含氰)。萊豆可新鮮食用,也可製成乾豆。

寬葉菜豆(Tepary Bean)　寬葉菜豆是美國西南方原生的小籽褐色菜豆,極能耐受高熱和極度缺水環境。寬葉菜豆的蛋白質、鐵、鈣和纖維含量都特別豐富,還帶有一種特殊的甜味,令人聯想起楓糖漿或糖蜜。

小扁豆(Lentil)

小扁豆或許是最早經人工培育的莢果植物,和小麥、大麥同時開始栽植,也常與這兩類禾本植物一起生長。小扁豆原生於西南亞乾旱地區,向外傳遍歐亞兩洲,如今已經是歐亞各地常見的食品。小扁豆多半在印度和土耳其生產,第三名的加拿大產量遠遠落後。英文的lens衍生自小扁豆的拉丁名 *lens*,指的是狀如小扁豆的雙凸透鏡(該字出現的年代可追溯至17世紀)。小

扁豆的抗營養因子很少,而且很快就能煮熟。

小扁豆概分為2種:大籽粒的扁形品種,直徑5毫米以上;以及較圓的小籽粒品種。大籽粒品種栽植較廣,而質地比較細緻的小籽粒品種(包括大受好評的法國du Puy青扁豆、黑鱒豆,以及西班牙pardina青扁豆)。小扁豆的種皮依品種分呈褐、紅、黑和綠色;多數子葉都呈黃色,不過也有紅色或綠色的。小扁豆的綠色種皮隨時間轉呈褐色,烹煮時也會變色,這是由於酚類化合物集結成大型帶色素的複合分子所致(43頁)。由於籽粒扁平,種皮也很薄,水分只需從兩側各滲入1~2毫米,因此小扁豆的軟化速率遠高於多數豆子和豌豆,最久一個小時就能煮軟。

小扁豆傳統料理有印度的 *masoor dal* 豆粥,作法是將紅扁豆(全豆或去殼半邊豆)熬煮成豆粥,還有中東地區的 *koshary*(或稱為 *mujaddharah*),採小扁豆全豆和稻米混合烹調而成。

豌豆、黑眼豆和木豆

豌豆(Pea) 豌豆的栽培歷史已達9000年左右,很早就從中東傳至地中海區、印度和中國。豌豆是寒冷氣候型莢果,生長季節依地區有別,在地中海區為潮溼冬季,在溫帶國家則為春季。豌豆是中世紀和近代歐洲的重要蛋白質來源,有一首歐洲古老童謠就說得很清楚:「豌豆粥吃熱的,豌豆粥吃冷的,豌豆粥在鍋裡,整整吃九天。」如今豌豆有兩個主要培育品種:一是含澱粉、種皮平滑的品種,用來生產乾豌豆和半邊豌豆;另一種是皺皮的高糖分豌豆,通常在未成熟時收成,作為青菜食用。豌豆的乾燥子葉含有若干青綠色葉綠素,在莢果類中獨樹一幟;這類豌豆的特有風味來自「甲氧基異丁氧基吡嗪」(與青椒的芳香化合物相近)。

黑眼豆(Black-eyed Pea) 所謂的黑眼豆,實際上是綠豆的非洲近親,並不屬於豌豆家族。希臘人和羅馬人早都認識綠豆,而黑眼豆則是隨奴隸貿易傳進美國南方。黑眼豆的種臍周邊部位有花青素沉積,形狀類似眼睛,散

發一種特殊香氣。黑眼豆有個變種，稱為豇豆，豆莢非常長，種子則很小，這是中國常見的青菜（130頁）。

木豆（Pigeon Pea） 木豆是菜豆的遠親，又稱為鴿豆，原生於印度，如今已經遍布熱帶地區。木豆的印度名是 toor dal，由於多種木豆的堅韌種皮都呈紅褐色，因此也稱為印度紅豆，不過木豆多半去殼並對分，子葉則是黃色的。木豆已經栽培2000年左右，可用來煮粥。就像其他豇豆類，木豆也含微量抗營養因子。

綠豆、黑豆和紅豆

豇豆　豇豆屬（Vigna）莢果原生於歐洲大陸，含幾種小籽型「印度豇豆」，還有產自亞洲、非洲的其他幾種豆子。豇豆多數種類都有籽粒小、烹煮迅速的優點，而且抗營養因子和引發不適的化合物含量，也都微乎其微。綠豆是印度原生種，很早就傳入中國，並因綠豆芽菜而廣受歡迎，如今已經成為豇豆當中栽植最廣的品種。黑豆是印度最受喜愛的莢果，該地栽植黑豆已達5000多年，可採全豆、半邊和去殼等吃法，還可用來磨粉烘焙糕點麵包。
　米豆的主要食用地區是泰國和中南半島其他地區。非洲班巴拉（bambara）落花生和花生很像，同樣長在地下，也都含油，不過含油量遠不如花生那樣豐富。西非會吃其生豆，也會製成罐頭、沸煮、烘烤、煮粥或烘焙成糕點。

紅豆　紅豆又稱紅小豆、赤豆，採自豇豆屬的東亞種紅豆（Vigna angularis），籽形約為8×5×5毫米，最常見品種呈深褐紫紅色，因此是很受歡迎的慶典食材。紅豆至少在3000年前就已經在韓國和中國栽培，隨後傳往日本；如今紅豆在韓、日兩國，是僅次於大豆的第二重要莢果。紅豆是很受喜愛的出芽種子，也可製成蜜餞，或者糖漬作為點心的裝飾。日本的紅豆作物大半製成豆沙，這是種甜豆糊，紅豆沸煮兩次後碾磨揉捏成團，再添加等量糖分調成。

羽扇豆

羽扇豆又稱山黎豆，義大利名 *lupini*，採自羽扇豆屬（*Lupinus*）幾種植物，包括白花羽扇豆（*L. albus*）、狹葉羽扇豆（*L. angustifolius*）和黃花羽扇豆（*L. luteus*）。羽扇豆籽的特點在於不含澱粉，成分包括蛋白質（30~40%）、油（5~10%），還有難以消化的可溶性碳水化合物（可溶性纖維，28頁），比例高達50%。儘管羽扇豆的某些品種是不需特別加工的「甜味」類型，但還有許多品種卻都帶有苦味，還含有毒性生物鹼，因此必須浸水數日才能溶除這些物質。浸好之後便可下鍋煮軟，然後浸漬在油中上桌，也可以燒烤或鹽漬。美洲有一種南美五彩羽扇豆（*L. mutabilis*），栽植在安地斯山區，乾燥後蛋白質含量接近重量的50%。

大豆和大豆製品

最後介紹最具多樣化用途的莢果。大豆3000多年前便在中國北方栽植，最後成為亞洲大半地區的主要糧食之一，或許是隨著佛教素食主張同步散播，而這項教義也大大助長大豆的聲勢。19世紀晚期之前，西方幾乎完全不曾聽過大豆，如今，美國卻生產、供應全世界半數大豆，中國還次於巴西和阿根廷，只屈居第四。然而，美國生產的大豆多半不給人吃，而是作為牲口飼料，其餘也大半經過加工，製成烹飪油和各式各樣的工業原料。

大豆有幾項了不起的優點，也有一些缺點，也因此演變出形形色色的製品。大豆的營養特別豐富，蛋白質含量是其他莢果的2倍，而且胺基酸的比例十分理想，又含有豐富的油脂，以及其他微量成分，這些對我們長期的健康都大有好處（319頁）。不過，大豆也有十分令人不快的特質。大豆含有大量抗營養因子，以及會讓人體腸道產生氣體的寡糖和纖維。若以一般作法沸煮，大豆會發出強烈的豆味。若大豆跟其他豆類一樣以全豆下鍋烹煮，也煮不出乳脂狀質地；這是由於大豆的澱粉含量微乎其微，熟豆仍然保有若干結實質地。華人等其他民族有兩種辦法，可以讓大豆變得比較可口：一是萃取蛋白質和油質製成乳漿，接著便濃縮製成乳酪狀凝乳；這個過程還能促進微

大豆的豆味

大豆簡單燒煮就會發出強烈香氣，這來自大豆的兩種特質：具有高含量多元不飽和脂肪（這是特具抗氧化價值的成分），以及有能分解油脂的高活性酵素。當大豆細胞受損，內容物質相混，酵素就會結合氧氣，將油脂的含碳長鏈分解成長度為5、6和8顆碳原子的碎片。這些碎片帶有種種香氣，類似禾草、油漆、硬紙板和酸敗脂肪的氣味，還會彼此混合，構成所謂的「豆味」。大豆還會產生若干苦味和澀味，這或許是由於儲存脂肪酸或大豆異黃酮素游離釋出所致（302頁）。要讓豆味減至最淡，訣竅就在迅速去除豆子所含酵素的活性，不讓它們有機會侵襲油脂。大豆泡水可以加速烹煮，泡好之後便添水蓋過豆子，可採沸煮或加壓蒸煮。

生物滋長，消耗掉引人不快的物質，產生誘人的風味。最後成品便是豆腐和豆皮；還有醬油、味噌、丹貝（譯注：印尼的大豆發酵食品）和納豆。

新鮮大豆

另有一種讓大豆更可口的作法，是趁豆子尚未完全成熟便採摘取食，這時滋味比較甜，產氣比較少，抗營養物質含量也比較低，而且豆味較不明顯。新鮮大豆在日本稱「枝豆」，也就是華人所稱的「毛豆」，這是個特化大豆品種，專在成熟度達80%時採收，此時豆子是綠色的，味道依然很甜、很鮮脆，採下之後以鹽水沸煮幾分鐘即成。青綠的大豆蛋白質約占15%，油脂則占10%。

豆漿

傳統豆漿製法是把大豆泡軟後磨碎，接著或先濾除豆渣並煮成豆漿（中國作法），或者先烹煮豆泥之後再濾除豆渣（日本作法）。最後成品具有強烈大豆味。現代的作法能抑止酵素作用，將大豆風味減至最輕，方法是浸泡乾豆（浸泡65°C熱水1小時，讓大豆吸收與本身等重水分，這種作法並不會嚴重損傷細胞），接著就迅速加熱到80~100°C，隨後才取出磨碾，或者就浸泡在同樣溫度範圍的熱水中，以預熱的研磨機加工處理。

豆漿在西方已經成為替代牛乳的流行飲品，蛋白質和脂肪含量都約略相仿，但是含較少飽和脂肪（豆漿必須強化鈣質含量才能成為優質營養替代品）。不過，豆漿很稀薄，沒什麼口感，滋味清淡，用途也不是非常廣泛。華人發現兩種作法，讓豆漿更引人垂涎（也藉此去除產氣寡糖）：讓豆漿表面凝固，做成豆皮或凝結成凝乳。

豆皮

動物乳汁或種子乳漿下鍋後開蓋加熱，表面就會結成一層凝固蛋白質。這是由於液體表層累積高熱，蛋白質受熱張開後彼此糾結，接著又接觸到

室內乾燥空氣導致水分流失。豆皮乾燥之後，連結程度會更緊密，構成一種很細薄卻又相當牢固的蛋白層，裡面含有油滴，帶來一種軟韌又富嚼勁的纖維質地。

這種凝結表層通常令人不快，然而，有些文化卻懂得善用這種凝乳，把它轉變為菜餚。印度人就是這樣處理牛乳，另外，幾個世紀以來，華人也一直利用豆漿來製造豆皮，日本人則稱之為油皮。把豆皮層層相疊，製出各式各樣的甜甘鮮味食品，還塑造出種種不同外觀，有花、魚、鳥甚至豬頭等造型。剛凝成的豆皮十分軟嫩，滋味很美，有些日本餐廳會預備小鍋豆漿，上桌加熱後形成豆皮，由食客當場取食，接著再加入一撮食鹽，讓殘餘豆漿凝結成柔軟的豆腐。

豆腐

豆腐是凝固的豆漿，由蛋白質和油脂構成，溶解的蛋白質加鹽便會凝結，其蛋白成分和外被蛋白質的油滴結合，產生這種濃縮團塊。豆腐是中國約2000年前發明的，公元500年已經廣為人知，約從1300年開始，豆腐已成為日常食品。中式豆腐傳統上均以硫酸鈣（石膏）點鹵凝結，日本人和中國沿岸地帶則採用「鹵水」（*nigari*），鹵水是海鹽（氯化鈉）結晶後殘留的鎂鹽和鈣鹽混合產物。

製作豆腐　製作豆腐需先製備鹵水，以鈣鹽或鎂鹽溶入少量水中，待豆漿煮好，冷卻至78°C左右，接著就可以點鹵凝成豆腐。凝結費時8~30分鐘。當豆漿結出雲霧狀細緻豆腐，便用杓子舀掉殘餘「乳清」，或把豆腐攪碎，釋出水分瀝乾。瀝好之後，趁熱施壓15~25分鐘，這時的溫度相當高，可達70°C，這樣就能製成含水約85%、蛋白質8%、油脂4%的黏稠團塊。商業製程把豆腐切成小塊，封進含水式包裝，然後採巴氏殺菌法整包浸入熱水處理。

嫩豆腐或絹絲豆腐的質地柔軟，就像卡士達，製作時先把豆漿封裝之後才進行凝結，這樣就可以產生含水量高、質地細嫩的完整豆腐。

古代文獻中的豆腐

西班牙多明我會士閔明我（Domingo Navarrete）在17世紀寫了一篇文章，成為歐洲最早描述豆腐的文獻之一。他稱豆腐是：

> 最有用、最常見又最便宜的食物，在全中國隨處可見，而且帝國上下，從皇帝到最卑微的人民，所有人都吃；對皇帝和大人物來講，那是種珍饈，而對平民則是生活必需品。那種東西稱為豆腐，也就是腎豆磨的泥。我不明白他們是怎樣製造的。他們從豆子提煉豆漿，攪拌成像乳酪的大團凝塊，就像大型篩網那麼大，厚達五、六指許。整團凝塊都白得像雪，沒有比這更細緻的東西了……單獨嚐起來很清淡，不過就像我說的，調味後卻非常好吃，用奶油來油炸也相當出色。

凍豆腐　豆腐是少數能藉冷凍來改變用途的食品之一。冷凍時，凝結的蛋白質進一步濃縮，固態冰晶在蛋白質網絡中構成空穴。凍豆腐解凍之後，內含的液態水就從海綿狀韌化網絡流出，豆腐受壓時流出更多。這種海綿狀構造很容易吸收液體來調味，質地也比較軟韌，更富嚼勁。

發酵豆腐　發酵豆腐（豆腐乳）是豆腐經黴菌發酵製成的食品，所用菌種包括放射毛黴屬（Actinomucor）和毛黴屬（Mucor），豆腐乳相當於中式和素食版本的黴菌熟成乳酪。

發酵大豆製品：醬油、味噌、丹貝和納豆

　　味噌和醬油都是採大豆長期發酵製成的食品，具有濃郁美妙的獨特風味，引人食指大動。這種風味出自微生物之手，豆類蛋白和其他成分經微生物分解，化為美味物質，接著還彼此作用，增添多層次繁複風味。丹貝和納豆都是稍微發酵的大豆製品，兩者都具有種種罕見特質。

兩階段發酵法　亞洲式黴菌發酵法，通常含兩個不同階段。第一階段是把麴菌屬黴菌的青綠休眠芽孢混入煮熟的穀子或大豆，接著便保溫、保溼，並保持良好通風。芽孢出芽長出的一團菌絲會產生消化酵素，用來分解食物，以製造能量和基本建材。第二階段約在2天之後開始，酵素作用就在這時達到顛峰。這種以食物、菌絲相混而成的原料，在中國、日本都稱為「麴」，所有材料都浸沒在鹽滷中，而且往往還會添入更多煮熟的大豆。黴菌在鹵水中因缺氧而死，留下的酵素卻繼續作用。同時，有些能適應缺氧環境的微生物便能在鹵水中滋長，這群耐鹽性乳酸菌和酵母菌會消耗掉部分基礎建材，並為混合原料帶來本身特有的風味副產品。

味噌和醬油的起源　古中國最早以鹽水浸漬發酵的食材是肉塊或魚肉。公元前2世紀左右，便改用整顆大豆來浸漬。到了公元200年左右，豆瓣醬已經成為主要的調味料，並一直延用至公元1600年左右，醬油才取而代之。

中國的豆瓣醬和醬油

中式料理使用的調味醬汁或調味料，有幾種都是黴菌發酵的大豆製品變化而來。這類製品各有不同名稱，不過類稱為「醬」。這裡列出其中幾種：
- 豆豉醬，以醬油釀造過程的剩渣製成，可用來調製甘鮮醬料。
- 豆瓣醬，基本上就是粒狀味噌，由大麥、小麥和大豆製成，可用來調製甘鮮醬料。
- 海鮮醬，以醬油釀造過程的剩渣製成，可混入小麥麵粉、糖、醋和胡椒，調成北京烤鴨和木樨肉蘸醬。
- 甜麵醬，質地柔順的褐色醬料，取小麥粉和成麵糰，揉成小團或**擀**成薄皮蒸熟，讓麴黴發酵後浸漬鹽水；可做北京烤鴨蘸醬的底料。

醬油剛開始是調製豆瓣醬時殘留的漿汁（稱為「豆醬清」），後來卻比豆瓣醬更受歡迎，因此中國自公元1000年起便開始專門製造豆醬清。

發酵豆瓣醬和醬油都是由和尚攜往日本，約公元700年，日本出現「味噌」，指的是日本特有的豆瓣醬。製作過程需採用穀物釀製的「麴」，即為醬料帶來甜味、酒精和更細緻的芳香成分，並能產生柔細的質地。15世紀之前，日本所用醬油只是味噌釀造過程的過剩液體，稱為「玉溜」，等到味噌釀好，便用杓子舀出這種殘液。到了17世紀，確立了現今醬油標準製程，釀造原料為烘烤過的碎麥和碎大豆，自此所得成品才首度冠上「醬油」。17世紀醬油第一次在西方國家餐桌上現身時，還是昂貴稀奇的舶來品。

味噌

味噌可以當湯底，也可以作為許多菜餚的調味料和滷汁配方，還可以用來醃漬醬菜。味噌可變化出數十種口味。

釀造味噌需先烹煮穀子或莢果（通常都是稻米，偶爾採用大麥或大豆），煮好擺進淺盤讓麴母酵數日以產生酵素。接著取大豆碾碎煮熟，把製好的麴混入，加鹽（5~15%）並添入一份先前釀造的味噌（以提供細菌和酵母）。依傳統味噌製法，原料調好之後要裝桶發酵，擺放30~38°C溫暖場所，經數月至數年達香醇為止。多種乳酸菌（含乳酸桿菌和小球菌）和耐鹽性酵母（含結合酵母菌和球擬酵母菌）都能分解種子所含蛋白質、碳水化合物和油脂，生成大批風味分子和風味前驅物。這種褐變反應能帶來更具層次的風味和色澤。

採古法釀成的味噌具有濃郁、鮮美的複合風味，以香甜和烘烤的氣味為主，有時還帶有鳳梨等水果的酯類香氣。現代工業製程大幅縮短發酵、熟化作業，由數月減至數週，還會添加各種色素，來補償速成釀法欠缺的風味和色澤。

醬油

如今醬油有多種不同製法。大體而言，傳統醬油的風味要視大豆和小麥

味噌湯的歡樂物理學

味噌湯是日本最常見料理之一，典型配料含豆腐丁和一種清湯，稱為「出汁」（138頁）。日本許多食品都是既可口又美觀，味噌湯也是如此。當湯煮好倒入碗中，味噌顆粒四散分布，化為一片均勻薄霧。若是靜置幾分鐘，味噌粒子便在碗內中央凝聚成片片雲團，還會慢慢改變形狀。這些雲團的分布表現出熱對流的軌跡，湯汁水柱代表熱能自碗底上升，抵達表面之後水氣蒸發、溫度下降，密度便會提高，於是湯汁又會下降；接著再次受熱，湯汁密度降低，又再度升起，一直循環下去。一碗味噌湯端上桌，便是重演夏日天空柱狀雷雨雲頂的生成過程。

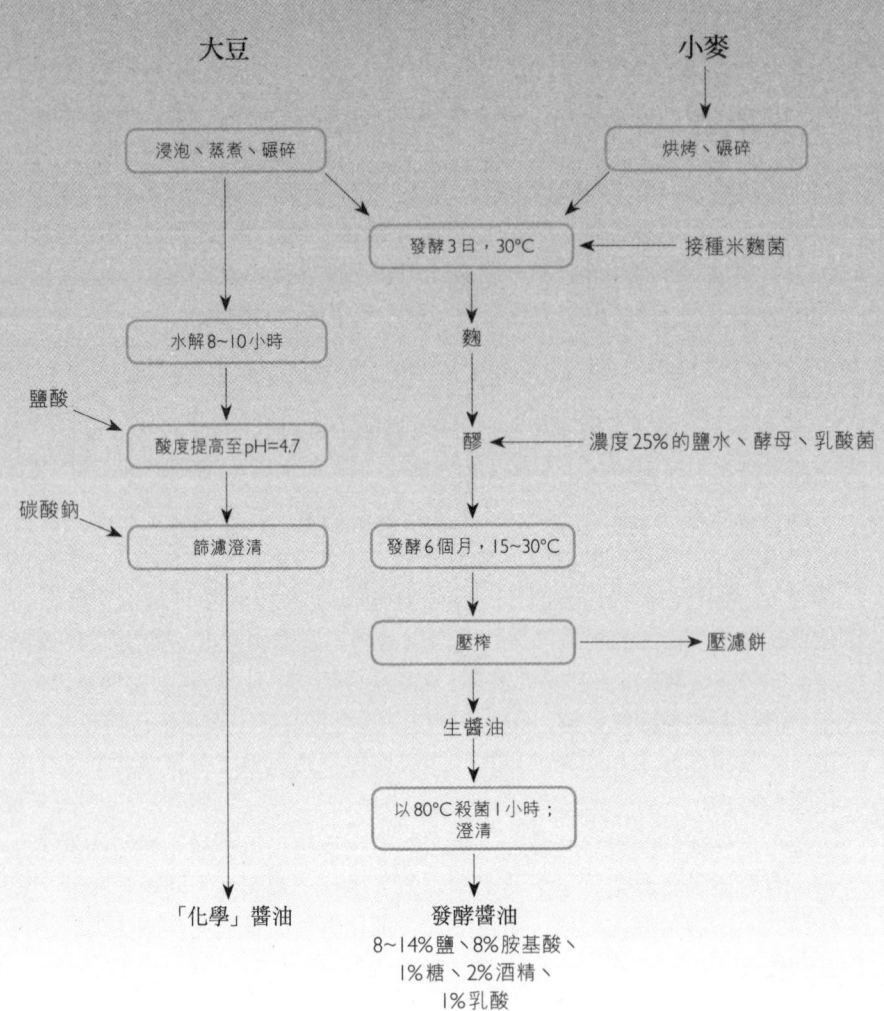

日本醬油製作工法

```
    大豆                              小麥
     │                                 │
     ▼                                 ▼
 浸泡、蒸煮、碾碎                  烘烤、碾碎
     │                                 │
     └──────────┐         ┌────────────┘
                ▼         ▼
            發酵 3 日，30°C  ◄──── 接種米麴菌
                   │
                   ▼
                  麴
     ┌──────────┐
     ▼          │
 水解 8~10 小時   │
     │          ▼
鹽酸 │         醪 ◄──── 濃度 25% 的鹽水、酵母、乳酸菌
  ↘ ▼          │
 酸度提高至 pH=4.7 │
     │          ▼
碳酸鈉        發酵 6 個月，15~30°C
  ↘ ▼          │
  篩濾澄清      ▼
     │         壓榨 ────► 壓濾餅
     │          │
     │          ▼
     │        生醬油
     │          │
     │          ▼
     │     以 80°C 殺菌 1 小時；
     │           澄清
     │          │
     ▼          ▼
 「化學」醬油    發酵醬油
              8~14% 鹽、8% 胺基酸、
              1% 糖、2% 酒精、
              1% 乳酸
```

日本醬油製作工法
發酵工法比較繁複、費時，但產出的釀造醬油風味濃郁，遠遠凌駕化學快速合成的「配製醬油」。

的相對比例而定。中國醬油大多以大豆為主要原料，或者全由大豆製成，日本的玉溜也是如此。日本醬油通常都以比例均衡的大豆和小麥混合釀造，小麥含有澱粉，發酵產生其特有甜味和較高酒精含量，也帶來更多酒精衍生的芳香成分。白露醬油色淺味淡，小麥原料比例高於大豆。

日本醬油 西方市售醬油多半為日本製造或日式製品，其釀造方式總結列於左頁下方。麴菌在一開始短暫發酵期間產生酵素，之後就可以用來分解原料，把小麥澱粉化為糖分，小麥和大豆蛋白質則化為胺基酸，還把種子所含各種油脂化為脂肪酸。隨後在歷時較長的主要發酵階段，這些酵素便會發揮作用：酵母生成酒精並產生各種滋味，還有種種芳香化合物；細菌則生成乳酸、醋酸和其他酸類，還醞釀了另一種香氣。過了一段時間，這形形色色的酵素和微生物產物還會相互反應，糖分和胺基酸形成帶烘烤氣味的吡嗪，而酸質和酒精則結合構成果香酯質。以高溫巴氏殺菌處理，還會助長胺基酸與糖分的褐變反應，從而發展出另一個風味層次。結果便釀出一種氣味香醇，帶有鹹、酸、甜味的甘醇醬汁（這種鮮味得自高濃度胺基酸，特別是麩胺酸）。醬油所含香氣分子極多，已確認的有好幾百種，比較重要的有帶烘烤味的呋喃酮和吡嗪類化合物、帶甜味的馬爾托環醇，還有好幾種帶肉味的硫化物。總之，醬油是令人垂涎的瓊漿玉液，還能為其他食品增色，用途廣泛。

玉溜 玉溜是最接近中國原始特色的日本醬油：釀造時只添加微量小麥或完全不用，因此酒精含量很低，衍生的果香酯質也很少，然而，由於大豆胺基酸含量較高，玉溜的顏色比較深濃，風味也更為濃郁。如今，釀造玉溜時偶爾也添加酒精作為安定劑，所得香氣更接近最早的醬油。還有一種醬油的滋味比純正玉溜更為濃烈，這種經二度發酵的醬油稱為再製醬油（又稱甘露醬油），釀造過程不添鹽水來補充醪漿，而是採用先前釀成的醬油。

「化學」醬油 日本在1920年代率先採用經化學改造的大豆蛋白（植物蛋白

最早的番茄醬

亞洲各地以各種發酵作法，釀造出各式各樣的豆瓣醬和醬油。其中有一種是印尼醬油，印尼語 kecap（譯注：意思是「發酵醬油」，泛指普通醬油），這個字後來演變成 ketchup，指的是西方的酸甜番茄調味醬。印尼醬油以大豆為原料，烹煮後讓麴菌滋長1週左右，發霉團塊添加鹽水，再發酵2~20週，接著便沸煮4~5個小時，濾除豆渣即成。印尼醬油還有分帶鹹味的「鹹醬油」，以及帶甜味的「甜醬油」。釀造甜醬油需在大豆發酵完成時添入椰糖，還加入多種香料來調味，包括高良薑、泰國青檸、小茴香、芫荽和蒜，最後沸煮即成。

水解物質）來製造醬油，從此工業製造廠便開始生產不發酵的醬油製品。如今這種醬油採脫脂大豆粉粒（製造大豆油所得殘渣）為原料，並藉由水解作用以濃鹽酸分解為胺基酸和糖。接著在這種腐蝕性混合料中添入鹼性碳酸鈉來中和酸性，還以玉米糖漿、焦糖、水和鹽來調味並增色。這種速成的「化學」醬油和傳統慢速發酵的釀造醬油特性大為不同，因此通常還得混入些許純正發酵醬油來提增美味。

為保證你買到的醬油是正牌純釀造，請仔細閱讀食品標籤，別買含有調味添加劑和色素的製品。

丹貝

丹貝是印尼發明的發酵製品，不過製法和味噌、醬油不同，它不是加鹽防腐的調味料，而是不加鹽、經快速發酵、很容易腐敗的重要食材。丹貝先以整顆大豆加熱烹煮，交疊鋪成薄層，靜置在30~33°C的溫度中，以寡孢根黴菌（*Rhizopus oligosporus*）或米根黴菌（*Rhizopus oryzae*）發酵24小時。黴菌滋長並生成線狀菌絲，菌絲透入豆中，把豆粒連結在一起，還消化大量蛋白質和油質，分解為帶風味的碎片。新釀丹貝的香氣兼具酵母味和蘑菇味；切片油煎之時，會發出一種極似肉味的堅果氣味。

納豆

日本人製作納豆至少已有1000年，其特點是鹼性極強（胺基酸分解為氨鹼所致），另外還會生成黏膩滑溜的黏質，用筷尖蘸取抽絲，可以拉到一公尺長！納豆就像丹貝一樣，不加鹽，成品也很容易腐敗。納豆以全豆烹煮，在40°C左右的環境中以納豆枯草桿菌（*Bacillus subtilis natto*，俗稱納豆菌）發酵20小時。有些細菌酵素能把蛋白質分解為胺基酸，並把寡糖分解為單醣，還有些則能生成多種芳香化合物（帶奶油味的雙乙醯、多種揮發性酸質、帶

傳統大豆製品

食材	名稱	製作方式	性質
豆醬、味噌	豆醬；味噌	豆類加穀子，以黴菌、細菌和酵母發酵	濃郁、甘鮮、鹹，偶帶甜味，多種料理調味料
醬油	醬油；印尼甜醬油	豆類加小麥，以黴菌、細菌和酵母發酵	濃郁、甘鮮、鹹，多種料理調味料
黑豆、素雞塊	豆豉；哈馬納豆	豆類加小麥麵粉，以黴菌發酵	甘鮮、鹹，做葷素料理配料
發酵豆腐	豆腐乳	豆腐以黴菌發酵	似乳酪；做各式菜餚調味佐料
納豆	納豆	豆類以特殊細菌發酵	軟嫩、與眾不同、黏；搭配米飯或麵條
丹貝	天培、天貝；丹貝	脫殼豆粒以特殊黴菌發酵	結實豆餅，略帶堅果味和蘑菇味；主成分通常以油炸製成

堅果味的吡嗪），還有麩胺酸長鏈成分和具有長形支鏈的蔗糖，納豆的黏絲就是得自這種成分。納豆可以搭配米飯或麵條食用，也可以拌沙拉、煮湯，或是和蔬菜一起烹煮。

堅果和其他高油脂種子

Nut（堅果）最早用來指具堅硬外殼的可食種子，如今這個名稱依然通用。後來經植物學家修訂，nut專指單一種子的果實，果皮乾燥、堅韌，不具帶水分的果肉。依照這個嚴謹定義，常見堅果當中，只有櫟子、榛果、山毛櫸果實和栗子才夠格稱為真正的堅果。先不管細部構造為何，所謂的堅果，其實和穀子、莢果有三項重要差別：堅果通常較大、含油量比較豐富，而且幾乎不需料理便可食用，而且營養豐富。基於這些特質，堅果成為史前時代的重要營養來源。如今，堅果則以獨特濃郁的風味備受青睞。

胡桃、榛果、栗子和松子在歐洲和美洲都具特有品種，這是因為堅果的喬木歷史十分悠久，遠比其他食用植物更早出現，可以追溯到北美洲和歐洲依然相連的時代（兩塊大陸約6000萬年前才分離）。過去幾個世紀，人類已經把他們喜愛的堅果種類傳遍各處，如今全球氣候合宜的地區，幾乎都見得到它們的蹤跡。美國加州已成為西南亞杏仁、胡桃的最大產地，南美洲花生栽植遍布亞熱帶地區，亞洲椰子則已經傳遍熱帶地區。

堅果的構造和特質

多數堅果之大半體積都屬胚胎的膨大儲葉（子葉），不過椰子和松子卻大半為胚乳團塊，而巴西栗則是一株膨脹的胚莖。堅果和穀子、莢果還有一點不同，乾燥堅果的營養含量高又很好吃，質地略帶酥脆，稍微烘烤便會轉呈褐色。堅果的細胞壁很脆弱，質地柔嫩，而且澱粉含量很低，不會粉粉的，潤澤的油脂令人滿口生津。

堅果有一項重要的特徵，種皮黏附於種仁，構成一層很厚的護殼。栗子的表皮又厚又堅韌，榛果的表皮酥脆狀似紙張。堅果的表皮通常都呈紅褐

| 栗子
帶殼，種皮堅韌，黏附於種仁。

色，嚐起來很澀。這兩項特質都得自鞣酸和其他酚類化合物，其含量最高可占表皮乾重之1/4。其中有多種酚類化合物都是高效能抗氧化物，具有營養價值。然而，由於這些成分帶有澀味，還會使其他食材變色（胡桃表皮會讓麵包轉呈紫灰色），廚師取用堅果時，通常會去除種皮。

堅果的營養價值

堅果的營養非常豐富。堅果的含脂量緊接在純脂肪和純油脂之後，平均每100公克約含600大卡；相較之下，肥牛肉平均約含200大卡，乾燥澱粉質穀類則為350大卡。堅果的含油比例可達50%以上，蛋白質為10~25%，而且還是其他多項營養素的優良來源，包括纖維、幾種維生素和礦物質。這群維生素當中，具有抗氧化效果的維生素E特別顯著，這在榛果和杏仁中含量特別豐富。此外還有葉酸，這被視為維護心血管健康的重要成分。堅果油的成分多半以單元不飽和脂肪酸為主，而且多元不飽和脂肪酸的含量也高於飽和脂肪酸（不過有幾項例外，椰肉的飽和脂肪酸含量很高，而胡桃和美洲山核桃所含脂肪則大半都屬多元不飽和脂肪酸）。堅果的種皮還含有豐富的酚類抗氧化物質。綜合這種種特色（優異的脂肪比例、豐富的抗氧化物和葉酸），或許便可說明，為什麼流行病學研究屢屢發現，攝取堅果和降低心臟病風險有連帶關係。

常見堅果和種子所含成分

下表是堅果和種子所含主要成分，數值代表各成分占可食部位之重量比例。市面上的栗子和椰子通常都是生鮮產品，因此含水量較高。

堅果或種子	水	蛋白質	油	碳水化合物
杏仁	5	19	54	20
巴西栗	5	14	67	11
腰果	5	17	46	29
栗子	52	3	2	42
椰子（肉）	51	4	35	9
亞麻仁	9	20	34	36
榛果	6	13	62	17
澳洲堅果	3	8	72	15
花生	6	26	48	19
美洲山核桃	5	8	68	18
松子	6	31	47	12
阿月渾子（開心果）	5	20	54	19
罌粟子	7	18	45	24
芝麻	5	18	50	24
葵花籽	5	24	47	20
黑胡桃	3	21	59	15
英國胡桃	4	15	64	16

堅果風味

堅果為我們帶來變化多端又引人垂涎的特有風味。堅果風味指的是這一連串的特質：略甜、略油、略具烘烤氣味；這種風味不但細膩而且具有某種深度。堅果含油豐富，這是堅果之所以成為堅果的關鍵要素。含油較少的穀物只要簡單烤乾便會散發出宜人風味，若烹煮時添加油脂，還會醞釀出另一層特色。堅果的特質可以與其他許多食品互補，無論是鹹味或甜味料理，從魚類乃至巧克力，都能互相搭配。

多數堅果起碼都含有一點游離糖分。有些含量還不只一點，並帶有明顯甜味，這包括栗子、腰果、阿月渾子和松子。

處理、儲藏堅果

堅果的含油量很高，帶來豐富營養和可口滋味，卻也因此比穀類、莢果更不易保存：油質很容易吸收環境的氣味，一旦分解為脂肪酸，就會開始酸敗，隨後氧氣和光線還會把脂肪酸分解成碎片。脂肪酸會刺激口腔，其碎片則帶有硬紙板和油漆般的氣味。胡桃、美洲山核桃、腰果和花生，都富含脆弱的多元不飽和脂肪，特別容易腐壞。堅果若是擦碰剡傷，或是受熱、接觸光線和溼氣，所含脂肪便特別容易酸敗，因此最好置入不透光容器，擺放在低溫環境。不帶殼的種仁最好冷藏保存。堅果含水量很低，不致結成冰晶造成損壞，因此可以冷凍長期保存。儲藏容器應該確實隔絕空氣和氣味，例如氣密式玻璃罐，別使用會透氣的塑膠袋。

剛採收的新鮮堅果品質最好，採收期通常在夏末和秋季（杏仁則為初夏）。新採收的堅果含水量較高，容易發霉，不利儲放，因此生產廠商採最低溫乾燥法處理，通常加熱至32~38°C。購買新鮮堅果需檢視內部，看是否呈不透明的米白色澤。呈現半透明或深色都是細胞受損的現象，這時油質已經釋出，並開始酸敗。

料理堅果

堅果只需擺進烤箱，或下鍋油炸幾分鐘就很可口，這和其他多數種子類食品都不相同。如此簡單處理之後，原本軟韌、清淡的淺色堅果，就會轉變為風味十足又酥脆爽口的金褐色美食。堅果還可以用微波爐烘烤。由於堅果很乾，體積又小，油炸時間通常較短，加熱溫度也較低，以120~175°C加熱幾分鐘即可。若是料理較大型堅果（巴西栗、澳洲堅果），則加熱溫度可以更低、時間可以更長。堅果是否夠熟了，應該以顏色和氣味來判定，而不能看質地；因為質地隨著溫度而變化，遇熱即軟，冷卻之後則變得酥脆。堅果離火之後，一段時間內還會繼續變熟，因此得在烘熟之前便停止加熱。堅果還溫熱時比較不酥脆，因此趁溫切成片可以切得比較平順，較少剝落碎裂。

市售的堅果通常先加熱烘烤，再以特製片狀鹽粒來調味，因為片狀表面積大，較容易沾附堅果，接著再塗敷一層油質，或蛋白乳化劑混合料，好讓鹽分黏著更牢。花生的鹹味是連殼在真空中浸泡鹽水，真空會抽出殼內空氣，迫使鹽水進入殼內。

褪除表皮

在料理堅果之前，必須先褪除堅果種皮，以免菜餚變色，或染上討厭的澀味。種皮很薄的堅果（好比花生和榛果）只需擺進烤箱稍微烘烤，種皮就會變得酥脆，稍加搓揉便會脫落。種皮較厚的杏仁，在滾水中浸泡1~2分鐘之後就會變韌、容易脫落。其他堅果通常得浸泡熱鹼水（熱水添加小蘇打，每公升水加入45公克）來軟化種皮，然後才搓得掉（鹼性有助於溶解細胞壁的半纖維素膠結成分），接著再把堅果浸入弱酸溶液來中和堅果吸收的少量鹼液。胡桃的種皮很難褪除，但只要浸入酸性水中短暫沸煮，就可以大幅減輕顏色和澀味。沸煮可以溶除鞣酸，還可以讓殘餘顏色變淡。種皮堅韌的栗子只要連殼烘烤或沸煮，種皮就會軟化，或者擺進微波爐稍微加熱也行。否則就乾脆像削蘋果那樣，幫栗子削皮。

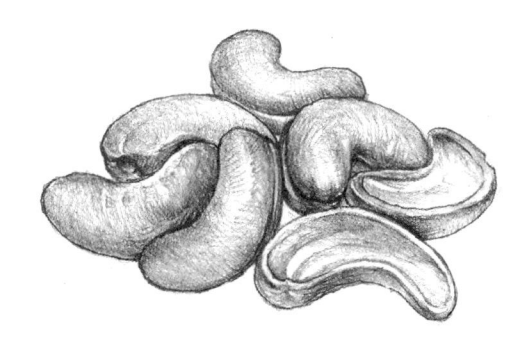

堅果仁糊和堅果仁醬

凡是含脂肪的乾燥堅果,都可以用研缽磨碎,或者用食物處理機打成糊。細胞碎裂後會釋出油質,把完整的或是碎裂的細胞都包覆起來,發揮潤滑效果。中東的 tahini(碾磨之意)就是一種廣受喜愛的堅果仁糊,由芝麻籽磨製而成。tahini 芝麻糊可以用來調製鷹嘴豆泥蘸醬 hummus,還可以調入茄泥,製成中東茄泥蘸醬 baba ghanoush。把堅果仁糊做成湯汁或燉品,讓料理更具風味、更豐富,也更為濃稠,這在世界各地都可見到;西班牙和土耳其有杏仁湯,墨西哥有胡桃湯,巴西有椰湯,美國南方有美洲山核桃湯和花生湯。

堅果油

許多堅果都含有風味獨特、備受青睞的油質(例如胡桃油和椰子油),還有幾種則可以榨出一般烹飪用油(花生油、葵花籽油等)。堅果的榨油方式有二:「冷壓油」(又稱「壓榨油」)製法是以機械壓力碾碎堅果細胞,再壓榨得出堅果油。堅果在受壓以及磨碾的過程中會受熱,但通常不會超過油脂的沸點。「溶劑萃取油」的製法是把堅果碾碎後,再以高溫溶液(約150°C)溶出油質,隨後再從溶劑析出油質。萃取油比壓榨油精純,所含微量風味成分和潛在致敏化合物也較少(282頁)。冷壓油通常用來調味,精製油則用來烹飪。堅果烘烤後再萃取,所得堅果油風味較濃。由於堅果通常含有高比例的多元不飽和脂肪酸,因此堅果油比一般蔬菜油更容易因氧化破壞,最好裝進深色瓶子並冷藏保存。煉油殘渣(堅果碎粒或堅果粉)可當烘焙原料,更增食品風味和營養價值。

堅果乳漿

若直接研磨乾燥堅果,所含微小油體(286頁)便會聚集,在堅果泥中呈現連續液相。倘若把新鮮堅果浸水後再碾磨,釋出的油體便比較完整,懸浮在連續水相中。堅果的固形物濾除之後,會留下乳水般的膠狀液體,油滴、蛋白質、糖分和鹽分則散布其中。歐洲人跟阿拉伯人學會製作杏仁乳和杏仁醬,這類食材在中世紀成為貴重食材,也是齋戒期間的乳類替代品。

摩洛哥堅果油

西方有種罕見堅果「摩洛哥堅果」(Argan,或音譯為「阿幹」),是耐旱喬木「刺阿幹樹」(Argania spinosa)的果實,原生於摩洛哥,是糖膠樹、神祕果樹的近親。摩洛哥堅果幾乎只用來榨油,脫殼之後果仁狀似杏仁(脫殼作業以往都責成山羊處理,牠們吃下果實,排出堅果),果實去殼烘烤之後才碾磨榨油。摩洛哥堅果油具有肉味般的獨特香氣。

今日最常見的種子乳漿是椰漿，不過凡是含油豐富的堅果還有大豆，也都可以用來製作乳漿（332頁）。

現代廚師懂得運用堅果乳漿，製出濃稠可口的冰品、醬料和湯汁。堅果的蛋白質容易凝聚，因此廚師可以在堅果乳漿中添入酸劑，調製出類似優酪乳的食物，成品的質地介於布丁和卡士達。杏仁含有豐富的蛋白質，因此製造出的乳漿最容易變得濃稠。其他堅果乳漿則可以加熱沸煮，讓蛋白質凝結成凝乳，接著再瀝除多餘液體，攪拌調勻，緩緩加熱，進一步提高凝乳的濃稠度。若想為乳漿增添風味，可以先取小部分堅果加熱烘烤再加以磨碾。

幾種常見堅果的特性

杏仁

杏仁是全球產量最高的木本堅果作物。杏仁是扁桃樹果實的核果型種子（編注：中文的「杏仁」使人誤以為是杏apricot的種子，但杏和杏仁almond出自兩種不同的植物），是李樹、桃樹的近親。扁桃樹發展出幾十個野生種和次要種類，至於培育種扁桃樹（Prunus amygdalus）則原生自西亞，人類早在銅器時代便已經開始栽種。加州是現今杏仁最大產區。由於杏仁富含能抗氧化的維生素E，多元不飽和脂肪的含量則很低，因此杏仁的貨架壽命較長。

杏仁是杏仁膏（marzipan）的主要原料，作法是杏仁細磨後加糖調成泥，倒入模子乾燥製成漂亮造型。這種杏仁膏在中東發明，中世紀十字軍征戰期間開始風行歐洲。達文西曾在1470年為米蘭公爵盧多維科·斯福爾扎（Ludovico Sforza）宅第創作杏仁膏雕像，隨後他寫道，他「痛徹心扉，看到他們狼吞虎嚥，把我給他們的雕塑吃到一塊都不剩。」杏仁糊也是常見的餡餅填料，

中世紀的杏仁乳和杏仁醬

杏仁奶凍
閹雞沸煮取出。杏仁燙除種皮後磨碎，調入雞湯。杏仁乳漿調好後倒入鍋中。將米洗淨，加入杏仁乳漿，加熱沸煮。閹雞肉撕成細絲加入。加入豬油、糖和鹽。加熱沸煮。接著裝盤，以調製成白、紅色的茴芹籽和炒杏仁作為盤飾，即可上桌。
　　　　　　　　　　　　——《烹飪樣式》（The Forme of Cury，約1390年）

杏仁乳羹
取杏仁乳沸煮，煮好離火灑醋少許。把食材鋪放布上，表面撒糖，待杏仁乳冷卻之後聚成塊，再分裝成小盤上桌。　　　　——引自中世紀手稿，收入理查·華納（R. Warner）的
　　　　　　　　　　　　《古代烹飪術》（Antiquitates Culinariae），1791年

杏仁萃取液和仿造品
最常見的苦杏仁風味劑是瓶裝萃取液，內含芳香苯甲醛成分，但不具氰化物。「純正」杏仁萃取液取自苦杏仁，而「天然」萃取液所含苯甲醛，則通常為肉桂樹皮製品（244頁），而「仿造」的萃取液也含苯甲醛，不過是以純化學物質合成。

或搭配蛋白製作「馬卡龍餅」(蛋白杏仁餅)。

為什麼杏仁嚐起來不像杏仁調味劑　怪的是,標準培育種的杏仁(甜杏仁)帶有細膩的堅果味,而號稱「杏仁精」的調味劑,卻帶有特殊的強烈滋味,兩者氣味一點都不相像。強烈杏仁風味只見於野生杏仁(或稱為苦杏仁)。野生杏仁很苦又含毒,不可食用。苦杏仁有一種防禦系統,一旦種仁受損,便能生成帶苦味的致命氰化氫(29頁)。後來發現,氰化物生成時還會產生苯甲醛副產品,這種揮發性分子正是野生杏仁的風味精華,也就是櫻桃、山杏、李子和桃子的香氣成分之一。我們安全的「甜」杏仁品種不帶苦味,也不具這種特殊香氣。

　　苦杏仁在美國一般是找不到的,歐洲卻把它當成香料來使用,以甜杏仁製作杏仁膏,再添加少許苦杏仁調味,適用食品還包括杏仁酥餅、杏仁甜露酒等料理。山杏和桃子種仁也含苯甲醛,又很容易取得,可以替代使用,不過味道沒有苦杏仁那麼強。整體而言,苦杏仁風味也很清淡,只具有強烈的苯甲醛氣味。德國廚師會以山杏和桃子種仁製成好幾種杏仁膏。

巴西栗

　　巴西栗體積極大,長度少說達2.5公分,重量是杏仁和腰果的2倍。巴西栗是大型喬木巴西栗樹(Bertholletia excelsa)的種子,原生於亞馬遜一帶,高50公尺,直徑2公尺,所結果實大小如椰子,外殼堅硬,內含8~24枚種子,主要生產國仍是南美洲各國。巴西栗的種莢是落地後才採收。由於果實重量超過2公斤,墜落時會砸死人,因此採收時必須攜帶護盾,以策安全。種子可食部位為極度膨脹的胚莖。由於體積大、含油又很豐富,兩枚巴西栗所含熱量相當於一顆蛋。

　　巴西栗的特點是含有極豐富的硒,在所有食物當中排名第一。硒有助於預防癌症,原因有幾項:它含有一種抗氧化酵素,而且能使受損細胞死亡。不過,攝取過量的硒是會中毒的。世界衛生組織建議的每日最高攝取量相當於14公克巴西栗。

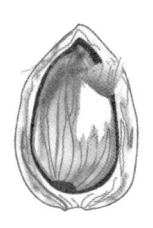

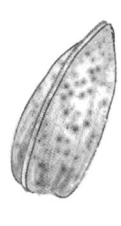

扁桃和桃、李、櫻桃為關係密切的近親。

腰果

腰果和巴西栗同樣來自亞馬遜地區，英文名cashew得自當地土話。不過腰果樹已經由葡萄牙人成功移植至印度和東非，如今這些區域也成為了世界最大產地。腰果是世界第二大堅果貿易品項，僅次於杏仁。腰果樹是毒漆葛的近親。腰果種殼含刺激性油質，必須加熱去除毒性再小心取出種子，這樣才安全無虞，因此我們從未見過帶殼腰果上市販售。腰果生產國常把帶籽果實拋棄，獨獨鍾情於它的膨脹莖尖，俗稱「腰果蘋果」，這種「假果」可以生食、烹調，或發酵製成酒精飲料。

腰果的獨特性在於它含有大量澱粉（約占重量之12%），因此比多數堅果都更能為液態料理增加濃稠度（湯汁、燉品和印度乳品甜點）。

栗子

栗子採自栗屬（*Castanea*）的幾種大型喬木，見於歐洲、亞洲和北美洲。栗子的能量儲存方式和其他常見堅果不同，它們把能量轉化為澱粉（而非油脂），來為後代幼苗提供能量。因此，栗子通常都會徹底煮熟，呈粉狀口感。自史前時代開始，栗子就被拿來乾燥、磨粉，用途就如澱粉質穀物，可以煮粥、製成麵包、麵食、糕點，還可以加入湯汁來增加口感。美洲的馬鈴薯、玉米傳入歐洲之前，栗子是義大利、法國山區和邊緣農耕地帶賴以維生的基本糧食。栗子還有另一種極端表現：17世紀發明了一種豪奢栗子特製品「糖漬栗子」，把大型栗子煮熟之後浸漬香莢蘭糖漿1~2天，接著再裹上較為濃稠的糖漿，形成亮麗的外衣。

美國人在20世紀初就再也嚐不到本土栗子的美味。這種原生的鋸齒栗樹（*Castanea dentata*）在昔日曾占美東硬木的25%以上，但來自亞洲的一種真菌型枯萎病在幾十年內就讓它形同滅種。如今，領先全球的栗子生產國為中國、韓國、土耳其和義大利。

新鮮栗子水分含量高，容易腐敗，因此最好覆蓋冷藏保存，且儘快食用。不過，

巴西栗為什麼會浮上來？

1987年的《物理學評論通訊》刊出一篇論文，內容試圖破解一道堅果難題：把各種堅果裝滿一碗，為什麼小型堅果最後都沉入碗底，而巴西栗則浮上表面？顆粒會按照體積大小聚集，這種現象也發生在各種混合物中，從玉米片到土壤都是如此。最後發現，混合物的個別物件，受到重力牽引會由縫隙向下鑽，而小型縫隙比大型縫隙更常出現，因此小型物件比大型物件更容易沉到最底。

新鮮採收的栗子應置放室溫保存數日，如此可以趁細胞代謝尚未遲緩之前，讓部分澱粉轉化為糖分，從而改進風味。

椰子

椰子是最大、最重要的堅果，為棕櫚科椰樹（ Cocos nucifera ）所結果實的果核，樹型高大（可達30公尺），狀似喬木，為禾本植物的近親，和其他堅果喬木的關係比較疏遠。椰子據信源自熱帶亞洲，不過早在人類輸運椰子之前，這種堅硬的果實似乎便已飄洋過海抵達世界眾多地區。中世紀早期之前，歐洲對椰子幾乎一無所知。椰子年產量約200億顆，主要產地為菲律賓、印度和印尼。椰的英文名coconut得自葡萄牙文coco，意思是小妖精或猿猴。椰子果柄端有個怪誕痕跡，看來像一張臉，其中一隻眼底下長了個細小胚胎，發芽時便由此抽芽。

椰子果實具纖維質粗厚外果皮，裡面含一枚以木質外殼妥當封裝的種子。種子的胚乳由椰肉和椰漿組成，含有充分的養分和水分，足供幼苗生長1年以上。整枚果實重可達1~2公斤，其中果肉約占1/4，游離水分占15％。

多種熱帶菜餚都是以椰子作底，使用地區從印度南方、東南亞到非洲和南美洲。椰子的用法通常是以椰漿入菜，椰漿的液體濃郁、風味十足，可以用來搭配各式食材，從肉類、魚類到蔬菜和米飯皆可。由於椰肉無法整顆拿去烘烤，只好取小片椰肉或椰絲，細心烘烤出風味。一般堅果依其碎裂程度，產生的質地從酥脆到勻滑濃稠都有，而椰子的質地不同於其他堅果，除非經過烘烤並維持乾燥，否則椰肉始終保持軟韌。

椰子獨特的香甜滋味，得自飽和脂肪酸的衍生物內酯（含8、10、12和14內酯，桃子的風味也得自內酯），而烘烤還會產生更多一般堅果香氣（得自吡嗪、吡咯和呋喃）。

椰子的發育　椰子整年都能結果、成熟。約4個月大時，椰子的果實便裝滿液體；5個月時便達到熟果大小，並開始形成果凍狀椰肉；7個月時，外殼逐漸變硬，滿1年時便完全成熟。5~7個月大的未熟果實也有獨特的美味，果實

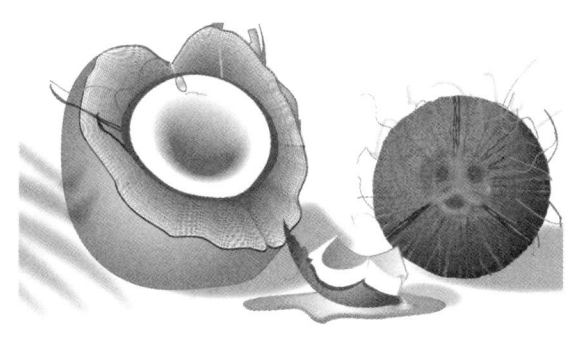

| 椰子
這種碩大的種子外被粗厚的乾燥果殼，內含固態和液態胚乳，提供小胚胎成長滋養。外殼一端具3顆「眼孔」，胚胎便由其中一孔出芽。

含有的液體（椰子汁）氣味香甜，約含2%糖分；還有水分飽滿的細緻凝膠狀椰肉，其主要成分為水、糖和其他碳水化合物。椰子長到11~12個月大就算成熟，此時椰子汁的糖分會降低、水量也變少，椰肉變得堅實、油膩並呈白色。椰肉約含45%的水、35%的脂肪、10%的碳水化合物以及5%的蛋白質。

椰肉和椰漿　新鮮椰子掂量起來應該很沉，而且內部飽含液體，晃動時聽得到水聲。把椰肉擺進研缽捶搗，或以果汁機打碎，濃稠的椰糊含有微細油滴，還有懸浮細胞殘屑的液體，其中液態體積約占一半。椰漿是以椰糊加水混合後濾除固態部分而成。靜置1小時後，椰漿便分隔成兩層：含有豐富脂肪的乳漿層，以及薄薄一層「浮渣」。椰漿還可以用乾燥椰絲製成，市面可以找到現成的罐裝椰漿。

椰子油　椰子油在20世紀曾是世界上最重要蔬菜油。椰子油可以大量生產，品質非常安定，熔點和乳脂相近。不過，讓椰子油安定、用途又廣的原因，卻也造成椰子油營養價值低落。椰子油的脂肪，有將近90%屬於飽和脂肪酸（其中15%為辛酸和癸酸、45%為月桂酸、18%為肉豆蔻酸，還有10%為棕櫚酸，卻只有8%是單元不飽和脂肪酸），這表示椰子油會提高血膽固醇。食品加工業者於是在1970和80年代放棄椰子油，改生產部分氫化且較少飽和脂肪酸的種子油──如今卻又發現，這種油品含有不受歡迎的反式脂肪酸（第一冊61頁）。

根據最新知識，我們已更充分了解其他食物成分對心臟病的影響（23頁），因此只要飲食均衡，攝取充分蔬果和其他種子來維持健康，大可以把椰子納入飲食。

白果

白果是銀杏樹（*Ginkgo biloba*）所結堅果的澱粉質種仁。銀杏是銀杏科喬木的遺種，該科在恐龍時代十分顯赫，如今只剩下銀杏。白果長在肉質果實內部，熟成時會發出強烈酸敗惡臭。亞洲是銀杏樹的大本營，當地人取白

椰子的「凝膠」

椰樹除了長出種子之外，還會生成幾種特殊的食材。其中一種比較罕見的是「椰果」（*nata de coco*，或稱椰凍），這種飽含水分的半透明纖維團是椰子汁的發酵產物，由木醋桿菌（*Acetobacter xylinum*）在液面滋長生成。椰精凍質地鮮脆，本身並沒有什麼滋味。菲律賓的作法是沖水洗掉醋酸液，取得椰凍之後調味浸入糖漿，當作甜點食用。

果裝甕浸水發酵，軟化後移除果肉，種子洗淨、乾燥之後（去殼或留殼皆有），加熱烘焙烤或沸煮備用。白果具有特殊的清淡風味。

榛果

榛果是榛屬（*Corylus*）灌木的果實，產自北半球，共計15個品種，榛果則採自其中幾種。歐洲榛樹（*C. avellana*）和南歐榛樹（*C. maxima*）原生於歐亞大陸溫帶地區，史前時代已受到廣泛使用，其堅果可以食用，生長快速的枝枒則可作為手杖或鋪在泥濘的路面供人行走。還有種土耳其榛樹（*C. colurna*），樹形就高大得多，土耳其黑海一帶的榛果大半出自這種榛樹。榛果還有個英文俗名 filbert，英國以此指稱果型比較瘦長的品種，這個名稱可能得自聖費里伯特日（St. Philibert's Day），因為該節日在8月底，正是榛果開始成熟的時節。羅馬時代末期，美食家阿比修斯寫了一部食譜，強調榛果是禽肉、公豬肉和鯔魚搭配醬料的必要食材；西班牙碎末醬 *picada* 和 *romesco*，有時會以榛果代替杏仁；埃及辛香抹醬 *dukka* 和義大利的甜露酒 *frangelico* 也都是以榛果為材料。榛果在歐洲依然風行，其中土耳其、義大利和西班牙更是主要的生產國。美國的榛果幾乎全都產自俄勒岡州。

榛果的特有香氣得自庚烯酮（榛果酮），在生榛果中含量較少，一旦榛果入鍋煎炸或沸煮，含量立刻陡增600~800倍。

澳洲堅果（夏威夷豆）

對大多數人而言，澳洲堅果是才剛面世的食材。澳洲堅果是兩種常綠熱帶喬木的果實，包括粗殼澳洲堅果（*Macadamia tetraphylla*）和光殼澳洲堅果（*M. integrifolia*），皆原生於澳洲東北方，當地原住民採食這種堅果已有數千年歷史。歐洲人要到很久之後才認識這種果實，並在1858年以蘇格蘭的化學家約翰·馬卡達姆（John Macadam）的姓氏來命名。澳洲堅果在1890年代引進夏威夷，約1930成為當地重要食材。如今，澳洲和夏威夷是澳洲堅果的主要產地，不過外銷數量仍少，因此，澳洲堅果是最昂貴的堅果之一。由於外殼極其堅硬，澳洲堅果幾乎全都脫殼販售，常裝入瓶罐中上市，好隔絕空

氣，以免酸敗。澳洲堅果的脂肪含量在木本堅果當中獨占鰲頭，而且大半屬於單元不飽和式（65%油酸）。這種堅果的風味清淡、細緻。

花生

這種廣受歡迎的「堅果」其實並非堅果，而是小型莢果植物落花生（*Arachis hypogaea*）的種子。這種植物會長出細長的木本果莢，並在果莢成熟時將之推入地下。南美洲約在公元前2000年開始栽種落花生，確切地點或許在巴西。印加時代之前，落花生是祕魯重要作物。葡萄牙人在16世紀把花生攜往非洲、印度和亞洲，沒多久，花生便成為中國榨取烹飪油的主要原料（花生含油量是大豆的2倍）。美洲一向把花生當成動物飼料，到19世紀才做其他用途；直到20世紀初，傑出農業科學家喬治·卡弗（George Washington Carver）才鼓吹美國南方農民，放棄慘遭象鼻蟲蹂躪的棉花作物而改種花生。

如今，印度和中國的花生產量遙遙領先各國，成為花生最大產地，美國則遠遠落後，屈居第三。亞洲花生多半碾碎榨油或磨成花生粉，美國花生則大半當成食品。如今，花生已經成為亞、非兩洲幾種傳統料理的重要食材。花生搗泥會變得很濃稠，很有分量，還可添入醬料、湯汁來調味。花生（整粒的或搗成泥的）可用在多種料理，也可用來烹煮泰式和中式麵點、作為甜點的餡料，還可以用來調製印尼幾種蘸醬、馬來西亞的辣椒醬「參巴醬」，還有西非的燉品、湯汁、糕點和糖果蜜餞。亞洲和美國南方都很流行以鹹花生作為零嘴。帶殼花生下水沸煮，會發出馬鈴薯般的香氣，還帶有香莢蘭顯著的香甜氣味，這是外殼受熱釋出香草醛所致。

美國花生計有4個品種，各做不同用途：大果型維吉尼亞花生和小果型瓦倫西亞花生，都當成堅果食品帶殼販售。維吉尼亞花生和小果型西班牙花生用來製作綜合堅果糖，至於走莖（Runner）花生則是用來烘焙食品、製作花生醬，因為走莖品種所含單元不飽和脂肪酸比例較高，較不容易酸敗。

花生醬　現代版花生醬顯然是於1890年左右問世，原生於密西根州聖路易城或巴特爾克里克城。市售花生醬作法是先將花生加熱，等到仁內溫度約

達150°C風味開始出現，便可浸燙熱水去除表皮，最後再加鹽（約2%）和糖（最高達6%）碾磨成醬。為了不讓油脂和固態花生顆粒分離，可添加3~5%的氫化起酥油。當花生醬冷卻，起酥油便隨之凝固，形成大批細小晶體，把非常不飽和的液態花生油凝結在一起。製作低脂花生醬時會以大豆蛋白和糖分取代部分花生。

花生風味 花生烘烤後會產生眾多揮發性化合物，目前確定的有好幾百種。新鮮花生籽帶有豆類般的青綠風味（主要出自豌豆的典型青綠醛和吡嗪）；烘烤後則散發複合式香氣，成分包括硫化物、幾種散發一般堅果味的吡嗪，再加上其他帶有果香、花香、炸煎和煙燻香氣的成分。花生在儲藏期間，帶堅果味的吡嗪會逐漸消失，散發更強烈的顏料味和硬紙板氣味。

花生油 花生植株在溫帶氣候結籽量很高，於是花生油便成為重要的烹飪油，在亞洲更是如此。製作花生油時要先蒸煮花生，讓酵素失去活性，軟化細胞構造，接著便施力榨壓。油脂榨出之後，經加工淨化，有時還精煉去除部分特有風味和雜質，以免這些成分降低發煙點。

美洲山核桃

美洲山核桃是大型喬木山核桃木的含油柔軟種子，原生於北美洲中部密西西比河流域，生長範圍最南可達墨西哥州南方瓦哈卡（Oaxaca）。美洲山核桃（*Carya illinoiensis*）是山核桃家族約14種落葉喬木之一，所結果實滋味最美，也最容易脫殼。美洲原住民早就採食野生美洲山核桃，顯然還曾以它製成乳漿飲用或烹飪，還可能拿來發酵。最早刻意栽植的美洲山核桃樹，約1700年出現於墨西哥，可能是西班牙人所栽植；過了數十年，南美洲東部英屬殖民區也出現這種樹木。最早的改良品種出現於1840年代，當時路

易斯安那州一名奴隸安東尼把品種優異的山核桃木嫁接於砧木樹苗。如今美洲山核桃的最大產地是喬治亞、德克薩斯和新墨西哥等州。

和胡桃相比，美洲山核桃的果型比較修長，子葉也較厚實、平滑，果肉對外殼的重量比例也較高。美洲山核桃和胡桃同樣都有薄殼品種和深色殼品種，而且幾個薄殼品種的澀味也都比較少。美洲山核桃的特有風味仍有部分謎團未解。一項研究發現，除了含有一般堅果香氣的吡嗪，美洲山核桃還含有一種同樣見於椰子的內酯（八內酯）。

美洲山核桃和胡桃一樣，含油量最高，不飽和脂肪酸含量也最高，因此質地也很脆弱，油脂很容易因為種仁擦碰剝傷而滲出，也因此很快就會氧化、走味。烘烤會加速它變質，因為細胞受熱後更脆弱，油脂更容易接觸到空氣。新鮮美洲山核桃經過謹慎處理，便可以冷凍儲藏數年。

松子

松子泛指由十幾種松樹採得的堅果，松樹有100種，是北半球最常見的常綠喬木。最重要的結松子喬木包括義大利的石松（Pinus pinea）、韓國或中國的紅松（P. koraiensis），還有美國西南方的兩種矮松：單針松（P. monophylla）和洛磯山核果松（P. edulis）。松子長在毬果果鱗表面，經3年才成熟。毬果曝曬乾燥之後，脫粒取出松子，隨後再褪去種殼，如今去殼手續交由機器代勞。松子具有獨特的樹脂香氣，而且風味濃郁可媲美堅果。亞洲松子含油量較高（78%），凌駕歐、美品種（分別為62%和45%）。松子可用來料理多種鹹、甜食品，也可用來榨油。韓國以松樹花粉來製作甜點，羅馬尼亞則以青綠毬果來調製野味的蘸醬。

阿月渾子（開心果）

阿月渾子（Pistacia vera）是西亞和中東乾旱地帶的原生種黃連木，種子俗稱開心果。阿月渾子和腰果、芒果都是近親。中東史前聚落遺址便有阿月渾子隨杏仁一起出土，年代可溯至公元前7000年。乳香黃連木（Pistacia lentiscus）是阿月渾子的近親，能生成芳香樹脂，稱為乳香脂（240頁）。阿月渾子

松子
松子長在毬果果鱗表面，構造和椰子類似，主要部分並非子葉，而是胚乳組織。

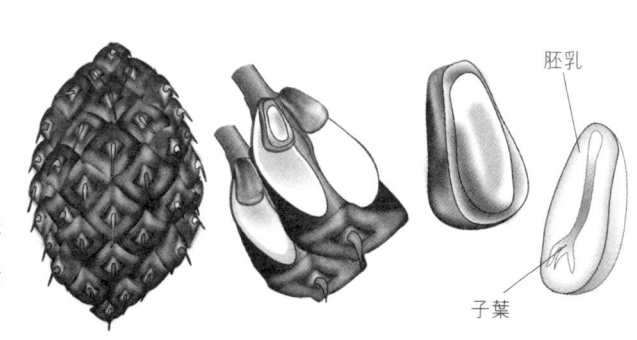

胚乳

子葉

最早在1880年代成為美國的重要堅果，這是因為紐約市境外移民普遍喜愛這種堅果。當今主要產地有伊朗、土耳其和美國加州等地。

阿月渾子的果實是成串生長，種仁外被一層內殼，最外層則是富含鞣酸的薄層外莢。種子成熟時，外莢轉呈紫紅色，種仁膨大脹裂內殼。傳統採收手法是等果實成熟落地後才曝曬乾燥，由於外莢色素會染上內殼，因此內殼通常還需以人工染成均勻紅色。如今，加州開心果多半褪除外莢再加工乾燥，因此內殼呈天然灰棕色。

阿月渾子的子葉是綠色的，這是堅果罕見的特點。子葉的綠色得自葉綠素，長在較寒冷氣候（如高海拔區）的植株，葉綠素顏色依然鮮明，堅果在完全成熟之前數週採集，也會帶有鮮綠色澤。因此，阿月渾子不僅風味和質地獨特，還能為多種料理提供對比色彩，包括鵝肝、臘腸和其他肉料理，以及冰淇淋和甜食。種仁經過烘烤或以低溫烹煮，能讓葉綠素受損程度降至最低，並保存色彩。

胡桃

胡桃是胡桃屬（*Juglans*）喬木的種子，胡桃木約有15種，原生於西南亞和美洲各地。栽培範圍最廣的是胡桃（*J. regia*，又稱「波斯胡桃」或「英國胡桃」），其種子自古是亞洲西部和歐洲民眾的食品，如今全球消耗量高居木本堅果第二位，僅次於杏仁。歐洲多種語言泛稱堅果的單詞，也多用來指稱胡桃。如今胡桃的主要產地為美國、法國和義大利。胡桃長久以來都用來榨油，氣味芳香，歐洲和中國都曾把胡桃油製成乳漿。後來胡桃油更以其濃郁風味成為各式醬料的主要成分，包括波斯的胡桃石榴醬 *fesenjan*、喬治亞共和國的胡桃香蒜醬 *satsivi* 和墨西哥的胡桃紅椒醬 *nogado*。有些國家在初夏採收未成熟的青胡桃，有的拿來醃漬（英國），有的用來調配甜味酒精飲料（西西里島的甜露酒 *nocino* 和法國的胡桃酒 *vin de noix*），還有的以糖漿浸漬保藏（中東）。

胡桃外殼很薄，就像美洲山核桃和其他山核桃近親，胡桃果則是裡面的果核，可食部分是兩片淺裂褶皺的子葉。胡桃含有極豐富的 ω-3 不飽和次亞麻油酸，營養價值高，卻也特別容易酸敗變質，因此應保存於陰涼處。

說文解字：松、胡桃、亞麻和芝麻

好幾種堅果的英文名字都不具其他含意，專門指該種堅果。由此可知，杏仁、阿月渾子（pistachio，得自希臘文）和榛果（hazelnut，得自印歐語）成為基本糧食已經很久了。*Pine*（松）出自印歐語，意思是「膨大、長胖」，這或許是指松樹泌出的脂肪狀樹脂。*Walnut*（胡桃）是個古字，由 *wealh* 和 *hnutu* 組合而成，*wealh* 的意思是「凱爾特」或「外地人」，*hnutu* 則衍生出 nut，這兩個字的結合反映出它們的歷史：胡桃是從東方傳入不列顛群島。*Flax*（亞麻）出自印歐語，意思是「結辮」，因為當初種植亞麻原是為了採收結實的纖維。還有，*Sesame*（芝麻）出自中東古老語言阿卡德語的兩個字，分別代表「油」和「植物」。

胡桃香氣來自油脂所衍生的多種分子複合物（醛類、醇類和酮類）。

胡桃的近親　北美黑胡桃（*Juglans nigra*）是波斯胡桃的近親，果實較小，外殼堅硬，特有風味較強。黑胡桃昔日常用來製作麵包、糖果點心和冰淇淋，不過黑胡桃從殼內取出時多半會碎成小塊，因此乏人問津。現今黑胡桃大多產自密蘇里州野生樹木。美洲另有一種白胡桃（*Juglans cinerea*，又稱油胡桃），知道的人更少，這種胡桃的特點是蛋白質含量極高（將近30%），按其愛好者評估，這種胡桃可說是滋味最美的堅果。日本原生種日本胡桃（*Juglans ailantifolia*，又名「鬼胡桃」）衍生出幾個變種，其中一種果形很特別，呈心形，稱為「心胡桃」。

其他高油脂種子的特性

亞麻仁

亞麻仁採自歐亞大陸亞麻屬（*Linum*）原生種，特別是亞麻（*Linum usitatissimum*），7000多年以來，這種亞麻都做糧食和亞麻纖維原料用途。亞麻的種子細小堅韌，呈紅棕色，約含35%油質和30%蛋白質，具有討喜的堅果風味，外觀光滑美觀。和其他可食種子相比，亞麻仁擁有兩項獨特性質。首先，亞麻仁油大多屬於次亞麻油酸，這是種 ω-3 脂肪酸，人體可以把它轉變成長鏈脂肪酸，這也就是海鮮所含保健成分「22碳6烯酸」（DHA）和「20碳5烯酸」（EPA；見234頁）。亞麻仁油蘊藏大量 ω-3 脂肪酸，在植物性食品當中遙居首位。亞麻仁油又稱亞麻籽油，這是製造業的重要原料，乾燥後可以形成堅韌的防水層。其次，亞麻仁約含30%膳食纖維，其中1/4為樹膠，位於種皮，由各式長鏈糖分子構成。由於亞麻仁含有樹膠，磨粉後和水可以調出濃稠凝膠，因此能有效發揮乳化劑和泡沫安定劑功能，還可以為烘焙食品增添分量。

罌粟子

罌粟子是鴉片罌粟（*Papaver somniferum*）的種子，原生於西亞，在古代由蘇美人栽培育成。鴉片就是這種植物的未成熟種莢切開後所泌出的膠乳，其中含有嗎啡、海洛英、可待因和其他生物鹼相關毒品。待膠乳流光，便可以從種莢採收罌粟子。種子也可能含有微量鴉片式生物鹼，含量雖不足以對人體產生作用，卻也足以影響藥物檢測結果，只要吃了罌粟調味的糕餅和麵點，便可能出現陽性反應。

罌粟子粒形細小，3300枚才達1公克重，300多萬枚才達1公斤重，含油量占重量之半。罌粟子若受損便帶有苦味，嚐起來像胡椒，因為受損後油質遇到酵素生成游離脂肪酸。有些罌粟子呈藍色，鮮豔搶眼，但這顯然是錯覺。在顯微鏡下，種子的色素層其實是褐色的，然而色素上方兩層還有一層細胞，內含細小草酸鈣晶體。晶體作用就像細小稜鏡，能折射光線，結果只有藍色波長反射回來。

南瓜籽

南瓜籽是南瓜屬北瓜（*Cucurbita pepo*）的果實，原生於美洲大陸。南瓜籽的特色是具葉綠素，顏色深綠且不含澱粉，油質比例高達50%，還含有35%的蛋白質。南瓜籽是墨西哥到處可見的零嘴，也能增加液體的濃稠度，可用來調製醬料。南瓜籽的種皮通常都很堅韌，又帶有黏性，不過也有「裸殼」品種，處理起來要容易得多。

南瓜籽油是中歐重要的食用油，主要含多元不飽和亞麻油酸和單元不飽和油酸，顏色變幻不定，相當有趣。南瓜籽油含類胡蘿蔔素，黃色和橙色的都有，主要為葉黃素，還含有葉綠素。新鮮種子榨出的油呈綠色；若是把籽粒碾碎、打溼之後加熱，以提高榨油產量，那麼萃出的類胡蘿蔔素含量便超過葉綠素。這樣萃取的籽油裝瓶會呈深褐色，這是橙色和綠色色素混合所呈現的色澤；不過，若只有薄薄一層油（例如拿一片麵包沾油），能吸收光線的色素分子較少，這時就以葉綠素的顏色為主，於是油液便泛現翠綠色澤。

芝麻

芝麻是芝麻植株（*Sesamum indicum*）的種子，原生於中非莽原，如今大半栽植於印度、中國、墨西哥和蘇丹。芝麻籽粒形細小，每公克可達250~300枚。芝麻具有不同顏色，從金黃色、褐色乃至於紫色和黑色都有，含油約占重量之半。芝麻稍為烘烤（120~150°C，持續5分鐘）之後，便會散發出堅果風味，其中含有若干含硫芳香物質，烘烤過的咖啡也含這種成分（糠基硫醇）。中東以芝麻搗成糊調味製成 *tahini*，日本在飯糰添加芝麻，還與葛粉一起製作成豆腐狀糕餅，中國有甜芝麻糊，歐洲和美國則以芝麻作為烘焙食品的裝飾。芝麻烘烤後還可榨油（180~200°C，持續10~30分鐘），所得麻油可用來調味。麻油具有抗氧化和抗酸敗的優點，這歸功於高含量酚類抗氧化性化合物（木聚糖類）、維生素E，以及其他幾種成分。這些都是徹底烘烤時褐變反應的產物。

葵花籽

葵花籽就是向日葵的籽種，採自「一年生向日葵」（*Helianthus annuus*）。向日葵源自北美地區，也是唯一從此處向外傳遍全球並成為世界性重要作物的北美原生植物。葵花是種聚合花，由幾百朵小花組成，每朵花都長出一枚小果，就像草莓的「種子」，外被薄殼且內含一枚種子。種子的主要部位是儲葉。向日葵源自美國西南方，墨西哥很早就開始培育，比歐洲探險家抵達早了將近3500年，後來在1510年左右傳進歐洲，做成為觀賞植物。法國和巴伐利亞在18世紀開始大規模栽植向日葵，目的在生產植物油。當今全球最大產地是俄羅斯，其產量遠遠領先各方。第二次大戰期間，俄羅斯的榨油用向日葵品種曾在北美栽植，如今，向日葵是全球數一數二的一年生榨油作物。食用品種的籽粒比榨油用葵花籽大，種殼帶條紋，具觀賞價值，而且很容易脫殼。葵花籽含有特別豐富的酚類抗氧化物和維生素E。

參考資料

烹飪書籍之多，真是族繁不及備載，而關於食物的科學和歷史著作，也同樣是卷帙浩繁。我把撰寫本書時參閱的資料來源，選出幾本列在下方，許多重要事實和觀念都來自於此，從中還可以挖掘到更多更詳細資訊，提高研究和翻譯的可信度。我首先列出整本書都有用到的參考書籍，再列出各章的參考書籍和文章，並細分為兩部分：前半部適合一般讀者閱讀，後半部適合專業讀者和研究。

一般參考資料

關於食物與烹飪

Behr, E. *The Artful Eater.* New York: Atlantic Monthly, 1992.
Child, J., and S. Beck. *Mastering the Art of French Cooking.* 2 vols. New York: Knopf, 1961, 1970.
Davidson, A. *The Oxford Companion to Food.* Oxford: Oxford Univ. Press, 1999.
Kamman, M. *The New Making of a Cook.* New York: Morrow, 1997.
Keller, T., S. Heller, and M. Ruhlman. *The French Laundry Cookbook.* New York: Artisan, 1999.
Mariani, J. *The Dictionary of American Food and Drink.* New York: Hearst, 1994.
Robuchon, J. et al., eds. *Larousse gastronomique.* Paris: Larousse, 1996.
Steingarten, J. *It Must've Been Something I Ate.* New York: Knopf, 2002.
———. *The Man Who Ate Everything.* New York: Knopf, 1998.
Stobart, T. *The Cook's Encyclopedia.* London: Papermac, 1982.
Weinzweig, A. *Zingerman's Guide to Good Eating.* Boston: Houghton Mifflin, 2003.
Willan, A. *La Varenne Pratique.* New York: Crown, 1989.

字的意義和來源

Battaglia, S., ed. *Grande dizionario della lingua italiana.* 21 vols. Turin: Unione tipograficoeditrice torinese, 1961–2002.
Bloch, O. *Dictionnaire étymologique de la langue française.* 5th ed. Paris: Presses universitaires, 1968.
Oxford English Dictionary. 2nd ed. 20 vols. Oxford: Clarendon, 1989.
Watkins, C. *The American Heritage Dictionary of Indo-European Roots.* 2nd ed. Boston: Houghton Mifflin, 2000.

關於食物科學（適合一般讀者）

Barham, P. *The Science of Cooking.* Berlin: Springer-Verlag, 2001.
Corriher, S. *CookWise.* New York: Morrow, 1997.
Kurti, N. The physicist in the kitchen. *Proceedings of the Royal Institution* 42 (1969): 451–67.
McGee, H. *The Curious Cook.* San Francisco: North Point, 1990.
This, H. *Révélations gastronomiques.* Paris: Belin, 1995.
This, H. *Les Secrets de la casserole.* Paris: Belin, 1993.

地方風味烹調

Achaya, K.T. *A Historical Dictionary of Indian Food.* New Delhi: Oxford Univ. Press, 1998.
———. *Indian Food: A Historical Companion.* Delhi: Oxford Univ. Press, 1994.
Anderson, E.N. *The Food of China.* New Haven: Yale Univ. Press, 1988.
Artusi, P. *La Scienza in cucina e l'arte di mangier bene.* 1891 and later eds. Florence: Giunti Marzocco, 1960.
Bertolli, P. *Cooking by Hand.* New York: Clarkson Potter, 2003.
Bugialli, G. *The Fine Art of Italian Cooking.* New York: Times Books, 1977.
Chang, K.C., ed. *Food in Chinese Culture.* New Haven: Yale Univ. Press, 1977.
Cost, B. *Bruce Cost's Asian Ingredients.* New York: Morrow, 1988.
Ellison, J.A., ed. and trans. *The Great Scandinavian Cook Book.* New York: Crown, 1967.
Escoffier, A. *Guide Culinaire,* 1903 and later editions. Translated by H.L. Cracknell and R.J.
Kaufmann as *Escoffier: The Complete Guide to the Art of Modern Cooking.* New York: Wiley, 1983.
Hazan, M. *Essentials of Classic Italian Cooking.* New York: Knopf, 1992.
Hosking, R. *A Dictionary of Japanese Food.* Boston: Tuttle, 1997.
Kennedy, D. *The Cuisines of Mexico.* New York: Harper and Row, 1972.
Lo, K. *The Encyclopedia of Chinese Cooking.* New York: Bristol Park Books, 1990.
Mesfin, D.J. *Exotic Ethiopian Cooking.* Falls Church, VA: Ethiopian Cookbook Enterprises, 1993.
Roden, C. *The New Book of Middle Eastern Food.* New York: Knopf, 2000.
St-Ange, E. *La Bonne cuisine de Mme E. Saint-Ange.* Paris: Larousse, 1927.
Shaida, M. *The Legendary Cuisine of Persia.* Henley-on-Thames: Lieuse, 1992.
Simoons, F.J. *Food in China.* Boca Raton: CRC, 1991.
Toomre, J., trans. and ed. *Classic Russian Cooking: Elena Molokhovets' A Gift to Young Housewives.* Bloomington: Indiana Univ. Press, 1992.
Tsuji, S. *Japanese Cooking: A Simple Art.* Tokyo: Kodansha, 1980.

食物的歷史

Benporat, C. *Storia della gastronomia italiana.* Milan: Mursia, 1990.
Coe, S. *America's First Cuisines.* Austin: Univ. of Texas Press, 1994.
Dalby, A. *Siren Feasts: A History of Food and Gastronomy in Greece.* London: Routledge, 1996.
Darby, W.J. et al. *Food: The Gift of Osiris.* 2 vols. New York: Academic, 1977. Food in ancient Egypt.
Flandrin, J.L. *Chronique de Platine.* Paris: Odile Jacob, 1992.
Grigg, D.B. *The Agricultural Systems of the World: An Evolutionary Approach.* Cambridge: Cambridge Univ. Press, 1974.
Huang, H.T., and J. Needham. *Science and Civilisation in China.* Vol. 6, part V: *Fermentations and Food Science.* Cambridge: Cambridge Univ. Press, 2000.
Kiple, K.F., and K.C. Ornelas, eds. *The Cambridge World History of Food.* 2 vols. Cambridge: Cambridge Univ. Press, 2000.
Peterson, T.S. *Acquired Taste: The French Origins of Modern Cooking.* Ithaca: Cornell Univ. Press, 1994.
Redon, O. et al. *The Medieval Kitchen.* Trans. E. Schneider. Chicago: Univ. of Chicago Press, 1998.
Rodinson, M., A.J. Arberry, and C. Perry. *Medieval Arab Cookery.* Totnes, Devon: Prospect Books, 2001.
Scully, T. *The Art of Cookery in the Middle Ages.* Rochester, NY: Boydell, 1995.
Singer, C.E. et al. *A History of Technology.* 7 vols. Oxford: Clarendon, 1954–78.
Thibaut-Comelade, E. *La table médiévale des Catalans.* Montpellier: Presses du Languedoc, 2001.
Toussaint-Samat, M. *History of Food.* Trans. Anthea Bell. Oxford: Blackwell, 1992.

Trager, J. *The Food Chronology.* New York: Holt, 1995.
Wheaton, B.K. *Savoring the Past: The French Kitchen and Table from 1300 to 1789.* Philadelphia: Univ. of Penn. Press, 1983.
Wilson, C.A. *Food and Drink in Britain.* Harmondsworth: Penguin, 1984.

歷史性資料

Anthimus. *On the Observation of Foods.* Trans. M. Grant. Totnes, Devon: Prospect Books, 1996.
Apicius, M.G. *De re coquinaria: L'Art culinaire.* J. André, ed. Paris: C. Klincksieck, 1965. Edited and translated by B. Flower and E. Rosenbaum as *The Roman Cookery Book.* London: Harrap, 1958.
Brillat-Savarin, J. A. *La Physiologie du goût.* Paris, 1825. Translated by M.F.K. Fisher as *The Physiology of Taste.* New York: Harcourt Brace Jovanovich, 1978.
Cato, M.P. *On Agriculture.* Trans. W.D. Hooper. Cambridge, MA: Harvard Univ. Press, 1934.
Columella, L.J.M. *On Agriculture.* 3 vols. Trans. H.B. Ash. Cambridge, MA: Harvard Univ. Press, 1941–55.
Grewe, R. and C.B. Hieatt, eds. *Libellus De Arte Coquinaria.* Tempe, AZ: Arizona Center for Medieval and Renaissance Studies, 2001.
Hieatt, C.B. and S. Butler. *Curye on Inglysch.* London: Oxford Univ. Press, 1985.
La Varenne, F.P. de. *Le Cuisinier françois.* 1651. Reprint, Paris: Montalba, 1983.
Platina. *De honesta voluptate et valetudine.* Ed. and trans. by M.E. Milham as *On Right Pleasure and Good Health.* Tempe, AZ: Renaissance Soc. America, 1998.

Pliny the Elder. *Natural History.* 10 vols. Trans. H Rackham et al. Cambridge, MA: Harvard Univ. Press, 1938–62.
Scully, T., ed. and trans. *The Neapolitan Recipe Collection.* Ann Arbor: Univ. of Michigan Press, 2000.
———, ed. and trans. *The Viandier of Taillevent.* Ottawa: Univ. of Ottawa Press, 1988.
———, ed. and trans. *The Vivendier.* Totnes, Devon: Prospect Books, 1997.
Warner, R. *Antiquitates culinariae.* London: 1791; Reprint, London: Prospect Books, n.d.

食物科學和科技百科

Caballero, B. et al., eds. *Encyclopedia of Food Sciences and Nutrition.* 10 vols. Amsterdam: Academic, 2003. [2nd ed. of Macrae et al.]
Macrae, R. et al., eds. *Encyclopaedia of Food Science, Food Technology, and Nutrition.* 8 vols. London: Academic, 1993.

關於食物化學、微生物學、植物學和生理學

Ang, C.Y.W. et al., eds. *Asian Foods: Science and Technology.* Lancaster, PA: Technomic, 1999.
Ashurst, P.R. *Food Flavorings.* Gaithersburg, MD: Aspen, 1999.
Belitz, H.D., and W. Grosch. *Food Chemistry.* 2nd English ed. Berlin: Springer, 1999.
Campbell-Platt, G. *Fermented Foods of the World.* London: Butterworth, 1987.
Charley, H. *Food Science.* 2nd ed. New York: Wiley, 1982.
Coultate, T.P. *Food: The Chemistry of Its Components.* 2nd ed. Cambridge: Royal Society of Chemistry, 1989.
Doyle, M.P. et al., eds. *Food Microbiology.* 2nd ed. Washington, DC: American Society of Microbiology, 2001.
Facciola, S. *Cornucopia II: A Source Book of Edible Plants.* Vista, CA: Kampong, 1998.
Fennema, O., ed. *Food Chemistry.* 3rd ed. New York: Dekker, 1996.
Ho, C.T. et al. Flavor chemistry of Chinese foods. *Food Reviews International* 5 (1989): 253–87.
Maarse, H., ed. *Volatile Compounds in Foods and Beverages.* New York: Dekker, 1991.
Maincent, M. *Technologie culinaire.* Paris: BPI, 1995.
Paul, P.C., and H.H. Palmer, eds. *Food Theory and Applications.* New York: Wiley, 1972.
Penfield, M.P., and A.M. Campbell. *Experimental Food Science.* 3rd ed. San Diego, CA: Academic, 1990.
Silverthorn, D.U. et al. *Human Physiology.* Upper Saddle River, NJ: Prentice Hall, 2001.
Smartt, J., and N. W. Simmonds, eds. *Evolution of Crop Plants.* 2nd ed. Harlow, Essex: Longman, 1995.
Steinkraus, K.H., ed. *Handbook of Indigenous Fermented Foods.* 2nd ed. New York: Dekker, 1996.

第1章
食用植物：蔬、果、香草和香料

Harlan, J.R. *Crops and Man.* Madison, WI: Am. Soc. Agronomy, 1992.
Heiser, C.B. *Seed to Civilization.* Cambridge, MA: Harvard Univ. Press, 1990.
Thoreau, H.D. "Wild Apples" (1862). In H.D. Thoreau, *Wild Apples and Other Natural History Essays,* ed. W. Rossi. Athens, GA: Univ. of Georgia Press, 2002.
Wilson, C. A. *The Book of Marmalade.* New York: St. Martin's, 1985.

Bidlack, W.R. et al., eds. *Phytochemicals: A New Paradigm.* Lancaster, PA: Technomic, 1998.
Borchers, A.T. et al. Mushrooms, tumors, and immunity. *Proc Society Experimental Biol Medicine* 221 (1999): 281–93.
Buchanan, B.B. et al., eds. *Biochemistry and Molecular Biology of Plants.* Rockville, MD: Am. Society of Plant Physiologists, 2000.
Coulombe, R.A. "Toxicants, natural." In *Wiley Encyclopedia of Food Science and Technology.* Edited by F.J. Francis, 2nd ed., 4 vols, 2336–54. New York: Wiley, 2000.
Daschel, M.A. et al. Microbial ecology of fermenting plant materials. *FEMS Microbiological Revs.* 46 (1987): 357–67.
Dewanto, V. et al. Thermal processing enhances the nutritional value of tomatoes by increasing total antioxidant activity. *J Agric Food Chem* 50 (2002): 3010–14.
Dominy, N.J., and P.W. Lucas. Importance of trichromic vision to primates. *Nature* 410 (2001): 363–66.
Elson, C.E. et al. Isoprenoid-mediated inhibition of mevalonate synthesis: Potential application to cancer. *Proc Society Experimental Biol Medicine* 221 (1999): 294–305.
Francis, F.J. Anthocyanins and betalains: Composition and applications. *Cereal Foods World* 45 (2000): 208–13.
Gross, J. *Pigments in Vegetables: Chlorophylls and Carotenoids.* New York: Van Nostrand Reinhold, 1991.
Karlson-Stiber, C., and H. Persson. Cytotoxic fungi: an overview. *Toxicon* 42 (2003): 339–49. Larsen, C.S. Biological changes in human populations with agriculture. *Annual Reviews Anthropology* 24 (1995): 185–213.
Luck, G. et al. Polyphenols, astringency, and proline-rich proteins. *Phytochemistry* 37 (1994): 357–71.
Muhlbauer, R.C. et al. Various selected vegetables, fruits, mushrooms and red wine residue inhibit bone resorption in rats. *J Nutrition* 133 (2003): 3592–97.
Santos-Buelga, C., and A. Scalbert.

Proanthocyanidins and tannin-like compounds—nature, occurrence, dietary intake and effects on nutrition and health. *J Sci Food Agric.* 80 (2000): 1094–1117.

Smith, D., and D. O'Beirne. "Jams and preserves." In Macrae, 2612–21.

Vincent, J.E.V. Fracture properties of plants. *Advances in Botanical Research* 17 (1990): 235–87.

Vinson, J.A. et al. Phenol antioxidant quantity and quality in foods: Vegetables. *J Agric Food Chem.* 46 (1998): 3630–34.

———. Phenol antioxidant quantity and quality in foods: Fruits. *J Agric Food Chem.* 49 (2001): 5315–21.

Walter, R.H., ed. *The Chemistry and Technology of Pectin.* San Diego, CA: Academic, 1991.

Tomás-Barberán, F.A., and R.J. Robins, eds. *Phytochemistry of Fruit and Vegetables.* New York: Oxford Univ. Press, 1997.

Waldron, K.W. et al. New approaches to understanding and controlling cell separation in relation to fruit and vegetable texture. *Trends Food Sci Technology* 8 (1997): 213–21.

第2章 常見蔬菜

Arora, D. *Mushrooms Demystified.* 2nd ed. Berkeley, CA: Ten Speed, 1986.

Chapman, V.J. *Seaweeds and Their Uses.* 3rd ed. New York: Chapman and Hall, 1980.

Dunlop, F. *Land of Plenty.* New York: Morrow, 2003.

Fortner, H.J. *The Limu Eater: A Cookbook of Hawaiian Seafood.* Honolulu: Univ. of Hawaii, 1978.

Olivier, J.M. et al. *Truffe et trufficulture.* Perigueux: FANLAC, 1996.

Phillips, R., and M. Rix. *The Random House Book of Vegetables.* New York: Random House, 1993.

Schneider, E. *Uncommon Fruits and Vegetables.* New York: Harper and Row, 1986.

———. *Vegetables from Amaranth to Zucchini.* New York: Morrow, 2001.

Alasalvar, C. et al. Comparison of volatiles . . . and sensory quality of different colored carrot varieties. *J Agric Food Chem.* 49 (2001): 1410–16.

Andersson, A. et al. Effect of preheating on potato texture. *CRC Critical Revs Food Sci Nutrition* 34 (1994): 229–51.

Aparicio, R. et al., "Biochemistry and chemistry of volatile compounds affecting consumers' attitudes towards virgin olive oil." In *Flavour and Fragrance Chemistry,* edited by V. Lanzotti and O. Tagliatela-Scarfati, 3–14. Amsterdam: Kluwer, 2000.

Bates, D.M. et. al., eds. *Biology and Utilization of the Cucurbitaceae.* Ithaca, NY: Comstock, 1990.

Block, E. Organosulfur chemistry of the genus *Allium. Angewandte Chemie,* International Edition 31 (1992): 1135–78.

Buttery, R.G. et al. Studies on flavor volatiles of some sweet corn products. *J Agric Food Chem.* 42 (1994): 791–95.

Duckham, S.C. et al. Effect of cultivar and storage time in the volatile flavor components of baked potato. *J Agric Food Chem.* 50 (2002): 5640–48.

Fenwick, G.R., and A.B. Hanley. The genus *Allium. CRC Critical Reviews in Food Sci Nutrition* 22 (1985): 199–271, 273–377.

Fukomoto, L.R. et al. Effect of wash water temperature and chlorination on phenolic metabolism and browning of stored iceberg lettuce photosynthetic and vascular tissues. *J Agric Food Chem.* 50 (2002): 4503–11.

Gomez-Campo, C., ed. *Biology of Brassica Coenospecies.* Amsterdam: Elsevier, 1999.

Heywood, V.H. Relationships and evolution in the *Daucus carota* complex. *Israel J Botany* 32 (1983): 51–65.

Hurtado, M.C. et al. Changes in cell wall pectins accompanying tomato paste manufacture. *J Agric Food Chem.* 50 (2002): 273–78.

Jirovetz, L. et al. Aroma compound analysis of *Eruca sativa* SPME headspace leaf samples using GC, GC-MS, and olfactometry. *J Agric Food Chem.* 50 (2002): 4643–46.

Kozukue, N., and M. Friedman. Tomatine, chlorophyll, ß-carotene and lycopene content in tomatoes during growth and maturation. *J Sci Food Agric.* 83 (2003): 195–200.

Lipton, W.J. Postharvest biology of fresh asparagus. *Horticultural Reviews* 12 (1990): 69–155.

Lu, Z. et al. Effects of fruit size on fresh cucumber composition . . . . *J Food Sci.* 67 (2002): 2934–39.

Mau, J.-L. et al. 1-octen-3-ol in the cultivated mushroom . . . *J Food Sci.* 57 (1992): 704–6.

McDonald, R.E. et al. Bagging chopped lettuce in selected permeability films. *HortScience* 25 (1990): 671–73.

Mithen, R.F. et al. The nutritional significance, biosynthesis and bioavailability of glucosinolates in human foods. *J Sci Food Agric.* 80 (2000): 967–84.

Mottur, G.P. A scientific look at potato chips. *Cereal Foods World* 34 (1989): 620–26.

Noble, P.S., ed. *Cacti: Biology and Uses.* Berkeley: Univ. of Calif. Press, 2001.

Oruna-Concha, M.J. et al. Comparison of the volatile components of two cultivars of potato cooked by boiling, conventional baking, and microwave baking. *J Sci Food Agric.* 82 (2002): 1080–87.

Petersen, M.A. et al. Identification of compounds contributing to boiled potato off-flavour (POF). *Lebensmittel-Wissenschaft und Technologie* 32 (1999): 32–39.

Pacioni, G. et al. Insects attracted by Tuber: A chemical explanation. *Mycological Res.* 95 (1991): 1359–63.

Rodger, G. Mycoprotein—a meat alternative new to the U.S. *Food Technology* 55 (7) (2001): 36–41.

Rouseff, R.L., ed. *Bitterness in Foods and Beverages.* Amsterdam: Elsevier, 1990.

Smith, D.S. et al. *Processing Vegetables: Science and Technology.* Lancaster, PA: Technomic, 1997.

Suarez, F. et al. Difference of mouth versus gut as site of origin of odiferous breath gases after garlic ingestion. *American J Physiology* 276 (1999): G425–30.

Takahashi, H. et al. Identification of volatile compounds of kombu and their odor description. *Nippon Shokuhin Kagaku Kaishi* 49 (2002): 228–37.

Talou, T. et al. "Flavor profiling of 12 edible European truffles." In *Food Flavors and Chemistry,* edited by A.M. Spanier et al. London: Royal Society of Chemistry, 2000.

Tanikawa, E. *Marine Products in Japan.* Tokyo: Koseisha-Koseikaku, 1971.

Terrell, E.E., and L.R. Batra. *Zizania latifolia* and *Ustilago esculenta,* a grass-fungus association. *Economic Botany* 36 (1982): 274–85.

Valverde, M.E. et al. Huitlacoche as a food source—biology, composition, and production. *CRC Critical Revs Food Sci Nutrition* 35 (1995): 191–229.

Van Buren, J.P. et al. Effects of salts and pH on heating-related softening of snap beans. *J Food Sci.* 55 (1990): 1312–14.

Walter, W.M. Effect of curing on sensory properties and carbohydrate composition of baked sweet potato. *J Food Sci.* 52 (1987): 1026–29.

第3章 常見果實

Foust, C.W. *Rhubarb.* Princeton, NJ: Princeton Univ. Press, 1992.

Grigson, J. *Jane Grigson's Fruit Book.* New York: Atheneum, 1982.

Morgan, J., and A. Richards. *The Book of Apples.* London: Ebury, 1993.

Saunt, J. *Citrus Varieties of the World.* Norwich, UK: Sinclair, 1990.

Schneider, E. *Uncommon Fruits and Vegetables.* New York: Harper and Row, 1986.

Arnold, J. Watermelon packs a powerful lycopene punch. *Agricultural Research* (June 2002): 12–13.

Arthey, D., and P.R. Ashurst. *Fruit Processing.* 2nd ed. Gaithersburg, MD: Aspen, 2001.

Buettner, A., and P. Schieberle. Evaluation of aroma differences between hand-squeezed juices from Valencia late and navel oranges . . . *J Agric Food Chem.* 49 (2001): 2387–94.

Dawson, D. M. et al. Cell wall changes in nectarines. *Plant Physiology* 100 (1992): 1203–10.

Hulme, A.C., ed. *The Biochemistry of Fruits and Their Products.* 2 vols. London: Academic, 1970–71.

Janick, J., and J.N. Moore, eds. *Advances in Fruit Breeding.* West Lafayette, IN: Purdue Univ. Press, 1975.

Lamikanra, O., and O.A. Richard. Effect of storage on some volatile aroma compounds in fresh-cut cantaloupe melon. *J Agric Food Chem.* 50 (2002): 4043–47.

Lota, M.L. et al. Volatile components of peel and leaf oils of lemon and lime species. *J Agric Food Chem.* 50 (2002): 796–805.

Mithra, S.K. *Postharvest Physiology and Storage of Tropical and Subtropical Fruits.* Wallingford, UK: CAB, 1997.

Morton, I.D., and A.J. Macleod, eds. *Food Flavours C: Flavours of Fruits.* Amsterdam: Elsevier, 1990.

Nagy, S. et al., eds. *Fruits of Tropical and Subtropical Origin.* Lake Alfred, FL: Florida Science Source, 1990.

Somogyi, L.P. et al. *Processing Fruits: Science and Technology.* Vol 1. Lancaster, PA: Technomic, 1996.

Wilhelm, S. The garden strawberry: A study of its origin. *American Scientist* 62 (1974): 264–71.

Wyllie, S.G. et al. "Key aroma compounds in melons." In *Fruit Flavors,* edited by R.L. Rouseff and M.M. Leahy, 248–57. Washington, DC: American Chemical Society, 1995.

第4章 以植物來調味：香草和香料、茶和咖啡

Dalby, A. *Dangerous Tastes: The Story of Spices.* Berkeley: Univ. of Calif. Press, 2000.

Knox, K. and J.S. Huffaker. *Coffee Basics.* New York: Wiley, 1997.

Koran. Trans. N.J. Dawood. London: Penguin, 1974.

Kummer, C. *The Joy of Coffee.* Shelburne, VT: Chapters, 1995.

Man, R., and R. Weir. *The Compleat Mustard.* London: Constable, 1988.

Ortiz, E.L. *The Encyclopedia of Herbs, Spices, and Flavorings.* New York: Dorling Kindersley, 1992.

Peterson, T.S. *Acquired Taste: The French Origins of Modern Cooking.* Ithaca: Cornell Univ. Press, 1994.

Staples, G. *Ethnic Culinary Herbs: A Guide to Identification and Cultivation in Hawaii.* Honolulu: Univ. of Hawaii Press, 1999.

Stobart, T. *Herbs, Spices, and Flavorings.* Woodstock, NY: Overlook, 1982.

Bryant, B.P., and I. Mezine. Alkylamides that produce tingling paraesthesia activate tactile and thermal trigeminal neurons. *Brain Research* 842 (1999): 452–60.

Caterina, M.J., and D. Julius. The vanilloid receptor. *Annual Rev Neuroscience* 24 (2001): 487–517.

Chadwick, C.I. et al. The botany, uses, and production of *Wasabia japonica. Economic Botany* 47 (1993): 113–35.

Charalambous, G., ed. *Spices, Herbs, and Edible Fungi.* Amsterdam: Elsevier, 1994.

Charles, D.J. et al. "Essential oil content and chemical composition of finocchio fennel." In *New Crops,* edited by J. Janick and J.E. Simon, 570–73. New York: Wiley, 1993.

Clarke, R.J., and O.G. Vizthum. *Coffee: Recent Developments.* Oxford: Blackwell, 2001.

Clarke, R.J., and R. Macrae, eds. *Coffee.* 6 vols. Vol. 2: Technology. London: Elsevier, 1985.

Dalla Rosa, M. et al. Changes in coffee brews in relation to storage temperature. *J Sci Food Agric.* 50 (1990): 227–35.

del Castillo, M.D. et al. Effect of roasting on the antioxidant activity of coffee brews. *J Agric Food Chem.* 50 (2002): 3698–703.

Dignum, M.J.W. et al. Vanilla production. *Food Revs International* 17 (2001): 199–219.

Hiltunen, R., and Y. Holm, eds. *Basil.* Amsterdam: Harwood, 1999.

Illy, A., and R. Viani, eds. *Espresso Coffee: The Chemistry of Quality.* San Diego, CA: Academic, 1995.

Jagella, T., and W. Grosch. Flavour and off-flavour compounds of black and white pepper II [black pepper]. *Eur J Food Research and Technology* 209 (1999): 22–26.

———. Flavour and off-flavour compounds of black and white pepper III [white pepper]. *Eur J Food Research and Technology* 209 (1999): 27–31.

Jordt, S.E. et al. Mustard oils and cannabinoids excite sensory nerve fibers through the TRP channel ANKTM1. *Nature* 427 (2004): 260–65.

Kintzios, S.E., ed. *Sage.* Amsterdam: Harwood, 2000.

Maga, J. A. *Smoke in Food Processing.* Boca Raton, FL: CRC, 1988.

McGee, H. In victu veritas. *Nature* 392 (1998): 649–50.

Nasrawi, C.W., and R.M. Pangborn. Temporal effectiveness of mouth-rinsing on capsaicin mouth-burn. *Physiology and Behavior* 47 (1990): 617–23.

Nemeth, E., ed. *Caraway.* Amsterdam: Harwood, 1998.

Noleau, E. et al. Volatile compounds in leek and asafoetida. *J of Essential Oil Research* 3 (1991): 241–56.

Peter, K.V., ed. *Handbook of Herbs and Spices.* Cambridge, UK: Woodhead, 2001.

Prescott, J. et al. Effects of oral chemical irritation on tastes and flavors in frequent and infrequent users of chili. *Physiology and Behavior* 58 (1995): 1117–27.

Rozin, P., and D. Schiller. The nature and acquisition of a preference for chili peppers by humans. *Motivation and Emotion* 4 (1980): 77–101.

Shimoda, M. et al. Comparison of volatile compounds among different grades of green tea and their relations to odor attributes. *J Agric Food Chem.* 43 (1995): 1621–25.

Sivetz, M., and N.W. Desrosier. *Coffee Technology.* Westport, CT: AVI, 1979.

Takeoka, G. "Volatile constituents of asafoetida." In *Aroma Active Constituents of Foods,* 33–44. Oxford: Oxford Univ. Press, 2001.

Taucher, J. et al. Analysis of compounds in human breath after ingestion of garlic using protontransfer-reaction mass spectrometry. *J Agric Food Chem.* 44 (1996): 3778–82.

Werker, E. et al. Glandular hairs and essential oil in developing leaves of [basil]. *Annals of Botany* 71 (1993): 43–50.

Winterhalter P., and M. Straubinger. Saffron—renewed interest in an ancient spice. *Food Revs International* 16 (2000): 39–59.

Yamanishi, T., ed. Special issue on tea. *Food Revs International* 11 (1995), no. 3.

Yu, H.C. et al., eds. *Perilla.* Amsterdam: Harwood, 1997.

Zamski, E. et al. Ultrastructure of capsaicinoidsecreting cells in pungent and nonpungent red pepper (*Capsicum annuum* L.) cultivars. *Botanical Gazette* 148 (1987): 1–6.

第5章 穀子、豆子和堅果

Champlain, S., ed. *The Voyages, 1619.* Translated by H.H. Langton and W.F. Ganong. *The Works of Samuel Champlain,* vol. 3. Toronto: Champlain Society, 1929.

Eliade, M. *Patterns in Comparative Religion.* Trans. R. Sheed. New York: Sheed and

Ward, 1958.

Fussell, B. *The Story of Corn.* New York: Knopf, 1992.

National Research Council. *Lost Crops of Africa.* Vol. 1, *Grains.* Washington, DC: National Academy Press, 1996.

Rosengarten, F.J. *The Book of Edible Nuts.* New York: Walker, 1984.

Shurtleff, W., and A. Aoyagi. *The Book of Miso.* New York: Ballantine, 1981.

———. *The Book of Tofu.* New York: Ballantine, 1979.

Thoreau, H.D. "Journal, Jan. 3, 1842." In *The Writings of Henry David Thoreau: Journal I, 1837–46,* edited by B. Torrey. New York: AMS, 1968.

Bakshi, A.S., and R.P. Singh. Kinetics of water diffusion and starch gelatinization during rice parboiling. *J Food Sci.* 45 (1980): 1387–92.

Bernath, J., ed. *Poppy.* Amsterdam: Harwood, 1998.

Bett-Garber, K.L. et al. Categorizing rice cultivars based on cluster analysis of amylose content, protein content and sensory attributes. *Cereal Chemistry* 78 (2001): 551–58.

Bhattacharjee, P. et al. Basmati rice: A review. *International J Food Sci Technology* 37 (2002): 1–12.

Bushuk, W. *Rye: Production, Chemistry, and Technology.* 2nd ed. St. Paul, MN: Am. Assoc. of Cereal Chemists, 2001.

Cassidy, A. Potential risks and benefits of phytoestrogen-rich diets. *International J Vitamin Nutrition Research* 73 (2003): 120–26.

Fast, R.B., and E.F. Caldwell, eds. *Breakfast Cereals and How They Are Made.* 2nd ed. St. Paul, MN: Am. Assoc. Cereal Chemists, 2000.

Fischer, K.H., and W. Grosch. Untersuchungen zum Leguminosenaroma roher Erdnusse. *Lebensmittel-Wissenschaft und Technologie* 15 (1982): 173–76.

Fujimura, T., and M. Kugimiya. Gelatinization of starches inside cotyledon cells of kidney beans. *Starch* 46 (1994): 374–78.

Glaszmann, J.C. Isozymes and classification of Asian rice varieties. *Theoretical and Applied Genetics* 74 (1987): 21–30.

Granito, M. et al. Identification of gas-producing components in different varieties of *Phaseolus vulgaris* by in vitro fermentation. *J Sci Food Agric.* 81 (2001): 543–50.

Hahn, D.M. et al. Light and scanning electron microscope studies on dry beans. *J Food Sci.* 42 (1977): 1208–12.

Hallauer, A.R., ed. *Specialty Corns.* 2nd ed. Boca Raton, FL: CRC, 2001.

Harries, H.C. "Coconut Palm." In Macrae, 1098–1104.

Hickenbottom, J.W. Processing, types, and uses of barley malt extracts and syrups. *Cereal Foods World* 41 (1996): 788–90.

Huang, S. et al. Genes encoding plastid acetyl-Co-A carboxylase...and the evolutionary history of wheat. *Proceedings of the National Academy of Sciences* 99 (2002): 8133–38.

Jezusek, M. et al. Comparison of key aroma compounds in cooked brown rice varieties.... *J Agric Food Chem.* 50 (2002): 1101–5.

Khush, G.S. Origin, dispersal, cultivation, and variation of rice. *Plant Molecular Biology* 35 (1997): 25–34.

Kimber, I., and R.J. Dearman. Factors affecting the development of food allergies. *Proceedings Nutrition Society* 61 (2002): 435–39.

Lentz, D.L. et al. Prehistoric sunflower (*Helianthus annuus* L.) domestication in Mexico. *Economic Botany* 55 (2001): 370–76.

Lin, S.H. Water uptake and gelatinization of white rice. *Lebensmittel-Wissenschaft und Technologie* 26 (1993): 276–78.

Liu, K. *Soybeans: Chemistry, Technology, and Utilization.* Gaithersburg, MD: Aspen, 1999.

———. Storage proteins and hard-to-cook phenomenon in legume seeds. *Food Technology* 51 (1997): 58–61.

Lumpkin, T.A., and D.C. McClary. *Azuki Bean: Botany, Production, and Uses.* Wallingford, UK: CAB, 1994.

MacGregor, A.W., and R.S. Bhatty, eds. *Barley: Chemistry and Technology.* St. Paul, MN: Am. Assoc. of Cereal Chemists, 1993.

Marshall, H.G., and M.E. Sorrells, eds. *Oat Science and Technology.* Madison, WI: American Society of Agronomy, 1992.

O'Donnell, A.U., and S.E. Fleming. Influence of frequent and longterm consumption of legume seeds on excretion of intestinal gases. *American J of Clinical Nutrition* 40 (1984): 48–57.

Oelke, E.A. et al. Wild rice. *Cereal Foods World* 42 (1997): 234–47.

Paredes-Lopez, O., ed. *Amaranth: Biology, Chemistry, Technology.* Boca Raton, FL: CRC, 1994.

Pattee, H.E., and H.T. Stalker, eds. *Advances in Peanut Science.* Stillwater, OK: American Peanut Research and Education Assoc., 1995.

Rockland, L.B., and F.T. Jones. Scanning electron microscope studies on dry beans. *J Food Sci.* 39 (1974): 342–46.

Rosato, A.D. et al. Why the Brazil nuts are on top: Size segregation of particulate matter by shaking. *Physical Review Letters* 58 (1987): 1038–42.

Salunkhe, D.K. et al. *Postharvest Biotechnology of Food Legumes.* Boca Raton, FL: CRC, 1985.

———. *World Oilseeds: Chemistry, Technology, and Utilization.* New York: Van Nostrand Reinhold, 1992.

Santerre, C.R. *Pecan Technology.* New York: Chapman and Hall, 1994.

Shan, L. et al. Structural basis for gluten intolerance in celiac sprue. *Science* 297 (2002): 2275–79.

Smartt, J. *Grain Legumes.* Cambridge: Cambridge Univ. Press, 1990.

Smith, C.W., and R.A. Frederiksen, eds. *Sorghum: Origin, History, Technology, and Production.* New York: Wiley, 2000.

Sobolev, V.S. Vanillin content in boiled peanuts. *J Agric Food Chem.* 49 (2001): 3725–27.

van Schoonhoven, A., and O. Voysest, eds. *Common Beans: Research for Crop Improvement.* Wallingford, UK: CAB, 1991.

Wang, J., and D.Y.C. Fung. Alkaline-fermented foods: A review with emphasis on pidan fermentation. *CRC Critical Revs in Microbiology* 22 (1996): 101–38.

Williams, J.T., ed. *Cereals and Pseudocereals.* London: Chapman and Hall, 1995.

Woodruff, J.G. *Coconuts: Production, Processing, Products.* 2nd ed. Westport, CT: AVI, 1979.

———. *Tree Nuts.* 2nd ed. Westport, CT: AVI, 1979.

Wrigley, C. The lupin—the grain with no starch. *Cereal Foods World* 48 (2003): 30–31.

索引

1~5 劃

12 醛 dodecanal 221
20 碳 5 烯酸 EPA 354
22 碳 6 烯酸 DHA 354
β- 花青素 betacyanins 55
β- 花黃素 betaxanthin 55
β- 胡蘿蔔素 beta-carotene 23, 25, 40, 41, 51, 60, 87, 90, 124, 126, 135, 152, 158, 159, 168, 176, 187, 191, 311,
一年生向日葵 Helianthus annuus 356
一年生辣椒 Capsicum annuum 237
一般甘藍 white cabbage 110
乙烯癒創木酚 vinylguaiacol 311
乙硫醇 ethanethiols 45
乙酸／醋酸 acetic acid 73-77, 153, 197, 267, 275, 337
乙酸丁香酚酯 eugenyl acetate 201
乙酸戊酯 amyl acetate 184
乙酸松油酯 terpenyl acetate 201
乙酸芳樟酯 linalyl acetate 200, 213, 214
乙酸高良薑酯 galangal acetate 201
乙酸薰衣草酯 lavandulyl acetate 200
乙醛 acetaldehyde 167, 196, 275
乙醯基吡咯啉 acetylpyrroline 305
丁香 clove 196-199, 205-207, 245
丁香木 Syzygium aromaticum 245
丁香油酚 eugenol 159, 245, 274,
丁香酚 syringol 275, 200-201
丁酸 butyric acid 153, 166
七味唐辛子 shichimi 207
二甲基硫 dimethyl sulfide 100, 103, 133
二甲羥基呋喃酮 furaneol 121, 167
二氫吡咯 pyrroline 200
二粒小麥 emmer (Triticum turgidum dicoccum) 294
八角茴香 star anise (Illicium verum) 104, 207, 232, 251
刀豆 jack bean 30, 105
刀豆胺酸 canavanine 30, 105
力加酒 ricard 213
三仙膠 xanthan gum 307
三色堇 pansy 115
三裂葉豇豆 moth bean (Vigna aconitifolia) 319
三斂 bilimbi 191
土耳其榛樹 Corylus colurna 349
土味素 geosmin 48, 94
土荊芥 epazote (Chenopodium ambrosioides) 200, 224
大母松李 damson (Prunus insititia) 160
大白菜 Chinese cabbage 74, 110, 113
大豆 soybean (Glycine max) 18, 24, 26, 30, 105, 129, 279
大豆黃酮 glycitein 320
大豆蔻 large cardamom 201, 244
大果南瓜 pumpkin (Cucurbita pepo) 20, 127
大果型山木瓜 Carica pubescens 188
大果越橘 Vaccinium macrocarpon 163

大馬酮 damascenone 154
大高良薑 Alpinia galangal 245
大麥 orge (Hordeum vulgare) 184, 195, 277-279, 282-286, 288, 299
大麥茶 tisane 299
大麥湯 orgemonde 299
大黃 rhubarb (Rheum rhabarbarum) 20, 31, 100, 105, 169, 170, 227, 316
大溪地香莢蘭 Vanilla tahitensis 254
大矮蕉 grand nain 184
大腸桿菌 Escherichia coli 32, 204
大蕉 plantain 136, 183-184
大頭蒜／象蒜 elephant garlic (Allium ampeloprasum var. gigante) 99
小白菜 bok choy (Brassica rapa var. chinensis) 110, 113
小皮傘 mousseron 144
小豆蔻 cardamom 20, 201, 206, 243-246
小果南瓜 squashes 20, 51, 100, 171
小青南瓜 acorn squash 126, 127
小扁豆／金紫豌豆 lentil (Lens culinaris) 277, 279, 318, 322, 327, 329
小茴香／茴香 fennel (Foeniculum vulgare) 20, 21, 201, 206, 210, 231
小茴香芹 cumin (Cuminum cyminum) 231, 232
小高良薑 Alpinia officinarum 254
小麥 Triticum aestivum 16, 18, 25, 105, 139, 195, 277, 279, 284, 288, 290, 295, 316, 337, 338
小麥麩皮 wheat bran 28, 298
小黃瓜 gherkin (Cucumis anguria) 126, 127
小酸模 Rumex acetosella 227
小黎豆 garbanzo 318, 327
小檗果 barberry 168
小燭樹蠟 candelilla 51
小蘇打／碳酸氫鈉 baking soda 55, 57, 169, 324, 342
小蘿蔔 radish 95
山竹 mangosteen (Garcinia mangostana) 187
山羊草 goatgrass 294, 296
山杏 apricot (Prunus armeniaca) 345
山芥 winter cress, upland cress 110, 112
山核桃 hickory 274-276, 340-341, 351-353
山桑 bilberry (Vaccinium myrtillus) 362
山茶 camellia 257
山椒 sansho (Zanthoxylum piperitum) 201, 207, 250-251
山葵 wasabi (Wasabia japonica) 199, 233
山鼙豆 vetch (Lathyrus sativus) 319
川椒／花椒 Sichuan pepper (Zanthoxylum simulans) 200-206, 250-251
己酸 hexanoic acid 153
不飽和膜脂質 unsaturated cell membrane lipids 48
中國肉桂／玉桂 cassia 199, 201, 206, 245
中國獼猴桃 Actinidia chinensis 165
丹貝 tempeh 332, 334, 336

五香芝麻海苔 kaipen 138
五稜木瓜 babaco (Carica pentagona) 188
內酯 lactone 48, 102, 156, 159, 187, 188, 200, 219, 231
分蔥／珠蔥 shallot (Allium cepa var. ascalonicum) 97, 99
反式茴香腦 trans anethole 232
壬生菜 mibuna 110, 113
壬醛 nonanal 223
天門冬酸 asparagusic acid 101
天堂籽／摩洛哥荳蔻 grain of paradise 21, 194, 247
巴西棕櫚蠟 carnauba 51
巴達維亞萵苣 Batavian lettuce 107
心胡桃 heartnut 354
支鏈澱粉 amylopectin 285, 286, 304, 208, 317
月桂樹 bay laurel (Laurus nobilis) 205, 222, 244
木本堅果 tree nut 282, 244, 349, 353
木瓜蛋白酶 papain 188
木牡蠣菇 tree oyster mushroom 144
木豆／鴿豆 pigeon pea/red gram (Cajanus cajan) 319, 329, 330
木聚糖 lignan 26, 301, 356
木質素 lignin 28, 39, 47, 101, 255, 274
木質素黃酮 daidzein 320
木醋桿菌 Acetobacter xylinum 348
木糖 xylose sugar 38
木薯／樹薯 cassava/manioc (Manihot esculenta) 29, 35, 82, 87, 89
比利時吉康菜／白葉苦苣 Belgian endive/witloof 107
毛木耳／雲耳 cloud ear 144
毛瓜／冬瓜／蠟瓜 fuzzy melon/wax gourd (Benincasa hispida) 128
毛地黃 digitalis 203
毛豆 edamame 323, 332
水仙 narcissus 117
水田芥 watercress 110, 112
水波菜／蕹菜／空心菜 Water spinach (Ipomoea aquatica) 114
水茄 Solanum torvum 226
水菜 mizuna 110, 113
水楊酸 salicylates 26
水楊酸甲酯 methyl salicylate 200, 229
水蓮 water lily 93
水蓼 water pepper (Polygonum hydropiper) 229
水蓼二醛 polygodial 229
水薄荷 water mint (Mentha aquatica) 215
水蘇糖 stachyose 93
火箭菜／芝麻菜 rocket 110, 112
爪哇稻 javanicas 303
牛心梨 custard apple 184
牛肝菌 bolete 139, 141, 144
牛莓 cowberry 163
牛蒡 burdock (Arctium lappa) 44, 91, 92
丙酸 propionic 76
主根 taproot 91, 92, 95, 108
冬南瓜 winter squash 125, 127

冬香薄荷 Satureja montana 217
冬菇 winter mushroom (Flammulina velutipes) 144
加州山月桂 California Bay (Umbellularia californica) 200, 222
加州胡椒木 California pepper tree 250
加薩巴甜瓜 Casaba 171
北懸鉤子 arctic bramble (Rubus arcticus) 162
半乳糖 galactose 38, 93, 137
半乳糖醛酸 galacturonic acid 38
卡非萊姆 kaffir Lime 182, 226
卡茄鹼 chaconine 83
卡維儂甜瓜 Cavaillon 171
去鎂葉綠素 pheophytin 54
右旋香旱芹酮 d-carvone 199, 201
四倍體 tetraploid 295
左旋香旱芹酮 L-carvone 199, 200, 215
布格麥食 bulgur/burghul 298
本芹／中國芹菜 Chinese celery (Apium graveolens secalinum) 101
玉米烤餅 johnnycake 313
玉米粥 polenta 313
玉米黃素 zeaxanthin 311
玉米黑粉菌 corn smut (Ustilago maydis) 143
玉米粽 tamale 313
玉米薄餅 tortilla 309, 314
玉溜 tamari 335-337
甘草 licorice 30, 53, 82, 201, 235
甘草素 glycyrrhizin 30
甘草酸 glycyrrhizic acid 235, 236
甘茴香 finocchio fennel 102
甘甜焦糖 sweet-savory caramel 121
甘藍 cabbage (Brassica oleracea) 14, 17, 19, 26, 28, 41, 44, 48, 50, 55, 71, 73, 99, 102, 111, 223, 234
甘藷 sweet potato (Ipomoea batatas) 21, 35, 82, 86, 89, 114
甘露醇 mannitol 136, 138
生育三烯酚 tocotrienol 281
生育酚 tocopherol 135
生物鹼 alkaloid 14, 29, 43, 44, 83, 89, 120, 148, 223, 255
田香草 rice-paddy herb (Limnophila chinensis ssp. Aromatics) 227
甲狀腺腫素 progoitrin 112
甲氧肉桂酸 methoxy-cinnamate 201
甲基丁香酚 methyl eugenol 200, 213
甲基水楊酸甲酯／冬青油 methyl salicylate 229
甲基味椒酚 methyl chavicol 232
甲基胡椒酚 estragole 200, 219, 222, 228, 232
甲基烯丙基硫醚 methyl allyl sulfide 98
甲硫胺酸 methionine 23
甲硫醇 methanethiol 98, 101, 133, 168
甲酚 cresol 203, 201, 249
白木耳 Tremella fuciformis 143, 144
白地黴 Geotrichum candidum 325
白果 ginkgo nut 348
白松 white pine 164
白露 Tuber magnatum Pico 143, 230
白花羽扇豆 Lupinus albus 331

白芥 Sinapis alba / Brassica hirta 110, 233, 234
白芥菜 Brassica hirta / Sinapis alba 233, 234
白芥菜籽硫苷 sinalbin 234
白胡桃 Juglans cinerea 127, 354
白胡桃瓜 butternut 127
白桑樹 Morus alba 166
白蛋白 albumins 284
白醋栗 Ribes sativum 164
白檀木 Santalum album 251
白醬 bechamel 247
白蘿蔔／大根 daikon 26, 95
矛韭蔥 spear-leek 97
石竹烯 caryophyllene 131
石松 Pinus pinea 352
石榴 pomegranate (Punica granatum) 149, 165, 173, 175, 189
石榴瓜 pomegranate melon 171
石蓴 sea lettuce (Ulva lactuca) 137
立生萵苣／蘿蔓萵苣 romaine lettuce (Cos, Romaine varieties) 24, 107

6~10 劃

伏馬鐮孢毒素 fumonisin 283
光果甘草 Glycyrrhiza glabra 235
光氧化作用 photooxidation 135
光殼澳洲堅果 Macadamia integrifolia 349
光稃稻 Oryza glaberrima 303
冰花 ice plant 114
印度大豆蔻籽 greater indian cardamom 244
印度五香料 panch phoran 207
印度月桂葉 malabathrum 21
印度谷螟 Indian meal moth (Plodia interpunctella) 287
印度扁豆料理 Indian dal 283
印度香米 basmati 304, 306, 311
印度豆蔻 grams 330
印度甜酸醬 chutney 314
印度棗 Ziziphus mauritiana 174
印度蒔蘿 Anethum graveolens sowa 232
印度藏茴香 ajwain (Trachyspermum ammi) 200, 229, 231
因傑拉餅 injera 295, 315
回凝 retrogradation 285-286, 301, 306
地櫻桃／酸漿果 ground cherry 168
多果果 allspice (Pimenta dioica) 20, 185, 201, 207, 242, 243
多酚氧化酶 polyphenoloxidase 253, 259
多蜜醬 demiglace 289
多環芳香烴 polycyclic aromatic hydrocarbon 275, 276
安息香酸鹽 benzoate 163, 166
有毒胺基酸 toxic amino acid 30
次亞麻油酸 linolenic acid 115, 353, 354
次郎柿 Jiro 169
灰樹花 maitake (Grifola frondosa) 144
灰蕈／馬勃菌／塵埃菌 puffballs 144
灰藜 lamb's-quarter 113
百里酚 thymol 179, 182
百香果 passion fruit 48, 149, 188, 189
米豆／眉豆／飯豆 rice bea 319, 330
米香粉 rice powder 307

米糠蠟 rice-bran wax 51
羊肚菌／又稱草笠竹 morel 140, 144
羊栖菜／又稱鹿尾菜 hiziki (Hizikia fusiformis) 137
羽衣甘藍 kale 26, 103, 108, 110-112
羽扇豆 lupine 318, 331
肉豆蔻 nutmeg (Myristica fragrans) 19-22, 30, 48, 185, 194, 201, 206, 218, 242, 247, 248
肉豆蔻醚 myristicin 30, 200, 201, 218, 248
肉毒桿菌 Clostridium botulinum 32, 69, 80, 99, 205, 209
肉桂酸 cinnamic acid 153, 185, 201
肉桂酸甲酯 methyl cinnamate 160, 201
肉桂酸酯 cinnamate ester 185
肉桂酸鹽 cinnamate 163
肉桂醛 cinnamaldehyde 199, 201, 245
色胺酸 tryptophan 319
血脂質 blood lipids 26
血橙 blood orange 176, 178, 180, 181
衣索比亞芥菜 Ethiopian mustard (Brassica carinata) 113
西方胡蘿蔔素胡蘿蔔 western carotene carrot 90
西非豆蔻 Aframomum melegueta 247
西非胡椒 Piper guineense 247, 251
西洋梨 pear (Pyrus communis) 155
伴鸞豆嘧啶核苷 convicine 30
佛手瓜／合掌瓜 chayote (Sechium edule) 127, 128
低甲氧基 methoxy 78
冷子番荔枝 durian (Durio zibethinus) 184
冷壓油／壓榨油 cold-pressed oil 134, 343
努尼亞菜豆／爆豆 nuña 328
卵磷脂 lecithin 287
夾竹桃 oleander 117
妖精指環菇 fairy ring 144
希貝什香醬 hilbeh 236
快樂鼠尾草 clary sage (Salvia sclarea) 217
抗壞血酸／維生素 C ascorbic acid 23, 25, 43, 59, 71, 83, 84, 111, 117, 121, 124, 164, 166, 167, 175, 185, 239, 288
李杏 plumcot 160
杏仁 almond (Prunus amygdalus) 344-345
杏仁奶凍 blancmange 344-345
杏仁乳羹 cream of almond milk 344-345
杏仁甜露酒 amaretto liqueur 344-345
杏仁膏 marzipan 344-345
杏仁調味糖漿 orgeat 344-345
杏李 pluot 160
杏菇 almond mushroom (Agaricus subrufescens) 144
杜蘭小麥／硬粒小麥 durum (Triticum turgidum durum) 294
沙杭特甜瓜 Charentais 171
沙梨 sand pear 155
牡丹酚 paeonol 201
牡桂 Cinnamomum cassia 245
皂素 saponin 89, 317, 320
芋 aro (Colocasia esculenta) 88
芍藥 peony 117
豆薯 jicama (Pachyrhizus erosus) 93

豆薯 jicama (*Pachyrhizus erosus*) 93
赤桑樹 *Morus rubra* 166
辛烯醇 octenol 115, 129, 141, 178, 322
里約紅葡萄柚 Riored 181
吡咯 pyrrole 261, 347
吡啶 pyridine 200, 215, 309, 317
吡嗪 pyrazine 261, 337, 347
呋喃 furan 48, 275, 322 347
呋喃酮 furanone 48, 121, 145, 167, 337
咔唑 carbazole 223
乳香脂 mastic 201, 240, 352
乳香黃連木 *Pistacia lentiscus* 240, 352
乳脂軟糖 fudge 89
亞洲李 Chinese plum (*Prunus salicina*) 160
亞麻 common flax (*Linum usitatissimum*) 39, 133, 353
亞麻仁 flaxseed 26, 299, 340, 354
亞麻籽油 linseed oil 354
亞硝胺 nitrosamine 140
亞糊粉層 subaleurone layers 300
兒茶素 catechin 44, 260
刺山柑 caper (*Capparis spinosa*) 20, 108, 223
刺果番荔枝 soursop 184
刺阿幹樹 *Argania spinosa* 343
刺芫荽 *Eryngium foetidum* 218, 219
刺柏漿果 juniper berry 224
刺梨 prickly pear (*Opuntia ficus-indica*) 42, 104, 172, 173, 189
刺蝟菇 hedgehog 144
到手香 *Plectranthus amboinicus* 216
咖啡白脂 kahweol 257
咖啡油醇 cafestol 257
孟三烯 menthatriene 200, 201, 221
岩角藻黃素 fucoxanthin 138
帕斯提斯酒 pastis 229
庚烯酮／榛果酮 heptenone 349
拉普山小種紅茶 Lapsang souchong 263
孢子甘藍 brussels sprout 18, 20, 108-112, 120
東方花青素胡蘿蔔 eastern anthocyanin carrot 90
果膠 pectin 28, 38, 39, 56, 58-60, 68, 76-79, 117, 121, 122, 154, 156, 158, 159, 163, 167, 176, 177, 185, 211, 324
果膠質 pectic substance 38
果糖聚醣 fructosan 91
松子 pine nut 339, 340, 341, 352
松茸 matsutake 140, 144
松樟酮 pinocamphone 200
松露 truffle 21, 82, 139, 142-145, 230
泌乳紅蕈寄生菌 *Hypomyces lactifluorum* 144
泥酵玉米 mud-fermented corn 311
波旁香莢蘭 bourbon vanilla 253, 254
波斯山楂 medlar 156
波斯甜瓜 Persian melon 171
波斯萊姆／大果萊姆 bearss (*Citrus latifolia*) 181
油桃 nectarine 159
油莎豆 tiger nut 92, 299
油莎草 chufa (*Cyperus esculentus*) 92
油醋醬 vinaigrette 55, 106, 108, 234
油橙 *Citrus bergamia* 178, 182, 213

油體 oil body 286-287, 343
油體蛋白 oleosins 287
牧豆木 mesquite wood 274, 276
玫瑰茄 *Hibiscus sabdariffa* 117
玫瑰氧化物 rose oxide 186
直鏈澱粉 amylose 285, 286, 303, 304, 310
秈稻 Indica rice 303-304
芳香醇 linalool 115, 129, 159, 160, 174, 178, 186, 199-201, 214, 217, 225, 243, 245, 249
芝香酮 ionones 156, 162, 188, 223, 311
芝麻 sesame (*Sesamum indicum*) 20, 206, 207, 340, 343, 353, 355, 356
芹子烯 selinene 221
芹菜籽鹽 celery salt 229
花豆／大紅豆 large red 327
花青素 anthocyanin 26, 40-42, 45, 53, 55, 56, 75, 83, 87, 90, 93, 98, 100, 107, 111, 117, 123, 124, 129, 132, 152, 156, 158, 162, 164, 167, 168, 170, 175, 176, 186, 198, 304, 319, 329
花椒素 sanshool 201, 250
花黃素 anthoxanthin 41, 43, 55
花椰菜 cauliflower 18, 20, 21, 36, 41, 58, 110-112, 116, 119
花瓣蕈／繡球菌／繡球菇 cauliflower mushroom (*Sparassis crispa*) 144
芥味水果蜜餞 mostarda di frutta 233
芥花菜 canola 24
芥菜 mustard (*Brassica juncea*) 20, 45, 73, 105, 108, 110-112, 232-234
芥藍／中國芥衣甘藍／中國青花菜 *Brassica oleracea* var. *alboglabra* 110
芥藍花菜 broccolini (*Brassica oleracea* x *alboglabra*) 110, 119
虎列剌茸 *Lactarius rubidus* 144
初生芽 primordial bud 82
金合歡烯 farnesene 221
金針菇 enokitake 144, 373
金雀素蕈酮 genistein 320
金線瓜 spaghetti Squash 127
金蓮花 nasturtium 110, 112, 226
長胡椒 *Piper longum* 126
長豇豆／米豆 long bean (*Vigna unguiculata*) 330
長辣椒 long Pepper 201
阿月渾子／開心果 pistachio (*Pistacia vera*) 187, 240, 340, 341, 352, 353
阿拉伯木聚糖／聚戊糖 arabinoxylan 301
阿散胡椒／西非胡椒 ashanti pepper (*Piper guineense*) 251
阿魏 asafoetida (*Ferula Asafoetida*) 201, 230
阿魏酸 ferulic acid 58
青李 greengage 160
青花菜 broccoli 18, 20, 21, 26, 35, 36, 39, 49, 105, 109, 110, 112, 116, 119
青海苔 awonori 137
青甜椒 green Capsicum 102
青穀 Grünkern 296
青黴菌 *Penicillium* 31, 49
芫荽 coriander (*Coriandrum sativum*) 20, 200, 201, 207, 208, 210, 219-221, 231, 299, 337
保樂酒 pernod 213, 229

南歐刺菜薊 cardoon (*Cynara cardunculus*) 19, 100, 104, 118
南薑 galangal 201, 211, 245
哈馬納豆 hamanatto 338
春日洋蔥／短日洋蔥 spring onion/short-day onion 97-98
柿 persimmon (*Diospyros kaki*) 149, 168, 169, 189
柚 pummelo (*Citrus grandis*) 177, 179-181
柚皮 naringin 181
查特酒 Chartreuse 213, 246
枸櫞 citron (*Citrus medica*) 20, 76, 175, 177-182
枸櫞西瓜 citron melon (*Citrullus lanatus citroides*) 172
柏柏爾綜合香料粉 berber 236
柳醛 salicylaldehyde 317
毒葛 poison ivy 250
毒萵苣 *Lactuca serriola* 107
毒櫟 poison oak 250
洋芋舒芙蕾 souffee potato 86
洋茴香 anise (*Pimpinella anisum*) 21, 48, 102, 154, 229, 232, 251
洋菜／石花菜 tengusa 137
洋菇 mushroom (*Agaricus bisporus*) 139, 141, 144
洋蔥 onion 14, 18, 21, 26, 36, 43, 44, 48, 97, 98, 210, 219, 230, 251
洗浸乳酪 washed-rind cheese 230
洛磯山核果松 *Pinus edulis* 350
玻璃草 glasswort 105
珍珠麥 pearled barley 300
珍珠麥精製法 pearling 300
癸二烯酸乙酯 ethyl decadienoate 155
癸烯醛 decenal 200, 201, 219
癸醛 decanal 178
皇后李 imperatrice 160
秋海棠 begonia 117
秋葵 okra (*Abelmoschus esculentus, Hibiscus esculentus*) 73, 117, 128, 133, 211, 222
紅毛丹 rambutan 186
紅野苦苣 radicchio 107
紅豆 azuki bean (*Vigna angularis*) 328, 330
紅花菜豆 runner bean (*Phaseolus coccineus*) 318
紅椒 paprika 43, 121, 239, 327, 353
紅葉萵苣 red-leaf lettuce 45, 107
紅辣糖 red-hot 245
紅穗醋栗 red currant (*Ribes rubrum*) 149, 164, 189
紅寶石葡萄柚 star ruby grapefruit 181
紅藻 red algae 137, 138
紅藻膠 carrageenan 137
美味獼猴桃 *Actinidia deliciosa* 165
美洲山核桃 pecan (*Carya illinoiensis*) 341, 343, 351, 352
美洲黑覆盆子 *Rubus occidentalis* 162
美洲覆盆子 *Rubus idaeus strigosus* 162
美國赤松 red pine 154
胚乳 endosperm 279, 291, 299, 302, 304, 310, 313, 316, 347, 352
胚珠 ovule 36, 148

胡桃 common walnut (*Juglans regia*) 102, 142, 167, 219, 339, 340, 342, 343, 353
胡桃香蒜醬 satsivi 353
胡桃酒 vin de noix 353
胡椒籽 peppercorn 233, 249, 250
胡椒薄荷 peppermint (*Mentha piperata*) 44, 199, 200, 215
胡椒鹼 piperine 247-250
胡蘿蔔 carrot (*Daucus carota*) 19-28, 35, 40, 230, 242, 297, 311, 355
胡蘿蔔素胡蘿蔔 carotene carrot 90
胎座 placenta 172, 237, 238
苣菜 endive (*Cichorium endivia*) 43, 107, 108
苦瓜 bitter gourd (*Momordica charantia*) 44, 126, 127
苦艾腦（又稱側柏酮）thujone 200, 217
苦番紅花素 picrocrocin 241
茄 *Solanum melongena* 121
茄子 eggplant 16, 21, 44, 64, 73, 120, 124
茄紅素 lycopene 25, 26, 40, 60, 90, 121, 158, 168, 181, 188
茄鹼 solanine 14, 83, 122
若布／稚海藻／裙帶菜 wakame 137
苯甲酸 benzoic acid 163, 164, 167, 179, 185, 226, 311
苯甲醛 benzaldehyde 29, 112, 159, 160, 163, 232, 345,
韭菜 garlic chives / Chinese chives (*Allium tuberosum*) 99
韭蔥（埃及種）Egyptian leek (*Allium kurrat*) 99
韭蔥（栽培種）cultivated leeks (*Allium ampeloprasum var. porrum*) 99
韭蔥（野生種）wild leeks (*Allium ampeloprasum*) 99
食用紅根甜菜 table beet 94
香米 aromatic rice 227, 305, 306
香旱芹酚 carvacrol 183, 199, 200, 216, 218
香旱芹菜 *Carum carvi* 330
香豆素 Coumarin 30
香味餡餅 fritter 116
香芹／歐芹 parsley (*Petroselinum crispum*) 200, 206, 219-221
香茅草 citronella 226
香茅醇 citronellol 115, 201, 214, 250
香料 spice 11-
香草醛 vanillin 145, 163, 190, 199, 200, 253, 275, 305, 354, 350
香甜瓜 smell melon 171
香莢蘭／香草 vanilla (*Vanilla planifolia*) 19, 20, 30, 48, 116, 189, 197, 228, 243, 253, 254, 275, 350
香菇 shiitake (*Lentinus edodes*) 139, 141, 144
香葉烯 myrcene 198, 200, 240, 250
香葉醇 geraniol 186, 199, 200, 217, 225, 227
香蜂草 bee balm 214
香豌豆 sweet pea 117
香橙 Citrus junos 178, 183
香蕉 common banana (*Musa sapientum*) 18, 42-47, 84, 131, 136, 151, 183, 184, 188, 246
香蕉狀手指馬鈴薯 banana fingerling 84

香檜烯 sabinene 200, 249
倫巴第芥菜 Lombardy mustard 21
原花青素基 proanthocyanidin 56
唇萼薄荷 pennyroyal (*Mentha pulegium*) 215
夏至草／苦薄荷 horehound (*Marrubium vulgare*) 213
庫斯科大玉米 Cuzco gigante 312
庫斯庫斯 couscous 295, 298, 315
扇貝南瓜／扁圓南瓜 pattypan 126
核果 stone fruit 29, 44, 152, 158, 160, 189, 644
根芹菜 celeriac (*Apium graveolens var. rapaceum*) 94
栗子 chestnut 89, 283, 339-346
栗南瓜／印度南瓜 Hubbard (*Cucurbita maxima*) 57, 87, 125
桑特葡萄乾 Zante currant 165
桑椹 mulberry 166
桃椰子 peach palm (*Bactris gasipaes*) 103
泰國青檸 ma krut (*Citrus hystrix*) 178, 182, 226, 337
泰國香米 jasmine rice 227
海芋 calla lily 91
海門冬／蘆筍藻 limu kohu (*Asparagopsis*) 138
海帶／昆布 kombu 137
海棗 date (*Phoenix dactylifera*) 173, 174
海藻 seaweed 28, 44, 137, 139, 263
海藻瓊脂 seaweed agar 28
狼瘡 lupus 30
班巴拉落花生 Bambara groundnut (*Vigna subterranea*) 319, 330
琉璃苣 borage (*Borago officinalis*) 21, 200, 223
真菌蛋白 mycoprotein 145
神香草 hyssop (*Hyssopus officinalis*) 200, 213
神祕果樹 miracle fruit tree 343
紙莎草 papyrus 92
脂肪氧合酶 lipoxygenase 47, 322
胭脂木酯 bixin 243
胭脂樹／婀娜多樹 achiote (*Bixa orellana*) 201, 207, 243
胼聯胺 hydrazine 30, 140
荔枝 lychee (*Litchi chinensis*) 186-187
草木樨／甜三葉草 sweet clover 30
草石蠶 Chinese Artichokes 92
草菇 straw mushroom (*Volvarielia volvacea*) 144
草酸 oxalic acid 31, 44, 93, 105, 170, 191, 227
草酸鈣 calcium oxalate 88, 166, 355
草酸鹽 oxalate 31, 89, 113, 114, 170
茴芹 *Pimpinella anisum* 21, 229, 344
茴香腦 anethole 102, 199, 200, 220, 222, 229, 232, 263
茴香醛 cuminaldehyde 201, 232
茶紅素 thearubigin 259, 263
茶胺酸 theanine 261
茶黃素 theaflavin 259-264
茶黃素雙沒食子酸酯 theaflavin digailate 260
茶鹼 theophylline 256
迷迭香 *Rosmarinus officinalis* 21, 48, 117, 200, 204-206, 214, 216
酒石酸 tartaric acid 44, 115, 251, 257

馬利筋 milkweed 14
馬拉巴豆蔻 Malabar 243, 244
馬拉斯加櫻桃 marasca 159
馬拉斯基諾櫻桃 maraschino cherry 159
馬哈利櫻桃 *Prunus mahaleb* 240
馬哈利櫻桃仁 mahleb 或 mahaleb 240
馬粟豆 masoor dal 318
馬爾托環醇 maltol 337
馬齒莧 purslane (*Portulaca oleracea*) 21, 104, 115, 133
馬賽魚湯 bouillabaisse 241
馬薩麵麵 masa harina 313
高錳酸鹽 permanganate 51
桉油酚 cineole 199-201
胺苯乙酮 aminoacetophenone 311
胺基苯甲酸酯 anthranilate 164
荖葉／蔞葉 betel leaf 251
豇豆／牛豆／黑眼豆 cowpeas/black-eyed pea (*Vigna unguiculata*) 129, 130, 319, 330

11~15 劃

乾果李 prune Plum 160
假羊肚菌 false morel 140
假華拔／長胡椒 Piper retrofractum 250
參巴醬 sambal 350
啤酒花／蛇麻花 hop 100, 239, 243
基瓦諾（刺苦瓜商品名）Kiwano 171
密穗小麥 club (*Triticum aestivum compactum*) 296
密露瓜／白蘭瓜 honeydew 126
康科特葡萄 Concord 165, 167, 179, 191, 311
接骨木 elderflowe 168, 117
接骨木果 elderberry 168
推石草 poussepierre 105
斜坡韭蔥／闊葉韭蔥 ramps (*Allium tricoccum*) 92
梅干 umeboshi 216
梅納反應 Maillard reaction 267
梅爾氏檸檬橙 Meyer Lemon 182
梅樹 *Prunus mume* 158
梔子花 gardenia 263
淺褐傘菇／滑菇／粟蕈 cinnamon cap 144
烹飪用長蘋果 codling 153
球莖甘藍 kohlrabi (*Brassica oleracea var. gongylodes*) 102-103, 110, 112
球蛋白 globulins 284, 317
瓠果 pepo 125
甜百香果 granadilla 188
甜沒藥 sweet cicely (*Myrrhis odorata*) 232
甜椒 pimenton 64, 102, 121, 123, 187, 237, 239
甜菜色素 betalain 42
甜菜鹼 betain 42, 94, 114, 173
甜辣椒 sweet chilli 19
甜豌豆 sugar peas 129, 130
甜橙 orange 20, 29, 32, 44, 51, 66, 77, 149-152, 175, 176, 179-182, 189
甜橙薄荷 orange mint 215
甜醬油 kecap manis 337, 338
甜櫻桃樹 sweet cherry (*Prunus avium*) 158
畢澄茄 cubeb pepper (*Piper cubeba*) 201, 251
異丁香酚 isoeugenol 275

異丁氧基甲氧基吡嗪 isobutyl methoxypyrazine 124, 130
異丙基甲苯 cymene 200
異胡椒脂鹼 isochavicine 250
異株蕁麻 nettle (Urtica dioica) 115
異硫氰酸鹽 isothiocyanate 105, 188, 233-235
異硫酮素 isoflavone 26, 320, 331
硫化氫 hydrogen sulfide 97, 133, 138, 177
硫苷 glucosinolate 26, 109, 112
硫色絢孔菌菇 Laetiporus sulphureus 144
硫色攔板菇 sulfur shelf 144
硫氮二烯伍圜 thiazole 122
硫氰酸鹽 thiocyanate 26, 112, 199, 201-202
粗殼澳洲堅果 Macadamia tetraphylla 349
細香蔥 chives (Allium schoenoprasum) 96, 97, 99, 117
細葉香芹 chervil (Anthriscus cerefolium) 200, 206, 218, 219
荸薺 water chestnut / Chinese water chestnut (Eleocharis dulcis) 20, 58, 92, 93, 103
莖用萵苣 stem lettuce 107
莖菇／牛肝菌 cepe 139, 141, 144
莧菜 amaranth 31, 42, 113, 114, 316
蛇麻 hop 100, 239
蛇麻 hops (Humulus lupulus) 100, 239
蛇麻草酮 humulone 243, 247
蛇麻葫烯 humulene 201
蛇莓 wood strawberry 311
蛋白杏仁餅／馬卡龍餅 macaroon 344
蛋白酶 protease 144, 174, 188, 190, 191
蛋白酶抑制劑 protease inhibitor 30, 281, 319
袋瓜 pocket melon 171
軟腐病 soft rot 49
野生種單粒小麥 Triticum monococcum boeticum 296
野生酸蘋果 crabapple 154
野芋 cocoyam 89
野芹 smallage 101, 102, 219
野苦苣 Cichorium intybus 107
野韭 Japanese long onion (Allium ramosum) 99
野蜀葵 Cryptotaenia canadensis / C. japonica 218, 221
野蜀葵／鴨兒芹／三葉芹 mitsuba/Japanese parsley 110, 111, 221
野蒜 wild garlic (Allium ursinum) 98
野豌豆 bitter vetch 277, 319
雀黃甜瓜 canary melon 171
雪豆 snow pea 129, 130
鳥苷單磷酸 guanosine monophosphate, GMP 139, 141
鹿角菜 carrageen (Chondrus crispus) 28, 137
麥角酸 lysergic acid 300
麥角酸二乙胺 LSD 300
麥麩蛋白／小麥麵筋蛋白 wheat gluten protein 139
麥醬露 murri 299
烷基醯胺 alkylamide 202
烴氣 hydrocarbon gas 150
牻牛兒烷 germacrene 221
酚類 phenolics 25-28, 41-48, 198-203
傘菇 parasol 144

單針松 Pinus monophylla 352
單粒小麥 einkorn (Triticum aestivum aestivum) 277, 294-297
單酸甘油脂 monoglyceride 314
富有柿 Fuyu 169
幾丁質 chitin 28, 141
掌狀紅皮藻／海歐芹 dulse/sea parsley (Palmaria palmate) 137
斯里蘭卡肉桂木 Cinnamomum verum / C. zeylanicum 244
斯卑爾脫小麥 Spelt/Dinkel (Triticum aestivum spelta) 296, 297
普奇諾菌 porcino 144
智利草莓 Fragaria chiloensis 167
朝鮮薊 artichoke (Cynara scolymus) 36, 39, 59, 91, 104, 116, 118, 119, 135, 215
朝鮮薊素 cynarin 118, 119
棕芥菜 Brassica juncea 233
棗 jujube (Zizyphus jujube) 174, 175, 183
森林草莓 Fragaria vesca 167
棒麴毒素 patulin 12
植物固醇 phytosterol 320
植物性化學物質 phytochemical 22, 24, 27, 177, 281
植物雌激素 phytoestrogens 320
氯胺 chloramine 98
渥斯特辣醬油 Worcestershire sauce 251
湯普森無籽葡萄 Thompson seedless 164, 165
無花果蛋白酶 ficin 174
無花果樹 fig (Ficus carica) 174, 186
無苦味萵苣 Lactuca sativa 106, 107
無酸橙 acidless orange 180
猶加敦胭脂樹紅 recado rojo 207
畫眉草 teff (Eragrostis tef) 282, 291, 316
番木瓜 papaya (Carica Papaya) 50, 108, 149
番石榴 guava 39, 149, 185, 189, 242
番紅花 saffron (Crocus sativus) 20, 21, 195, 201, 206, 241-243, 252
番紅花醛 safranal 201, 241, 242
番茄 tomato (Lycopersicon esculentum) 16, 18, 19, 20, 24, 26, 30, 32, 44, 48, 50, 51, 53, 62, 68, 80, 82, 120-123, 148, 149, 151, 168, 189, 324, 337,
番茄鹼 tomatine 122
短乳酸桿菌 Lactobacillus brevis 74
短型米 short-grain rice 285, 286, 304
硝石 nitrum 55
硬皮南瓜 hard squash 18
栗 millets 18
結球萵苣 crisphead lettuce 28, 107
結球萵苣／冰山萵苣 iceberg lettuce 107
紫丁香蘑 blewit (Clitocybe nuda) 144
紫甘藍 red cabbage 110
紫豆 purple bean 55
紫西番蓮 Passiflora edulis 188
紫花苜蓿 alfalfa (Medicago sativa) 30, 32, 105
紫花鵲豆 hyacinth bean (Lablab purpureus) 319
紫荊 redbud 117
紫菜 laver 137

紫羅蘭／菫菜 violet 53, 188, 189, 311
紫藤 wisteria 117
紫蘇醛 perillaldehyde 200, 216, 227
絲瓜 luffa (Luffa acutangula) 126, 128
絲豆 string bean 129
腎豆／腰豆 kidney bean 20, 30, 327, 333
菩提樹 linden 117, 143
菩提樹／椴樹 tilleul 117
菸草 tobacco (Nicotiana tabacum) 82, 120, 182, 228, 236, 251
菸鹼酸／維生素 B3 niacin 280, 311
菠菜 spinach (Spinacia oleracea) 20, 31, 113, 114, 169, 170, 224, 317
華蕉 cavendish 184
萊豆／奶油豆／皇帝豆／白扁豆 lima bean/butter bean (Phaseolus lunatus) 30, 129, 279, 318-322, 327, 328
萊姆 lime (Citrus limettoides) 67, 73, 149, 163, 178-182, 213, 246
菰 Zizania latifolia 145, 298, 304, 306, 308-309
菰黑粉菌 Ustilago esculenta 145
菊芋 Hsunchokes (elianthus tuberosus) 26, 28, 35, 91, 93, 118
菊芋多醣 inulin 26, 91, 152
菊苣 chicory 19, 44, 106-108,
菜豆／四季豆／敏豆／雲豆 common bean (Phaseolus vulgaris) 19, 129, 318, 322, 326-328
象心李 elephant heart 160
越瓜／菜瓜 pickling 171
越南香菜／叻沙葉／香蓼 Vietnamese cilantro (Persicaria odorata) 226, 228
越橘 lingonberry (Vaccinium vitis-idaea) 162, 163
鈕扣菇 button mushroom 139, 141, 144
雄固烯酮 androstenone 143
雲莓 cloudberry (Rubus chamaemorus) 161, 162
韌皮部 phloem 34
黃水仙 daffodil 117
黃瓜 cucumber (Cucumis sativus) 44, 47, 48, 51, 71-74, 96, 120, 124-127, 170-172, 189
黃瓜素 cucumisin 170
黃瓜醛 cucumber aldehyde 200
黃卵李 yellow-egg 160
黃果西番蓮 Passiflora edulis var. flavicarpa 188
黃花羽扇豆 Lupinus luteus 331
黃根薯 arracacha (Arracacia xanthorhiza) 91
黃莓／鮭莓 Rubus spectabilis 162
黃斑退化病變 macular degeneration 25, 26
黃葵內酯 ambrettolide 201
黃樟素 safrole 30, 200, 201, 222, 224
黃麴毒素 aflatoxin 283
黃體芋 malanga 89
黑小茴香 black cumin (Cuminum nigrum) 231, 232
黑小麥 triticale 291, 316
黑白斑豆 pinto 328
黑杏菇 black chanterelle 144
黑豆 urad bean (Vigna mungo) 319, 324, 330, 338
黑豆蔻 Amomum subulatum 244

黑刺李 sloe (*Prunus spinosa*) 160
黑刺李琴酒 sloe gin 160
黑果 huckleberry 163
黑松露 *Tuber melanosporum* 143
黑芥菜 *Brassica nigra* 233-234
黑芥酸鉀 sinigrin 233-235
黑柿 black sapote (*Diospyros digyna*) 168
黑胡桃 *Juglans nigra* 340, 354
黑胡椒 black pepper (*Piper nigrum*) 17, 45, 123, 199-205, 238, 248-250
黑桑樹 *Morus nigra* 166
黑莓 blackberry 100, 149, 161, 162, 189
黑種草籽 nigella 201, 207, 240
黑醋栗酒 creme de cassis 164
黑穗醋栗／黑茶藨子 black currant (*Ribes nigrum*) 149, 164
黑鵝莓 jostaberry 164
黑鱗豆 black beluga 329
氰化氫 HCN 29, 345
茶菜 chard 31, 42, 55, 113-114
酢漿 oca 93
酢漿草 wood sorrel (*Oxalis tuberosa*) 93
酢漿草 *Oxalis tuberose* 93
萜品烯 terpinene 178, 199, 200
萜品烯醇 terpinenol 200
萜品醇 terpineol 200, 201, 217
萜烯類 terpene 47, 48, 198, 200
蒈烯 carene 201
圓錐小麥 *Triticum turgidum* 296
塞威氏蘋果 Malus silver (*Malus x domestica*) 152
塞維爾柑橘 Seville orange 226
塔塔粉／酒石 cream of tartar 78, 84
塌棵菜 tatsoi 110, 113
奧作酒 ouzo 229, 240
奧斯威戈茶 Oswego tea 213
愛爾蘭苔 Irish moss 237
新橙皮 neohesperidin 180
椰精凍 nata de coco 348
椰漿 coconut milk 347-348
溫州蜜柑 satsuma 179
煙燻哈拉貝紐辣椒 chipotles 239
獅鬃菇 lion's mane 144
瑟丹酸內酯 sedanolide 201
矮冬青 *Gaultheria procumbens*/*Gaultheria fragrantissima* 229
矮叢藍莓 *Vaccinum angustifolium* 162
碗蕨 bracken fern (*Pteridium aequilinum*) 105
碘辛烷 iodooctane 138
萬壽菊 marigold 228
稜角絲瓜 angled gourd 126, 128
節瓜 zucchini 127, 117
節節麥 *Aegilops tauschii* 296
粳稻 Japonica rice 303-304
聖彼得草 samphire 105
聖羅沙李 Santa Rosa 160
聖羅勒 *Ocimum tenuiflorum* 213
腰果蘋果 cashew apple 346
腸膜明串珠菌 *Leuconostoc mesenteroides* 72, 324
落花生 peanut (*Arachis hypogaea*) 350

落葵 *Basella alba* 114
萱草花／金針花 daylily 117
葵子麝香 ambrette 133
胡蘆巴 fenugreek (*Trigonella foenum-graecum*) 20, 207, 235-236
胡蘆巴內酯 sotolon 201, 236, 305
胡蘆素 cucurbitacin 127
葉狀莖 phylloclades 100
葉黃素 lutein/xanthophylls 25, 40, 83, 124, 235, 252, 295, 311, 355
葉綠素 chlorophyll 12-13, 25-26, 33, 39-41, 53, 55-57, 69, 100, 135-137, 227, 315, 355
葉綠素酶 chlorophyllase 54
葉酸 folic acid 23, 113, 320, 340
葛粉 arrowroot 356
萵苣苦素 lactucin 107
萵筍 celtuce 107
葡萄糖 glucose 12-13, 38, 68, 83, 104, 275, 285
蜂屋柿 hachiya 169
蜂香薄荷 bergamot (*Monarda didyma*) 213
補骨脂素 psoralen 31
酪胺酸 tyrosine 83
酪梨 avacado (*Persea americana*) 130-131
酪蛋白 casein 191
鈴蘭／山谷百合 lily of the valley 117, 199
零陵香豆 tonka beans (*Dipteryx odorata*) 30
鼠尾蘿蔔 *Raphanus caudatus* 95
茴酮／茴香酮 fenchone 201, 232
滇烯 pinene 178, 182, 199-201
寡孢根黴菌 *Rhizopus oligosporus* 338
漂木酸 chlorogenic acid 84, 152, 267
綠豆 mung bean (*Vigna radiata*) 319, 320, 322, 328-330
綠番茄／墨西哥酸漿果 green tomato/ tornatillo 121, 122, 168
綠薄荷 spearmint (*Mentha spicata*) 215
綠藻 green Algae 137
維管束組織 vascular tissue 34-35, 100, 166
聚乙烯 polyethylene 51, 131
聚半乳甘露糖 galactomannan 211, 236
聚偏二氯乙烯樹脂 polyvinylidene chloride 131, 169
聚氯乙烯 PVC 131
聚葡萄糖 glucan 28, 299
聚酯樹脂 mylar 313
蒲勒酮 pulegone 215
蒜芥 garlic mustard (*Alliaria petriolata*) 110
蒜葉波羅門參 oyster plant 91
蒜葉波羅門參 salsify (*Tragopogon porrifolius*) 91-92
蒸穀米 parboiled rice 287, 305
辣根 horse-radish (*Armoracia rusticana*) 110, 232, 233
辣椒紅素 capsanthin 40
辣椒素 capsaicin 200-201
辣椒紫紅素 capsorubin 40
酸萊姆 sour lime (*Citrus aurantifolia*) 180
銀杏樹 ginkgo (*Ginkgo biloba*) 348
鳳梨草莓 *Fragaria x ananassa* 167
鳳梨蛋白酶 bromelain 188, 191
鳳梨番石榴 feijoa (*Feijoa sellowiana*) 242

鳳梨鼠尾草 pineapple sage (*Salvia elegans*) 217
穀蛋白 glutelins 284, 295
蒴果 capsule 133
蒔蘿 dill (*Anethum graveolens*) 220
蒔蘿醚 dill ether 200-201, 220
寬葉菜豆 tepary bean (*Phaseolus acutifolius*) 318, 327, 328
德氏乳桿菌 *Lactobacillus delbrueckii* 324
德國酸菜 sauerkraut 71, 73-43
摩洛哥堅果／阿幹 argan 343
撒爾沙根 sarsaparilla 30
歐白芷內酯 angelica lactone 200, 219
歐洲防風 parsnip (*Pastinaca sativa*) 20, 21, 31, 35, 89-91
歐洲覆盆子 *Rubus idaeus vulgatus* 162
熱那亞青醬 pesto Genovese 213
瘦果 achene 116, 175
箭葉黃體芋 yautia 89
蓮藕 lotus root 93
蔓綠絨 philodendron 88
蔥 Japanese bunching onion (*Allium fistulosum*) 99
褐藻 brown algae 137-139
褐藻膠 algin 138
鄰苯二甲內酯 phthatide 102, 200, 201
鄰胺苯甲酸甲酯 methyl anthranilate 179, 226, 311
醇溶蛋白 prolamins 284
醋雙乙醯 diacetyl 275
醃漬草 pickleweed 105
醃檸檬 lamoun makbous 71, 73
鴉蔥／黑皮波羅門參 scorzonera (*Scorzonera hispanica*) 92
麩胺酸 glutamic acid 44, 120, 136, 138-139
墨汁鬼傘 ink cap 142
墨西哥米燉肉湯 pozole 312
墨西哥玉蜀黍 teosinte (*Zea mexicana*) 309
墨西哥式龍蒿／甜萬壽菊 Tagetes lucida 228
墨西哥胡椒葉／聖胡椒葉 hoja santa 200, 224
墨角蘭綜合香料粉 za'atar 206

16~20劃

凝集素 lectin 30, 281, 319
橙花 orange flower 116, 226
橙花純露 orange-flower water 116, 181
橘皮果醬 marmalade 77, 180
橘柚 tangelo 180, 183
橘橙 tangor 180, 183
樹番茄 tree tomato (*Cyphomandra betacea*) 121, 122
橄欖苦苷 oleuropein 75
獨行菜 cress 21, 102, 105, 110, 112
糖化乳酸桿菌 *Lactobacillus mesentericus* 74
糖果傘菇／虎列剌草 candy cap 143
糖膠樹 chicle 343
糖醇 sugar alcohol 136, 138, 152, 162
蕪青甘藍 rutabaga (*Brassica napus*) 103
蕪菁 turnip (*Brassica rapa*) 20, 95

鴕蕨 ostrich fern 105
龍腦／冰片 borneol 200
龍蒿 tarragon (*Artemisia dracunculus*) 154, 200, 206, 213, 228
龍蝦菌 lobster fungus 144
蕎麥 Buckwheat (*Fagopyrum esculentum*) 316-317
蕎頭 rakkyo (*Allium chinense*) 97, 99
戴奧辛 dioxin 31
檀香 sandalwood 251
檀香醇 santalol 251
濱藜 orache 113
環孢子蟲 protozoa 32
磷脂 phospholipid 287
礁島萊姆 key lime 181
穗醋栗 currant 21
糠基硫醇 furfurylthiol 356
糞臭素 skatole 249
糙皮病 pellagra 280
總狀蕨藻 sea grapes (*Caulerpa racemosa*) 136
翼豆 winged bean (*Psophocarpus tetragonolobus*) 129, 319
薄荷腦 menthol 199
薄荷酮 menthone 199
薑油酮 zingerone 203, 247
薑黃／鬱金 turmeric (*Curcuma longa*) 201, 210, 211, 242, 252
薑黃素 curcumin 201, 252
薑黃烯 curcumene 201
薑黃酮 turmerone 201, 252
薑酮酚 paradol 203, 247
薑萜 zingiberene 201, 252
薯蕷鹼 dioscorine 89
螺旋藻 spirulina 138
賽綸 saran 131, 169
闊葉韭蔥 ramson 99
隱黃素 cryptoxanthin 176
蕺菜 houttuynia (*Houttuynia cordata*) 224
醛類 aldehyde 48
檸檬油精 limonene 230, 249
檸檬苦素 limonin 180-181
檸檬酸 citric acid 44, 56, 121, 176, 181, 267
檸檬薄荷 citrata (*Mentha x piperata*) 215
檸檬醛 citral 199-201
濾滴法 percolation 270, 272
濾壓壺 plunger pot 265, 269, 272
癒創木酚 guaiacol 201, 275, 311
繡球花 hydrangea 117
臍橙 navel orange 179-180
藏紅花素 crocin 241
薩巴汁 Saba 165
藍莓 blueberry 161-163
覆盆子酮 raspberry ketone 162, 223
豐饒羊角菇 horn of plenty 144
轉壺滴濾 flip-drip 269, 270
雜色體 chromoplast 31, 32, 40
雙酸甘油脂 diglyceride 314
雞油菌 chanterelle 139, 141
鞣革鹽膚木 *Rhus coriaria* 242
鵝莓醋栗 gooseberry (*Ribes grossularia*) 149, 164

醯胺／維生素 B1 thiamin 280
醪 moromi 308, 336-337
羅洛胡椒 lolot (*Piper lolot*) 225
羅晃子 tamarind (*Tamarindus indica*) 251
羅勒烯 ocimene 200
藤崖椒 prickly ash 250
關華膠 guar gum 307
類半胱胺酸 homocysteine 28
類胡蘿蔔素 carotenoid 26, 28, 41, 45, 47, 53, 60
類黃酮 flavonoid 26, 98
類萜 terpenoid 178
藜麥 quinoa (*Chenopodium quinoa*) 224, 282, 291, 317
罌粟子 poppyseed 207, 340, 354-355
藻褐素 phycophaein 138
蘋果酸 malic acid 44, 242, 267
鹹魚漿 liquamen 21
麵筋過敏性腸病變／麩質敏感性腸病變 gluten-sensitive enteropathy 282
獼猴桃鹼 actinidin 166
蘇維翁白酒 sauvignon blanc 124, 164, 188

21 劃以上

鐮孢黴／素肉 quorn (*Fusarium venenatum*) 145
露珠莓 dewberry (*Rubus flagellaris*, *Rubus trivialis*) 162
驅蛔腦／土荊芥油精 ascaridol 224
麝香葡萄 muscat 164
纖維素 cellulose 28, 37-39, 56-57, 66, 100, 140
蘿蔔硫素 sulforaphane 105
鱗莖茴香／佛羅倫斯茴香 bulb fennel (*Foeniculum vulgare azoricum*) 220
蠶豆症 favism 326
蠶豆嘧啶葡萄糖苷 vicine 326
蠶豆脲咪葡萄糖苷 convicine 326
鹽膚木 sumac 201, 242
欖香烯 elemene 221